Motorrad-Reparaturanleitung Band 5330

Aprilia
RSV 1000
Mille & Tuono

Baujahre 1998 bis 2005

2-Zylinder-V-Motoren
998 cm³
72 kW (98 PS)
87 kW (118 PS)
92 kW (125 PS)

bucheli verlag

IMPRESSUM

ISBN 978-3-7168-2333-0

Motorrad-Reparaturanleitung
Band 5330

Text und redaktionelle Bearbeitung:
Christoph Pandikow

Bilder/Zeichnungen:
Christoph Pandikow; Datona BV, HT Haulerwijk (NL); FLEX-Elektrowerkzeuge GmbH, Steinheim; MOTODROM Motorradmarkt, Merenberg; ; PROFI PRODUCTS, Trippstadt

Herstellung: Silke Pandikow, 65554 Limburg/Lahn

Druck und Bindung:
DZS GRAFIK d.o.o,
1210 Ljubljana, Slovenia

Lizenznehmer ist der Motorbuch Verlag, Postfach 103743, 70032 Stuttgart.
Ein Unternehmen der Paul Pietsch Verlage GmbH & Co. KG.

Sie finden uns im Internet unter www.motorbuch.de und www.bucheli-verlag.de

1. Auflage 2025

Inhalt

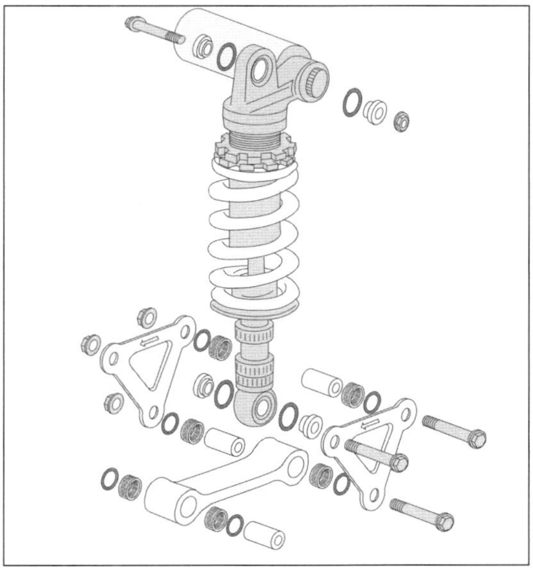

Sichtprüfung

Messen

Folgende Symbole verdienen im Laufe der Arbeit besondere Beachtung:

Sichtprüfung
Teil genau ansehen; besonders beachten.

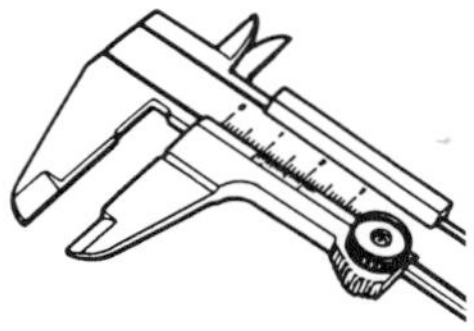

Messen
Schieblehre oder anderes Messwerkzeug nötig.

Achtung
Besondere Vorsicht geboten; Sicherheitshinweise beachten!

Tipp
Wertvoller Hinweis für einfacheres Schrauben; Erläuterung von Bauteilen und Begriffen.

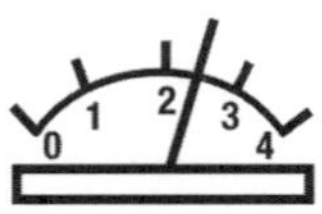

Messen mit elektr. Messgeräten
Multimeter- oder Diagnosegeräte-Einsatz erforderlich.

1 Einleitung

Warum dieses Buch wichtig ist

Es gibt ganz unterschiedliche Gründe, warum Sie diese Reparaturanleitung erworben haben könnten. Zum einen können Sie in diesem Band neben den technischen Daten leicht auf die Informationen zu den unterschiedlichen Montagearbeiten zugreifen. Zum anderen können Sie durchaus den Umfang einer anstehenden Reparatur, Wartung oder Demontage selbst einschätzen. So werden Sie sich bewusst entscheiden, ob Sie sich die Arbeiten selbst zutrauen oder einen genau beschriebenen Auftrag an den Mechaniker Ihres Vertrauens übergeben.

Sie halten ein Buch in der Hand, das Lernstoff, Informationsquelle und Nachschlagewerk ist. Es soll die praktische Arbeit am Fahrzeug erleichtern und Sie ermutigen sich »Know-how« anzueignen, auch als Ungeübter den ersten Schritt zu machen oder als Erfahrener sich recht tiefgehend mit der Diagnose auseinanderzusetzen.

Auf das Zerlegen des Motors haben wir bei diesem modernen Zweizylinder-Motor der Aprilia bewusst verzichtet. Schon die Montagebeschreibungen würden den Rahmen dieses Buches sprengen. Zudem fallen diese Arbeiten im Alltag kaum ins Gewicht. Der Schwerpunkt liegt in Pflege, Wartung und typischen Montagearbeiten, die helfen sollen, Ihr Motorrad betriebsbereit und betriebssicher zu halten.

Einige Grundsätze zu den beschriebenen Arbeiten in diesem Buch:

■ Die Lektüre dieses Buches kann weder die Ausbildung zum Zweiradmechaniker noch mehrjährige praktische Erfahrung im Zweirad-Bereich ersetzen.

■ Als interessierter Laie sollten Sie die Arbeiten an Ihrem Motorrad am besten in Begleitung eines erfahrenen Schraubers angehen. Die Tipps zur Pflege (Kapitel 4) und zur Wartung (Kapitel 5) Ihres Fahrzeugs werden dafür sorgen, dass Sie Ihr Motorrad besser kennenlernen und seinen Wert erhalten. Vielleicht werden Sie bald durch die ständige Durchsicht Veränderungen frühzeitig selbst erkennen und dann erforderliche Reparaturen frühzeitig durchführen oder beauftragen.

■ Die Arbeiten an Ihrem Motorrad setzen grundsätzlich gutes Werkzeug voraus. Die wichtigsten Werkzeuge und Hilfsmittel stellen wir Ihnen ausführlich im Kapitel 3 vor.

■ Arbeitsschritte mit 3, 4 oder sogar 5 Schraubenschlüsseln (siehe Seitenrand auf Seite 5), fordern bereits spezielle Grundkenntnisse für die Fahrzeugtechnik ein.

■ Lassen Sie sich nur dann auf die Arbeiten am Motorrad ein, wenn Sie bereits Erfahrungen gesammelt haben. Nicht nur, dass das Schrauben selbst bereits Gefahren birgt, können durch unsachgemäßen Umgang mit Werkzeug und Material schnell Schäden am Motorrad oder sogar Lebensgefahr beim Betrieb des Motorrads entstehen.

Wenn es um Bauteile der Fahrwerkstechnik oder der Motorentechnik geht, suchen Sie sich grundsätzlich einen erfahrenen Spezialisten in Sachen Motorrad. Nicht nur, dass die Anschaffung der erforderlichen Werkzeuge oft schon den Kostenrahmen sprengt, können hier schnell Schäden entstehen, die empfindlich und unnötig das Portemonnaie belasten. Es gibt aber auch so noch genügend Arbeiten, die Sie durchaus in Eigenregie angehen können.

Sinn oder Unsinn moderner Messtechnik

Natürlich kann man sich auf die einfachsten Handgriffe am Motorrad beschränken. Viele werden schon gut nachvollziehbar im Fahrerhandbuch beschrieben. Mit diesem Buch möchten wir einen Schritt weitergehen. Natürlich spielen alle verfügbaren Informationen schon in der Wartung eine gewichtige Rolle. Es gibt somit keinen Grund auf die abgelegten Informationen im Steuergerät zu verzichten oder die Messwerte im Steuergerät nicht für Kontrollen zu verwenden. Die Bedienung ist jedenfalls sehr einfach, wie wir Ihnen an vielen Beispielen vorstellen werden. »Die Tester kann sich keiner leisten!«, ist auch eine These, die wir widerlegen werden. Anhand der Beschreibungen der Spezialwerkzeuge und deren ungefähren Preisen lassen sich hier die Kosten leicht überschauen. Die notwendige Ausrüstung ist bei den meisten Schraubern oftmals schon vorhanden. Andere Teile sind gar nicht so teuer und lassen sich sinnvoll als Geburtstagsgeschenkidee an die Lieben weitergeben.

Arbeiten mit diesem Buch

Ein Reparaturhandbuch ist dann ein Reparaturhandbuch, wenn es bei Reparaturen zur Hand gehen kann. Es soll also helfen, Ihre Aprilia RSV 1000 Mille/Tuono wieder »in die Gänge« zu bringen.

Informationen zum Inhalt

Schon der Aufbau des Buches soll den Zugang zu den gesuchten Informationen erleichtern.

- Sie können über das Inhaltsverzeichnis am Anfang dieses Buches die gesuchte Information über die angegebene Seitenzahl im Inhaltsverzeichnis finden.
- Es gibt aber auch die Möglichkeit, über die oberste Zeile der Seite die gewünschte Information zu finden. Auf der linken Seite ist hier grundsätzlich die Kapitelbezeichnung, auf der rechten Seite ein kurzer Hinweis auf den Inhalt der beiden Seiten beschrieben.

Warnungen, Tipps und Hinweise

Ganz klar, als blutiger Laie werden Sie nur mit einiger Hilfe gezielt arbeiten können. Bedenken Sie, dass Ihr Fahrzeug in jedem (oder zumindest in fast jedem) Teil etwas mit Sicherheit im Straßenverkehr zu tun hat. Jede einzelne Sekunde, in der Ihr Fahrzeug in Betrieb ist. Nehmen Sie die Fehler deshalb immer ernst. Gerade Anfänger übersehen oft Kleinigkeiten, die nachher durchaus größere oder zumindest schwer aufzufindende Fehler ergeben. Bei einer Fehlersuche am eigenen Fahrzeug unterhielten sich zwei angehende Kfz-Mechatroniker: »... was hast du denn zuletzt repariert?«, letztendlich fand sich dort dann auch der Fehler. Diese Anekdote zeigt sehr deutlich, dass zum einen die eigene Arbeit, zum anderen der Ablauf der Arbeiten, die Kenntnisse über den Funktionszusammenhang der Systeme und natürlich auch über die Informationsquellen, die zur Verfügung stehen, immer hinterfragt werden müssen.

Im laufenden Text für einzelne Arbeitsschritte werden Sie durch die am linken Seitenrand vorgestellten Symbole auf Besonderheiten oder Gefahren hingewiesen.

Das Symbol für die »Sichtprüfung« weist auf Besonderheiten hin, die Sie durch genaues Hinsehen kontrollieren oder beachten müssen.

Das Symbol für das »Messen« weist auf erforderliche Messungen mit den klassischen Mess- und Prüfgeräten hin. Hier geht es um den Einsatz von Werkzeugen, von der Fühlerlehre bis zur Bügelmessschraube oder einer Messuhr.

Das Symbol für »Achtung« weist auf Gefahren hin, die Beschädigungen am Fahrzeug verursachen können oder durch die Sie verletzt werden können.

Das Symbol für den »Tipp« weist auf Tricks und Kniffe hin, die beachtet werden sollten, um die Arbeit zu erleichtern.

Das Symbol für »elektrisches Messen« weist auf erforderliche Messungen mit Multimeter, Oszilloskop oder Arbeiten mit einem OBD-Tester hin. In den einzelnen Kapiteln wird, soweit sinnvoll und erforderlich, der Umgang mit den Test- und Messgeräten genauer vorgestellt. Es handelt sich um getestete Übungen, die Sie problemlos nachvollziehen können.

Einschätzung der Arbeiten zu Fachkenntnissen und Werkstattausrüstung

»An modernen Motorrädern kann man gar nichts mehr selber machen!«, das ist ein typischer Satz, der weder richtig ist, noch die motivierten Schrauber unter den Lesern von der Reparatur abhalten wird. Betrachtet man sich die Probleme genauer, die mit der Fehlerdiagnose entstehen, stellt sich ein einfaches Prinzip heraus. Grundsätzlich sind Bauteile, deren Funktionsabläufe nachvollzogen und im wahrsten Sinne des Wortes »begriffen« werden können, leicht zu prüfen.

Wir haben in diesem Buch die beschriebenen Arbeiten über die Anzahl der Schraubenschlüssel (am rechten Bildrand dieser Seite) klassifiziert. Die Anforderungen steigen mit der dargestellten Anzahl der Schraubenschlüssel. So können Sie leicht überblicken, ob die beschriebenen Arbeitsschritte eventuell aufwendiger ausfallen, als Sie erwarten. Sie sollten sich aber auf keinen Fall abschrecken lassen. Sehen Sie die beschriebenen

Die Anzahl der Schlüssel verdeutlicht die Anforderungen an Fachkenntnissen und Werkstattausstattung.

Ein Schlüssel:
Einfache Arbeiten, für die handwerkliches Geschick und Bordwerkzeug ausreichen.

Zwei Schlüssel:
Anspruchsvollere Arbeiten, für die extra Werkzeug benötigt werden.

Drei Schlüssel:
Arbeiten, für die Grundkenntnisse der Fahrzeugtechnik und ein erweitertes Werkzeugsortiment erforderlich sind.

Vier Schlüssel:
Arbeiten, für die Fachwissen in der Fahrzeugtechnik und ein erweitertes Werkzeugsortiment vorausgesetzt wird.

Fünf Schlüssel:
Arbeiten für die Spezialisten mit Ausrüstung und Kenntnisstand einer Fachwerkstatt.

Arbeitsschritte an und entscheiden, inwieweit Sie die Arbeiten hinbekommen, ob Sie Hilfe benötigen oder die Arbeit an die Profis der Fachwerkstatt abgeben wollen.

Diagnose nachvollziehbar

Leuchtet eine Glühlampe nicht, wird sie in der Regel demontiert und der Zustand des Glühfadens gegen das Licht kontrolliert. Über die Glühlampe, beziehungsweise ihren Aufbau, ist jedem bekannt, dass sie ohne den Glühfaden nicht funktionieren kann. Könnte man in alle Bauteile hineinsehen und den Funktionsablauf und den Aufbau auf diese Art kontrollieren, würde kaum ein Mechaniker über die immer komplizierter werdende Technik schimpfen. Hier kommt die Messtechnik zum Zuge. Es ist möglich die Funktionsabläufe und die Funktion optisch zu überprüfen. Es ist auch möglich das Bauteil selbst zu prüfen. Auch dafür werden keine teuren Spezialgeräte gebraucht. Sie oder Ihr Mechaniker müssen sich lediglich bereit erklären, die Technik und dazugehörige Prüfmethoden anzunehmen und gelegentlich auch etwas dazuzulernen.

Sicherheit geht immer vor

Sicherheit hat beim Heimwerken absolute Priorität. Sie sollten nur Arbeiten anpacken, die Sie wirklich beherrschen.

⚠ Nehmen Sie die Gefährdung durch Stäube, Partikel, Gas und Dämpfe, Lärm und auch durch den elektrischen Strom grundsätzlich sehr ernst. Sie können schnell langwierige oder/und schwerwiegende Verletzungen oder Schäden erleiden, die sich leicht vermeiden lassen (Bilder 1 - 9).

☞ Handwerkliche Tätigkeiten, mit denen man in der Praxis bislang wenig oder gar keine Erfahrung hatte, sollte man niemals auf die leichte Schulter nehmen. Unsachgemäß ausgeführte Arbeiten können früher oder später fatale Folgen haben.

⚠ Verwenden Sie beim Heben, beim Abstellen und allen Arbeiten, die es erforderlich machen, dass Sie sich unter oder neben dem Motorrad befinden oder sogar Teile ausbauen, die die Standsicherheit des Motorrades beeinflussen, entsprechende Hebegeräte und Motorradständer, die wir Ihnen im Kapitel 3 vorstellen werden.

Bild 1
Gehörschutz: Bei Blecharbeiten mit Winkelschleifer u. Ä. notwendig.

Bild 2
Schutzbrille: Besonders beim Bohren, Schleifen und Meißeln tragen.

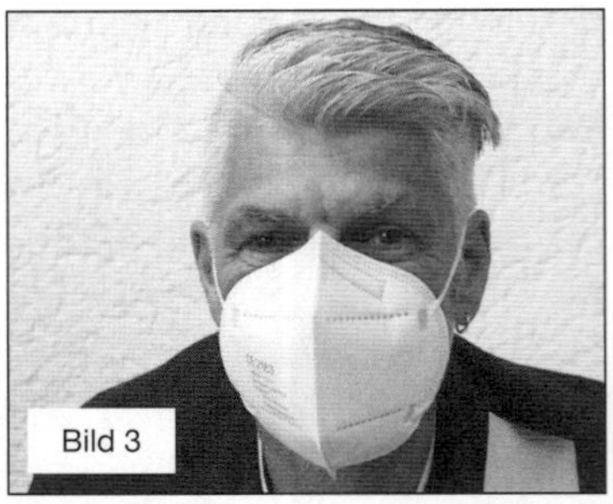

Bild 3
Atemschutzmaske mit auswechselbaren Filterelementen: Bei Arbeiten mit atemgängigen Stäuben unerlässlich.

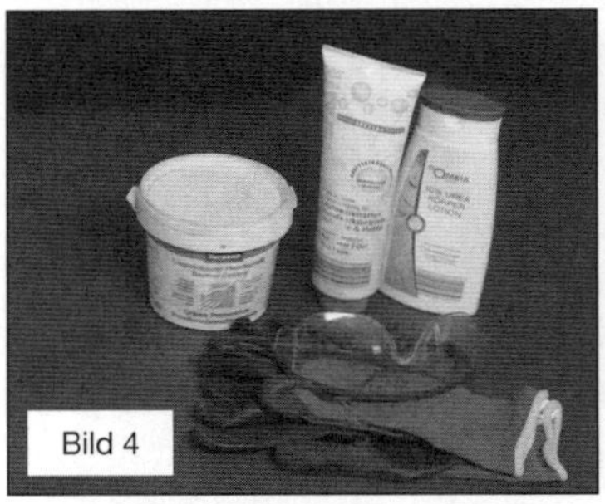

Bild 4
PSA-Persönliche Schutzausrüstung natürlich auch mit Hautschutz und Pflege.

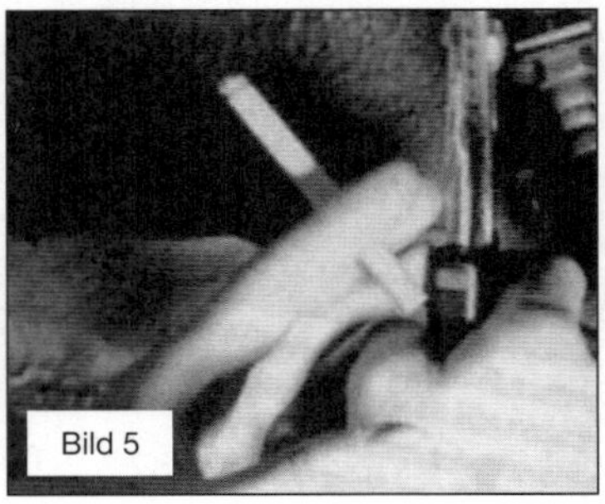

Bild 5
Nicht rauchen: Das sollte eigentlich bei Arbeiten gerade an der Kraftstoffanlage die Regel sein.

Bild 6
Arbeitshandschuhe: Bei vielen Arbeiten angebracht, beim Umgang mit Bohrmaschinen jedoch sehr gefährlich.

Bild 7
Lassen Sie den Motor nicht in geschlossen Räumen laufen oder saugen Sie die Abgase ab.

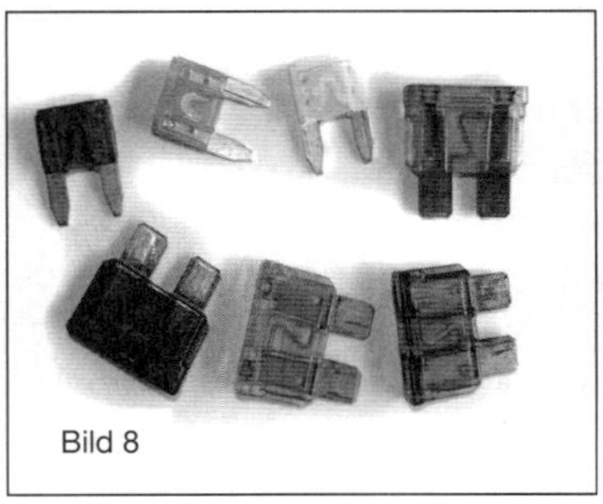

Bild 8
Durchgebrannte Sicherungen niemals mit Alufolie, Büroklammern o. Ä. flicken.

Bild 9
Hochspannung: Vorsicht bei laufendem Motor oder eingeschalteter Zündung.

2 Das Fahrzeug

Typen und Besonderheiten

Die RSV Mille
Die »Mille« ist der erste Supersportler mit 1000 cm³ aus dem Hause Aprilia. Markant ist der Brückenrahmen aus Aluminium, die Aluminiumschwinge und eine Up-Side-Down- Federgabel für die Radführung des Vorderrades. Der kraftvolle Zweizylinder-V-Motor, den wir in diesem Buch genauer betrachten wollen, stammt von der Motorenschmiede Rotax aus Österreich. Das Konzept ergibt ein herausragendes Motorrad mit guter Verarbeitung, beeindruckender Fahrdynamik und sehr gutem Handling. Die »R« wurde zusätzlich im Gewicht reduziert und in der Aussstattung aufgewertet. Neben den Ölins-Komponenten für das Fahrwerk und die Lenkungsdämpfung kommen leichtere und wertigere OZ-Schmiedefelgen und einige Carbonverkleidungsteile zum Einsatz.
Die Besonderheiten der Bremsanlage werden wir im Kapitel 17 »Bremsanlage« aufgreifen.

Die Tuono
Übersetzt bedeutet die Bezeichnung »Tuono« Donner. Das kommt dem Eindruck des Motorrades schon sehr nahe. Nicht nur akustisch. Einzuordnen ist sie sicherlich in die Kategorie Streetfighter. Erkennbar an der kleineren Verkleidung und dem höheren Lenker. Technisch wurden die meisten Komponenten vom Superbike übernommen. Aus diesem Grund stellen wir die Arbeiten an den Motorrädern gemeinsam in diesem Band vor.

Besonderheit Kupplung
Der gewaltige V2-Motor liefert nicht nur in der Beschleunigung beeindruckenden Schub, sondern auch in den Phasen in der der Gashahn geschlossen ist und die Motorbremse zum Einsatz kommt auch ein beeindruckendes Bremsmoment. Das allerdings würde zu einem stempelnden Hinterrad führen. Als Gegenmaßnahme hat Rotax eine pneumatisch betriebene Antihoppingkupplung verbaut, die wir im Kapitel 12 genauer vorstellen werden.

RSV Abmessungen

Kürzel	*Bezeichnung*	*Abmessung*
A	Fahrzeuglänge	2070 - 2080 mm
B	Fahrzeugbreite	725 mm
C	Fahrzeughöhe	1170 mm
D	Sitzhöhe	820 mm
E	Bodenfreiheit	140 mm

Tuono Abmessungen

Kürzel	*Bezeichnung*	*Abmessung*
A	Fahrzeuglänge	2140 mm
B	Fahrzeugbreite	800 mm
C	Fahrzeughöhe	1169 mm
D	Sitzhöhe	820 mm
E	Bodenfreiheit	130 mm

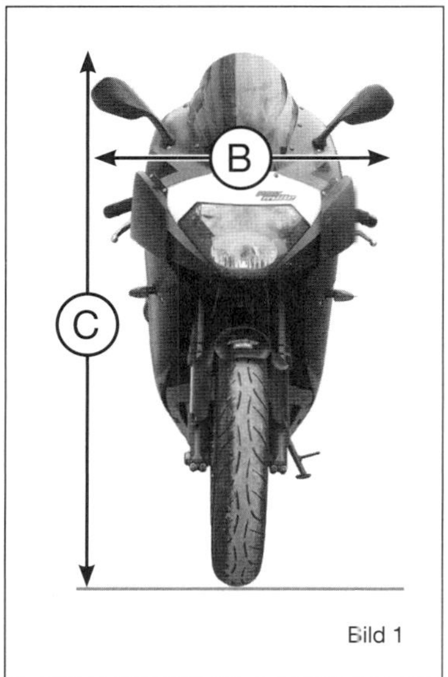

Bild 1

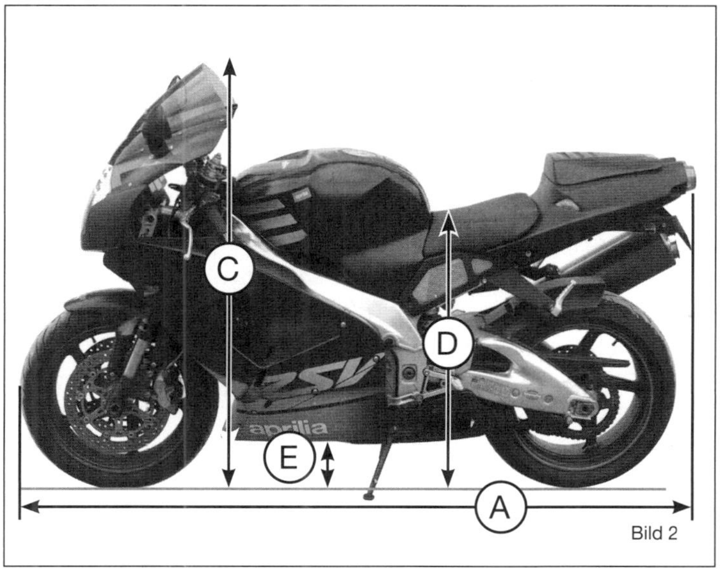

Bild 2

Bild 1
Frontansicht der Aprilia RSV 1000 Mille.
B Fahrzeugbreite
C Fahrzeughöhe

Bild 2
Seitenansicht der Aprilia RSV 1000 Mille.
A Fahrzeuglänge
C Fahrzeughöhe
D Sitzhöhe
E Bodenfreiheit

Sichtprüfung Messen

Bild 3
Seitenansicht der Aprilia RSV 1000 Tuono.
A Fahrzeuglänge
C Fahrzeughöhe
D Sitzhöhe
E Bodenfreiheit

Bild 4
Frontansicht der Aprilia RSV 1000 Tuono.
B Fahrzeugbreite
C Fahrzeughöhe

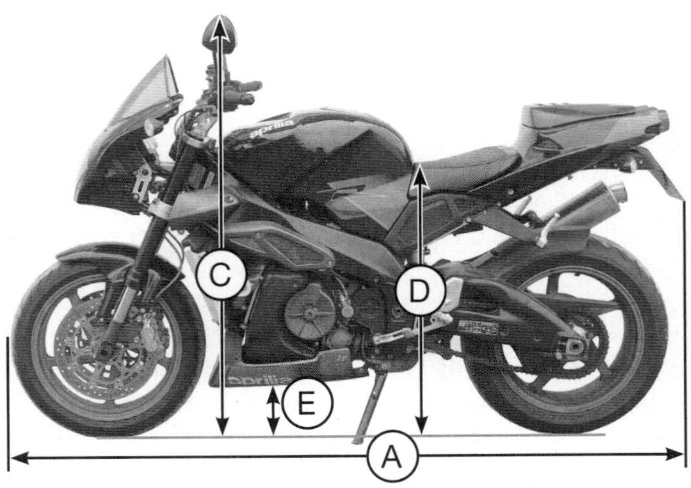

Bild 3

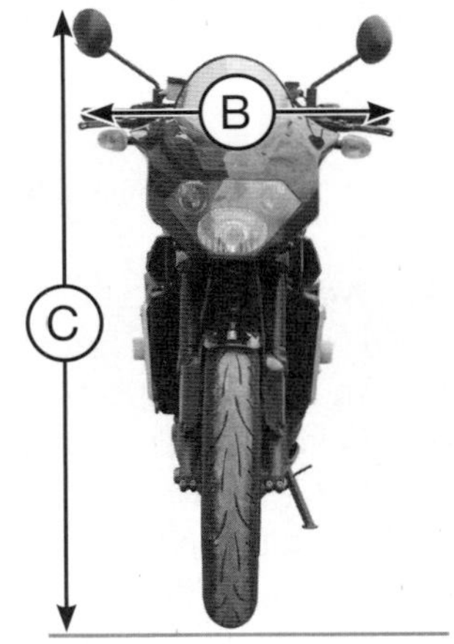

Bild 4

Motor und Antrieb
Die Besonderheit der ersten Baureihe liegt darin, dass V-Motoren mit zwei Zylindern verbaut wurden. Der Motor hat sich bei entsprechender Pflege als sehr unproblematisch herausgestellt. Sowohl das Thema Wartung als auch die wichtigsten Reparaturen am Motor werden wir Ihnen in diesem Band vorstellen. Natürlich betrachten wir die Motorelektronik im Detail. Die Fehlersuche an den Komponenten greifen wir im Kapitel 9 auf. Die Diagnose lässt sich zu einem guten Teil über das Fahrzeugdisplay abarbeiten. Natürlich gehen wir auch das Problem der Startschwierigkeiten mit Messtechnik und praktischen Lösungen an. Im Kapitel 6 »Spannung und Versorgung« finden Sie entsprechende Fehlersuchanleitungen und systembezogene Schaltpläne.

Assistenzsysteme
Fahrassistenzsysteme gehören heute fast zur Standardausrüstung am Motorrad. Ein ABS-System oder Eingriffe in die Fahrdynamik sind weder verbaut noch vorgesehen.

Bremssysteme
Die beschriebene Baureihe der RSV verzichtet wie schon erwähnt auf ein ABS-System. Im Bereich der hinteren Radnabe ist trotzdem ein Sensor verbaut, der die Raddrehzahl erfasst. Das Signal des Sensors wird an den Tachometer weitergeleitet und als Geschwindigkeitssignal ausgewertet. Die Arbeiten rund um die Wartung und die Reparatur am Bremssystem finden Sie im Kapitel 17 »Bremsanlage«. Auch zu diesem Thema werden Sie mit einer geführten Fehlersuche zu einer erforderlichen Reparatur mit klaren Anweisungen geleitet.

Schein, Brief und COC

Wir stellen Ihnen an dieser Stelle die Fahrzeugpapiere am Beispiel der typischen Fahrzeugpapiere der Bundesrepublik Deutschland vor.

Zulassungsbescheinigung Teil 1 (Bild 5)
Die Zulassungsbescheinigung Teil 1 der im Volksmund sogenannte »Fahrzeugschein«, beinhaltet die gleichen Daten wie die Zulassungsbescheinigung Teil 2.
■ Er muss bei einer Verkehrskontrolle zur Verfügung stehen und mitgeführt werden.
■ Zur Identifizierung bei der Teilebeschaffung werden die Fahrgestellnummer (10), die Erstzulassung (8) und meist auch die Motorleistung (16) benötigt.

Zulassungsbescheinigung Teil 2
Die Zulassungsbescheinigung Teil 2 ist der im Volksmund sogenannte »Fahrzeugbrief«. Er beinhaltet die gleichen Daten wie die Zulassungsbescheinigung Teil 1.
■ Die Zulassungsbescheinigung Teil 2 stellt mit der COC (Certificate Of Conformity) den zweiten Teil der Fahrzeugdokumente dar, die den Besitz des Fahrzeugs ausweisen.
■ Zur Identifizierung bei der Teilebeschaffung werden die Fahrgestellnummer (E), die Erstzulassung (I) und meist auch die Motorleistung (P.2) benötigt.

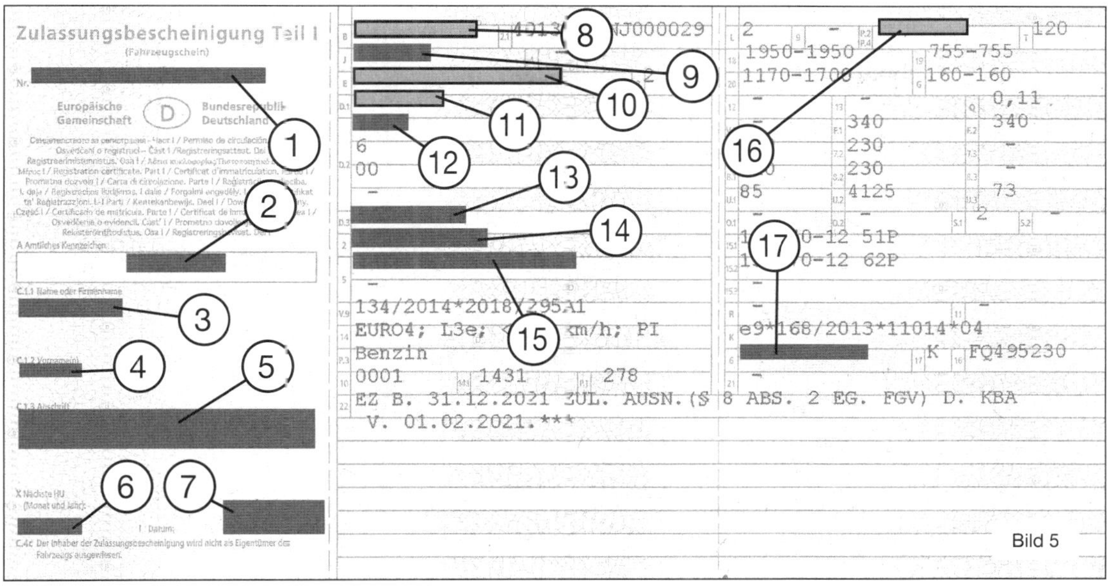

Bild 5

Bild 5
Zulassungsbescheinigung Teil 1 »Fahrzeugschein«.
1 Nummer Fahrzeugschein
2 Kennzeichen
3 Nachname des Halters
4 Vorname des Halters
5 Adresse des Halters
6 TÜV - bei Zulassung
7 Ort der Zulassung
8 Datum Erstzulassung
9 Fahrzeugklasse
10 Fahrgestellnummer
11 Fahrzeughersteller
12 Fahrzeugtyp
13 Handelsbezeichnung
14 Hersteller Kurzbezeichnung
15 Fahrzeugklasse
16 Leistung und Drehzahl
17 Erstellungsdatum der EG-ABE

COC (Certificate Of Conformity)

Die »Übereinstimmungserklärung« wird vom Hersteller ausgestellt. Sie darf in der Landessprache oder in Englisch ausgeführt werden. Die Übereinstimmungserklärung ist die Daten- und Besitzurkunde nach EG-Recht und muss wie der deutsche Fahrzeugbrief sicher und außerhalb des Fahrzeugs aufbewahrt werden.

Fahrgestell- und Motornummer

Die Identifizierung von Motor und Fahrzeug ist über die Fahrgestellnummer und die Motornummer möglich. Diese beiden Nummern können für die Ersatzteilbestellung sehr wichtig sein.

Fahrgestellnummer (1 im Bild 6)
Die Fahrzeug-Identifizierungsnummer (1) ist im Lenkrohr des Rahmens rechts eingeschlagen oder besser gesagt eingefräst.

Das Typenschild (2 im Bild 6)
Das Typenschild finden Sie am Lenkrohr des Rahmens links. Hier sind, neben der EG-Prüfnummer, die Fahrgestellnummer, der Schallpegel mit der entsprechenden Drehzahl und das zulässige Gesamtgewicht angegeben.

Die Motornummer (3 im Bild 6)
Die Motornummer finden Sie als Einschlag oder Fräszahlen auf einer Fläche auf der Rückseite des Motorblocks in der Höhe des Kupplungshebels am Kupplungsdeckel.

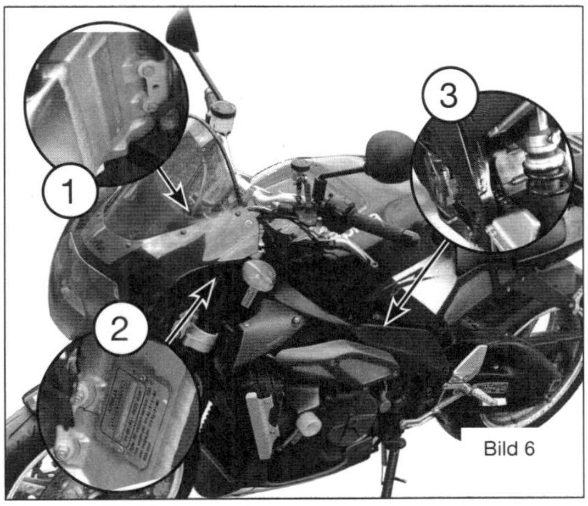

Bild 6

Bild 6
Identifizierung am Motorrad.
1 Fahrgestellnummer
2 Typenschild (Aufkleber)
3 Motornummer

Eintragung und Ergänzung

Grundsätzlich sollten Sie jede Veränderung des Serienfahrzeugs hinterfragen und darauf achten, dass sich in Kombination mit anderen Umbauten keine negativen Einflüsse auf das Fahrverhalten ergeben.

Teile mit einer EG- oder ECE-Genehmigung sowie Teile mit einer ABE oder ABG benötigen in der Regel keine Änderungsabnahme beim TÜV. Die Genehmigungsunterlagen oder die Einbauanleitung der Anbauteile zusammen mit den Fahrzeugpapieren am besten mitführen, zumindest sollten Sie diese gut aufbewahren.

Teile mit einem TGA oder komplette Eigenbauten müssen durch den TüV begutachtet und abgenommen werden. Alle Veränderungen zum Serienfahrzeug müssen dann über ein Gutachten in die Fahrzeugpapiere übernommen werden.

Übersicht der Abkürzung.
ABE: Allgemeine Betriebserlaubnis
ABG: Allgemeine Bauartgenehmigung
EG / ECE Genehmigung: Europäische ABE
TGA: Teilegutachten

Bild 1
Schrauberecke für das Motorrad.
1 Wandschrank
2 Werkbank mit ausreichenden Staufächern
3 Motorradheber
4 Mülltonne mit Deckel
5 Schraubstock
6 Werkzeugwagen
7 Absauganlage
8 Motorradhebebühne

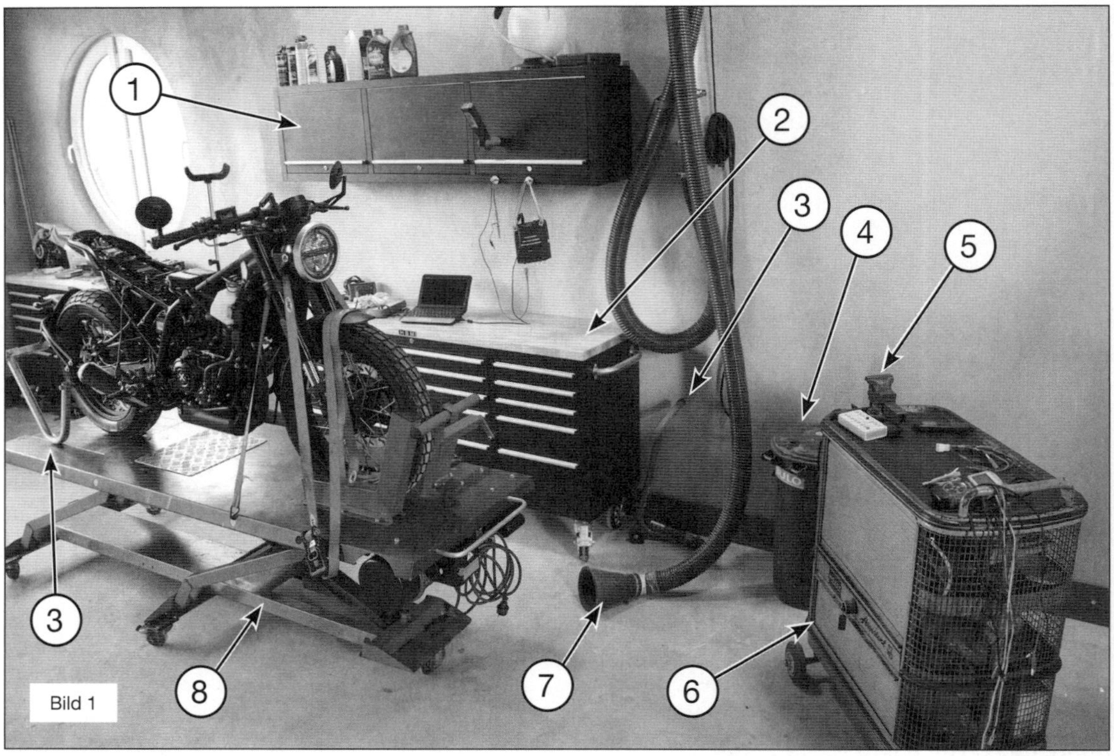

3 Ausrüstung der Werkstatt

Basics für den Einstieg

Werkzeugsätze oder komplette Kiste?
Gerade dann, wenn Sie die Chance haben als Schrauber anzufangen, macht es Sinn, sich das Werkzeug in einem Ordnungssystem zu kaufen. Die Werkzeugsätze kann man einzeln, im Set mit den passenden Einlagen oder auch als komplette Werkzeugkiste erstehen. Die Preisspanne liegt hier zwischen 150 und mehreren Tausend Euro. Es muss nicht immer gleich die teuerste Variante angeschafft werden. Auch günstige Werkzeugsätze sind grundsätzlich einsatzfähig. Sicherlich werden Sie im Laufe der Zeit die Knarren durch Markenprodukte ersetzen oder es wird noch das eine oder andere Spezialwerkzeug hinzukommen. Aus diesem Grund ist es wichtig, noch ausreichend Platz im Werkzeugwagen zu haben, um auch die zukünftigen Neuzugänge ordentlich einpacken zu können.

Stecknusssätze (Ratschenkästen)
Bei Arbeiten am Motorrad müssen Schrauben mit hohem Drehmoment genauso gelöst werden können, wie kleine Schrauben, die recht schwer zu erreichen sind. Die unterschiedlichen Anforderungen sind die Begründung für die unterschiedlichen Knarrengrößen im Bild 2. Unterschiedliche Verlängerungen, Gelenkstücke und die Knebel für höhere Drehmomente sind wichtig.

Bild 2
Stecknusssätze in unterschiedlichen Formaten. 1/4 Zoll, 3/8 Zoll und 1/2 Zoll mit kurzen und langen Stecknüssen.

Bild 3
Schlüsselsätze. Gekröpfte Ringschlüssel, Gabelschlüssel und Ratschenschlüssel.

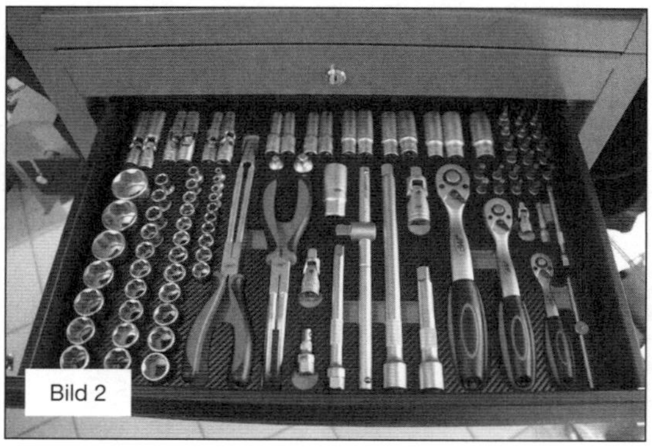

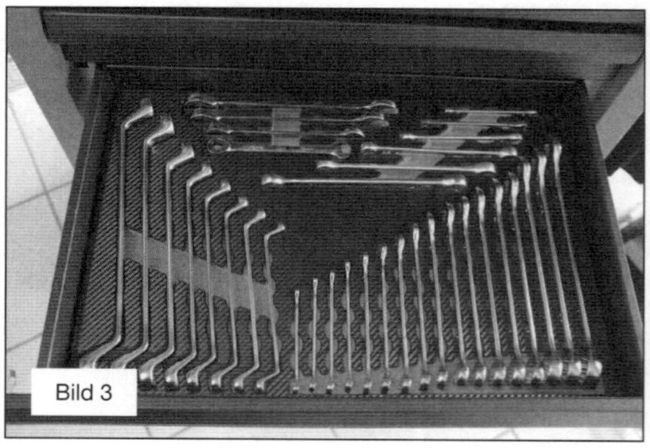

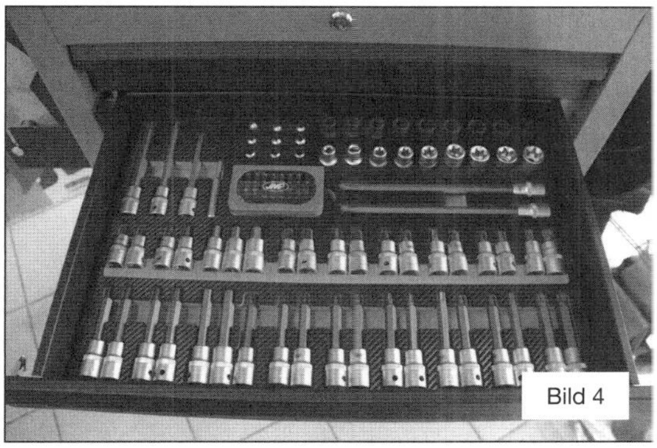
Bild 4

Innensechskant, Vielzahn und Torx (Bild 4)
Zunehmend werden Sie bei einigen Motorrädern unterschiedliche Schrauben auffinden. Das schlagende Argument für Torx und Vielzahn ist die Möglichkeit höhere Drehmomente übertragen zu können.

Einige Schrauben werden fast wie Schlossschrauben mit einem Pin in der Mitte der Schraubenaufnahme gegen unbefugtes Lösen gesichert. Diese Einsätze sind auch im Werkzeughandel zu erwerben.

Feilen, Messer und Schlagwerkzeug (Bild 5)
Für die Metallbearbeitung, die meist eher ungeplant anfällt, ist gutes Werkzeug erforderlich. Zumeist geht es darum, vermurkste Schraubenköpfe zumindest zum Lösen noch mal drehbar zu machen oder zu entfernen. Um die Sicherungsstifte für den Belaghalter im Bremssattel zu lösen, ist ein gut passender Durchschlag erforderlich, der weder verformt noch verbogen ist.

Schraubendreher (Bild 6)
Gleichgültig, welches Schraubenkonzept verwendet wurde, genau passende Schraubendreher (ersatzweise ein genau passender Stecknusseinsatz) ermöglichen schadfreies Lösen und Befestigen der Schrauben.

Gerade bei Kreuzschlitzschraubendrehern ist es ratsam, auf Markenschraubendreher zurückzugreifen.

Zangen zum Greifen und Schneiden (Bild 7)
Die Seegerringzangen (1) sind unersetzlich für die Demontage von Sicherungsringen. Die Abisolierzange (3) ermöglicht das Abisolieren von Kabeln ohne Beschädigung der Litze. Ein Seitenschneider (5) eignet sich zum Abschneiden von Bowdenzügen und Kabeln. Kombi- und Spitzzange eignen sich zum Festhalten oder hilfsweise zum Schneiden.

Bild 5

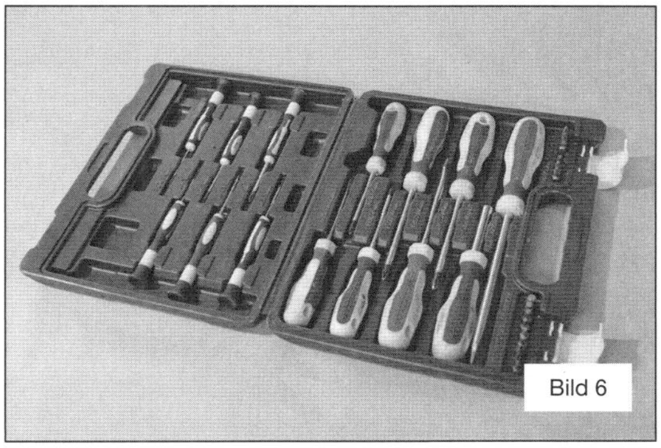
Bild 6

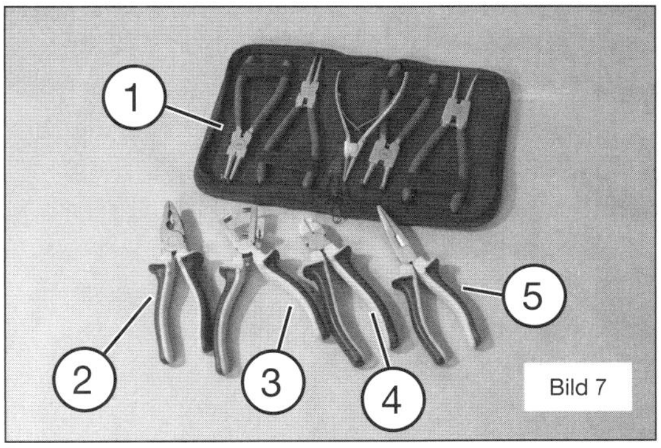

Bild 7

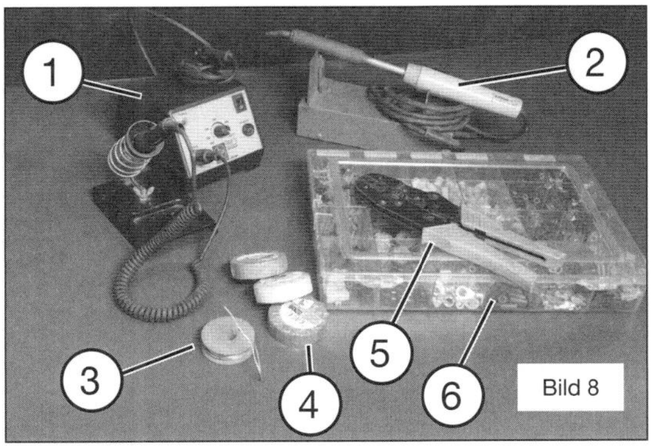

Bild 8

Erweiterung für die Elektrik (Bild 8)
Um sachgerechte Reparaturen an Steckern und Kabeln durchführen zu können, ist die Erweiterung des Werkzeugsatzes um das im Bild 8 vorgestellte Werkzeug notwendig. Eine Sortimentsbox mit den gängigsten Crimpsteckern ist im Werkzeughandel oder auch online zu erwerben.

Bild 4
Innensechskant, Vielzahn-, Torx- und Sondernstecknüsse.

Bild 5
Feilen, Sägen, Messer Meißel und Durchschläge.

Bild 6
Schraubendreher und T-Griffe in unterschiedlichen Ausführungen.

Bild 7
Die wichtigsten Zangen.
1 Seegerringzangenset
2 Kombizange
3 Abisolierzange
4 Seitenschneider
5 Spitzzange

Bild 8
Ergänzendes Elektrowerkzeug.
1 Lötstation
2 Lötkolben
3 Lötzinn
4 Isolierband
5 Crimpzange
6 Crimpstecker

Heben und Abstellen

⚠ Aufgrund des hohen Gewichtes des Motorrades sollten Sie grundsätzlich sehr penibel darauf achten, dass es sicher abgestellt ist. Nicht nur, dass das Motorrad beim Umfallen Schaden nehmen kann, können Sie schwere Verletzungen davontragen.

Bild 9

Aufbockständer mit Auflage für die Zweiarmschwinge (1).

Die Motorradhebebühne (8 im Bild 1)
Eine Motorradhebebühne ist je nach Ausstattung, Marke und Hubkraft ab etwa 600 Euro zu erwerben. Der Preis kann aber durchaus auch leicht 3000 Euro erreichen. Hier ist es wichtig, die eigenen Anforderungen abzustecken und den erforderlichen Stellplatz für die Bühne einzuplanen.

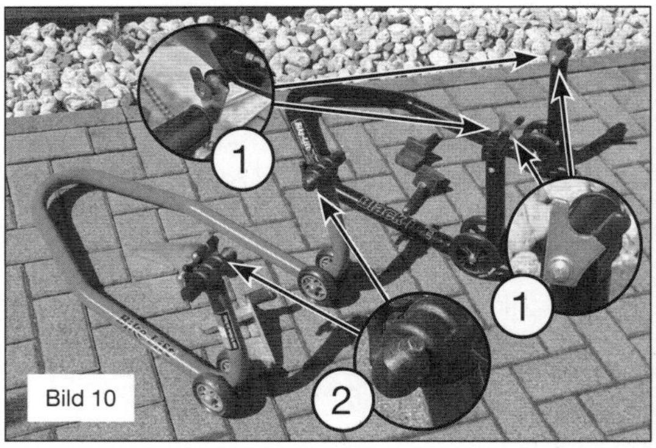

Bild 10

Unterschiedliche Varianten.

1 V-Aufnahme für die Aufnahmehülsen M6-M10

2 Aufnahmedorn für die Vorderradgabel

Die Montageständer (Bilder 9 und 10)
Ob nun für die Montage auf der Hebebühne oder auf dem Werkstattboden: Erst die Montageständer für die Hinterradschwinge oder die Vorderradgabel erlauben es, die Räder zu demontieren.

☞ Für die Demontage des Lenkkopflagers sollten Sie das Motorrad mit einem Motorheber anheben (Bild 11) und Sorge tragen, dass es nicht seitlich umkippen kann. Die Montagearbeit ist über die Radklemme auf einer Motorradhebebühne sehr sicher.

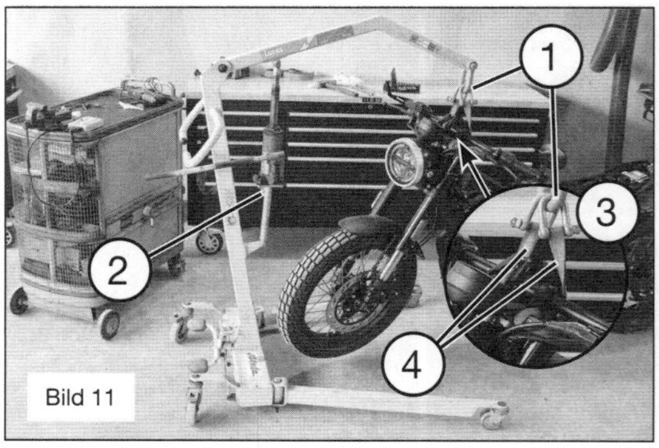

Bild 11

Motorheber am Motorrad.

1 Aufhängeöse

2 Hubzylinder

3 Schraubschäkel

4 Gurtschlaufen

Druckluftwerkzeuge

Die Palette der Druckluftwerkzeuge ist sehr umfangreich. Allerdings ist Pressluft der teuerste Energieträger in der Werkstatt. Das liegt meist nicht am Werkzeug selbst, sondern an der Erzeugung und der Versorgung. Ein brauchbarer Kompressor ist eben leider nicht der kleine günstige aus dem Baumarkt. Er wird schnell an seine Grenzen geraten, wenn es darum geht, Luftgeräte mit hohen Verbrauchsvolumen zu betreiben.

☞ Ein Schlagschrauber liegt beispielsweise bei etwa 350 l/min. Schon nach wenigen Minuten ist der Druck aus dem Kessel verbraucht.

Die Schrauber (Bild 12)
Zuerst einmal fällt einem der Schlagschrauber (3) ein. Er kann schnell und kraftvoll Schrauben lösen und anziehen. Dies leider aber unkontrolliert, was schnell und unmerklich leicht zu Schäden an Gewinden und Schrauben führen kann. Der Einsatz sollte also grundsätzlich nur mit Vorsicht erfolgen.

☞ Aufgrund der neuen Akkutechnologien können Sie hier leicht auf das Medium Druckluft verzichten und einen Akku-Schlagschrauber verwenden. Eine luftbetriebene Ratsche (4) sollten Sie nur dann in Betracht ziehen, wenn Sie einen Kompressor mit ausreichendem Fördervolumen besitzen.

Reinigen und Ausblasen
Zum Lösen von Verschmutzungen und zum Abwaschen auf einer begrenzten Fläche, eignen sich die Sprühlanzen mit Waschbehälter (1 im Bild 12) sehr gut. In dem Behälter lassen sich lösungsmittelhaltige sowie auch Kaltreiniger oder einfach Wasser mit

Seife auch im heißen Zustand einfüllen.

Die Reinungskraft liegt deutlich unter der eines Hochdruckreinigers. Grundsätzlich sollten Sie nie in die Richtung von Lagern mit Druck arbeiten. Sie können leicht Verschmutzungen und auch Ihre Reinigungsmittel in das Lager hineindrücken. Zum Ausblasen und zum Trocknen ist die Luftpistole (2) im Werkstattalltag vielseitig einsetzbar und unersetzlich.

Vermeiden Sie es feine Stäube, wie beispielsweise von der Bremsanlage, ohne Schutzmaske aufzuwirbeln. Tragen Sie hierbei grundsätzlich Augen- und Mundschutz.

Der Luftprüfer (Reifenfüller)
Um den Reifenluftdruck zu überprüfen, abzulassen oder zu ergänzen ist der Luftprüfer das wohl am meisten eingesetzte Druckluftwerkzeug. Einfache Luftprüfer sind bereits im Starterset beim Neukauf eines kleinen Kompressors im Lieferumfang enthalten.

Messwerkzeuge Mechanik

Sicherlich werden Sie nicht alle der vorgestellten Messwerkzeuge für die Mechanik an Ihrem Motorrad einsetzen müssen. Jedenfalls möchten wir hoffen, dass Ihnen das erspart bleibt. Es ist aber wichtig, den Einsatz der einzelnen Werkzeuge zumindest einordnen zu können.

Die Bügelmessschraube (1 im Bild 14)
Die Bügelmessschraube wird zum Messen der Außenabmessung von Bauteilen verwendet. Die Bügelmessschraube kann auf 1/100 mm genau messen. Typische Anwendungen sind das Feststellen des Lagerspiels für Wellen, zum Messen der Kolben und zum Einrichten des Innenmessgerätes zum Messen der Zylinderlaufbahnen und zum Feststellen der Stärke der Ventilspielausgleichsplättchen (Shims) beim Einstellen des Ventilspiels, was wir Ihnen im Kapitel 10 vorstellen werden.

Der Messschieber (2 im Bild 14)
Der Messschieber eignet sich für das Messen von Außen- und Innendurchmesser gleichermaßen. Er kann eine Messgenauigkeit von 1/10 mm beziehungsweise 1/20 mm je nach Bauart des Messschiebers anzeigen. In der Werkstatt werden mit dem Messschieber Durchmesser von Schrauben und Bohrungen gemessen.

Das Haarlineal (3 im Bild 14)
Mit dem Haarlineal wird geprüft, ob Planflächen wie beispielsweise die Dichtfläche des Zylinderkopfes eben sind. Mit Hilfe der Fühlerlehre (5) kann der Verzug erfasst werden. Die Fühlerlehre wird dann zwischen die Planfläche und das Haarlineal eingeschoben.

Messuhr mit Innentaster (4 im Bild 14)
Der Innentaster wird üblicherweise für die Verschleißmessung des Zylinders verwendet. Die Messuhr kann mit einem Halter versehen den Schlag von Wellen wie beispielsweise den Radachsen messen.

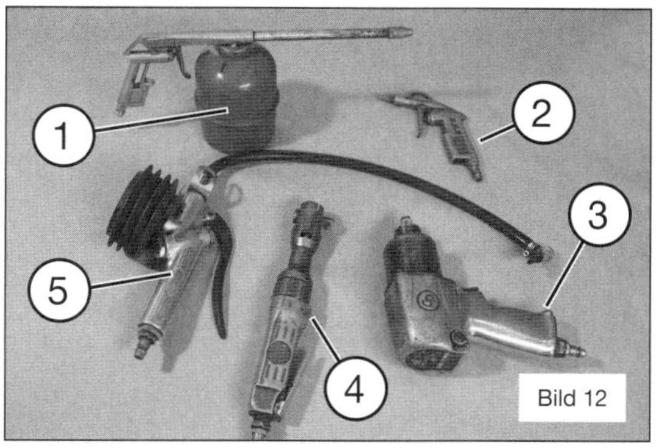

Bild 12
Druckluftwerkzeuge.
1 Sprühlanze mit Behälter
2 Ausblaspistole
3 Schlagschrauber
4 Druckluftratsche
5 Luftprüfer (Reifenfüller)

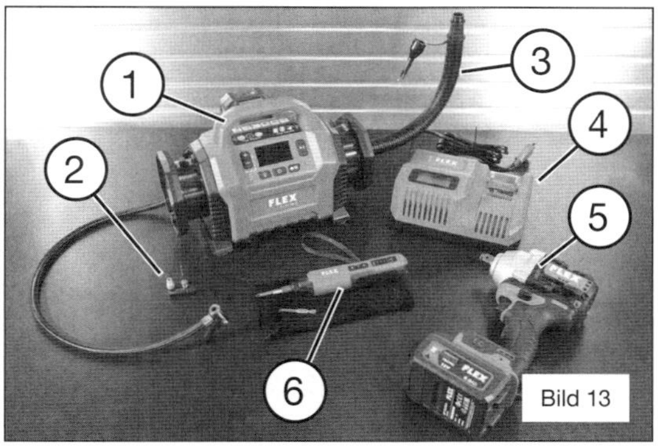

Bild 13
Alternativen zum Kompressorwerkzeug.
1 Kleinkompressor und Luftpumpe
2 Anschlussstücke
3 Gebläseschlauch
4 Schnellladegerät
5 Schlagschrauber
6 Elektrischer Schraubendreher

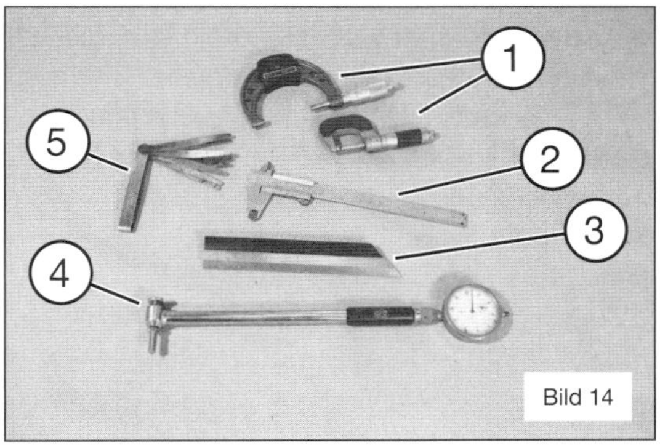

Bild 14
Messwerkzeuge für die Mechanik.
1 Bügelmessschrauben
2 Messschieber
3 Haarlineal
4 Innentaster mit Messuhr
5 Fühlerlehre

Fühlerlehre (5 im Bild 14)
Die Fühlerlehre wird, wie schon im Text zuvor beschrieben, für die Beurteilung von Planflächen und das Einmessen des Ventilspiels verwendet. Den Einsatz werden Sie im Kapitel 10 in Detail kennenlernen.

Messwerkzeuge Elektrik

Die Messwerkzeuge für die elektrische Anlage sind unerlässlich. Sie müssen aber für die jeweilige Aufgabe entsprechend ausgewählt werden, um ein verwertbares Ergebnis ausgeben zu können.

Wir werden Ihnen in den Kapiteln dieses Buchs, wo Messungen erfolgen sollten, die Messungen in einzelnen Schritten mit der erforderlichen Einstellung des Messgerätes beschreiben.

Ungeeignete Prüfwerkzeuge
Vor einigen Jahrzehnten war die Prüflampe noch die Allround-Bewaffnung für die Fehlersuche an der elektrischen Anlage. Die gute alte Prüflampe war mit einer Glühlampe ausgestattet, die leuchtete, sobald eine Spannung zwischen Anschluss und Spitze anlag. Allerdings hat diese Glühlampe eine Stromaufnahme, die, so klein sie auch ist, elektronische Bauteile schädigen kann. Hinzu kommt noch, dass eine optische Anzeige in Form der Leuchtkraft einer Glühlampe zumeist kein auswertbares Ergebnis liefert. Auch wenn die Varianten mit LED-Leuchten eine deutlich bessere Variante darstellen, liefern sie für die Fehlersuche auch nur bedingt auswertbare Ergebnisse.

Das Multimeter (1 im Bild 15)
Das Multifunktionsmessgerät, kurz Multimeter, ermöglicht mit einem Gerät die Spannung (V = Volt), den Strom (A = Ampere), den Widerstand (Ω = Ohm) und noch einige Sonderfunktionen wie den Durchgang, die Diodenprüfung und oft auch die Temperatur zu messen. Um die Messergebnisse als Zahlenwert ablesbar zu machen, erfassen die meisten Multimeter die Messungen etwa dreimal je Sekunde und errechnen dann einen Mittelwert, der auf dem Display angezeigt wird. Für Messungen, deren Veränderung recht träge stattfinden, ist das ausreichend, für schnelle Signale aber nicht.

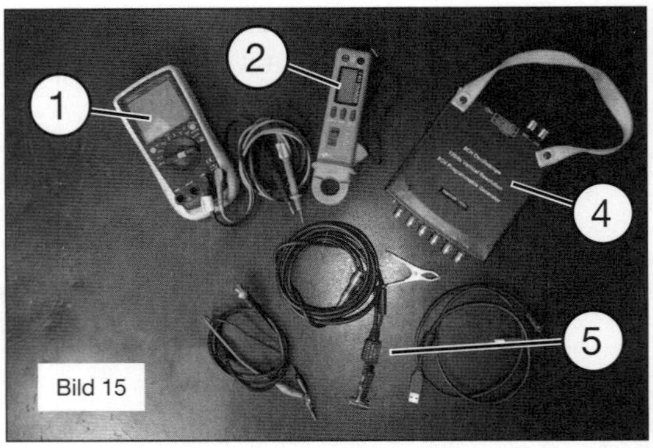

Bild 15

Bild 15
Messwerkzeuge für die Elektrik.
1 Multimeter
2 Amperezange
3 Handdiagnosetester
4 Oszilloskopvorsatz für das Laptop
5 Vorsätze und Messadapter

Die Amperezange (2 im Bild 15)
Die Strommesszange kommt nur bei wenigen Messungen zum Einsatz. Zumeist geht es dann um die Überprüfung des Ruhestroms, also der Stromaufnahme, die bei abgeschalteter Zündung in einzelnen Stromkreisen noch messbar ist. Natürlich kann auch die Stromaufnahme des Starters (Anlasser) geprüft werden. Die Messungen rund um den Starter (Anlasser) werden wir Ihnen im Kapitel 7 näher vorstellen.

Das Oszilloskop (4 im Bild 15)
Die meisten Spannungssignale an Ihrem Motorrad sind sehr schnell. Sogar so schnell, dass sie nicht von dem Multimeter richtig erfasst werden können. Das Oszilloskop stellt die Spannungsverläufe oder mit entsprechendem Messvorsatz auch den Verlauf für einen Stromfluss oder einen Widerstand grafisch dar. Jede Veränderung in der Spannungshöhe aber auch in der Flussrichtung (bei einer Wechselspannung) wird auf dem Bildschirm mit einer Abweichung nach oben oder unten dargestellt. Das Bild entsteht von links nach rechts auf dem Bildschirm. Das ist der Zeitverlauf. Sowohl die Ansicht für den Zeitverlauf als auch die Messwertanzeige können durch die Einstellung verändert werden. Vereinfacht ist es möglich, in das Bild »hinein oder heraus zuzoomen«. Die Messungen werden wir Ihnen aber in den Kapiteln im Detail vorstellen.

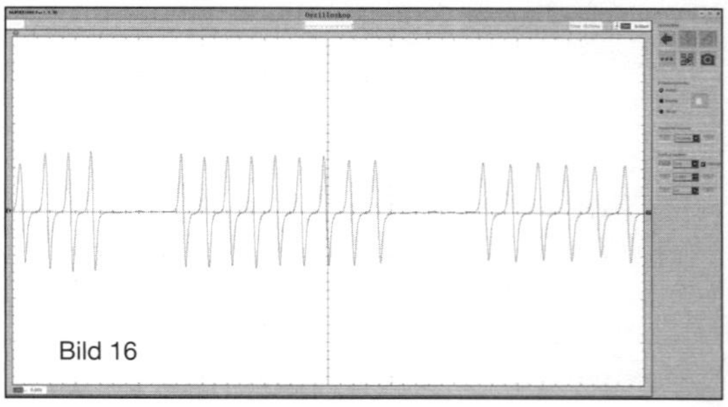

Bild 16

Bild 16
Signalbild eines OT-Gebers. Der Bildschirm zeigt eine Wechselspannung von etwa 5 V in einem Zeitrahmen von 0,1 Sekunden.

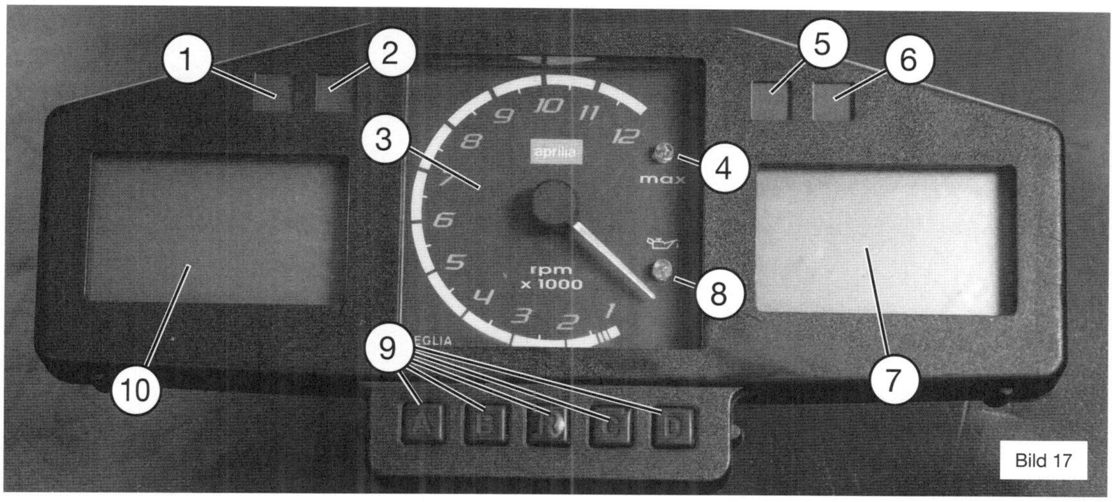

Bild 17

Bild 17
Tachometereinheit oder Multifunktionsanzeige.
1 Blinkerkontrollleuchte
2 Fernlichtkontrollleuchte
3 Drehzahlmesser
4 Drehzahlwarnleuchte
5 Kraftstoffwarnleuchte
6 Seitenständerwarnleuchte
7 Multifunktionsanzeige (Uhr, Batteriespannung, LAP-Timer, Diagnose)
8 Öldruckwarnleuchte
9 Multifunktionstasten
10 Tachometer

Diagnosewerkzeug

Es möglich ohne Diagnosewerkzeug den Fehlerspeicher des Motorrades einzusehen und auszuwerten. Zum Zeitpunkt der Herstellung der RSV beziehungsweise der Tuono dieser Baureihe war es nicht unbedingt vorrangig, alle verbauten Systeme und Komponenten vollständig zu überwachen und auch sporadische Fehler in einem Speicher für die Auswertung bei der nächsten Wartung zu sichern. Nach Bedarf wird bei der Aprilia der Fahrer auf einen vorliegenden Fehler mit dem Schriftzug »EFI« im rechten Display angezeigt. Die Auswertung erfolgt dann im Diagnose-Modus. Wie dieser ausgelöst wird und was der angezeigte Code im rechten Display dann bedeutet, stellen wir Ihnen noch im Kapitel 9 »Zünd- und Einspritzsysteme« genauer vor.

Bild 18

Bild 18
Warnung vor einem oder mehreren Fehlern im Zünd- und Einspritzsystem.

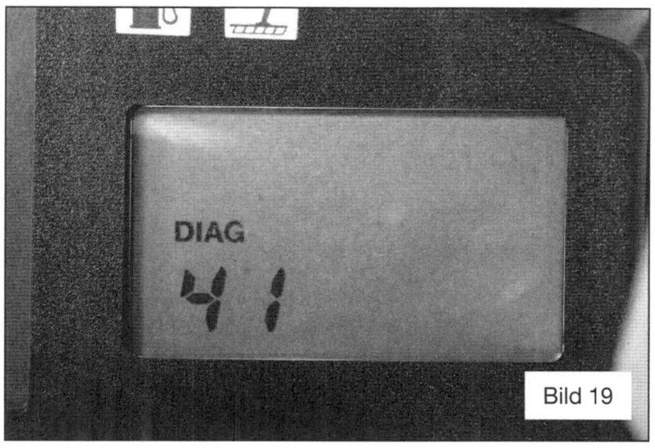

Bild 19

Bild 19
Anzeige der Servicecodenummer im Diagnosemodus.

Das Steuergerät als Messwertgeber
Was bei den OBD-Systemen heute schon zur guten Gewohnheit geworden ist, muss in diesem Einspritzsystem über verschiedene Messungen erfasst werden. In vielen Fällen tritt ein Fehler nur bei bestimmten Begebenheiten auf. Ein Temperaturfühler, der aufgrund von Korrosion falsche Messwerte an das Motorsteuergerät liefert, fällt kaum auf, wenn sich die Messwerte nicht als »Istwert« darstellen lassen. So fällt die gemessene Temperatur über die Istwerte eines Steuergerätes mit -35 °C in der sommerlich aufgeheizten Werkstatt sofort ins Auge.
Ohne OBD müssen die Messwerte über ein Multimeter oder über das Oszilloskop erfasst werden und dann über die Kennlinien, Messergebnisse oder Signalbilder zu dem entsprechenden Bauteilen ausgewertet werden.

Messgeräte und Werkzeuge zur Diagnose
Wir werden Ihnen die Messgeräte, die Einstellung und den Umgang im Zusammenhang mit den Bauteilen vorstellen, an denen eine Bauteilprüfung sinnvoll durchgeführt werden kann. Gerade dann, wenn ein Bauteil ein sehr präzises Signal zu einem bestimmten Zeitpunkt liefern muss, kommt natürlich auch ein Oszilloskop (4 im Bild 15) zum Einsatz. Die Messungen nur auf ein Multimeter zu beschränken, schränkt die Fehlersuche und Funktionsbewertung stark ein.

4 Fahrzeugreinigung

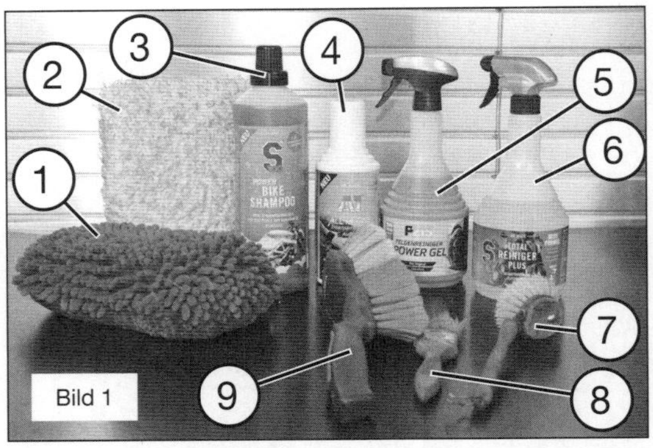

Bild 1
Reiniger und wichtige Waschutensilien.
1 Schwamm
2 Waschhandschuh
3 Shampoo
4 Shampoo mit Pflegezusätzen
5 Felgenreiniger
6 Motorrad Universal-Reinigungsgel
7 Haushaltsbürste
8 Pinsel
9 Waschbürste

Bild 2
Auffrischen und die Reinigung zwischendurch.
1 Schnellreiniger im Taschenformat auch für unterwegs
2 Farbauffrischer für unlackierte Kunststoffteile
3 Schnellwachs zum Sprühen
4 Spraywachs für Mattlacke
5 Politur für Lack und Kunststoff
6 Schnellreiniger zum Reinigen ohne Wasser
7 Politur für Chrom- und Aluminiumteile
8 Unterschiedliche Mikrofaserlappen

Waschen und Konservieren

Motorradwäsche

Grundsätzlich dürfen Sie davon ausgehen, dass die Motorradwäsche auf dem Privatgelände oder auf der Straße nicht erlaubt ist. Genauer erfahren Sie das bei Ihrer Gemeinde, die das Wasserhaushaltsgesetz umsetzen muss. Zulässig ist es auf speziellen Waschplätzen, die dann über einen Ölabscheider und oft sogar eine Wasseraufbereitungsanlage verfügen.

Waschen Sie Ihr Motorrad niemals mit einem Hochdruckreiniger oder Dampfstrahler. Der hohe Wasserdruck löst zwar hervorragend die Schmutzpartikel, drückt diese aber auch genauso gut zusammen mit Wasser in die Schmierstellen wie Schwingen und Lenkkopflager hinein.

Reinigen Sie Ihr Motorrad niemals in der prallen Sonne.

- Waschen Sie das Motorrad mit Wasser und lösen Sie die Verschmutzungen an.
- Sprühen Sie einen Motorradreiniger auf und lassen Sie ihn nach den Herstellervorgaben einwirken.
- Vermeiden Sie es, Reifen und Bremsen mit Reiniger oder Shampoo zu behandeln.

Rückstände können Einfluss auf die Haftung der Reifen oder das Bremsverhalten haben.

- Lösen Sie in der Einwirkphase mit der Haushaltsbürste (7 im Bild 1) und dem Pinsel (8) die stark anhaftenden Verschmutzungen mechanisch an.
- Waschen Sie nach der Einwirkzeit das Motorrad von oben nach unten gründlich mit klarem Wasser ab.
- Trocknen Sie die Lack- und Glasflächen mit einem sauberen Mikrofasertuch ab, um Wasserflecken zu vermeiden.

Die Wäsche zwischendurch

Sicherlich ist es nicht sinnvoll, ein vollständig verdrecktes Motorrad mit Schnellreiniger wieder auf Vordermann zu bringen. Die Schnellreiniger (1 und 6 im Bild 2) haben die Aufgabe, die Lackflächen mit wenigen Handgriffen von Flecken zu befreien und die Oberfläche optisch ansprechend zu versiegeln.

- Sprühen Sie den Reiniger gleichmäßig vernebelt auf die Oberfläche auf.
- Lassen Sie den Reiniger kurz einwirken und wischen Sie ihn mit einem sauberen Mikrofasertuch ab.

Tragen Sie keinen Schnellreiniger auf die Sitzbank auf.

Falten Sie das Mikrofasertuch zweimal in der Hälfte zusammen. Die nutzbare Fläche ist noch immer groß genug und Ihnen stehen 8 Flächen zur Reinigung und zum Polieren zur Verfügung.

- Polieren Sie die Oberfläche leicht ab.

Konservieren

Aluminumteile und Salz sind von jeher sehr schlecht miteinander verträglich. Gelöste Salze im Wasser finden kleinste Lücken oder Schäden im Lack und hinterwandern sogar pulverbeschichtete Bauteile. Regelmäßige Kontrolle und frühzeitiges Erkennen und Handeln ist unbedingt erforderlich.

Mit Korrosionsschutzwachs für Motorräder können Sie schwer zu erreichende Stellen dauerhaft schützen. Die so behandelten Stellen sollten Sie auch regelmäßig reinigen und neu mit Korrosionsschutz versehen.

Polieren der Lackteile

Polieren mit der Poliermaschine (Bild 3)

■ Reinigen Sie die Lackoberflächen mit Wasser und einem sauberen Lappen.

■ Tragen Sie etwas (2 bis 3 Fingerkuppen) Politur auf den Polierschwamm auf.

■ Fangen Sie mit einer niedrigen Drehzahl an die Fläche auszupolieren.

Wechseln Sie die Polierrichtung, um Hologramme zu vermeiden.

■ Kontrollieren Sie zwischendrin das Polierergebnis, indem Sie die Polierstelle mit einem Lappen reinigen.

■ Polieren Sie abschließend die Politurreste mit einem sauberen Mikrofasertuch aus und versiegeln Sie die Oberfläche.

Polieren von Hand (Bild 4)

■ Reinigen Sie die Lackoberfläche mit Wasser und einem sauberen Lappen.

■ Tragen Sie etwas (2 bis 3 Fingerkuppen) Politur auf die Polierfläche auf.

■ Polieren Sie mit kreisenden Bewegungen und gleichmäßigem Druck die Polierfläche ab.

Versiegeln mit Wachs

Soweit Ihre Politur eine reine Schleifpolitur ist, tragen Sie zum Abschluss ein Wachs auf und polieren Sie es in der Oberfläche ein.

Kunststoffpflege

■ Reinigen Sie die Kunststoffoberfläche mit Wasser und einem sauberen Lappen.

■ Sprühen Sie den Farbauffrischer (Bild 5) gleichmäßig vernebelt auf die Oberfläche auf.

■ Lassen Sie den Farbauffrischer nach Herstellervorgaben einziehen und reiben Sie die Oberfläche mit einem sauberen Tuch ab.

Smart Repair

Zumindest das Problem mit Dellen im Tank entfällt für die Aprilia´s. Dellen und Beulen gehören nicht zum Schadensprofil von Kunststoffteilen, zu denen hier auch der Kraftstofftank zählt. Kleinere Schäden an Bauteilen mit glänzender Oberfläche lassen sich wie bereits oben beschrieben auspolieren. An Mattlackteilen sollten Sie jegliche Polierversuche unterlassen. Polieren ist grundsätzlich sehr feines Schleifen, was die planmäßige Oberflächenrauigkeit des Mattlacks zerstört. Kleine Kratzer lassen sich aber mit einem Mattwachs zumindest etwas kaschieren. Tiefere Schäden schon im Klarlack machen eine Neulackierung zumindest der Klarlackschicht (Mattklarlack) erforderlich, um wieder eine gleichmäßige Lackoberfläche erzielen zu können.

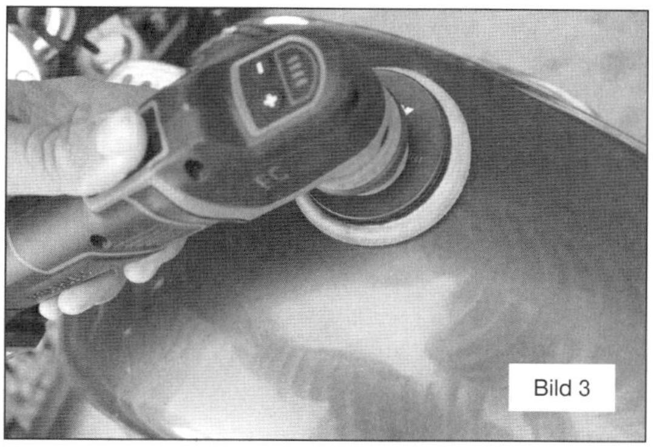

Bild 3
Mini-Poliermaschine von Flex im Einsatz. Gerade bei reinen Rotationsmaschinen auf die Lacktemperatur beim Polieren achten.

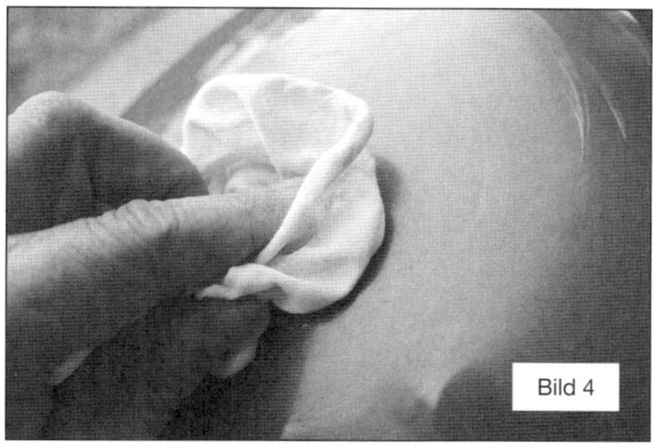

Bild 4
Handpolieren ist für kleine Flächen möglich, oft aber auch langwierig.

Bild 5
Kunststoffpflege. Aufsprühen, einziehen lassen und abwischen.

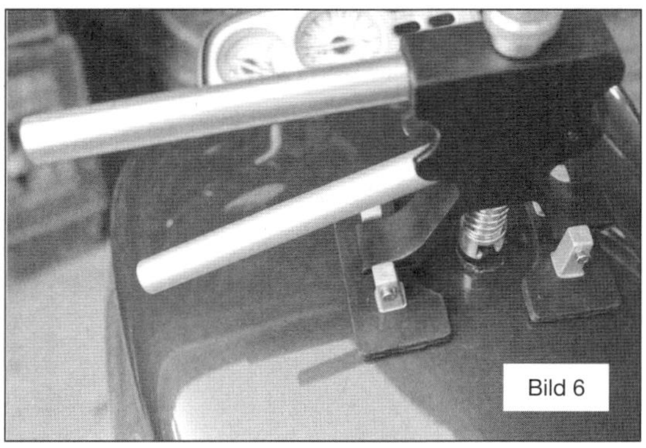

Bild 6
Smart Repair mit Mattwachs und Mattklarlackspray

Sichtprüfung Messen

5 Wartung

In diesem Kapitel werden wir Ihnen die Wartungspläne für die Aprilia RSV angelehnt an die originalen Wartungspläne vorstellen.

Wartung nach Plan

Regelmäßige Kontrollen

Die Prüfpunkte für die »regelmäßigen Kontrollen« in der Tabelle unten sollten Sie grundsätzlich vor Fahrtantritt abarbeiten, um mögliche Schäden zeitnah beheben zu können oder auch nur Ausfälle oder Pannen entgegenzuwirken.

Fälligkeit der Wartungsaufgaben

Grundsätzlich werden in unseren Wartungsplänen ein Zeitrahmen und die Laufleistungen angegeben. Die Fälligkeit der Wartung ist dann erforderlich, wenn eine der beiden Angaben erreicht ist. Auch ein Fahrzeug mit viel Standzeit und geringer Laufleistung muss genauer inspiziert werden. Schließlich können sowohl die Betriebsmittel als auch Schläuche, Reifen und andere Baukomponenten altern, verschmutzen oder korrodieren. Wir werden die Intervalle für die Aprilia nach den Systemen sortiert vorstellen und die erforderlichen Arbeiten mit einem entsprechenden Kürzel kennzeichnen.

Regelmäßige Kontrollen

Hier beschreiben wir die Arbeitsschritte, die Sie zwischendurch z. B. vor einer Tour, beim Tanken oder bei der Fahrzeugreinigung kontrollieren sollten:

Arbeitsschritte	Bemerkung	OK/Defekt
Motorölstand und Kühlflüssigkeit prüfen, eventuell nachfüllen		
Reifen auf den Zustand, das Reifenlaufbild, den Fülldruck und die Profiltiefe prüfen (siehe Kapitel 16)	vo. 2,5 bar, hi. 2,8 bar	
Kontrollleuchten, Standlicht, Abblend- und Fernlicht prüfen (siehe Kapitel 8)		
Einstellung des Abblend- und Fernlichts prüfen (siehe Kapitel 8)		
Bremsleuchten, Blinker und Warnblinker sowie das Signalhorn (auch Lichthupe) prüfen		
Bremsen und Bremsflüssigkeit prüfen, Handbremshebelweg und eventuelle Einstellung prüfen		
Kettenspannung und Zustand von Kette und Kettenrad prüfen (siehe Kapitel 12)	25 mm bis 35 mm Durchhang	
Wenn damit ausgestattet: Haltbarkeitsdatum des Reifenreparatur-Sets prüfen		
Prüfen Sie, ob das Haltbarkeitsdatum des Verbandskastens/ Verbandstasche überschritten ist		

Wartungsarbeiten

Hier beschreiben wir die Arbeitsschritte, die für die Wartung durchgeführt werden sollen:

Wartungsarbeiten am Kraftstoffsystem

Hier beschreiben wir die Arbeiten, die für die Wartung rund um das Kraftstoffsystem anfallen:

W = Wechsel, P = Prüfen, S = Schmieren

Bezeichnung	1000 km	Alle 7500 km	Alle 15.000 km	Max. Zeitintervall
Luftfiltereinsatz und Luftfilterkasten	P	P	W	12 Monate

* Bei Fahrzeugen, die häufig mit hoher Geschwindigkeit, überwiegend im Stadtverkehr gefahren werden oder in staubreicher, nasser oder stark verschmutzter Umgebung betrieben werden, muss das Intervall kürzer ausfallen.

Wartungsarbeiten am Kraftstoffsystem

W = Wechsel, P = Prüfen, S = Schmieren

Bezeichnung	1000 km	Alle 7500 km	Alle 15.000 km	Max. Zeitintervall
Leerlaufdrehzahl prüfen (1150 bis 1350 1/min)	P	P	P	-
Gaszüge (Einstellung, Spiel, Leichtgängigkeit)	S + P	-	S + P	S + P (1 Jahr)
Drosselklappen synchronisieren	P	P	P	-
Kraftstoffversorgung (Dichtigkeit, Sitz der Verschlauchung)	P	P	P	-
Kraftstofffilter	-	-	W (alle 45.000 km)	W (4 Jahre)
Kraftstoffschläuche				W (4 Jahre)
Unterdrucksystem (Tank und Entlüftung)	P	P	P	P

Wartungsarbeiten am Kühlsystem

Hier beschreiben wir die Arbeiten, die für die Wartung rund um das Kühlsystem anfallen:

W = Wechsel, P = Prüfen, S = Schmieren

Bezeichnung	1000 km	Alle 7500 km	Alle 15.000 km	Max. Zeitintervall
Kühlmittelstand	P	-	P	-
Kühlmittelsystem (Dichtigkeit, Sitz der Verschlauchung)	P	-	P	P (1 Jahr)
Kühlmittel (ca. 23 l, -25 °C)	-	-	-	W (2 Jahre)
Kühlmittelschläuche und Dichtringe	-	P	P	W (3 Jahre)

Wartungsarbeiten am Zylinderkopf

Hier beschreiben wir die Arbeiten, die für die Wartung rund um den Zylinderkopf anfallen:

W = Wechsel, P = Prüfen, S = Schmieren

Bezeichnung	1000 km	Alle 7500 km	Alle 15.000 km	Max. Zeitintervall
Ventilspiel EV 0,12 mm - 0,17 mm, AV 0,23 mm - 0,28 mm	-	-	P	-
Ansaugsystem und Drosselklappen (Dichtigkeit, Sitz der Ansaugstutzen)	-	P	P	-
Dichtigkeit Anschluss und Membran zur pneumatischen Antihoppingkupplung (Falschluft)	-	P	P	-

Wartungsarbeiten an der Kupplung

Hier beschreiben wir die Arbeiten, die für die Wartung rund um die Kupplung anfallen:

W = Wechsel, P = Prüfen, S = Schmieren

Bezeichnung	1000 km	Alle 7500 km	Alle 15.000 km	Max. Zeitintervall
Kupplung und Betätigung (Trennverhalten, Einkuppelverhalten, Hebeleinstellung, Lüftspiel)	P	P	-	-
Kupplungsflüssigkeit (DOT 4, DOT 5.1)	P	P	P	W (2 Jahre)

Sichtprüfung Messen

Wartungsarbeiten am Motorschmiersystem

Hier beschreiben wir die Arbeiten, die für die Wartung rund um das Schmiersystem anfallen:

W = Wechsel, P = Prüfen, S = Schmieren

Bezeichnung	1000 km	Alle 7500 km	Alle 15.000 km	Max. Zeitintervall
Ölfilter und Motoröl SAE 15W50 (ca. 4,0 l) (API SG, CCMC G-4)	W		W	W (1 Jahr)

Wartungsarbeiten an Rad und Reifen

Hier beschreiben wir die Arbeiten, die für die Wartung rund um Rad und Reifen anfallen:

W = Wechsel, P = Prüfen, S = Schmieren

Bezeichnung	1000 km	Alle 7500 km	Alle 15.000 km	Max. Zeitintervall
Reifenluftdruck (vorne 2,5 bar, hinten 2,9 bar)	P	P	P	P (1 Jahr)
Reifenzustand (Profiltiefe, Ablauf, Schäden)	-	P	P	P (1 Jahr)
Radlagerung (Spiel, Geräusche, Leichtgängigkeit)	-	P	P	P (1 Jahr)

Wartungsarbeiten am Kettenantrieb

Hier beschreiben wir die Arbeiten, die für die Wartung rund um den Kettentrieb anfallen:

W = Wechsel, P = Prüfen, S = Schmieren

Bezeichnung	1000 km	Alle 7500 km	Alle 15.000 km	Max. Zeitintervall
Kettenschmierung (schmieren, wenn erforderlich reinigen)	P + S alle 600 km			
Kettenvorspannung (25 mm - 35 mm Durchhang)	P alle 1000 km			
Kettenverschleiß (in Richtung der Schwinge max. 1/3 der Zahnhöhe vom Kettenrad abzuheben)	-	-	P	-
Zustand der Kettenführungsschienen	-	-	P	-

Wartungsarbeiten am Bremssystem

Hier beschreiben wir die Arbeiten, die für die Wartung rund um das Bremssystem anfallen:

W = Wechsel, P = Prüfen, S = Schmieren

Bezeichnung	1000 km	Alle 7500 km	Alle 15.000 km	Max. Zeitintervall
Sichtkontrolle (Dichtigkeit, Befestigung)	P	-	P	-
Funktion und Hebelwege (Bremswirkung, gutes Ansprechverhalten)	P	P	P	P (1 Jahr)
Bremsflüssigkeit (Flüssigkeitsstand)	P	P	P	P (1 Jahr)
Bremsflüssigkeit (Flüssigkeitswechel)	-	-	-	W (2 Jahre)
Bremsschläuche erneuern	-	-	-	W (4 Jahre)
Gummiteile im Hauptbremszylinder und Bremssätteln	W alle 45.000 km			W (4 Jahre)
Bremsbelagstärke	-	P	P	-
Funktion des Bremslichtes	P	P	P	-

Wartungsarbeiten am Fahrwerk

Hier beschreiben wir die Arbeiten, die für die Wartung rund um das Fahrwerk anfallen:

W = Wechsel, P = Prüfen, S = Schmieren

Bezeichnung	1000 km	Alle 7500 km	Alle 15.000 km	Max. Zeit-intervall
Dämpfer hinten	-	P	P	P (1 Jahr)
Schwingenlagerung	-	P	P	P (1 Jahr)
Gabel vorne	-	P	P	P (1 Jahr)
Lenkkopflagerspiel	-	P	P	P (1 Jahr)
Lenkkopflager (reinigen und schmieren)				S (1 Jahr)

Wartungsarbeiten an Rahmen und Anbauteilen

Hier beschreiben wir die Arbeiten, die für die Wartung am Rahmen und Anbauteilen anfallen:

W = Wechsel, P = Prüfen, S = Schmieren

Bezeichnung	1000 km	Alle 7500 km	Alle 15.000 km	Max. Zeit-intervall
Ständer, Rasten, Schlösser	-	P	S	-
Zustand von Schrauben, Bolzen und Verschlüssen	-	P	S	-
Korrosionskontrolle am Rahmen und Motorblock	-	P	S	-

Wartungsarbeiten an der elektrischen Anlage

Hier beschreiben wir die Arbeiten, die für die Wartung rund um die elektrische Anlage anfallen:

W = Wechsel, P = Prüfen, S = Schmieren

Bezeichnung	1000 km	Alle 7500 km	Alle 15.000 km	Max. Zeit-intervall
Lichtanlage, Batterie und Ladestromkreis	-	-	P	P (1 Jahr)
Fehlerspeicherabfrage Steuergeräte	P	P	P	-
Zündkerze (NGK CR9EIA-9, 20 Nm, 0,8 mm - 0,9 mm)	-	-	W	-

Wartungsdaten

Die wichtigsten Daten für die Wartungsarbeiten zusammengefasst:

Beschreibung	Daten
Motoröl (ca. 3,7l) (3,9l mit Filter)	15W50
Ölfilterdeckel Schrauben	11 Nm
Ablassschraube (Öltank)	12 Nm (15 Nm)
Kühlmittel (ca. 2,5 l)	für Alumotoren
Bremsflüssigkeit (ca. 0,5 l)	DOT 4 (DOT 5.1)
Generator Ladespannung	ca. 14 V /40001/min
Ventilspiel Einlassventil	0,13 mm - 0,22 mm
Ventilspiel Auslassventil	0,22 mm - 0,31 mm

Beschreibung	Daten
Zündkerze	NGK DCPR9E
Zündkerze	20 Nm
Elektrodenabstand	0,6 mm - 0,7 mm
Öldruck im Leerlauf	0,5 bar
Antriebskette Durchhang	25 mm - 35 mm
Spiel am Gasdrehgriff	2 - 3 mm
Luftdruck Reifen vo/hi	2,5 bar / 2,8 bar
Ventildeckel	9 Nm

6 Spannung und Versorgung

In diesem Kapitel werden wir die Spannungsversorgung, also alles, was mit der Batterie und der Batterieladung zu tun hat, unter die Lupe nehmen. Wir werden Ihnen neben den Komponenten auch den Aufbau und den Schaltplan vorstellen. Selbstverständlich gehören auch entsprechende Messungen und Prüfungen dazu.

Batterie defekt?

Fehlersuche im System

Ein typischer Fehler im Laufe der Betriebszeit bezieht sich auf die Spannungsversorgung und den »Ladungsträgerspeicher« im Motorrad. Jedenfalls erscheint es oft schnell so und die Batterie wird ersetzt, obwohl kein Schaden an ihr vorliegt, bis auf die vielleicht zu geringe Ladung. Möglicherweise findet sich ein Fehler aber in einem ganz anderen Gebiet der Spannungsversorgung des Motorrades. Beachten Sie die Reihenfolge der Vorgehensweise. Oftmals ist es zwingend erforderlich, dass die zu prüfenden Bauteile noch eingebaut sein müssen. Die Spannungsversorgung ist für den Betrieb der Elektronik sehr wichtig.

Fehler im Bordnetz können Spannungsspitzen oder Spannungsabfälle verursachen, die dann für Ablauffehler im Programm des Steuergerätes sorgen können. Zudem ist die Mindestspannung für den Betrieb der Steuergeräte etwa 9 V. Fällt die Spannung unter Last oder beim Starten unter diese Grenze, wird das Motorrad nicht anspringen, da das/die Steuergerät/e nicht mehr arbeiten kann/können.

Entladung ist normal

Aprilia empfiehlt die Batteriespannung regelmäßig zu überprüfen. Wird Ihr Motorrad zurzeit nicht bewegt, sollte die Batteriespannung wöchentlich überprüft werden. Wird es über einen deutlich längeren Zeitpunkt abgestellt, ist es sinnvoll, ein Dauerladegerät beziehungsweise ein Erhaltungsladegerät anzuschließen. Muss Ihr Motorrad regelmäßig länger parken, empfiehlt es sich ein Ladegerät zu wählen, das den Anschluss über einen fest verlegten Kombistecker (siehe Bild 1) realisieren kann.

Batterie laden

Spannung	Ladezustand
> 12,8 V	Voll geladen
Ca. 12,4 V	Normal geladen
Ca. 12,2 V	Schwach geladen
Ca. 11,9 V	Normal entladen
< 10,7 V	Tief entladen

Selbst das Batterie laden birgt heute einige Gefahren und Risiken, derer man sich zumindest bewusst sein sollte. Einfach einmal ein Ladegerät anschließen und dann abwarten funktioniert nicht mehr wirklich.

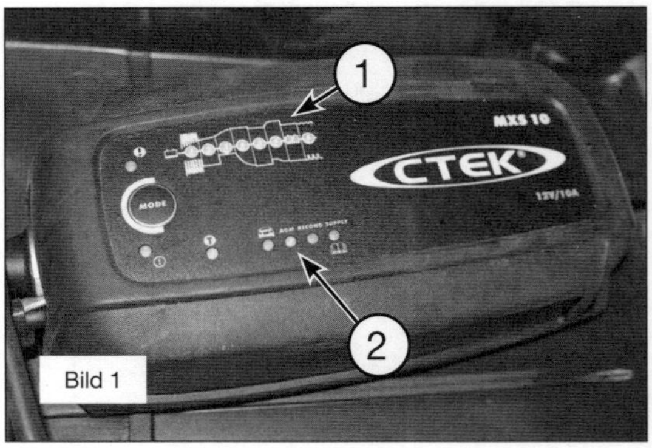

Bild 1
Anzeige eines Dauerladegerätes.
1 Anzeige Ladezyklus
2 Funktionsanwahl

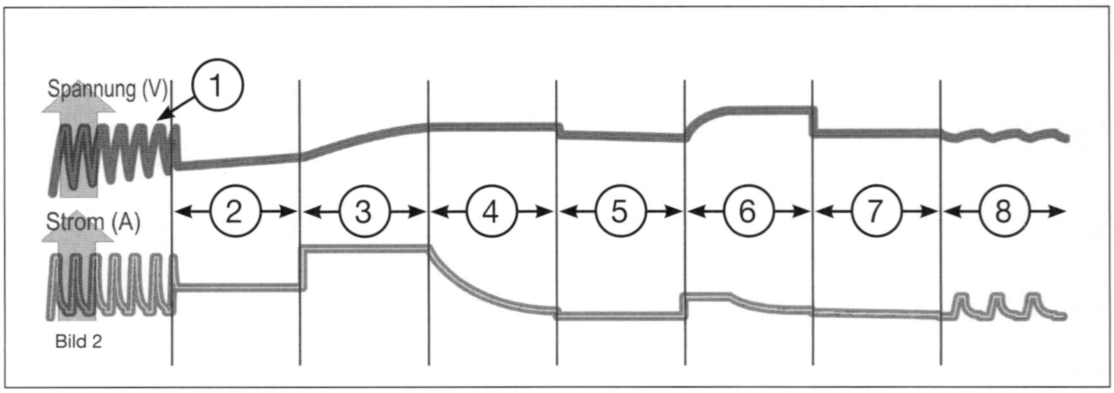

Bild 2
Ladezyklen eines Prozessorladegerätes.
1 Entsulfatierung
2 Ladeprüfung
3 Vorladephase
4 Vollladen
5 Batterietest
6 Durchmischung (Sonderprogramm)
7 Ladungserhaltung (Sonderprogramm)
8 Ladungsüberwachung (Sonderprogramm)

Das Ladegerät sollte heute in der Lage sein sich auf die Anforderungen, die durch die Batterie gestellt werden, einzustellen. Die Investition in ein Ladegerät mit Ladeerhaltefunktion und selbstverständlich GEL/Akku-Eignung, rechnet sich recht schnell.

Die Ladeerhaltung kann aufgrund eines prozessorgesteuerten Ladestromverlaufes und auch definierter Spannungshöhen wenigstens zum Teil das Altern des Akkus deutlich verzögern.

Batterietyp beachten

Säure- oder AGM-Batterie? Der erste Unterschied fällt tatsächlich ins Auge, nicht nur im Preis. Nasse Blei-Säurebatterien haben Verschlussdeckel verbaut. Gasdichte Blei-Säurebatterien werden zur Auslieferung befüllt und mit einem Verschluss versiegelt. Der wesentliche Unterschied zwischen AGM- und Nassbatterie liegt darin, dass der Elektrolyt in ein Glasfaservlies eingebunden ist. AGM bedeutet »Absorbent Glass Mat«. Die Ladeschlussspannung für offene Batterien und den geschlossenen AGM kann sehr unterschiedlich sein. In der Regel wird für die AGM-Batterien sogar eine etwas höhere Spannung angefordert. Die Ladespannung wird oft von Ladegeräten, aber auch vom Bordnetzsystem des Fahrzeugs überschritten.

Eine zu hohe Spannung bringt die Batterien zum Ausgasen (Gasungsspannung), und eine zu geringe Ladespannung verursacht dann eine nicht vollständig geladene Batterie. Grundsätzlich sollten Sie immer nachsehen, welcher Batterietyp in Ihrem Fahrzeug verbaut ist und soweit möglich eine Vorauswahl am Ladegerät treffen.

Batterie laden

Die Batterie ist unter dem Fahrersitz verbaut. Zum Laden oder dem Ausbau der Batterie wird der Fahrersitz demontiert.

■ Schalten Sie die Zündung aus und ziehen Sie den Schlüssel ab.

■ Stellen Sie das Motorrad auf dem Seitenständer oder einem Montageständer ab.

■ Drücken Sie das Sitzbankpolster im hinteren Bereich des Fahrersitzes etwas zur Seite und drehen Sie die beiden Schrauben rechts und links heraus.

■ Schwenken Sie den Fahrersitz hinten nach oben und nehmen Sie ihn aus der Lasche im Tankbereich heraus.

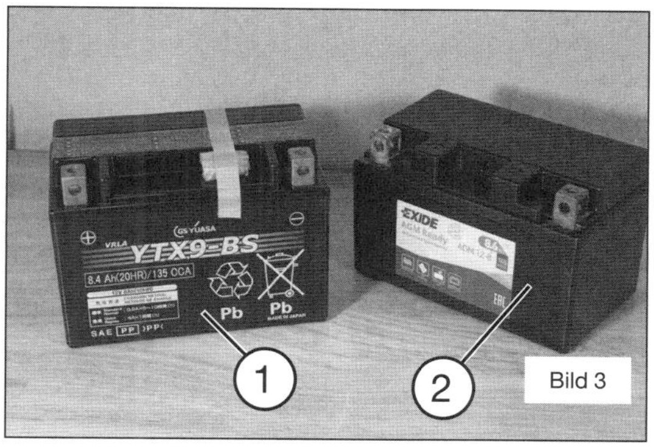

Bild 3

Bild 3
AGM- und Nassbatterie. Nicht immer am Deckel zu erkennen, aber immer an der Beschriftung.
1 Nassbatterie
2 AGM-Batterie

Bild 4

Bild 4
Verschraubung des Fahrersitzes.
1 Fahrersitz
2 Schraube

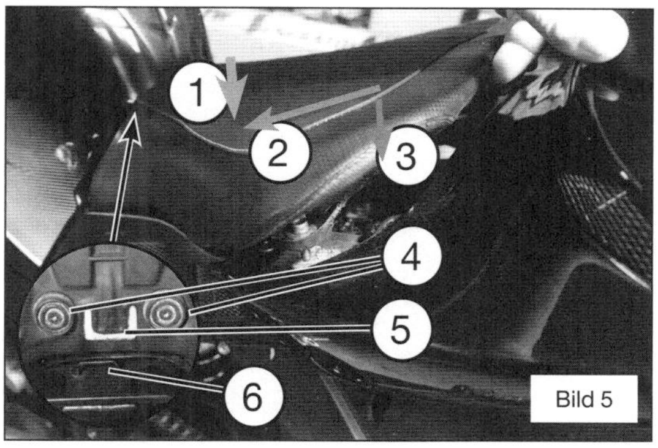

Bild 5

Bild 5
Ausschwenken der Sitzbank.
1 Vorne herunterdrücken
2 Nach vorne schieben
3 Hinten herunterdücken
4 Auflagegummis
5 Haltelasche am Sitz
6 Haltebügel am Sitzträger

Bild 6

Bild 6
Anschluss des Batterieladegerätes an der Batterie.

■ Kontrollieren Sie den Zustand der Anschlusskabel der Batteriepole auf Korrosion, Ablagerungen und festen Sitz der Batteriepolverschraubung.

■ Ziehen Sie die Abdeckung des Plusanschlusses etwas zurück und schließen Sie das Pluskabel des Ladegerätes an den Pluspol der Batterie an.

Sichtprüfung

Messen

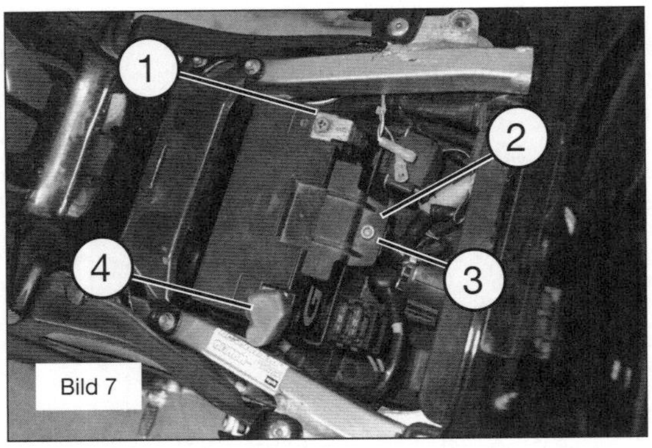

Bild 7
Ausbau des Batteriehalters.
1 Minuspol
2 Batteriehalter
3 Schraube
4 Pluspol

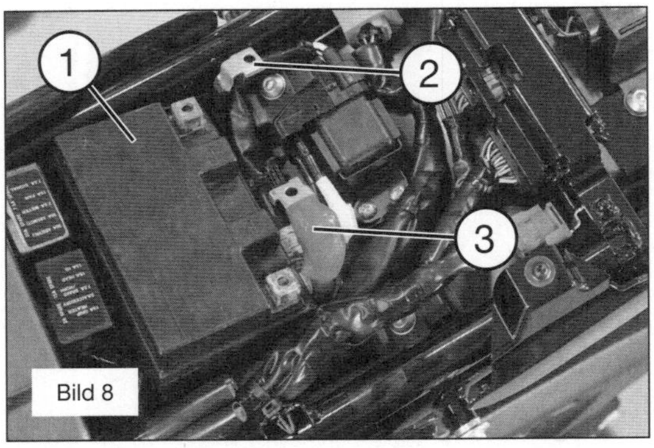

Bild 8
Ausbau der Batterie.
1 Batterie
2 Minuspol
3 Pluspol

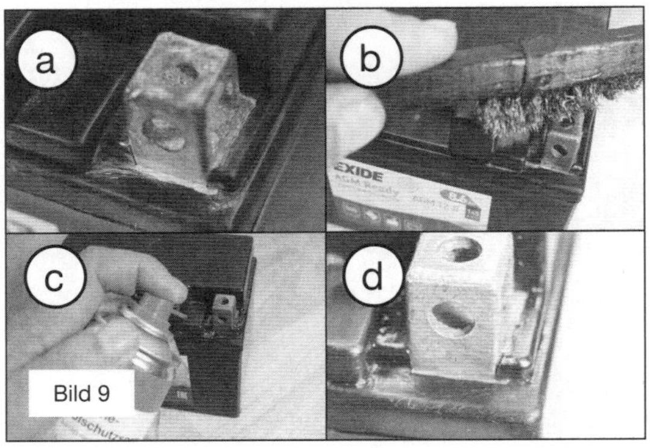

Bild 9
Pflege der Batteriepole.
a Oxidiert und verschmutzt
b Reinigen mit der Kupferbürste
c Übergang zum Gehäuse versiegeln
d Pol versiegelt und gereinigt

■ Schließen Sie das Minuskabel des Ladegerätes an den Minuspol der Batterie an.
■ Schließen Sie das Ladegerät an die Netzspannung an.
■ Wählen Sie den Batterietyp soweit erforderlich an.
■ Warten Sie den Ladebeginn noch ab und lassen Sie das Ladegerät die Batterie laden.
■ Kontrollieren Sie nach etwa einer Stunde den Fortschritt des Ladevorgangs anhand der Anzeige des Ladegeräts.

☞ Soweit keine Fehleranzeige erfolgt und die einzelnen Zyklen durchlaufen werden, warten Sie, bis das Ladegerät die Erhaltungsladung (7 im Bild 2) erreicht hat oder je nach Ladegerät den Status »Full« ausgibt.

■ Klemmen Sie das Ladegerät von der Batterie ab und montieren Sie den Sitz wieder.

Batterie aus- und einbauen

☞ Die Batterie ist unter dem Fahrersitz verbaut. Zum Laden oder dem Ausbau der Batterie wird der Fahrersitz demontiert.
■ Schalten Sie die Zündung aus und ziehen Sie den Schlüssel ab.
■ Stellen Sie das Motorrad auf dem Seitenständer oder einem Montageständer ab.
■ Drücken Sie das Sitzbankpolster im hinteren Bereich des Fahrersitzes etwas zur Seite und drehen Sie die beiden Schrauben rechts und links heraus.
■ Schwenken Sie den Fahrersitz hinten nach oben und nehmen Sie ihn aus der Lasche im Tankbereich heraus.
■ Klemmen Sie das Masseanschlusskabel (schwarz) von der Batterie ab.
■ Klemmen Sie das Pluskabel (rot) der Batterie ab.
■ Drehen Sie die Schraube (3 im Bild 7) des Batteriehalters (2) heraus.
■ Nehmen Sie den Batteriehalter (2) ab.
■ Legen Sie die Anschlusskabel (2 und 3 im Bild 8) zur Seite und nehmen Sie die Batterie nach oben heraus.

Die Montage erfolgt sinngemäß in umgekehrter Reihenfolge.
■ Klemmen Sie das Pluskabel (rot) der Batterie an.
■ Klemmen Sie das Masseanschlusskabel (schwarz) an die Batterie an.

Batterie pflegen und prüfen

Batteriepflege

An einer Batterie muss auch von Zeit zu Zeit mal etwas gereinigt und gewartet werden. Der Stromspeicher Ihres Motorrades wird ständig ge- und entladen. Er ist nur schlecht geschützt und muss Vibrationen wegstecken. Ein Problem lässt sich aber schon mit wenigen Handgriffen wortwörtlich »im Griff« behalten. Im Laufe der Zeit entsteht leicht Korrosion an den Batterieanschlüssen.

☞ Diese Korrosion bewirkt einen Übergangswiderstand. Dieser verursacht dann zuerst einen Spannungsverlust und zunehmend auch Temperatur, die den Anschluss der Batterie und das Anschlusskabel schädigen kann. Das gilt grundsätzlich für beide Pole. Auf die Probleme an

Fahrzeugmasse und Starter werden wir im nächsten Kapitel noch genauer eingehen.

Kontrollieren Sie den Zustand von Masse- und Plusanschluss an der Batterie. Wenn erforderlich reinigen Sie sie und tragen etwas Batteriepolfett auf.

Spannungsmessung mit dem Multimeter

Mit dem Multimeter (Bild 10) kann festgestellt werden, wie groß die »Leerlaufspannung« (die Spannung ohne Last) der Batterie ist. Mit Spannungsmessungen unter Belastung (z. B. Betätigen des Anlassers) können Rückschlüsse auf die Kapazität der Batterie gezogen werden.

- Schalten Sie die Zündung aus und ziehen Sie den Schlüssel ab.
- Stecken Sie den Schlüssel in das Sitzbankschloss ein und drehen Sie ihn im Uhrzeigersinn.
- Drehen Sie die Schrauben unter dem Sitzpolster los und schwenken Sie den Fahrersitz hinten nach oben heraus.
- Ziehen Sie die Polabdeckungen von Plus- und Minuspol von der Batterie zurück.
- Schließen Sie das Multimeter an die beiden Batteriepole an. Messen Sie die Ruhespannung der Batterie.
- Betätigen Sie den Anlasser und lesen Sie während des Startvorganges die kleinste Spannung ab.

Im Ruhezustand sollte eine geladene Batterie eine Spannung zwischen 12,8 V und 13,6 V aufweisen. Unter Belastung darf diese Spannung nicht unter 9 V fallen.

Batterietester einsetzen (Bild 11)

Für die Prüfung mit dem Batterietester oder auch die Auswertung mit dem Multimeter über die Batteriespannung muss die Batterie geladen werden und anschließend etwa 3 Stunden ruhen. Anschließend wird nach der Dateneingabe und dem Anschluss an die Batterie ein kleiner Belastungsstrom (2 im Bild 10) für eine kurze Zeit aufgeschaltet.

Die Auswertung des Spannungsabfalls (4) erfolgt durch den Batterietester.

- Je stärker der Spannungsabfall ausfällt und je schlechter sich die Batterie nach der Belastung (4 bis 5) erholt, umso geringer fällt die Kapazität aus.
- Sobald diese Werte den im Tester abgelegten Messwerten deutlich widersprechen, wird der Test als »nicht bestanden« und die Batterie als »defekt« ausgewiesen.

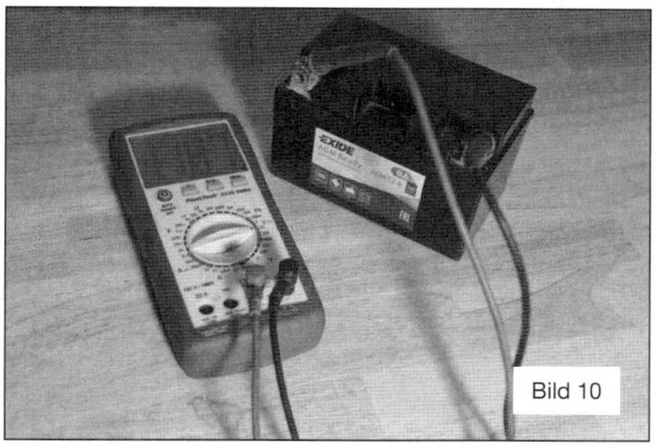

Bild 10

Bild 10
Spannungsmessung mit dem Multimeter.

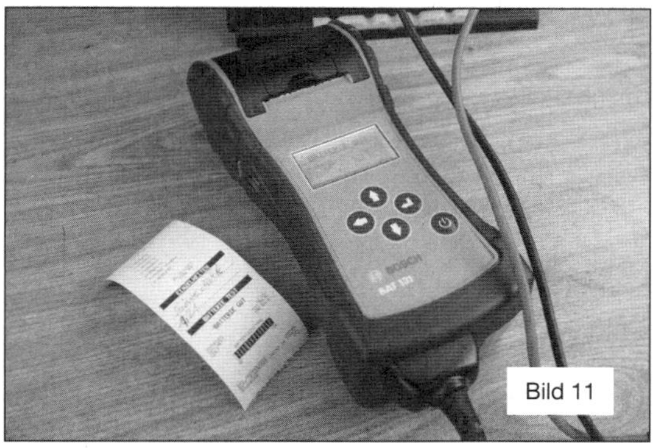

Bild 11

Bild 11
Batteriehandtester.
Ein zuverlässiges Ergebnis ist nur bei sachgerechter Handhabung zu erwarten. Der Ausdruck weist einen korrekten oder fehlerhaften Prüfablauf nicht aus.

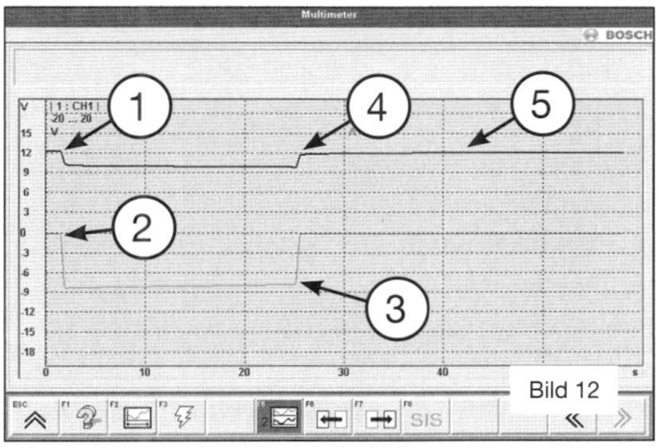

Bild 12

Bild 12
Strom und Spannung.
1 Batterieruhespannung
2 Belastungsstrom setzt ein
3 Ende Belastungstest
4 Spannung nach Belastung
5 Spannung nach Erholung
4 bis 5 Zeit der Erholung

Spannungsverlustmessung Zuleitungen

Wie bereits zur Batteriepflege erwähnt, können gerade an den Anschlüssen die Leitungen und Anschlüsse korrodieren und somit einen Übergangswiderstand bilden. Da dieser »Widerstand« in Reihe mit der Batterie geschaltet ist, wird ein Teil der Spannung über dem Anschluss »verloren« gehen.

Ein Übergangswiderstand kann durchaus die gleichen Probleme verursachen wie eine zu schwache Batterie oder eine zu schlechte Batterieladung. Die entsprechenden Messungen werden wir Ihnen ab der Seite 30 unter der Überschrift »geführten Fehlersuche« Schritt für Schritt nachvollziehbar vorstellen.

Generator und Generatorregler

Der Generator Ihres Motorrades ist ein »festerregter» Generator. Das bedeutet, dass das Magnetfeld, das die Spannung in den Generatorwicklungen erzeugt, nicht verändert werden kann. Das Magnetfeld wird von den Dauermagneten im Generatorrotor erzeugt. Je höher die Motordrehzahl wird, umso höher wird die abgegebene Spannung. Der Generator erzeugt je nach Motordrehzahl eine Spannung von 40 bis 70 V Wechselspannung. Die Wechselspannung wird durch die im Generatorregler verbauten Dioden gleichgerichtet. Diese »Überspannung« wird durch den Generatorregler mit einem gezielten und sehr schnellen Kurzschluss der Generatorwicklungen gegen Masse in Wärme umgewandelt. Entsprechend ist die Masseverbindung für die Spannungsregelung sehr wichtig.

☞ Die Anschlusskabel und die Steckerverbindungen müssen fest sitzen und dürfen keine Korrosion aufweisen.

⚠ Lose Steckverbindungen bewirken zu Anfang immer nur einen »kleinen« Übergangswiderstand. Da aber über diesem Widerstand eine Teilspannung abfällt, wird auch hier anfangs wenig, aber mit Zunahme des Widerstandes mehr Wärme entstehen. Hier können sogar die Steckergehäuse so heiß werden, dass der Kunststoff des Gehäuses geschmolzen wird.

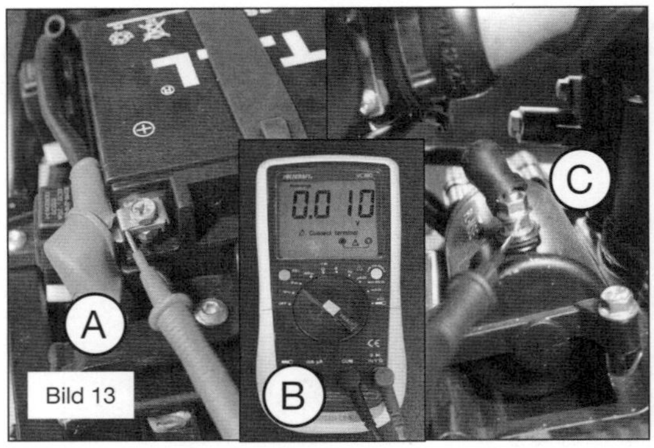

Bild 13
Spannungsverlust in der Plusleitung.
A Plusanschluss Batterie
B Multimeter (V in DC)
C Plusanschluss Starter

Einbaupositionen
Der Generator ist bei den Aprilia-Modellen im linken Motordeckel verbaut (7 im Bild 14) beziehungsweise (8 im Bild 15). Zur Demontage müssen das Motoröl abgelassen und der Motordeckel demontiert werden. Der Generatorregler ist bei den Aprilia-Modellen unter der Heckverkleidung rechts (4) verbaut.

Demontage des Generatorreglers
■ Stellen Sie das Motorrad auf dem Seitenständer oder einem Montageständer ab.
■ Schalten Sie die Zündung aus und ziehen Sie den Schlüssel ab.
■ Klemmen Sie den Masseanschluss an der Batterie ab.

Bild 14
Einbauposition Regler und Generator an der RSV Mille.
1 Anschlussstecker Generator
2 OT-Geber
3 Anschlussstecker Generatorregler
4 Generatorregler am Fahrzeugheck
5 Schrauben
6 Generatorregler
7 Generator
8 Generatordeckel

Bild 15
Einbauposition Regler und Generator an der Tuono.
1 Anschlussstecker Generator
2 OT-Geber
3 Anschlussstecker Generatorregler
4 Generatorregler am Fahrzeugheck
5 Schrauben
6 Generatorregler
7 Generator
8 Generatordeckel

■ Bauen Sie die Heckverkleidung ab. Die Arbeiten dazu stellen wir Ihnen im Kapitel 11 im Detail vor.
■ Entsichern Sie den Anschlussstecker und ziehen Sie ihn ab.
■ Lösen Sie die Schrauben des Generatorreglers und nehmen Sie ihn heraus.

Die Montage erfolgt sinngemäß in umgekehrter Reihenfolge zur Demontage.

Achten Sie auf den Zustand des Anschlusssteckers.

■ Achten Sie darauf, dass die Anschlussstecker sicher eingerastet sind.

Bauteil	*Drehmoment*
Generatorregler M6-Schrauben	12 Nm
Sitzhalter M6-Schrauben	12 Nm

Demontage des Generatorstators

Der Ausbau des Generatorstators ist für die Demontage des Starterfreilaufs sowie für weitergehende Reparaturen am Motor oder immer dann erforderlich, wenn der Generator oder Deckel wirklich beschädigt wurde.
■ Soll die Demontage aufgrund eines Schadens an den Generatorwicklungen erfolgen, führen Sie zuerst die entsprechende Fehlersuche durch, um den Fehler auf den Generatorstator beschränken zu können. Am ausgebauten Generator ist lediglich eine Widerstandsmessung möglich. Eine weitergehende Prüfung auf Schäden bei höheren Temperaturen oder Schwingungen ist nicht möglich.
■ Lassen Sie den Motor abkühlen.
■ Lassen Sie das Motoröl aus dem Motor und dem Öltank ablaufen.
■ Schalten Sie die Zündung aus und ziehen Sie den Schlüssel ab.
■ Bauen Sie die Heckverkleidung ab. Die Arbeiten dazu stellen wir Ihnen im Kapitel 11 im Detail vor.
■ Legen Sie das Anschlusskabel zum Generator frei.
■ Entsichern Sie den Anschlussstecker und ziehen Sie ihn ab.
■ Drehen Sie die Schrauben (1 bis 12 im Bild 16) heraus.
■ Demontieren Sie den OT-Geber (Kurbelwellen-Sensor) aus dem Generatordeckel.
■ Hebeln Sie den Generatordeckel etwas ab.

Er kann mit der Dichtung am Motorgehäuse kleben.

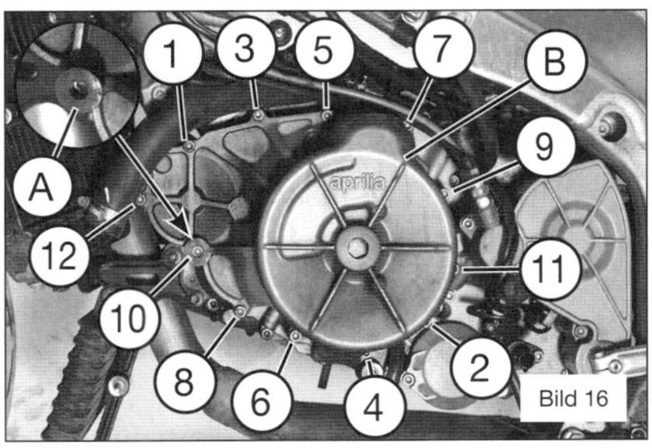

Bild 16
Verschraubung Geneatordeckel.
A Anlagegummi
B Generatordeckel
1-12 Anzugsreihenfolge der Schrauben des Generatordeckels

Sichtprüfung Messen

■ Ziehen Sie den Generatordeckel zusammen mit dem Generatorstator ab.

Da der Generatorstator im Generator-Rotor steckt, müssen Sie die Kraft, die durch die Magnete des Rotors auf den Stator wirken, überwinden.

■ Nehmen Sie die Tülle des Anschlusskabels aus dem Generatordeckel heraus.

■ Drehen Sie die Schrauben, mit denen der Generatorstator im Generatordeckel verschraubt ist, heraus und nehmen Sie den Generatorstator ab.

Die Montage erfolgt sinngemäß in umgekehrter Reihenfolge zur Demontage.

■ Reinigen und entfetten Sie die Dichtfläche gründlich.

■ Erneuern Sie grundsätzlich die Deckeldichtung (2 im Bild 17) des Generators.

■ Setzen Sie die Tülle des Generatoranschlusskabels mit etwas Silikondichtmasse in den Generatordeckel ein.

Bauteil	*Drehmoment*
Generatordeckel M6	11 Nm
Generatorstator M6	12 Nm

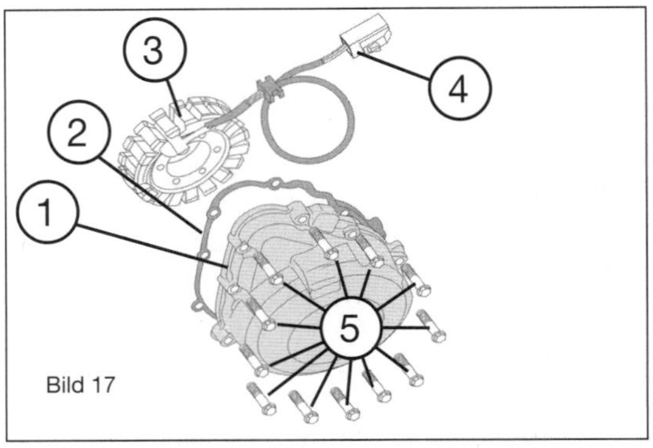

Bild 17

Bild 17
Generator in Teilen.
1 Generatordeckel
2 Deckeldichtung
3 Generator (Stator)
4 Anschlussstecker
5 Schrauben

Demontage des Generatorrotors

Der Ausbau des Generatorrotors ist nur dann erforderlich, wenn weitergehende Demontagearbeiten am Motor oder die Demontage des Starterfreilaufs anstehen. Der Generatorfreilauf ist ein Sperrlager, welches in den Generatorrotor eingepresst ist. Es erlaubt den kraftschlüssigen Antrieb, solange der Startermotor oder besser das Antriebsrad schneller dreht als der Generatorrotor. Dreht der Generatorrotor schneller, wird der Kraftschluss unterbrochen und das Antriebsrad (und damit auch der Startermotor) dreht frei.

■ Lassen Sie den Motor abkühlen.

■ Lassen Sie das Motoröl aus dem Motor und dem Öltank ablaufen.

■ Schalten Sie die Zündung aus und ziehen Sie den Schlüssel ab.

■ Bauen Sie den Generatorstator zusammen mit dem Generatordeckel ab.

■ Ziehen Sie den Generatordeckel zusammen mit dem Generatorstator ab und legen Sie ihn zur Seite.

■ Halten Sie den Generatorrotor mit einen Gegenhalter fest und lösen Sie die Zentralschraube (4).

■ Nehmen Sie die Zentralschraube und die Unterlagscheibe darunter ab.

Bild 18

Bild 18
Demontage des Generatorrotors.
1 Umsetzerrad 1
2 Umsetzerrad 2
3 Abzieher (M38 x 1,5)
4 Zentralschraube
5 Generatorrotor

■ Montieren Sie einen passenden Abzieher (3) wie im Bild gezeigt in das Gewinde auf dem Flansch des Generatorrotors.

■ Ziehen Sie den Generatorrotor mit Hilfe des Abziehers von der Kurbelwelle ab.

■ Nehmen Sie den Generatorrotor zusammen mit dem Freilaufrad heraus.

■ Nehmen Sie die Federscheibe (Keil) aus der Kurbelwelle heraus.

Die Montage erfolgt sinngemäß in umgekehrter Reihenfolge zur Demontage.

Prüfen Sie die Funktion des Sperrlagers vor dem Einbau des Generatorrotors. Es muss im Uhrzeigersinn (Sicht in Einbaurichtung) frei drehen und bei einer Verdrehung gegen den Uhrzeigersinn eine kraftschlüssige Verbindung zum Generatorrotor herstellen (sperren).

■ Achten Sie auf den richtigen Sitz der Federscheibe (Keil) in der Kurbelwelle.

■ Montieren Sie den Generatordeckel wie bereits beschrieben.

Bauteil	*Drehmoment*
Zentralschraube Generator (Loctite 648 verwenden!)	130 Nm
OT-Geber Verschraubung (Loctite 243 verwenden!)	11 Nm
Generatordeckel M6	11 Nm
Sperrlagergehäuse (M8)	30 Nm

Geführte Fehlersuche

Die Batterie wird nicht geladen
Dass sich eine Batterie im Laufe der Standzeit entlädt, ist im gewissen Rahmen normal. Kleine Verbraucher wie die Steuergeräte im Ruhezustand oder eine Anzeige im Tachometer verbrauchen zwar nur wenig Strom und entladen die Batterie langsam, aber stetig. Die Batterie wird bei laufendem Motor durch den Generator geladen. Wird die Batterie nicht geladen, kommen die Batterie selbst, der Generatorregler oder die Verkabelung dazwischen als Ursache in Frage.
Anhand der »geführten Fehlersuche« können Sie den Fehler im System »Spannungsversorgung« lokalisieren. Führen Sie die Prüfschritte in der angegebenen Reihenfolge durch und vergleichen Sie Ihre Messergebnisse mit den angegeben Sollwerten.

A Prüfung der Batterie

Aufgabe	Information	Ergebnis (Sollwerte)
1 Batteriepole prüfen	Korrosion beseitigen und versiegeln	-
2 Batterie prüfen und laden	Batterie voll laden, 3 h ruhen lassen und die Batteriespannung prüfen	Tabelle auf Seite 22
3 Batterietest durchführen	Herstelleranweisung des Testgerätes beachten	-

B Prüfung des Generatorreglers

Aufgabe	Information	Ergebnis (Sollwerte)
1 Ruhespannung der Batterie messen	Es soll der Ladezustand der Batterie und gleichzeitig ein Messwert zum Vergleich zur Ladespannung erfasst werden	> 12,4 V
2 Ladespannung im Leerlauf messen	Die Ladespannung muss höher ausfallen als die Ruhespannung	Bis 14 V
3 Ladespannung bei etwa 4000 1/min Motordrehzahl messen	Die Ladespannung muss höher ausfallen als die Ruhespannung und liegt etwas höher als die Ladespannung im Leerlauf	14 V bis 14,7 V
4 Signalbild des Generators prüfen	Über das Signalbild lässt sich bei laufendem Motor feststellen, ob der Generator eine ausreichende Spannung erzeugt und diese durch den Generatorregler abgeregelt wird	Siehe Bild 26

C Prüfung des Generators

Aufgabe	Information	Ergebnis (Sollwerte)
1 Optische Prüfung	Legen Sie den Steckkontakt des Generatoranschlusskabels frei Kontrollieren Sie, ob die Anschlüsse richtig aufgesteckt sind Kontrollieren Sie, ob die Steckkontakte nicht verfärbt oder verbrannt sind	-
2 Widerstandsmessung der Wicklungen	Der Widerstand der Wicklung lässt Rückschlüsse über den Zustand der Wicklungen des Generators zu. Die Messungen müssen bei kaltem Motor erfolgen. Die Messergebnisse können für unterschiedliche Generatorhersteller abweichen und sollten daher lediglich als Hinweis für die weitere Fehlersuche gewertet werden	0,1 Ω bis 1,0 Ω

Sichtprüfung Messen

3 Widerstandsmessung der Isolation zur Masse	Hier wird geprüft, ob eine der Spulen einen Kurzschluss zur Motormasse hat	Unendlich großer Widerstand
4 Spannungsmessung ohne Last	Die Spannungsmessung ohne Last gemessen. Fällt diese zu gering aus, kann ein Schaden am Generatorstator (den Spulen) oder dem Generatorrotor (dem Magnetpolrad) vorliegen	Bei Leerlauf: > 20V (AC) Bei 4000 1/min: 40 V bis 65 V (AC)
5 Spannungsmessung mit Regler	Hier wird die Wechselspannung des Generators bei laufendem Motor gegen Masse geprüft	Bei Leerlauf: 18 V bis 20 V (AC)
6 Signalbild des Generators prüfen	Über das Signalbild lässt sich bei laufendem Motor feststellen, ob der Generator eine ausreichende Spannung erzeugt und diese durch den Generatorregler abgeregelt wird	Siehe Bild 24 auf Seite 35

Die Batterie entlädt sich ständig

Ob es sich um einen »Verbraucher« handelt, ein Bauteil defekt ist oder doch die Batterie beschädigt ist, muss überprüft werden.

D Ruhestrom

Aufgabe	Information	Ergebnis (Sollwerte)
1 Ruhespannung der Batterie messen	Es soll der Ladezustand der Batterie und gleichzeitig ein Messwert zum Vergleich zur Ladespannung erfasst werden	> 12,4 V
2 Strommessung mit der Ampere-Zange	Nach dem Abschalten der Zündung sollte kein oder nur ein sehr kleiner (mit der Amperezange nicht mehr feststellbarer) Strom fließen	< 1 mA
3 Zubehör und Anbauteile ausschließen	Ziehen Sie die Sicherungen der nachgerüsteten Bauteile ab und beobachten Sie die Stromaufnahme	Keine Änderung
4 Bauteile ausschließen	Ziehen Sie die Sicherungen der einzelnen Stromkreise ab und beobachten Sie die Stromaufnahme	-

E Batterietest

Aufgabe	Information	Ergebnis (Sollwerte)
1 Batterie laden	Für den Batterietest muss die Batterie geladen sein und eine Ruhespannung aufweisen, die mehr als 12,4 V beträgt	Min. 12,4 V
2 Batterie ruhen lassen	Lassen Sie die Batterie nach dem Laden einige Stunden ruhen. Eine höhere Anfangsspannung kann das Testergebnis beeinflussen (Bild 11 auf Seite 25)	2 - 3 h
3 Batterie testen (lassen)	Der Batterietest sollte grundsätzlich unter Belastung erfolgen. Der Einsatz der Belastung und die Überwachung der Reaktion erfolgt durch den Batterietester automatisch Das Ergebnis wird angezeigt oder sogar ausgedruckt	-

Messen und Prüfen

An dieser Stelle stellen wir Ihnen unterschiedliche Messmethoden für die Spannungsversorgung vor. Wir geben Ihnen anhand eines typischen Messgerätes die Einstellungen und die Positionen an, an denen Sie die Messkabel für diese Messung anschließen müssen.

Widerstandsmessung Generatorwicklungen zueinander (Bild 19)

- Legen Sie den Steckkontakt des Generatoranschlusskabels frei.
- Wählen Sie einen Messbereich von 200 Ω am Multimeter an.
- Ziehen Sie die Steckkontakte des Generators ab.
- Messen Sie die Widerstände der drei Anschlusskabel zueinander. Die Widerstände der Spulen zueinander sollten zwischen 0,1 Ω und 1,0 Ω liegen. Die Ergebnisse für die Messungen der einzelnen Spulen sollen ähnlich hoch ausfallen.

Große Abweichungen der Messwerte von den Sollwerten oder der Messergebnisse untereinander deuten auf einen Schaden in der Wicklung des Generators hin.

Widerstandsmessung Generatorwicklungen gegen Masse (Bild 20)

- Legen Sie den Steckkontakt des Generatoranschlusskabels frei.
- Wählen Sie einen Messbereich von 200 Ω am Multimeter an.
- Ziehen Sie die Steckkontakte des Generators ab.
- Messen Sie den Widerstand der einzelnen Spule zur Fahrzeugmasse Der Widerstand sollte unendlich groß ausfallen.

Die Spulen sollen bei abgezogenen Steckkontakten keine Verbindung zur Masse haben.

Stellen Sie eine Verbindung zur Masse hin fest, ist die Isolation der Spule zur Masse beschädigt und der Generatorstator muss ersetzt werden.

Spannungsmessung am Generator ohne Last und ohne Regler (Bild 21)

- Ziehen Sie das Anschlusskabel des Generators bei abgeschalteter Zündung ab.
- Stellen Sie für die Messung einen Messbereich von 200 V (AC) (Wechselspannung) am Multimeter ein.
- Lassen den Motor im Leerlauf laufen.
- Messen Sie die Spannung der Generatoranschlüsse untereinander.

Die Spannung der Spulen untereinander sollte über 20 V AC liegen. Die Messergebnisse für die drei Spulen sollten annähernd gleich ausfallen.

- Erhöhen Sie die Motordrehzahl auf etwa 4000 1/min.
- Messen Sie die Spannung der Generatoranschlüsse erneut untereinander.

Die Spannung der Spulen untereinander sollte zwischen 40 V AC und 65 V AC liegen. Die Messergebnisse für die drei Spulen sollten annähernd gleich ausfallen. Große Abweichungen der Messwerte von den Sollwerten oder der Messergebnisse unterei-

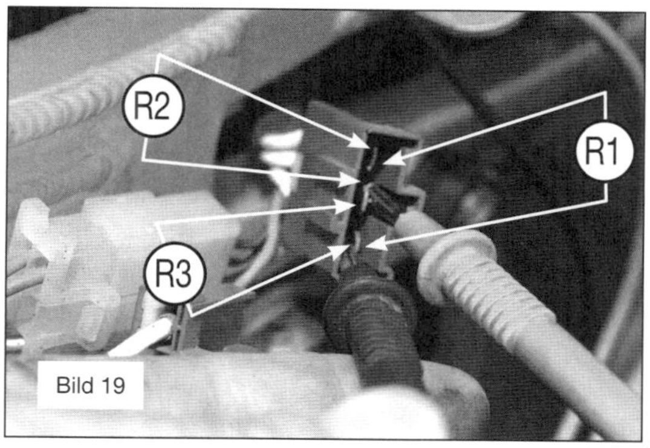

Bild 19
Widerstandsmessung der Generatorspulen am Generatorregler.
R1 bis R3 Messung der Generatorspulen untereinander

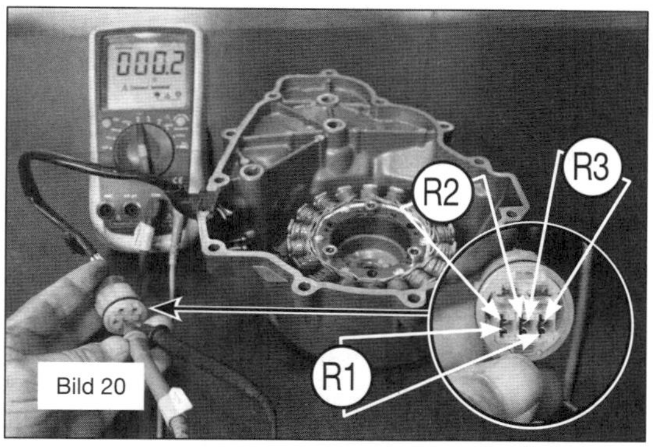

Bild 20
Widerstandsmessung der Generatorspulen.
R1 bis R3 Messung der Generatorspulen untereinander

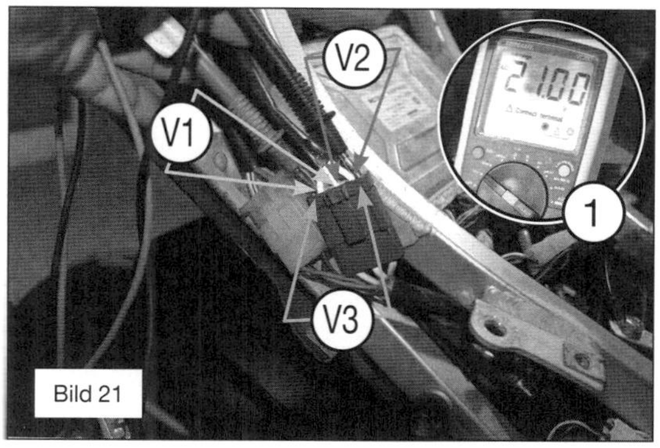

Bild 21
Generatorspannung ohne Last (ohne Regler) bei Leerlaufdrehzahl.
V1 bis V3 Messung der Generatorspulen untereinander
1 Anzeige im Display

nander deuten auf einen Schaden in der Wicklung des Generators hin. Der Generatorstator muss dann ersetzt werden.

Spannungsmessung am Generator mit Regler (Bild 22)

- Wählen Sie einen Messbereich des Multimeters von 20 V (AC) (Wechselspannung) am Multimeter an. Belassen Sie das Anschlusskabel des Generators aufgesteckt.
- Lassen den Motor im Leerlauf laufen.
- Messen Sie die Spannung der Generatoranschlüsse untereinander.

Die Spannung der Spulen untereinander sollte zwischen 15 V AC und 20 V AC liegen. Die Messergebnisse für die drei Spulen sollten annähernd gleich ausfallen. Große Abweichungen der Messwerte von den Sollwerten oder der Messergebnisse untereinander deuten auf einen Schaden in der Wicklung des Generators oder am Generatorregler hin.

Prüfen Sie dann die Generatorspannung ohne Regler und den Widerstand der Spulen sowie den der Isolation wie bereits beschrieben, um einen Schaden an den Spulen des Generators auszuschließen.

Ladespannung des Generators an der Batterie messen (Bild 23)

- Wählen Sie einen Spannungsbereich von 20 V am Multimeter an.
- Schließen Sie das schwarze Messkabel an die Batteriemasse an.
- Schließen Sie das rote Messkabel an den Pluspol der Batterie an.
- Lesen Sie die Spannung ab.

Die gemessene Spannung ist die Batteriespannung. Die Messung wird benötigt, um eine Spannungserhöhung durch Generator und Regler bei laufendem Motor erkennen zu können.

- Lassen Sie den Motor im Leerlauf laufen und lesen Sie die Spannung erneut ab.

Sie muss nun etwas über der Spannung bei stehendem Motor liegen.

- Erhöhen Sie die Motordrehzahl auf etwa 4000 1/min und lesen Sie die Spannung erneut ab.

Sie muss nun bei etwa 14,5 V (DC) (Gleichstrom) bis höchstens 14,9 V liegen. Darüber wird die Gasungsspannung der Batterie erreicht und diese dann nachhaltig geschädigt.

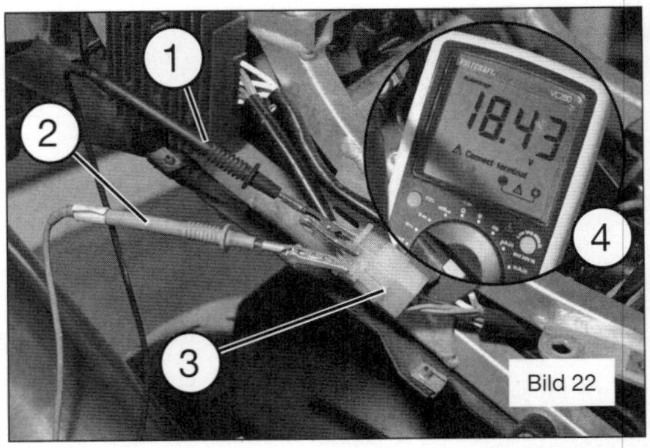

Bild 22

Bild 22
Generatorspannung mit Regler.
1 COM-Anschluss
2 Messanschluss
3 Generatorstecker
4 Anzeige im Display

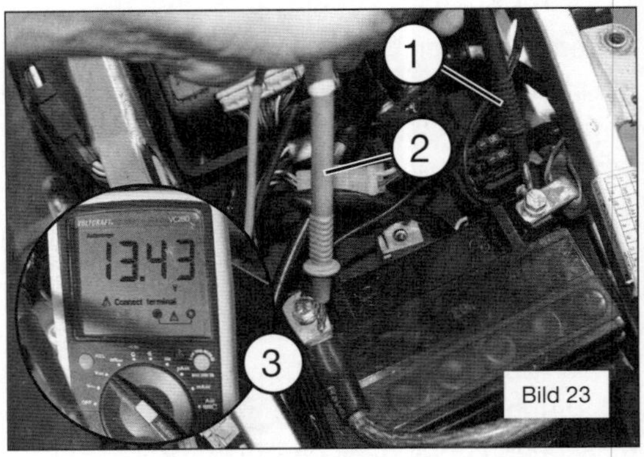

Bild 23

Bild 23
Ladespannung an der Batterie.
1 COM-Anschluss am Minusanschluss der Batterie
2 Messanschluss am Pluspol der Batterie
3 Anzeige im Display

Spannungsverlustmessung in der Plusleitung (Bild 24)

- Stellen Sie das Multimeter auf den Messbereich bis 20 V ein.
- Schließen Sie das rote Anschlusskabel des Messgerätes an den Anschluss Batterie-Plus an.
- Schließen Sie das schwarze Anschlusskabel des Messgerätes an den Anschluss am Anlasser an.

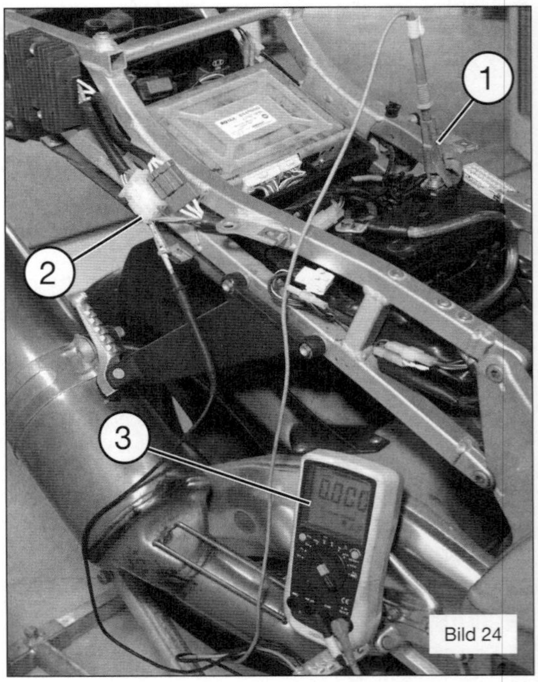

Bild 24

Bild 24
Spannungsverlustmessung in der Plusleitung an einem Musterfahrzeug.
1 Pluspol der Batterie
2 Plusanschluss am Generatorregler
3 Displayanzeige bis 0,5 V ist zulässig

■ Schalten Sie die Zündung ein.

Im Ruhezustand, also wenn der Starter nicht betätigt wird, soll das Multimeter 12 V anzeigen. Der Starter wird über ein Relais angesteuert. Wenn das Relais unbetätigt ist, liegt über dem Anlassermotor Masse an und das Multimeter zeigt die Batteriespannung an.

■ Betätigen Sie den Starter (Anlasser).

Wenn Sie den Starterknopf betätigen, wird das Relais angesteuert, und der Startermotor dreht. Jetzt muss das Messergebnis idealerweise 0 V betragen. Ergebnisse bis 0,5 V sind in Ordnung. Ergibt sich ein höheres Messergebnis, müssen die Anschlüsse und Leitungen zum Startrelais und zum Starter überprüft werden.

Spannungsverlustmessung in der Minusleitung (Bild 25)

■ Stellen Sie das Multimeter auf den Messbereich bis 20 V ein.

■ Schließen Sie den roten Pin des Messgerätes an den Anschluss Batterie-Minus an.

■ Schließen Sie den schwarzen Pin des Messgerätes an die Motormasse an. Das kann eine metallisch blanke Stelle am Motorblock oder eine Verschraubung am Motor sein.

■ Schalten Sie die Zündung ein.

Im Ruhezustand, also wenn der Starter nicht betätigt wird, soll das Multimeter 0 V anzeigen

■ Betätigen Sie den Starter (Anlasser).

Wenn Sie den Starterknopf betätigen, wird das Relais angesteuert, und der Startermotor dreht. Jetzt müsste das Messergebnis idealerweise 0 V betragen. Ergebnisse bis 0,5 V sind in Ordnung. Ergibt sich ein höheres Messergebnis, müssen die Anschlüsse und Leitungen zwischen Batterieminus und Motormasse überprüft werden.

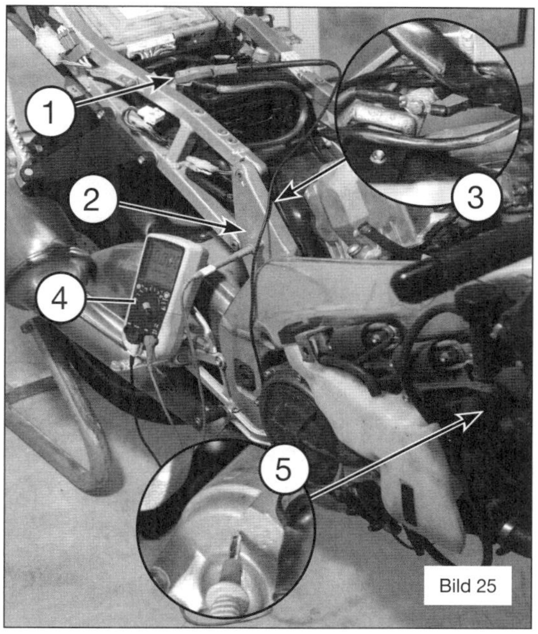

Bild 25
Spannungsverlustmessung in der Minusleitung.
1 Minusanschluss an der Batterie
2 Minusanschluss am Rahmen
3 Rahmenmasse unter der Verkleidung
4 Multimeter
5 Motormasse (Beispielsweise am Starter)

Signalbild des Generators mit dem Oszilloskop prüfen (Bilder 26 und 27)

Über das Signalbild lassen sich die Funktion des Generators und des Reglers bei laufendem Motor überprüfen und auswerten. Das wird gerade dann wichtig, wenn ein Fehler erst nach einiger Betriebszeit unter Last oder/und unter Temperatureinfluss auftritt.

■ Wählen Sie einen Messbereich von 5 V/Teiler und für die Zeitachse 2ms/Teiler an.

■ Legen Sie das Anschlusskabel zum Generatorregler frei. Die Einbaulage haben wir bereits auf Seite 26 genauer beschrieben.

■ Die Masseanschlüsse des Oszilloskops miteinander verbinden.

■ Am angeschlossenen Generator jede Generatorphase mit einem Oszilloskopkanal verbinden.

■ Wählen Sie die Einstellung 5 V/Teiler und für die Zeitachse 2 ms an.

■ Lassen Sie den Motor laufen. Sie sollten in etwa das Signalbild (Bild 26) mit 14-V-Ladespannung (1) erkennen können.

■ Schalten Sie den Motor ab und ziehen Sie den Generatorstecker ab.

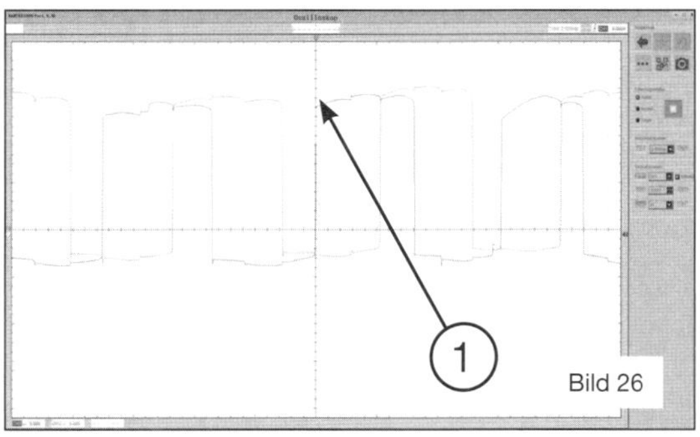

Bild 26
Signalbild des Generators bei angeschlossenem Regler.
1 Etwa 14 V DC

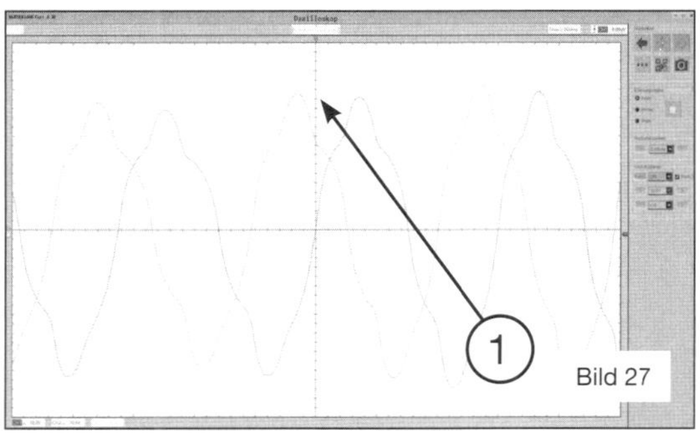

Bild 27
Signalbild des Generators bei abgeklemmtem Regler.
1 Etwa 28 V AC

Sichtprüfung Messen

Bild 28
Ruhestrommessung mit der Ampere-Zange.

Für Messungen bei abgeklemmtem Regler müssen gedämpfte Tastköpfe (X10) verwendet werden. Die Eingangsspannung wird um den Faktor 10 abgeschwächt.

■ Wählen Sie die Einstellung 10 V/Teiler, x10 und für die Zeitachse 2 ms an.

■ Lassen Sie den Motor laufen. Sie sollten in etwa das Signalbild (Bild 27) mit 28 V Generatorspannung (1) erkennen können.

Ruhestrommessung mit der Amperezange (Bild 28)

Die Batterieentladung hängt natürlich sehr stark von dem Strom ab, der im Ruhezustand des Motorrades noch fließt. Wie beim Auto auch, sind im Motorrad einige Steuergeräte verbaut. Diese brauchen im Normalfall ein wenig Strom. Auch die recht kleinen Batterien im Motorrad können die Spannungsversorgung üblicherweise einige Wochen übernehmen. Ein großer Verbraucher oder einer, der sich nicht abschaltet, kann hier eine schnelle Entladung verursachen.

■ Bauen Sie die Sitzbank aus und legen Sie den Masseanschluss der Batterie frei.

■ Schalten Sie die Strommesszange (Amperezange) ein.

Kontrollieren Sie, dass die Anzeige auf »null« steht.

■ Klemmen Sie die Messzange über alle Masseleitungen, die an der Batterie angeschlossen sind.

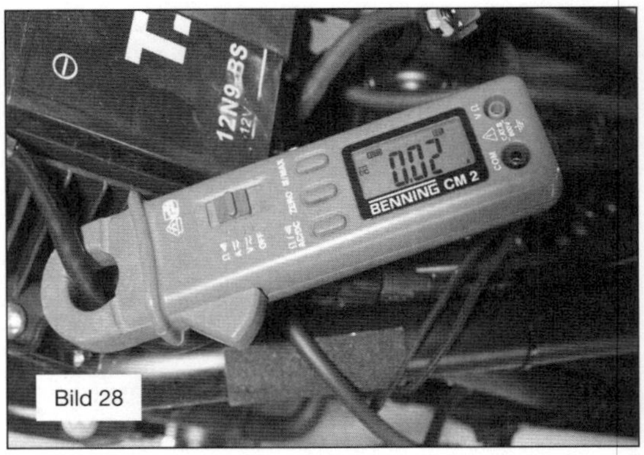

Bild 28

■ Schalten Sie probeweise die Zündung ein und lesen Sie die Stromaufnahme im Display der Strommesszange ab.

■ Schalten Sie die Zündung wieder aus und ziehen Sie den Schlüssel ab.

■ Lesen Sie die Anzeige der Strommesszange erneut ab.

Die Stromaufnahme sollte bei abgeschalteter Zündung und abgezogenem Zündschlüssel etwa 0,01 A bis 0,04 A betragen. Fällt Ihre Messung deutlich höher aus und der Stromverbrauch liegt beispielsweise bei 1 A, sollten Sie prüfen, welches Bauteil die Stromaufnahme verursacht.

Recht einfach kann die Ursache durch Ziehen der einzelnen Sicherungen zumindest für den Stromkreis überprüft werden. Auch können einzelne Steuergeräte, Verbraucher oder Geräte abgezogen werden.

Schaltplan Spannung und Versorgung

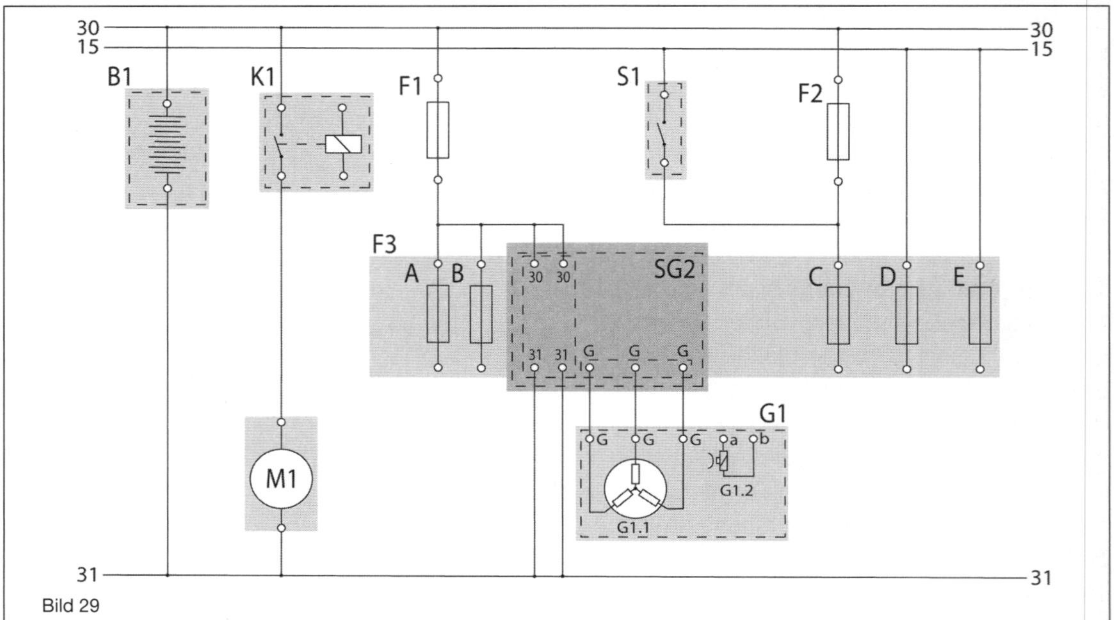

Bild 29

Bild 29
Generator, Spannungsversorgung und Sicherungen.
B1 Batterie
F1 Hauptsicherung 1
F2 Hauptsicherung 1
F3 Sicherungsträger Tacho
A Fahrlicht (KL30)
B Motorstopprelais (KL30)
C Zündschloss (KL 30)
D Standlicht (KL15)
E Motorstopp
G1 Generator
G1.1 Generatorspulen
G1.2 OT-Geber
K1 Startrelais
M1 Starter
SG2 Generatorregler
S1 Zündschloss

7 Starter (Anlasser)

In diesem Kapitel werden wir das Startsystem, also alles was den Motor zum Anlassen in die Drehbewegung versetzt, vorstellen.

Startermotor

Vom Starter bis zum Freilauf sind für die Aprilia die Bauteile des Starter auch im Zubehör und über die einschlägigen Plattformen und Internetshops bestellbar. Die Demontage und Reparatur des Startermotors ist nicht sinnvoll. Das Sperr- oder Freilauflager kann sogar mit dem entsprechenden Montageflansch bezogen werden.

Die Funktion von Starter und Freilauf

■ Der Elektromotor (Starter) treibt die Umsetzerräder (2 und 4 im Bild 1) an.
■ Dadurch wird das Freilaufrad (1) angetrieben.
■ Das Sperrlager (8) lässt den Kraftfluss zum Polrad (9) und damit auch auf die Kurbelwelle zu.

Ein Sperrlager blockiert in eine Drehrichtung. In die andere Drehrichtung läuft es frei.

■ Der Startermotor soll den Motor vom Stillstand auf Startdrehzahl (300 bis 500 1/min) bringen und natürlich nicht mitlaufen, wenn der Motor die Startdrehzahl überschritten hat oder im Leerlauf (ca. 1000 1/min) läuft.
■ Sobald die Startdrehzahl durch die Kurbelwelle überschritten wird und die Kurbelwelle dann schneller läuft als das Freilaufrad, ist der Kraftfluss zwischen Freilaufrad (1) und Polrad (9) unterbrochen. Der Startermotor dreht frei.

Die Untersetzung:
Um ausreichend Kraft zur Verfügung zu haben den Zweizylinder auf Startdrehzahl zu bringen ist eine Untersetzung der Drehzahl des Startermotors erforderlich. Realisiert wird sie mit dem Umsetzerrad (2 und 4 im Bild 1) und dem Freilaufrad (1). Die recht hohe Drehzahl des Startermotors wird auf die Anlassdrehzahl der Kurbelwelle reduziert.

Typischer Fehler

Die Spannungsversorgung ist für die Motorstartdrehzahl sehr entscheidend. Liegt ein Übergangswiderstand in der Plusleitung

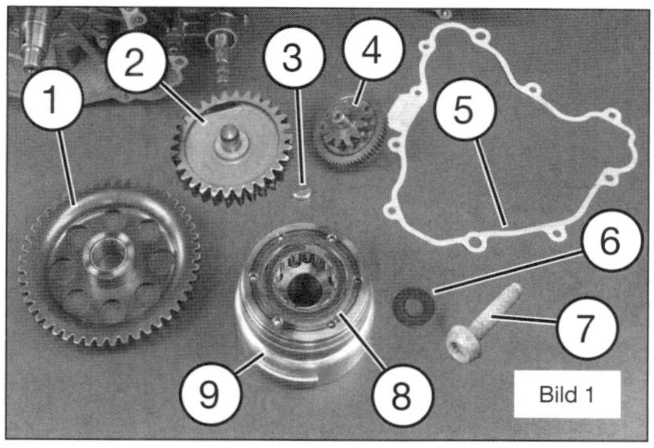

Bild 1

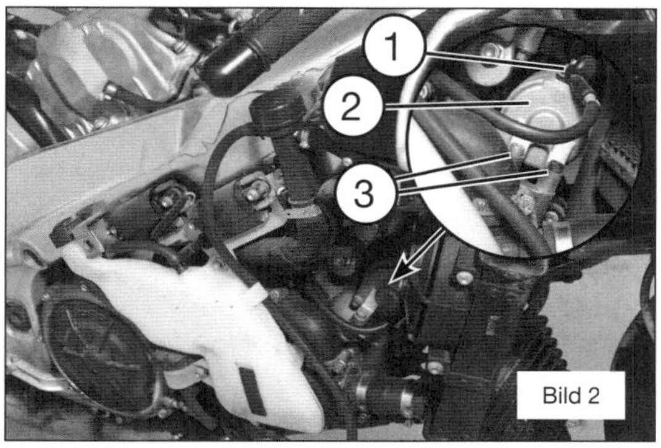

Bild 2

oder der Masseleitung vor, fällt an diesem Widerstand ein Teil der Batteriespannung ab. Der Startermotor dreht langsamer. Das wiederum kann nicht nur bedeuten, dass der Motor schwerer anspringt, sondern der Startvorgang kann durch Fehlzündungen oder Rückschläge bei der Verdichtung Schläge an Freilauf und Starter weitergeben. Das wiederum kann Schäden an den Bauteilen des Freilaufs und des Starters verursachen.

Demontage des Startermotors

Der Startermotor ist zwischen dem Motor und den Kühlern verbaut. Der Zugang zu den Verschraubungen und der Platz zum Ausbau des Startermotors ist sehr beschränkt und erfordert zusätzliche Demontagearbeiten, die wir in anderen Kapiteln darstellen. Zu diesen Arbeitsschritten geben wir Ihnen Hinweise, wo Sie die Montage für diese erweiterte Arbeit finden können.

■ Schalten Sie die Zündung aus und ziehen Sie den Schlüssel ab.
■ Stellen Sie das Motorrad auf dem Seitenständer oder einem Montageständer ab.
■ Drücken Sie das Sitzbankpolster im hinteren Bereich des Fahrersitzes etwas zur Seite und drehen Sie die beiden Schrauben rechts und links heraus.

Bild 1
Starterfreilauf in Teilen.
1 Freilaufrad
2 Umsetzerrad
3 Scheibenfeder
4 Umsetzerrad
5 Deckeldichtung
6 Unterlagscheibe
7 Zentralschraube
8 Sperrlager mit Träger
9 Polrad (Rotor)

Bild 2
Montageposition des Starters.
1 Elektrischer Anschluss
2 Starter (Anlasser)
3 Verschraubung am Motor

Sichtprüfung Messen

■ Schwenken Sie den Fahrersitz hinten nach oben und nehmen Sie ihn aus der Lasche im Tankbereich heraus.
■ Klemmen Sie den Masseanschluss an der Batterie ab.
■ Demontieren Sie die rechte Seitenverkleidung. Die Arbeiten hierzu beschreiben wir im Kapitel 11 genauer.
■ Klemmen Sie das Anschlusskabel des Startermotors (2 im Bild 2) ab.
■ Reinigen Sie den Bereich um den Startermotor gründlich.
■ Drehen Sie die beiden Halterungsschrauben (3) heraus und ziehen Sie den Starter (1) zur rechten Seite aus dem Gehäuseblock heraus.

Die Montage erfolgt sinngemäß in umgekehrter Reihenfolge.
■ Erneuern Sie den Dichtring auf dem Montagestutzen des Startermotors.

Bauteil	*Drehmoment*
Schrauben Startermotor M6	10 Nm
Anschlusskabel Starter M6	6 Nm

Starterfreilauf

Der Starterfreilauf verbindet mit einem Freilauf oder auch Sperrlager den Kraftfluss zwischen Startermotor und Kurbelwelle, solange die Kurbelwelle langsamer dreht als der Startermotor.

Demontage des Starterfreilaufs
Der Starterfreilauf ist am Generatorrotor verbaut. Die Demontage ist eigentlich nicht vorgesehen, aber trotzdem möglich. Die Verschraubungen sind zur Sicherung vernietet und müssen für eine Demontage etwa 5 mm tief angebohrt werden, um das Gewinde im Freilauflagergehäuse nicht zu beschädigen.

Bei früherer Bauweise des Generatorfreilaufs wurden drei Sperrwalzen verbaut. Diese konnten im Laufe der Betriebszeit durchaus verschleißen und sogar Rattermale im Freilaufrad verursachen. Die in der Aprilia RSV verbauten Freilauflager sind sehr selten defekt. Natürlich sollten Sie den Freilauf grundsätzlich kontrollieren, wenn Sie den Generator ausgebaut haben und die Bauteile gut zugänglich sind.
■ Demontieren Sie den Generatorstator, wie auf Seite 27 beschrieben.

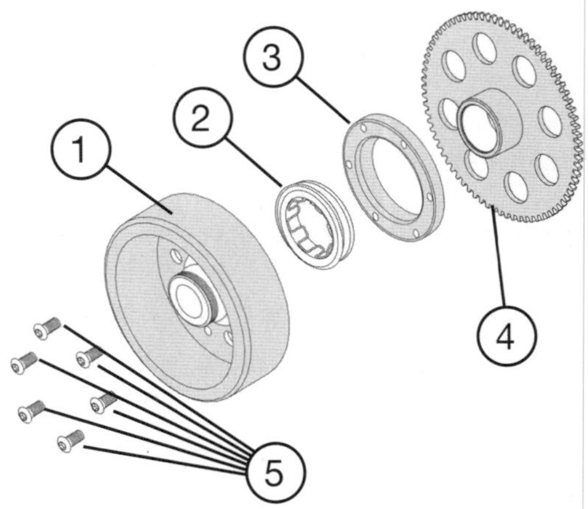

Bild 3

Bild 3
Starterfreilauf in Teilen.
1 Generatorrotor
2 Freilauflager
3 Freilauflagergehäuse
4 Freilaufrad
5 Schrauben

■ Demontieren Sie den Generatorrotor (1 im Bild 3) wie auf Seite 28 beschrieben.

Klären Sie vor der weiteren Demontage ab, ob das Sperrlager und die Schrauben einzeln lieferbar sind.

Markieren Sie die Einbaurichtung des Sperrlagers (2) und des Freilaufs (3).
■ Bohren Sie die Verschraubungen (5) zum Starterfreilauf 5 mm tief an und drehen Sie sie heraus.
■ Nehmen Sie das Freilaufgehäuse (3) vom Generatorrotor (1) ab.
■ Pressen Sie das Freilauflager (2) aus dem Freilaufgehäuse (3) aus.
■ Tragen Sie etwas Fett auf das Freilauflager (2) auf und pressen Sie das neue Freilauflager (2) in das Freilaufgehäuse (3) ein.

Achten Sie auf die Einbaurichtung des Freilauflagers (2) und des Freilaufgehäuses (3).

Die weitere Montage erfolgt sinngemäß in umgekehrter Reihenfolge.

Kontrollieren Sie das Freilaufrad auf Schäden oder Rattermale.

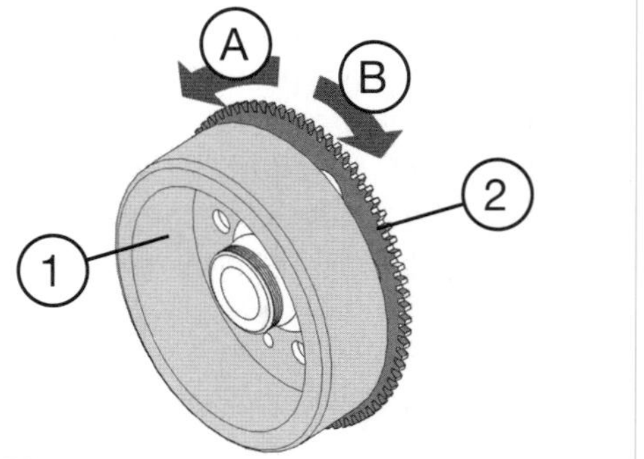

Bild 4

Bild 4
Drehrichtung des Starterfreilaufs prüfen.
1 Generatorrotor
2 Freilaufrad
A Sperrrichtung
B Freilaufrichtung

■ Ziehen Sie die Schrauben (5) auf Drehmoment an und vernieten Sie sie wieder von der Rückseite.

Bauteil	*Drehmoment*
Generatordeckel M6	11 Nm
Generatorstator M6	12 Nm
Zentralschraube Generator	130 Nm
Sperrlagergehäuse (M8)	30 Nm

Prüfung des Starterfreilaufs

Der Starterfreilauf kann im eingebauten oder ausgebauten Zustand geprüft werden.

■ Halten Sie den Generatorrotor (1 im Bild 4) fest.

■ Verdrehen Sie das Freilaufrad im Uhrzeigersinn (B).

Achten Sie darauf, dass sich das Freilaufrad leicht und ruckfrei verdrehen lässt.

Achten Sie darauf, dass es kein großes Kippspiel (>1 mm) aufweist.

Achten Sie darauf, dass die Verzahnung des Freilaufrades schadfrei ist.

■ Verdrehen Sie das Freilaufrad gegen den Uhrzeigersinn (A).

Achten Sie darauf, dass das Sperrlager bei Drehung in die Sperrrichtung (A) sofort Kraftschluss zur Kurbelwelle herstellt.

Startrelais

Das Startrelais wird über die Startfreigabeschaltung und den Startknopf am rechten Lenkerschalter geschaltet. Es schaltet den Arbeitsstrom für den Startermotor durch, wenn das Relais angesteuert wird.

Auch ein Starterrelais kann im Laufe der Betriebszeit kaputt gehen.

■ Die Schaltkontakte für den Startermotor können verbrennen und so einen Übergangswiderstand bilden.

■ Auch die Relaisspule kann durch einen Bruch im Inneren ausfallen. Beides kommt recht selten vor.

Aus diesem Grund sollten Sie die »Startfreigabe«, die wir unter der nächsten Überschrift vorstellen, für die Fehlersuche immer mit im »Auge« behalten.

Demontage des Startrelais

■ Schalten Sie die Zündung aus und ziehen Sie den Schlüssel ab.

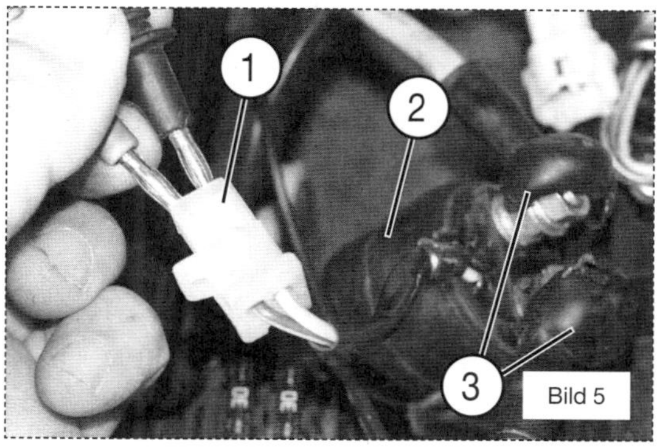

Bild 5

Bild 5
Startrelais in der Nähe der Batterie.
1 Anschlussstecker
2 Startrelais
3 Abdeckung KL30 und KL50

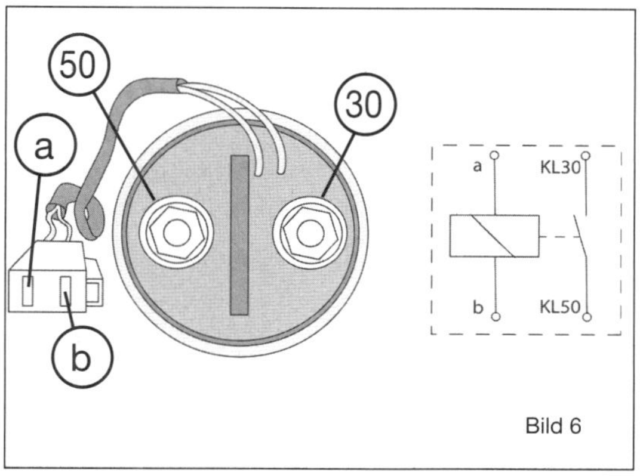

Bild 6

Bild 6
Anschlüsse am Startrelais.
30 Anschluss Batterieplus
50 Anschluss Starterplus
a Spule Relais Eingang
b Spule Relais Ausgang

■ Drücken Sie das Sitzbankpolster im hinteren Bereich des Fahrersitzes etwas zur Seite und drehen Sie die Verschraubungen heraus und demontieren Sie den Fahrersitz.

■ Klemmen Sie den Masseanschluss an der Batterie ab.

■ Ziehen Sie das Startrelais (2 im Bild 5) gerade nach oben heraus.

■ Entsichern Sie den Steckkontakt (1) und ziehen Sie ihn ab.

■ Entsichern Sie die Abdeckung (3) und nehmen Sie sie ab.

■ Lösen Sie die Verschraubungen der Anschlussklemme (30 im Bild 6) und der Anschlussklemme (50), nehmen die Muttern ab und legen das Anschlusskabel zur Seite.

■ Nehmen Sie das Startrelais heraus.

Die Montage erfolgt sinngemäß in umgekehrter Reihenfolge.

Kontrollieren Sie den Zustand der Kontaktstellen der Anschlusskabel.

■ Reinigen Sie die Anschlusskabel und Kontaktstellen soweit erforderlich.

■ Versiegeln Sie die Anschlüsse KL30 und KL50 nach dem Verschrauben mit etwas Batteriepolsprühfett.

Bauteil	*Drehmoment*
Anschlüsse Startrelais M6	4 Nm

Bild 7
Funktionsablauf für die Startfreigabe.

Startfreigabe

Wird das Startrelais nicht angesteuert, kann es durchaus sein, dass die »Startfreigabe« nicht erteilt wurde. Das ist eine Sicherheitsschaltung, damit Sie Ihr Motorrad beispielsweise nicht mit ausgeklapptem Seitenständer fahren können.

Die Startfreigabe unterscheidet sich durch die Freigabe zum Betätigen des Startermotors und der zum Anspringen des Motors.

- Ist die Gangstufe »N« eingelegt, kann der Starter betätigt werden und Zünd- und Einspritzanlage sind betriebsbereit. Die Anzeigeleuchte »N« leuchtet. Die Position des Seitenständers ist nicht relevant. Ist der Seitenständer unten, leuchtet die Warnleuchte »Seitenständer«.
- Ist die Gangstufe »1, 2, 3, 4, 5, 6« eingelegt, kann bei hochgeklapptem Seitenständer und gezogenem Kupplungshebel der Starter betätigt werden, und Zünd- und Einspritzanlage sind betriebsbereit. Wird der Seitenständer heruntergeklappt, geht der Motor aus. Der Starter kann bei heruntergeklapptem Seitenständer nicht mehr betätigt werden.

Ansteuerspannung des Startrelais

- Plusseitig (b im Bild 8) wird das Startrelais (K1) über die Hauptsicherung (F1), über das Zündschloss (ZS), über die Sicherung »F2« (15 A in der Sicherungsbox), den Killschalter am rechten Lenkergriff und letztlich über den Starterschalter am rechten Lenkergriff mit Spannung versorgt.
- Der Masseanschluss (a) wird über das Diodenmodul umgesetzt. Soweit die Gangstufe (S2) »N« oder der Seitenständer (S1) eingeklappt ist, wird das Diodenmodul (SG1) mit Masse versorgt.

Anhand dieser Aufzählung wird Ihnen schnell klar, dass ein Startrelais, das trotz Startbefehl des Fahrers nicht betätigt wird, sehr gute Chancen hat doch intakt zu sein und der Fehler in einem der aufgezählten Komponenten zu finden sein wird.
Der Funktionsablauf im Bild 7 dient an dieser Stelle zur Übersicht. Die Fehlersuche werden wir Ihnen in der »geführten Fehlersuche« und die entsprechenden Messungen dazu unter »Messen und Prüfen« in diesem Kapitel nachvollziehbar im Detail vorstellen.

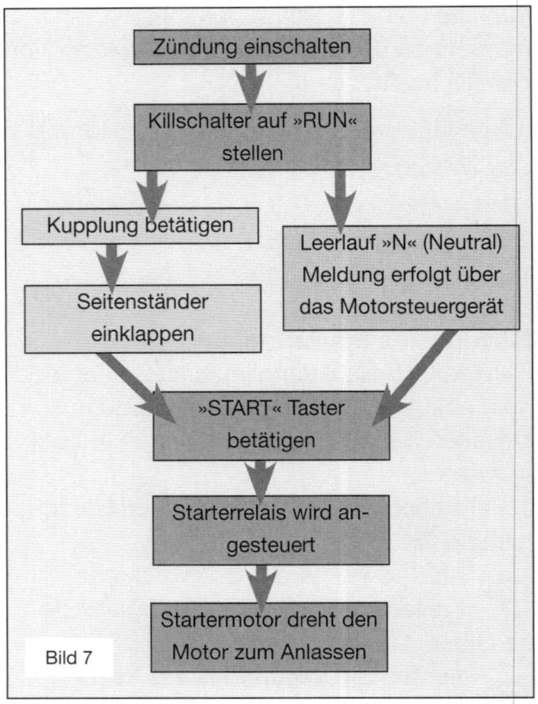

Bild 7

Geführte Fehlersuche

Der Startermotor dreht nicht und vielleicht wird sogar das Startrelais nicht betätigt. An dieser Stelle stellen wir Ihnen eine strukturierte Vorgehensweise vor, mit der Sie den Fehler im System »Starter« finden werden.

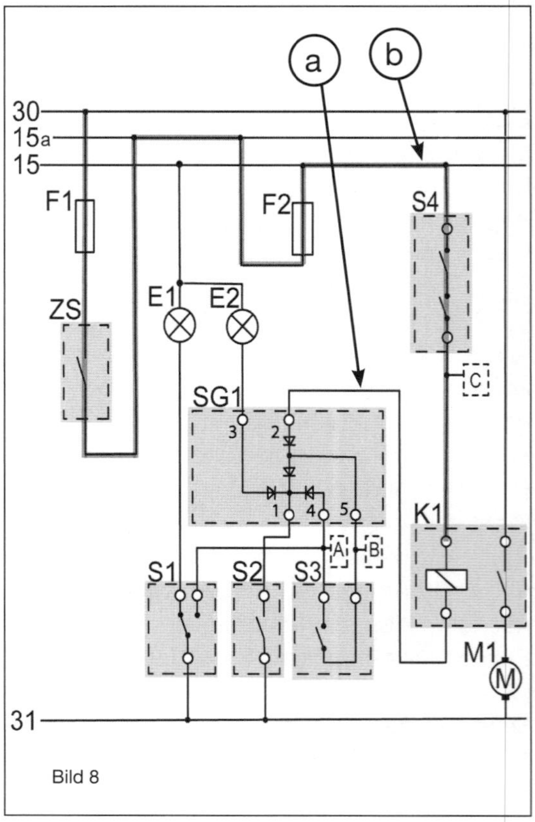

Bild 8

Bild 8
Schaltplanauszug zur Startfreigabe.
a Spannungsversorgung masseseitig
b Spannungsversorgung plusseitig
E1 Kontrollleuchte Seitenständer
E2 Kontrolleuchte »N«
F1 Hauptsicherung 30 A
F2 Sicherung »D«15 A
S1 Seitenständerschalter
S2 Neutralschalter
S3 Kupplungsschalter
S4 Lenkerschalter rechts
K1 Startrelais
M1 Startermotor
A Meldung Seitenständer zum Motorsteuergerät
B Meldung Schaltstellung »N« zum Motorsteuergerät
C Meldung Startbefehl zum Motorsteuergerät
ZS Zündschloss
SG1 Startfreigabemodul

A Prüfung der Batterie		
Aufgabe	Information	Ergebnis (Sollwerte)
1 Batterie prüfen und laden	Batterie voll laden, 3 h ruhen lassen und die Batteriespannung prüfen	Tabelle auf Seite 22
2 Batterietest durchführen	Herstellenanweisung des Testgerätes beachten	-

Das Startrelais »klackt« nicht (es wird nicht betätigt / es schaltet nicht)

B Prüfung der Spule des Startrelais		
Aufgabe	Information	Ergebnis (Sollwerte)
1 Prüfen des Widerstands der Spule	Durch die Widerstandsmessung kann überprüft werden, ob die Spule des Relais in Ordnung ist. Der Messwert ist allerdings lediglich ein Anhaltswert und kann je nach Relaishersteller abweichen	Ca. 10 - 20 Ω

C Prüfung der Ansteuerspannung des Relais »plusseitig«

Potenzialgebundene Messung:
(Masse zum Messpunkt)

Für die plusseitigen Messungen wird der »COM«-Anschluss des Multimeters am Minuspol der Batterie mit einer Krokodilklemme befestigt und bildet einen festen Messpunkt, der für die folgenden Messungen nicht gelöst werden muss.

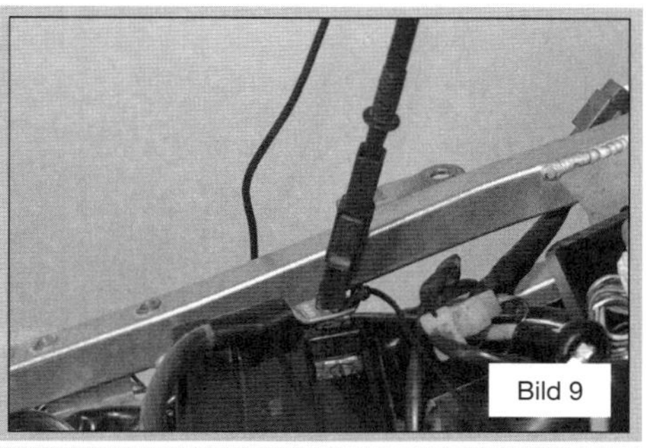
Bild 9

Bild 9 Potenzialgebundene Messung.

Aufgabe	Information	Ergebnis (Sollwerte)
1 Steckkontakte auf festen Sitz prüfen	Fester Sitz, Steckergehäuse verrastet	-
2 Hauptsicherung (30A) (Bild 12) prüfen	Hauptsicherung am Startrelais/Batterie unter dem Fahrersitz	-
3 Sicherung Zündung (15 A »1«) prüfen	Oberste Sicherung »Zünd und Einspritzanlage» im Sicherträger links neben dem Tachometer	-
Für die folgenden Messungen muss die Zündung eingeschaltet sein, der Killschalter steht auf »RUN«, der Kupplungshebel und der Starterknopf müssen betätigt werden. Das gelingt am besten mit einem Helfer.		
4 Spannungsmessung am Zündschlosseingang (Klemme 30)	Die Spannungsversorgung erfolgt über die Hauptsicherung 30 A	12,5 V bis 13,5 V Batteriespannung
5 Spannungsmessung am Zündschlossausgang (Klemme 15)	Ist das Messergebnis deutlich niedriger, die Batteriespannung aber in Ordnung, muss die Spannungsverlustmessung über dem Zündschloss durchgeführt werden	12,5 V bis 13,5 V Batteriespannung
6 Spannungsmessung am Killschaltereingang (Lenkerschalter rechts)	Die Spannungsversorgung erfolgt über die oberste Sicherung »Zünd und Einspritzanlage» im Sicherträger links neben dem Tachometer	12,5 V bis 13,5 V Batteriespannung
7 Spannungsmessung am Killschalterausgang (Lenkerschalter rechts)	Ist das Messergebnis deutlich niedriger, die Batteriespannung aber in Ordnung, muss die Spannungsverlustmessung über dem Killschalter durchgeführt werden	12,5 V bis 13,5 V Batteriespannung

8 Spannungsmessung am Starttastereingang (Lenkerschalter rechts)	Die Spannung erfolgt über den Killschalter	12,5 V bis 13,5 V Batteriespannung
9 Spannungsmessung am Starttasterausgang (Lenkerschalter rechts)	Ist das Messergebnis deutlich niedriger, die Batteriespannung aber in Ordnung, muss die Spannungsverlustmessung über dem Starttaster durchgeführt werden	12,5 V bis 13,5 V Batteriespannung

D Prüfung der Ansteuerspannung des Relais »masseseitig«

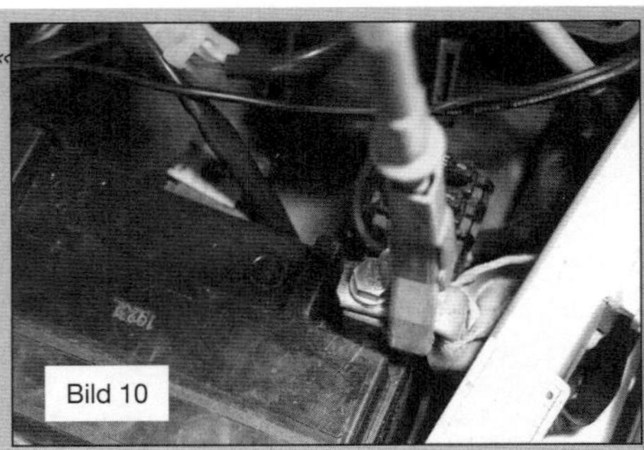
Bild 10

Bild 10 Plusgebundene Messung.

Plusgebundene Messung:

(Batterieplus zum Messpunkt)

Überprüft werden soll der Teil des Strompfades, der Schaltfunktionen auf der Masseseite des Startrelais einbringt. Kupplungsschalter und Seitenständerschalter schalten die Masseseite des Relais ab. Für die plusseitigen Messungen wird der rote »Mess«-Anschluss des Multimeters am Pluspol der Batterie mit einer Krokodilklemme befestigt und bildet einen festen Messpunkt, der für die folgenden Messungen nicht gelöst werden muss.

Aufgabe	Information	Ergebnis (Sollwerte)
1 Optische Prüfung	Kontrollieren Sie die Masseanschlüsse (siehe auch »Massepunkte« im Kapitel 8 »Elektrische Anlage«) am Rahmen und am Motor auf Korrosion und festen Sitz der Verschraubung Kontrollieren Sie, ob die Anschlussösen richtig verpresst sind Kontrollieren Sie, ob die Kontakte nicht verfärbt oder verbrannt sind	-
Für die folgenden Messungen muss die Zündung eingeschaltet sein, der Killschalter steht auf »RUN«, der Kupplungshebel und der Starterknopf müssen betätigt werden. Das gelingt am besten mit einem Helfer.		
2 Spannungsmessung am Seitenständerschaltereingang	Der Masseanschluss erfolgt über den vorderen Massepunkt am Rahmen	12,5 V bis 13,5 V Batteriespannung
3 Spannungsmessung am Seitenständerschalterausgang	Ist das Messergebnis deutlich niedriger, die Batteriespannung aber in Ordnung, muss die Spannungsverlustmessung über dem Seitenständerschalter durchgeführt werden	12,5 V bis 13,5 V Batteriespannung
4 Spannungsmessung am Kupplungsschaltereingang	Der Masseanschluss erfolgt über den Kupplungsschalter	12,5 V bis 13,5 V Batteriespannung
5 Spannungsmessung am Kupplungsschalterausgang	Ist das Messergebnis deutlich niedriger, die Batteriespannung aber in Ordnung, muss die Spannungsverlustmessung über dem Kupplungsschalter durchgeführt werden	12,5 V bis 13,5 V Batteriespannung

Das Startrelais »klackt« (es wird betätigt, aber der Startermotor dreht nicht)

Diese Prüfschritte sind darauf abgestimmt, die Fehlersuche am Startrelais anzugehen, wenn beim Startversuch das Relais nur klackt. Das Klacken des Relais zeigt bereits, dass die Ansteuerung des Relais offensichtlich funktioniert. Der Fehler wird im »Lastkreis« des Startrelais gesucht. Die Fehlersuche für ein »ratterndes« Relais gehen wir im Anschluss an.

E Prüfung der Batterie beim Starten

Aufgabe	Information	Ergebnis (Sollwerte)
1 Optische Prüfung	Kontrollieren Sie den Masseanschluss zum Motor Kontrollieren Sie den Plusanschluss zum Startermotor Kontrollieren Sie die Anschlüsse an der Batterie Kontrollieren Sie die Anschlüsse am Starterrelais	-
2 Spannungsmessung an der Batterie im Ruhezustand	Hier wird der Ladezustand der Batterie festgestellt	Tabelle auf Seite 22

Für die folgende Messungen muss die Zündung eingeschaltet sein, der Killschalter steht auf »RUN«, der Kupplungshebel und der Starterknopf müssen betätigt werden. Das gelingt am besten mit einem Helfer.

Aufgabe	Information	Ergebnis (Sollwerte)
3 Spannungsmessung an der Batterie beim Starten	Bricht hier die Spannung unter 10 V zusammen, muss die Batterie ersetzt werden. Gerade dann, wenn sie frisch geladen worden ist, kann von einem starken Kapazitätsverlust (Sulfatierung) ausgegangen werden. Oftmals gehen die Tachobeleuchtung und andere Verbraucher aus. Die Stromaufnahme ist so groß, dass die Batterie nicht genug Energie liefern kann. Die Spannung bricht erkennbar zusammen. Bricht die Spannung an den Batteriepolen nicht zusammen, müssen die Zuleitungen der Batterie plus- und masseseitig (Spannungsverlustmessung) überprüft werden.	9,5 V bis 10 V

F Prüfung des Magnetschalters des Startrelais

Aufgabe	Information	Ergebnis (Sollwerte)
1 Optische Prüfung	Kontrollieren Sie die Anschlüsse am Starterrelais auf festen Sitz und Schäden	-

Für die folgenden Messungen muss die Zündung eingeschaltet sein, der Killschalter steht auf »RUN«, der Kupplungshebel und der Starterknopf müssen für jede Messung betätigt werden.

Aufgabe	Information	Ergebnis (Sollwerte)
2 Spannungsmessung (beim Starten) am Magnetschaltereingang	Fällt das Messergebnis deutlich geringer aus, müssen die Batterie und die Leitung zwischen Batterie und Startrelais mit seinen Anschlüssen überprüft werden	9,5 V bis 10 V
3 Spannungsmessung (beim Starten) am Magnetschalterausgang	Fällt das Messergebnis deutlich geringer aus, muss der Schalter des Startrelais mit seinen Anschlüssen überprüft werden	9,5 V bis 10 V
4 Spannungsmessung über dem Schaltkontakt des Magnetschalters	Fällt das Messergebnis deutlich höher aus, ist der Schalter des Startrelais verbrannt und muss ersetzt werden	Max. 0,5 V
5 Spannungsmessung (beim Starten) am Starteranschluss	Fällt das Messergebnis deutlich geringer aus, muss das Anschlusskabel zwischen Startrelais und Startermotor mit seinen Anschlüssen überprüft werden	9,5 V bis 10 V
6 Spannungsmessung (beim Starten) an der Motormasse	Fällt das Messergebnis deutlich höher aus, muss das Anschlusskabel der Motormasse überprüft werden	Max. 0,5 V

Sichtprüfung Messen

Das Startrelais »rattert« (das Relais schaltet schnell an und aus)

■ Als Fehlerquelle kommen die Batterie, die Plusleitung zum Startrelais, die Masseleitung von der Batterie und das Startrelais selbst in Frage.

■ Das Relais wird angesteuert und der Startermotor durch das Relais zugeschaltet.

■ Die hohe Stromaufnahme des Startermotors lässt die Spannung zusammenbrechen und das Relais fällt ab.

■ Der Startermotor wird nicht mehr bestromt, die Spannung reicht wieder aus und das Relais zieht wieder an.

■ Da nun der Startermotor mit seiner Stromaufnahme die Spannung wieder zusammenbrechen lässt, wiederholt sich der Vorgang immer wieder und sehr schnell. Das Relais macht durch das schnelle Ein- und Ausschalten ein ratterndes Geräusch.

G Prüfung der Spule des Startrelais

Aufgabe	Information	Ergebnis (Sollwerte)
1 Batterie prüfen und laden	Batterie voll laden, 3 h ruhen lassen und die Batteriespannung prüfen.	Tabelle auf Seite 22
2 Batterietest durchführen	Herstelleranweisung des Testgerätes beachten	-
Für die folgenden Messungen muss die Zündung eingeschaltet sein, der Killschalter steht auf »RUN«, der Kupplungshebel und der Starterknopf müssen für jede Messung betätigt werden.		
3 Spannungsmessung an der Batterie beim Starten	Bricht hier die Spannung unter 10 V zusammen, muss die Batterie ersetzt werden Batterie: Oftmals gehen die Tachobeleuchtung und andere Verbraucher aus. Die Stromaufnahme ist so groß, dass die Batterie nicht genug Energie liefern kann. Die Spannung bricht erkennbar zusammen	9,5 V bis 10 V
4 Spannungsverlustmessung zwischen Batteriemasse und Rahmen	Fällt das Messergebnis deutlich höher aus, müssen das Massekabel von der Batterie zum Rahmen und seine Anschlüsse auf Korrosion oder Schäden geprüft werden	Max. 0,5 V
5 Spannungsverlustmessung zwischen Batterieplus und Startrelais	Fällt das Messergebnis deutlich höher aus, müssen das Pluskabel von der Batterie zum Startrelais und seine Anschlüsse auf Korrosion oder Schäden geprüft werden	Max. 0,5 V
6 Spannungsverlustmessung zwischen Batterieplus und Hauptsicherungseingang (30 A)	Fällt das Messergebnis deutlich höher aus, muss das Startrelais geprüft werden	Max: 0,5 V

Wenn Sie mit dem Messgerät an der Fehlerstelle messen, wird die Anzeige sehr stark springen, da die Spannung tatsächlich bis auf wenige Volt zusammenbricht.

Defekt oder Alterung?

Der Startermotor selbst kann auch Schäden aufweisen oder im Laufe vieler Jahre auch Verschleißerscheinungen aufweisen. Mechanische Schäden an der Lagerung verursachen eine höhere Stromaufnahme bei sinkender Startermotorleistung. Die Startdrehzahl fällt dann geringer aus. Geschädigte Kupferwicklungen oder Übergangswiderstände an den Kohlen sind kaum zu erfassen. Der Startermotor wird zwar auch eine geringere Leistung abgeben, aber über die Übergangswiderstände mehr Wärme erzeugen. Die Stromaufnahme wird dann in der Summe kaum größer.

Zwar kann der Starter zerlegt werden, die Reparatur ist aber aufgrund der geringen Anschaffungspreise im Zubehörmarkt und der Leistungsverluste durch Alterung nicht sinnvoll.

H Prüfung am Startermotor		
Aufgabe	Information	Ergebnis (Sollwerte)
1 Optische Prüfung	Kontrollieren Sie die Anschlüsse am Starterrelais und am Startermotor auf festen Sitz und Schäden	-
2 Prüfen der Startdrehzahl	Die Drehzahl lässt sich am besten über den OBD-Diagnosetester erfassen. Fällt die Drehzahl deutlich geringer aus, müssen die Zuleitungen zwischen Batterie und Starter beziehungsweise der Starter selbst geprüft (Widerstandsmessung) oder erneuert werden	300 bis 500 1/min
Für die folgenden Messungen muss die Zündung ausgeschaltet oder der Startermotor ausgebaut sein. Liegt eine Spannung am Startermotor bei der Messung an, wird die Sicherung des Messgerätes oder sogar das Messgerät zerstört.		
3 Widerstandsmessung am Startermotoranschluss (Startergehäuse zum Anschluss)	Fällt das Messergebnis deutlich höher aus, muss der Starter geprüft oder erneuert werden	0,2 Ω bis 0,4 Ω

I Spannung am Startermotor Problematisch sind für die Aprilia der Masseanschluss der teilweise mit einem Masseband zum Heckrahmen ausgefürt wurde und der Plusanschluss des Starters im Spritzbereich.		
Aufgabe	Information	Ergebnis (Sollwerte)
1 Optische Prüfung	Kontrollieren Sie die Anschlüsse am Rahmen und an der Batterie	-
2 Versorgungsspannung Starter	Messen Sie am Plusanschluss des Starters und an der Gehäusemasse die Spannung am Startergehäuse beim Starten	9,5 V bis 10 V
3 Spannungsverlustmessung Masseverbindung	Messen Sie den Spannungsverlust beim Starten zwischen Batterie Minus und Gehäusemasse des Starters	Max. 0,5 V
4 Spannungsverlustmessung Plusverbindung	Messen Sie den Spannungsverlust beim Starten zwischen Batterie Plus und Plusanschluss des Startrelais	Max. 0,5 V
5 Spannungsverlustmessung Plusverbindung	Messen Sie den Spannungsverlust beim Starten zwischen Batterie Plus und Plusanschluss des Starters	Max. 0,5 V

Messen und Prüfen

An dieser Stelle stellen wir Ihnen unterschiedliche Messmethoden für den Startermotor, die Startfreigabe und das Startrelais vor. Wir geben Ihnen anhand eines typischen Messgerätes die Einstellungen und die Positionen an, an denen Sie die Messkabel für diese Messung anschließen müssen.

Widerstandsmessung der Spule des Startrelais (Bild 11)

■ Schalten Sie die Zündung aus und ziehen Sie den Zündschlüssel ab.

■ Klemmen Sie den Batterieminusanschluss der Batterie aus Sicherheitsgründen ab.

■ Nehmen Sie das Startrelais aus dem Gummihalter heraus und ziehen Sie den Anschluss-

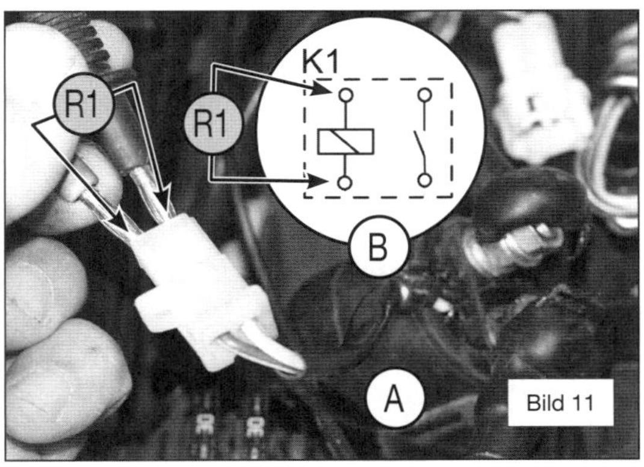

Bild 11
Widerstandsmessung an der Starterspule.
A Starterrelais
B Schaltplan Starterrelais
R1 Widerstandsmessung an der Starterspule
K1 Startrelais

Sichtprüfung Messen

Bild 12
Hauptsicherungen neben der Batterie.

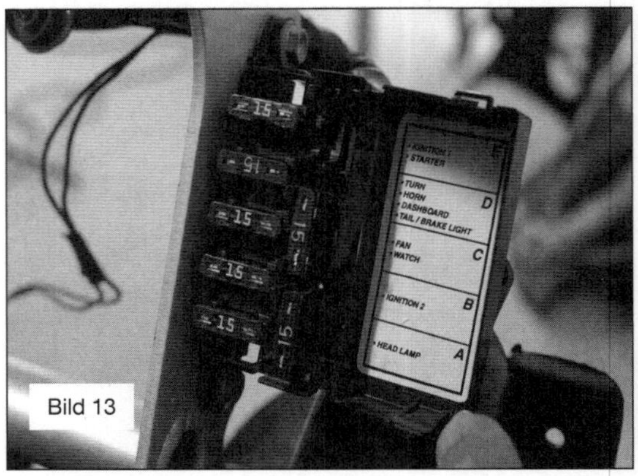

Bild 13
Sicherung im Sicherungsträger Frontverkleidung.

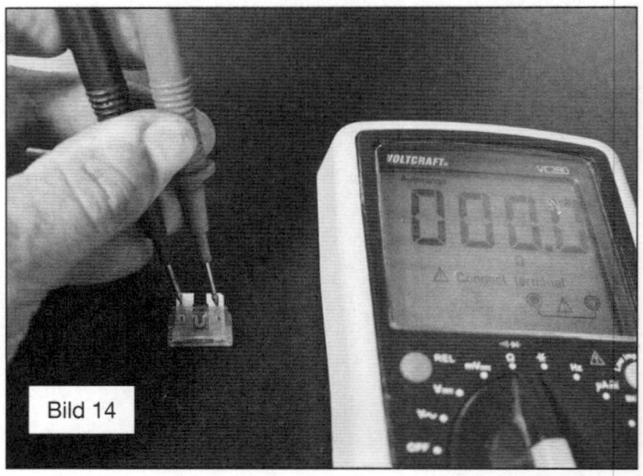

Bild 14
Prüfung der Hauptsicherung 30 A.

stecker ab. Die Anschlüsse zum Batterieplus und zum Startermotor können angeschlossen bleiben.

■ Stellen Sie das Multimeter auf einen Messbereich von 200 Ω ein.

■ Schließen Sie die beiden Messkabel an die beiden Anschlüsse (Pfeile im Bild 11) an.

■ Lesen Sie den Messwert ab.

Das Messergebnis sollte etwa 10 bis 20 Ω betragen. Deutlich höhere Messergebnisse mit mehreren Hundert Ohm weisen auf einen Spulenbruch oder einen Übergangswiderstand hin. Deutlich geringere Widerstände bedeuten in der Regel einen Kurzschluss der Spule. Das Relais muss in beiden Fällen ersetzt werden.

Prüfung der Hauptsicherung (30 A) neben der Batterie (Bild 12)

■ Schalten Sie die Zündung aus und ziehen Sie den Zündschlüssel ab.

■ Demontieren Sie den Fahrersitz.

■ Ziehen Sie die Sicherung aus ihrem Steckplatz heraus.

Kontrollieren Sie optisch, ob der Leiterfaden in der Sicherung durchgebrannt ist.

Ist das nicht möglich, stellen Sie das Multimeter auf den Messbereich 200 Ω ein und messen Sie den Widerstand der Sicherung. Er muss bei 0 Ω liegen.

Ist der Leiterfaden sichtbar unterbrochen oder der Widerstand der Sicherung größer als 0 Ω, erneuern Sie die Sicherung.

Wenn die Hauptsicherung durchgebrannt ist, muss unbedingt geprüft werden, warum diese Sicherung durchgebrannt ist und ob weitere Sicherungen betroffen sind. Verwenden Sie niemals eine stärkere Sicherung als werkseitig vorgesehen. Es können Schäden am Kabelbaum oder anderen elektrischen Bauteilen entstehen.

Prüfung der Sicherungen (15 A) auf dem Sicherungsträger in der Frontverkleidung (Bild 13)

■ Ziehen Sie die Sicherung aus ihrem Steckplatz heraus.

Kontrollieren Sie optisch, ob der Leiterfaden in der Sicherung durchgebrannt ist.

Ist das nicht möglich, stellen Sie das Multimeter auf den Messbereich 200 Ω ein und messen Sie den Widerstand der Sicherung. Er muss bei 0 Ω liegen.

Ist der Leiterfaden sichtbar unterbrochen oder der Widerstand der Sicherung größer als 0 Ω, erneuern Sie die Sicherung.

Sicherung	Stromstärke	Funktion
A	15A	Fahrlicht (Relais)
B	15A	Zündspulen, Kraftstoffpumpenrelais
C	15A	Lüftermotor, Uhr
D	15A	Lichtanlage, Hupe, Blinker
E	15A	Einspritzanlage, Kraftstoffpumpenrelais, Motorabstellrelais

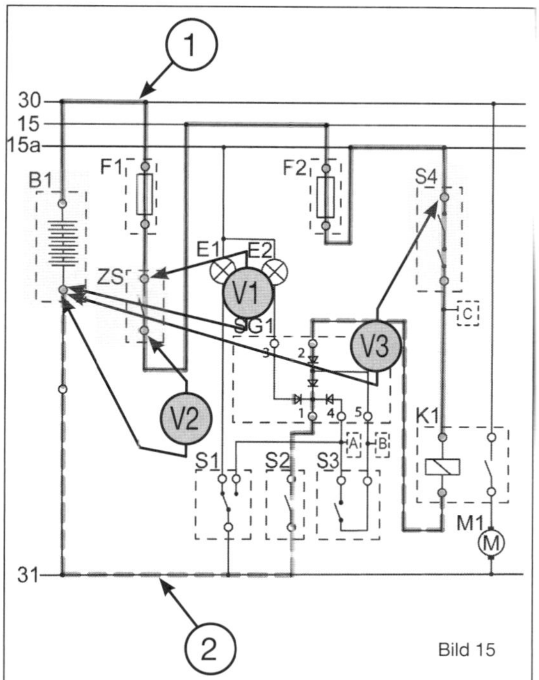

Bild 15

Verwenden Sie niemals eine stärkere Sicherung als werkseitig vorgesehen. Es können Schäden am Kabelbaum oder anderen elektrischen Bauteilen entstehen.

Potenzialgebundene Messungen in der Spannungsversorgung (Ansteuerung Relais) plusseitig (1 im Bild 15)

Die folgenden Messungen sind sogenannte »potenzialgebundene Messungen«. Der eine Messanschluss (schwarz) wird mit einer Klemme am Batterieminuspol verbunden (angebunden). Für die Messungen V1 - V4 bleibt die Anbindung an diesen Masseanschluss bestehen. So wechselt nur das rote Anschlusskabel von Messung zu Messung den Messpunkt.

Vorbereitungsarbeiten für die Messungen:

- Demontieren Sie die Sitzbank und legen Sie die Batterie frei.
- Demontieren Sie die Seitenverkleidung links und legen Sie den Anschlussstecker des Seitenständers frei.
- Prüfen Sie den Ladezustand der Batterie und laden Sie sie wenn erforderlich auf.

Schließen Sie ein Dauerladegerät an, um bei der Messung die Batterie nicht zu sehr zu entladen.

- Schließen Sie den »COM«-Anschluss (schwarz) an den Minuspol der Batterie an.
- Stellen Sie das Multimeter auf einen Messbereich von 20V DC (Gleichspannung) ein.

Spannungsmessung am Zündschlosseingang (V1 im Bild 15):

- Legen Sie das Anschlusskabel des Zündschlosses frei, ziehen es aber nicht ab. Die Messung erfolgt an den Steckkontakten.
- Schließen Sie das Messkabel (rot) an den Steckkontakt des Zündschlosseingangs an.

Der Anschluss ist auch ohne Kabelfarbe erkennbar, da dort auch bei ausgeschalteter Zündung die Batteriespannung anliegt.

Sie sollten nun die Batteriespannung (12,5 V bis 13,5 V ablesen können. Liegt keine Spannung an, prüfen Sie die Hauptsicherung (F1 im Bild 15) und die Zuleitung zwischen Batterie und Startrelais. Die Hauptsicherung ist neben der Batterie verbaut.

Spannungsmessung am Zündschlossausgang (V2 im Bild 15):

- Bauen Sie den Tank ab.
- Legen Sie das Anschlusskabel des Zündschlosses frei, ziehen es aber nicht ab.
- Schließen Sie das Messkabel (rot) an den Zündschlossausgang an.

Er ist auch ohne Kabelfarbe erkennbar, da dort nur bei eingeschalteter Zündung die Batteriespannung anliegt.

Sie sollten nun die Batteriespannung (12,5 V bis 13,5 V) ablesen können, soweit die beschriebene Messung für V1 in Ordnung war. Fällt das Ergebnis deutlich niedriger aus, prüfen Sie den Schalter des Zündschlosses, wie wir das im Anschluss in den »Spannungsverlustmessungen« über den Schaltern beschrieben haben.

Spannungsmessung am Killschaltereingang (V3 im Bild 15):

- Legen Sie das Anschlusskabel des Killschalters (Lenkerschalter rechts) frei, ziehen es aber nicht ab.
- Schließen Sie das Messkabel (rot) an den Killschaltereingang (hellblau/grau) an.

Er ist auch ohne Kabelfarbe erkennbar, da dort nur bei eingeschalteter Zündung die Batteriespannung anliegt.

- Schalten Sie die Zündung ein.

Sie sollten nun die Batteriespannung (12,5 V bis 13,5 V ablesen können. Liegt keine Spannung an, prüfen Sie die Hauptsicherung (F1 im Bild 15), die Sicherung (F2) und die Zuleitung zwischen Batterie und Startrelais.

Bild 15
Messung der Spannungsversorgung.
1 Spannungsversorgung »plusseitig«
2 Spannungsversorgung »masseseitig«
V1 Batterieminus (B1) zum Eingang Zündschloss (ZS)
V2 Batterieminus (B1) zum Ausgang Zündschloss (ZS) (hellblau/grau)
V3 Batterieminus (B1) zum Eingang Killschalter (S4) (grün/rot)

Bild 16
Messung der Spannungsversorgung.
1 Spannungsversorgung »plusseitig«
V4 Batterieminus (B1) zum Ausgang Killschalter (S4)
V5 Batterieminus (B1) zum Eingang Startrelais (K1) (hellblau/grau)

Die Hauptsicherung ist am Startrelais verbaut, die Sicherung »F2« im Sicherungsträger in der Frontverkleidung.

Spannungsmessung am Killschalterausgang (V4 im Bild 16):
Der Starttaster und der Killschalter sind eine Schaltereinheit.

Schalten Sie für die Messung die Zündung ein.

- Legen Sie das Anschlusskabel des Killschalters (Lenkerschalter rechts) frei, ziehen es aber nicht ab.
- Schließen Sie das Messkabel (rot) an den Killschalterausgang (gelb/rot) an.

Er ist auch ohne Kabelfarbe erkennbar, da dort nur bei eingeschalteter Zündung und der Schalterstellung »RUN« die Batteriespannung anliegt.

Sie sollten nun die Batteriespannung (12,5 V bis 13,5 V ablesen können, soweit die beschriebene Messung für V3 in Ordnung war. Fällt das Ergebnis deutlich niedriger aus, prüfen Sie den Schalter des Killschalters, wie wir das im Anschluss in den »Spannungsverlustmessungen über den Schaltern« beschrieben haben.

Spannungsmessung am Startrelais (V5 im Bild 16):

- Demontieren Sie die Sitzbank.
- Legen Sie das Anschlusskabel des Startrelais frei, ziehen es aber nicht ab.
- Schließen Sie das Messkabel (rot) an den Startrelais (gelb/rot) an.
- Schalten Sie die Zündung ein.
- Schalten Sie den Killschalter auf »RUN«.

Sie sollten nun die Batteriespannung (12,5 V -13,5 V ablesen können, soweit die Messungen für das Zündschloss und den Killschalter in Ordnung waren. Liegt keine Spannung an, prüfen Sie die Hauptsicherung (F1 im Bild 15), die Sicherung (F2) und die Zuleitung zwischen Batterie und Startrelais.

Die Hauptsicherung ist am Startrelais verbaut, die Sicherung »F2« im Sicherungsträger.

Plusgebundene Messungen in der Spannungsversorgung (Ansteuerung Relais) masseseitig (2 im Bild 17)

Die folgenden Messungen sind sogenannte »plusgebundene Messungen«. Der eine

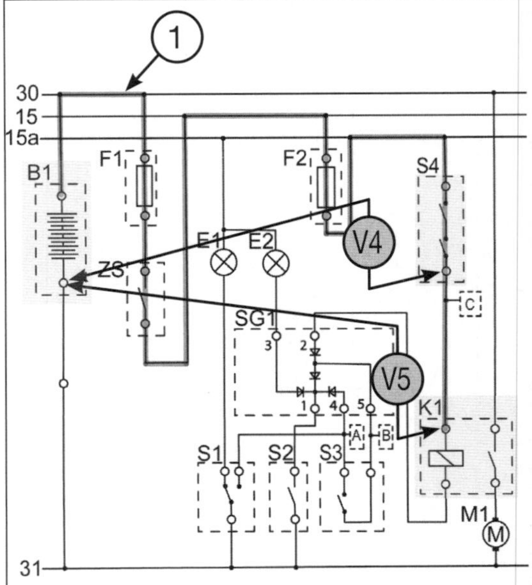

Bild 16

Messanschluss wird mit dem Batteriepluspol mit einer Klemme verbunden.

Für die Messungen bleibt die Anbindung an den Pluspol bestehen, nur das rote Anschlusskabel wechselt von Messung zu Messung den Messpunkt.

Vorbereitungsarbeiten für die Messungen:

Die masseseitige Spannungsversorgung erfolgt über das Startfreigabe- oder Diodenmodul. Die Masse wird durchgeschaltet, wenn der Gangpositionschalter die Gangposition »N« meldet oder bei ausgeklapptem Seitenständer der Kupplungshebel betätigt wird. Wir stellen Ihnen im folgenden beide Möglichkeiten mit den erforderlichen Messungen vor.

- Bocken Sie das Motorrad auf einen Montageständer auf und sichern Sie es gegen Umfallen. Für die Messungen muss das Motorrad rundum zugänglich sein. Auch der Seitenständer muss frei beweglich sein.
- Demontieren Sie die Sitzbank und legen Sie die Batterie frei.
- Prüfen Sie den Ladezustand der Batterie und laden Sie sie wenn erforderlich auf.

Schließen Sie ein Dauerladegerät an, um bei der Messung die Batterie nicht zu sehr zu entladen.

- Schließen Sie das Messkabel (rot) an den Pluspol der Batterie an.
- Stellen Sie das Multimeter auf einen Messbereich von 20V DC (Gleichspannung) ein.

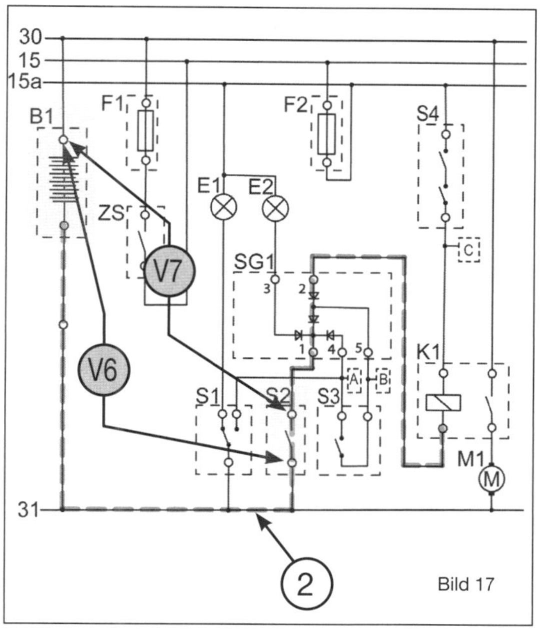

Bild 17

Bild 17
Messung der Spannungsversorgung.
2 Spannungsversorgung »masseseitig«
V6 Batterieplus (B1) zum Ausgang Kupplungsschalter (S2) (blau/grün)
V7 Batterieplus (B1) zum Ausgang Kupplungsschalter (S2) (braun/grün)

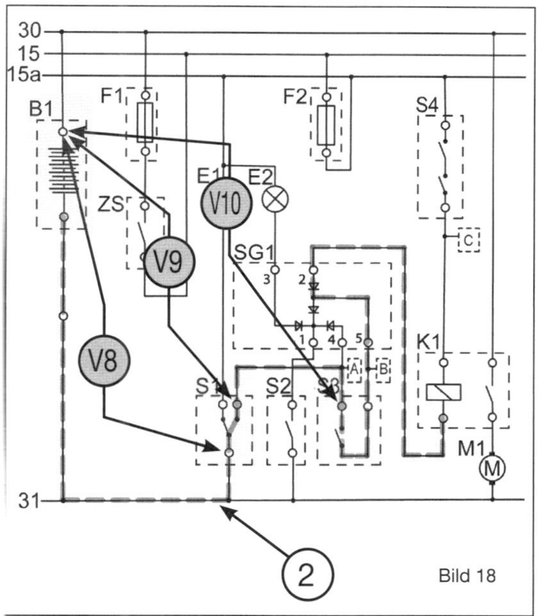

Bild 18

Bild 18
Messung der Spannungsversorgung.
2 Spannungsversorgung »masseseitig«
V8 Batterieplus (B1) zum Pol des Seitenständerschalters (S1) (blau/grün)
V9 Batterieplus (B1) zum Ausgang Kupplungsschalter (S1) (braun/grün)
V10 Batterieplus (B1) zum Eingang des Kupplungsschalters (S3) (braun/grün)

Startfreigabe über den Gangpositionsschalter (Neutralschalter)

Spannungsmessung am Massenanschluss des Gangpositionsschalters (V6 im Bild 17):

- Lassen Sie die Zündung ausgeschaltet.
- Legen Sie das Anschlusskabel des Gangpositionsschalters (Neutralschalter) unter der linken Seitenverkleidung frei, ziehen es aber nicht ab.
- Schließen Sie den »COM«-Anschluss (schwarz) an die Motormasse (Motorblock) an.

Sie sollten nun die Batteriespannung (12,5 V bis 13,5 V) ablesen können.

Spannungsmessung am Anschluss des Gangpositionsschalters (V7 im Bild 17):

- Lassen Sie die Zündung ausgeschaltet.
- Legen Sie das Anschlusskabel des Gangpositionsschalters (Neutralschalter) unter der linken Seitenverkleidung frei, ziehen es aber nicht ab.
- Schließen Sie den »COM«-Anschluss (schwarz) an den Gangpositionsschalters (Neutralschalter) (braun) an.

Er ist auch ohne Kabelfarbe erkennbar, da dort bei der Messung die Batteriespannung angezeigt wird.

Sie sollten nun die Batteriespannung (12,5 V bis 13,5 V) ablesen können.

Startfreigabe über den Seitenständerschalter und den Kupplungsschalter

Spannungsmessung am Seitenständerschalter (V8 im Bild 18):

- Lassen Sie die Zündung ausgeschaltet.
- Legen Sie das Anschlusskabel des Seitenständerschalters unter der linken Seitenverkleidung frei, ziehen es aber nicht ab.
- Schließen Sie den »COM«-Anschluss (schwarz) an den Seitenständerschalter (blau/grün) an.

Sie sollten nun die Batteriespannung (12,5 V bis 13,5 V) ablesen können.

Spannungsmessung am Seitenständerschalter (V9 im Bild 18):

- Lassen Sie die Zündung ausgeschaltet.
- Legen Sie das Anschlusskabel des Seitenständerschalters unter der linken Seitenverkleidung frei, ziehen es aber nicht ab.
- Schließen Sie den »COM«-Anschluss (schwarz) an den Seitenständerschalter (braun/grün) an.
- Klappen Sie den Seitenständer ein.

Sie sollten nun die Batteriespannung (12,5 V bis 13,5 V) ablesen können.

Bei ausgeklapptem Seitenständer sollten Sie keine Spannung ablesen können.

Spannungsmessung am Kupplungsschalter (V10 im Bild 18):

- Lassen Sie die Zündung ausgeschaltet.
- Legen Sie das Anschlusskabel des Kupplungsschalters im Bereich der Frontverkleidung frei, ziehen es aber nicht ab.
- Schließen Sie den »COM«-Anschluss

Bild 19
Messung der Spannungsversorgung.
2 Spannungsversorgung »masseseitig«
V11 Batterieplus (B1) zum Kupplungsschalter (S3) (braun/violett)
V12 Batterieplus (B1) zum Anschluss 5 Startfreigabemodul (SG1) (braun/violett)
V13 Batterieplus (B1) zum Anschluss 2 Startfreigabemodul (SG1) (braun/violett)
V14 Batterieplus (B1) zum Startrelais (K19

(schwarz) an den Kupplungsschalter (blau/grün) an.

Sie sollten bei eingeklapptem Seitenständer die Batteriespannung (12,5 V bis 13,5 V) ablesen können. Fällt das Ergebnis deutlich niedriger aus, prüfen Sie den Kupplungsschalter, wie wir das im Anschluss in den »Spannungsverlustmessungen über den Schaltern« beschrieben haben.

Spannungsmessung am Kupplungsschalter (V11 im Bild 19):

- Lassen Sie die Zündung ausgeschaltet.
- Legen Sie das Anschlusskabel des Kupplungsschalters im Bereich der Frontverkleidung frei, ziehen es aber nicht ab.
- Schließen Sie den »COM«-Anschluss (schwarz) an den Kupplungsschalter (braun/violett) an.

Sie sollten bei eingeklapptem Seitenständer die Batteriespannung (12,5 V bis 13,5 V) ablesen können. Fällt das Ergebnis deutlich niedriger aus, prüfen Sie den Kupplungsschalter, wie wir das im Anschluss in den »Spannungsverlustmessungen über den Schaltern« beschrieben haben.

Spannungsmessung am Startfreigabemodul (V12 im Bild 19):

- Lassen Sie die Zündung ausgeschaltet.
- Legen Sie das Anschlusskabel des Kupplungsschalters im Bereich der Heckverkleidung frei, ziehen es aber nicht ab.
- Schließen Sie den »COM«-Anschluss (schwarz) an den Anschlusspin 5 am Startfreigabemodul (braun/violett) an.

Sie sollten bei eingeklapptem Seitenständer die Batteriespannung (12,5 V bis 13,5 V) ablesen können. Fällt das Ergebnis deutlich niedriger aus, prüfen Sie den Kupplungsschalter, wie wir das im Anschluss in den »Spannungsverlustmessungen über den Schaltern« beschrieben haben.

Spannungsmessung am Startfreigabemodul (V13 im Bild 19):

- Lassen Sie die Zündung ausgeschaltet.
- Legen Sie das Anschlusskabel des Kupplungsschalters im Bereich der Heckverkleidung frei, ziehen es aber nicht ab.
- Schließen Sie den »COM«-Anschluss (schwarz) an den Anschlusspin 2 am Startfreigabemodul (violett/schwarz) an.

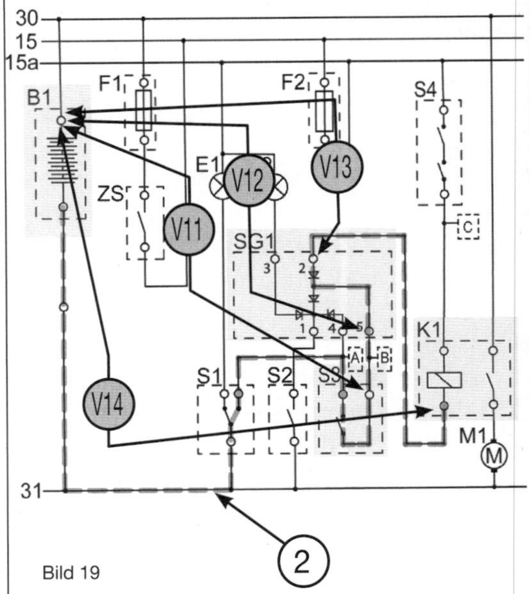

Bild 19

Sie sollten bei eingeklapptem Seitenständer die Batteriespannung (12,5 V bis 13,5 V) ablesen können. Fällt das Ergebnis deutlich niedriger aus, prüfen Sie den Kupplungsschalter, wie wir das im Anschluss in den »Spannungsverlustmessungen über den Schaltern« beschrieben haben.

Spannungsmessung am Startrelais (V14 im Bild 19):

- Lassen Sie die Zündung ausgeschaltet.
- Legen Sie das Anschlusskabel des Startrelais unter dem Sitz im Bereich der Batterie frei, ziehen es aber nicht ab.
- Schließen Sie den »COM«-Anschluss (schwarz) an das Startrelais (violett/schwarz) an.

Sie sollten bei eingeklapptem Seitenständer die Batteriespannung (12,5 V bis 13,5 V) ablesen können. Fällt das Ergebnis deutlich niedriger aus, prüfen Sie den Kupplungsschalter, wie wir das im Anschluss in den »Spannungsverlustmessungen über den Schaltern« beschrieben haben.

Durchgangsprüfung am Startfreigabemodul (Diodenmodul)

Die folgenden Messungen sind sogenannte »Durchgangsprüfungen«. Die Dioden sollten mit der Funktion »Diodentest« des Multimeters durchgeführt werden. Geprüft wird der Durchgang von Anschluss zu Anschluss.

- Demontieren Sie das Startfreigabemodul (Diodenmodul).

■ Entsichern Sie den Steckkontakt und ziehen Sie den Stecker ab.
■ Halten Sie die entsprechende Messspitze des Multimeters an den Anschlusspin (1-5 im Bild 20) des Startfreigabemoduls.

Messspitze Schwarz	Messspitze rot 1	2	3	4	5
1	-	D	D	D	D
2	S	-	S	S	S
3	S	S	-	S	S
4	S	S	S	-	S
5	S	S	S	S	-

■ Werten Sie die Ergbnisse nach der Tabelle oben aus. (- = nicht sinnvoll, D = Diode hat Durchgang, S = Diode sperrt)

Spannungsverlustmessung über den Schaltern

Zuerst einmal erscheint die Spannungsverlustmessung recht sinnlos. Warum sollte ein Spannungsunterschied zwischen dem Anfang und dem Ende einer Leitung oder am Eingang und Ausgang eines Schalter festzustellen sein. Natürlich ist das nicht beabsichtigt, aber grundsätzlich hat jeder Leiter einen Widerstand und ist dann auch ein Verbraucher (wenn auch ein sehr kleiner), an dem natürlich auch eine Spannung abfällt. Die Messung eignet sich sehr gut, um einen Übergangswiderstand (defekter, verschmutzter oder verbrannter Kontakt oder Anschluss) an einem Schalter aber auch in der Zuleitung von der Batterie oder einer Masseleitung nachzuweisen. Die Vorgehensweise ist für die Schalter oder Leitungen grundsätzlich gleich und kann für jeden anderen Schalter angewendet werden.

Für die Schaltkontakte in einem Relais gilt grundsätzlich das Gleiche wie für manuell betätigte Schalter. Das Relais muss für die Messung am Schalter bestromt werden.

Messung unter Last:

Die Messung über dem Schalter erfolgt am besten unter Last. Am einfachsten in der Funktion, die der Schalter im normalen Betriebszustand auch übernimmt. Ist hier ein kleiner Übergangswiderstand vorhanden, wird er sich im Laufe der Einschaltdauer durch Erwärmung vergrößern. Die Temperatur am

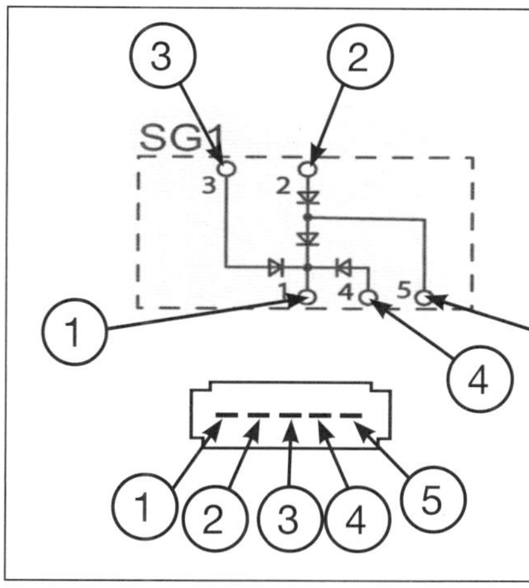

Bild 20

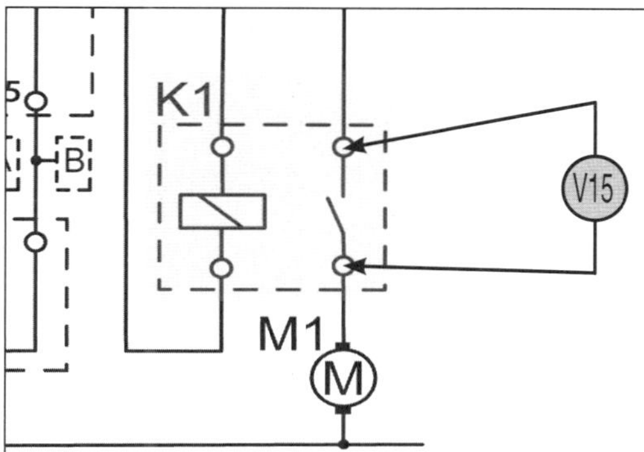

Bild 21

Schaltkontakt erhöht den Übergangswiderstand. Mit steigendem Übergangswiderstand steigt auch der Spannungsabfall über dem Schaltkontakt.

Spannungsverlustmessung am Startrelais (V15 im Bild 21):

Wir zeigen Ihnen die Vorgehensweise am Beispiel des Schalters im Startrelais. Grundsätzlich werden die Schalter, wie schon erwähnt, im Betriebszustand geprüft. Für den Schalter des Startrelais bedeutet das beispielsweise, dass die Komponenten vom Zündschloss bis zum Seitenständerschalter oder auch das Diodenmodul die Ansteuerung des Relais für die Messung freigeben müssen.

■ Legen Sie die Schaltkontakte des Schalters frei, ziehen sie aber nicht ab.
■ Stellen Sie das Multimeter auf einen Messbereich von 20V DC (Gleichspannung) ein.
■ Schließen Sie das Messkabel (rot) an den Schaltereingang an.
■ Schließen Sie das Messkabel (schwarz) an den Schalterausgang an.
■ Schalten Sie die Zündung ein, den Killschal-

Bild 20
1-5 Anschlusspins am Startfreigabemodul (Diodenmodul)

Bild 21
Beispiel Schalter des Startrelais.
V15 Spannungsverlustmessung über dem Schalter des Startrelais

Bild 22
Beispiel Schalter des Startrelais.
V9 Spannungsverlustmessung über dem Schalter des Startrelais

ter auf »RUN«, legen Sie die Gangstufe »N» ein oder ziehen Sie den Kupplungsschalter und klappen den Seitenständer ein. Demontieren Sie den Sozussitz.

■ Ziehen Sie das Kraftstoffpumpenrelais ab.

■ Betätigen Sie den Starttaster. Das Startrelais sollte nun anziehen und der Startermotor den Motor drehen.

☞ Wichtig hierbei ist es, dass der Startermotor den betriebsbereiten Motor mit verbauten Zündkerzen drehen muss. So wird sichergestellt, dass der Schalter des Starterrelais wie im Normalbetrieb belastet wird.

■ Messen Sie den Spannungsabfall über dem Schalter des Startrelais während des Startvorganges.

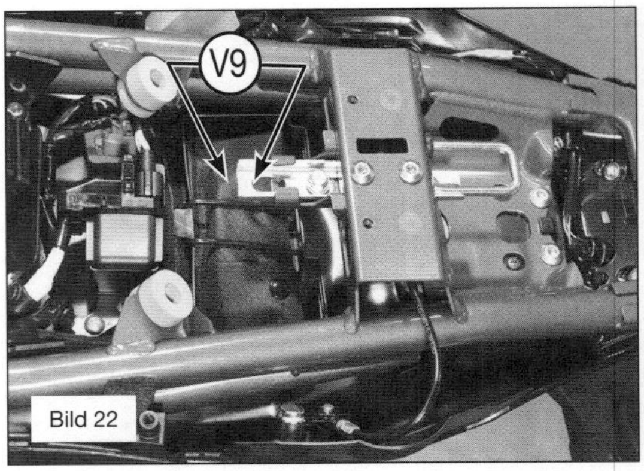

Bild 22

☞ Er sollte maximal 0,5 V betragen. Fällt der Messwert höher aus, muss in diesem Fall das Startrelais ersetzt werden. Der Spannungswert können leicht schwanken.

Schaltplan Starter und Startfreigabe

Bild 23
15 geschaltetes Plus
15a geschaltetes Plus angesichert
30 Dauerplus Batterie
31 Masseanschluss
B1 Batterie
E1 Kontrollleuchte Seitenständer
E2 Kontrollleuchte Gangstufe »Neutral«
F1 Vorsicherung 30 A
F2 Sicherung »D« 15 A
K1 Starterrelais
M1 Startermotor
S1 Seitenständerschalter
S2 Neutral-Schalter
S3 Kupplungsschalter
S4 Start- und Killschalter
SG1 Startfreigabemodul oder Diodenmodul
A Meldung an das Motorsteuergerät »Seitenständer«
B Meldung an das Motorsteuergerät »Kupplungsschalter«
C Meldung an das Motorsteuergerät »Startbefehl«

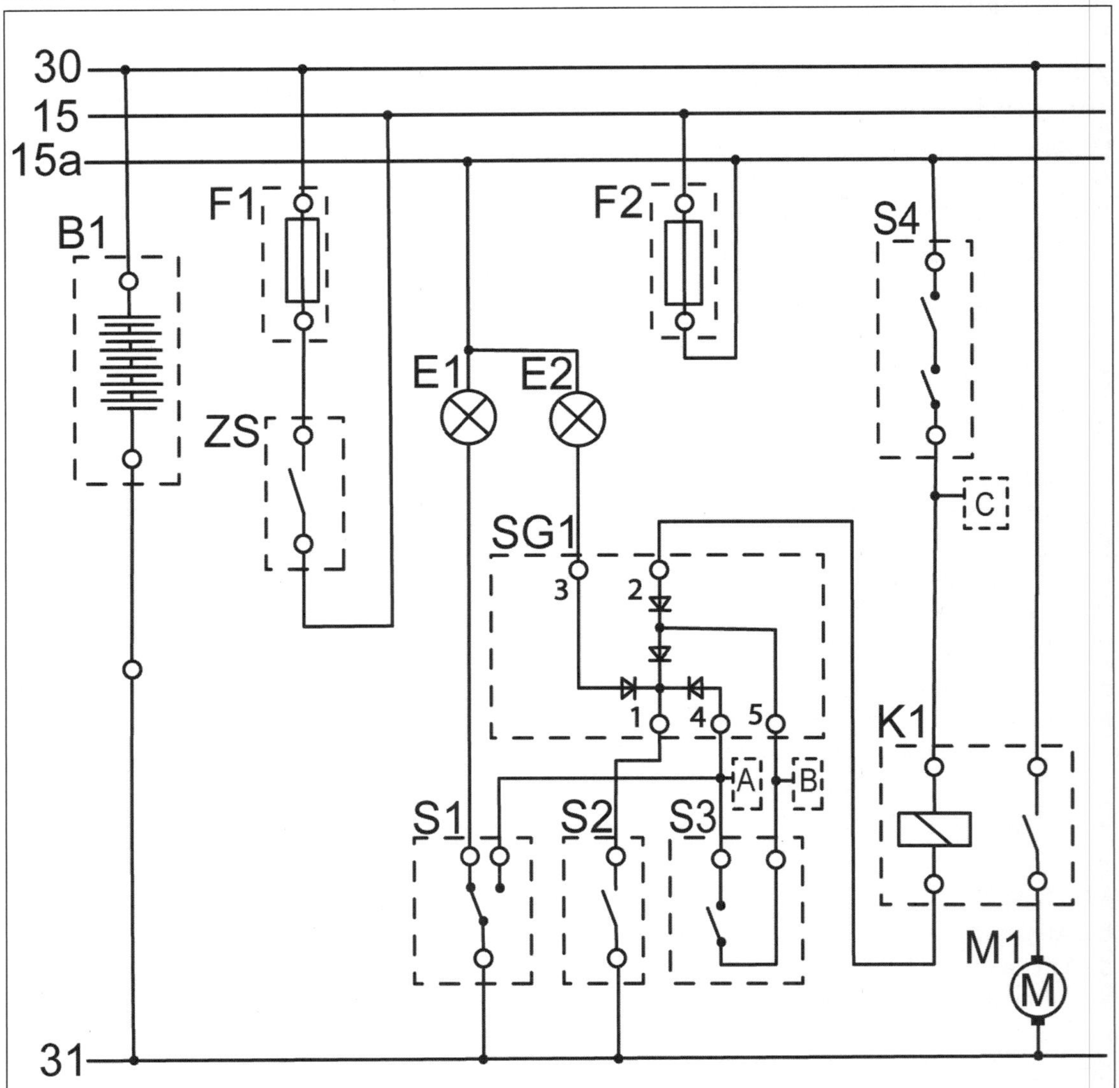

Bild 23

8 Elektrische Anlage

In diesem Kapitel werden wir Ihnen die wichtigsten Bauteile der allgemeinen elektrischen Anlage näher vorstellen.

Lampen und Leuchten

Die Aprilia RSV Mille und Tuono sind hinsichtlich der Bestückung mit Leuchtmittel baugleich. Im Zubehör gibt es Rückleuchteneinheiten, die mit LED-Leuchten ausgerüstet sind. Diese müssen aber ein Prüfzeichen aufweisen und sind bestenfalls auch eingetragen. Im Folgenden haben wir die serienmäßigen Leuchtmittel zusammengetragen.

Leuchtmittellisten:

Funktion	*Leuchtmittel*
Abblendlicht	H7 12 V 55 W
Fernlicht	H7 12 V 55 W
Standlicht	W5W
Blinkleuchte	WY10W
Bremslicht	
Rücklicht	12V 21/5W
Kennzeichenleuchte	
Tachobeleuchtung	12V 1,2W mit Sockel*

*Beachten Sie den Einbaudurchmesser!

Heller ist besser?

Grundsätzlich gibt es Leuchtmittel, die die originalen H7-Halogenlampen ersetzen können, zumindest passen sie in die Leuchtmittelaufnahme des Scheinwerfers. Verwenden Sie nur Leuchtmittel, die für Ihr Motorrad freigegeben sind. Leuchtmittel mit höherer Lichtleistung können aufgrund einer höheren Wärmeabgabe oder auch einer höheren UV-Lichtabgabe Ihren Scheinwerfer schädigen.

Umrüstung auf LED-Lampen

Die Leuchtmittel werden zusammen mit dem Scheinwerfer geprüft. Somit ist das Leuchtmittel vorgegeben. Die Helligkeit der LED-Leuchtmittel ist deutlich größer. Das Streulicht kann dann auch zunehmen, was zur Blendung führen »kann«. Das Wort »kann« bedeutet hier, dass das Leuchtmittel NICHT für den Scheinwerfer geprüft wurde. Es ist somit NICHT zulässig und die Betriebserlaubnis des Fahrzeug erlischt.

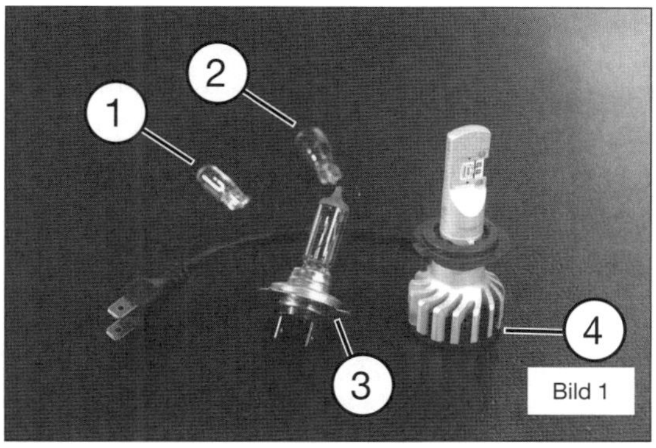

Bild 1

Bild 1
Unterschiedliche Leuchtmittel.
1 W5W
2 WY10W
H3 7 55W
4 LED mit H7-Sockel

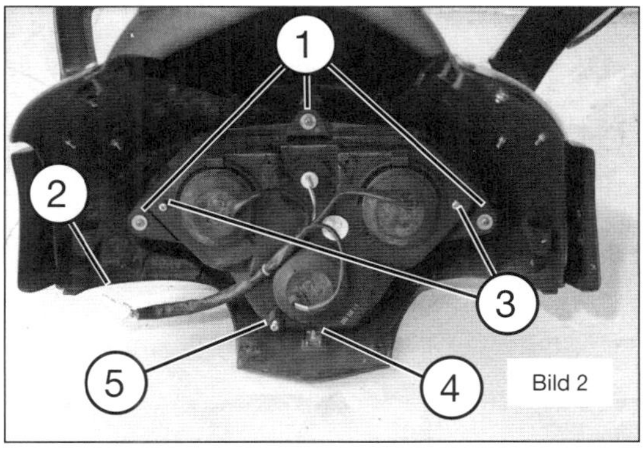

Bild 2

Bild 2
Scheinwerfer vorne.
1 Befestigungsschrauben
2 Anschlussstecker
3 Einstellschraube (Richtungskorrektur)
4 Befestigungsschraube unten
5 Einstellschraube Abblendung

Scheinwerfer vorne

Ausbau des Scheinwerfers

■ Schalten Sie die Zündung aus und ziehen Sie den Schlüssel ab.

Tipp: Stellen Sie das Motorrad auf einen Montageständer. Die Verschraubungen des Scheinwerfers und der Scheinwerfermaske müssen im Bereich des Lenkkopfes beidseitig zugänglich sein.

■ Demontieren Sie die Scheinwerfermaske vorne. Genauere Informationen hierzu finden Sie im Kapitel 11.
■ Ziehen Sie die Scheinwerfermaske mit dem Scheinwerfer etwas nach vorne.
■ Entsichern Sie den Steckkontakt (2 im Bild 2) und ziehen Sie die Anschlusskabel ab.
■ Nehmen Sie den Scheinwerfer mit der Maske und den Blinkern nach vorne ab.
■ Drehen Sie die Schraube unten (4) heraus.
■ Drehen Sie die Schrauben (1) heraus.
■ Nehmen Sie den Scheinwerfer aus der Verkleidung heraus.

Die Montage erfolgt sinngemäß in umgekehrter Reihenfolge.
■ Achten Sie auf den Zustand und den festen Sitz der Steckkontakte.
■ Prüfen Sie die Funktion und Einstellung des Scheinwerfers.

Glühlampenwechsel

Glühlampen für Fern- und Abblendlicht:

Mit Geschick ist es zwar möglich, die Lampen des Scheinwerfers ohne das Lösen der Frontmaske zu bewerkstelligen, die Platzierung der Lampen, Sicherungsbügel und der Staubkappe ist aber sehr erschwert.

- Schalten Sie die Zündung aus und ziehen Sie den Schlüssel ab.
- Stellen Sie das Motorrad auf einen Montageständer. Die Verschraubungen des Scheinwerfers und der Scheinwerfermaske müssen im Bereich des Lenkkopfes beidseitig zugänglich sein.
- Demontieren Sie die Scheinwerfermaske vorne. Genauere Informationen hierzu finden Sie im Kapitel 11.
- Ziehen Sie die Scheinwerfermaske mit dem Scheinwerfer etwas nach vorne.
- Ziehen Sie die entsprechende Abdeckkappe (3 im Bild 4) ab.
- Ziehen Sie den entsprechenden Steckkontakt (2) vom Lampensockel ab.
- Entsichern Sie den Sicherungsbügel der Glühlampen und klappen Sie den Sicherungsbügel zurück.
- Nehmen Sie die Glühlampe heraus.

⚠ Fassen Sie den Glassockel der Glühlampe niemals mit den Fingern an. Die Rückstände des Hautfetts auf dem Glaskolben verdampfen und können die Glühlampe schädigen.

Die Montage erfolgt sinngemäß in umgekehrter Reihenfolge.

- Achten Sie auf den richtigen Sitz der Glühlampe im Reflektor.
- Achten Sie auf festen Sitz der Steckkontakte.
- Prüfen Sie die Einstellung des Scheinwerfers (Abblendung und Seitenabweichung).

Wechsel der W5W Glühlampe für Standlicht:

- Schalten Sie die Zündung aus und ziehen Sie den Schlüssel ab.
- Stellen Sie das Motorrad auf einen Montageständer. Die Verschraubungen des Scheinwerfers und der Scheinwerfermaske müssen im Bereich des Lenkkopfes beidseitig zugänglich sein.
- Demontieren Sie die Scheinwerfermaske vorne. Genauere Informationen hierzu finden Sie im Kapitel 11.

Bild 3
Übersicht der Einbauposition der Glühlampen.
1 Abblendlicht (2x)
2 Standlicht
3 Fernlicht

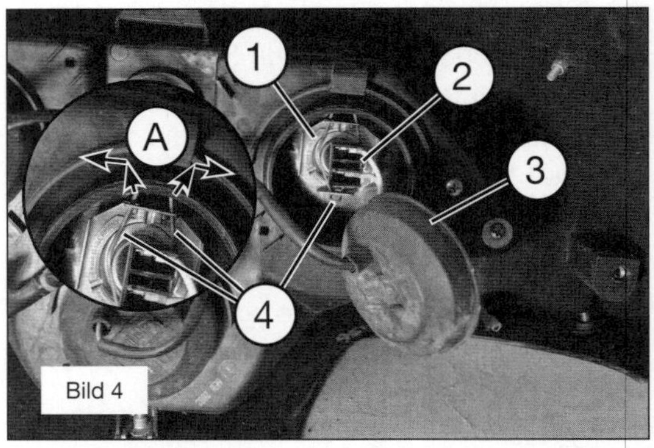

Bild 4
Glühlampe für Auf- und Abblendlicht.
1 Glühlampe
2 Steckkontakt
3 Staubkappe
4 Sicherungsbügel
A Bewegungsrichtung zum Entsichern

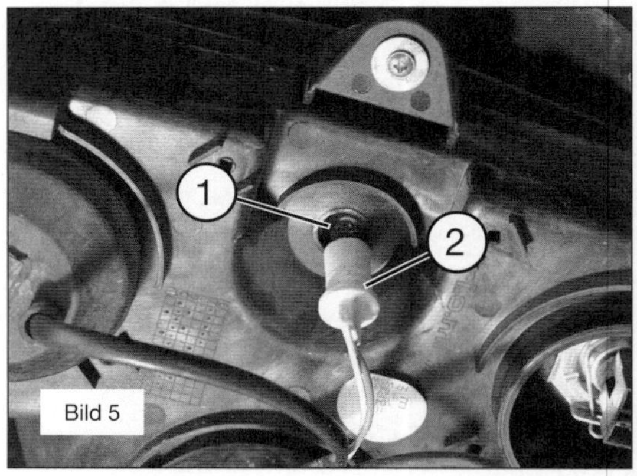

Bild 5
Glühlampe für Standlicht.
1 Glühlampe
2 Gummifassung

- Ziehen Sie die Scheinwerfermaske mit dem Scheinwerfer etwas nach vorne.
- Ziehen Sie die Gummifassung (2 im Bild 5) gerade aus dem Lampengehäuse.
- Ziehen Sie die Glühlampe (1) gerade aus der Gummifassung (2).

Die Montage erfolgt sinngemäß in umgekehrter Reihenfolge.

- Achten Sie auf den richtigen Sitz der Glühlampe in der Gummifassung.

⚠ Fassen Sie den Glassockel der Glühlampe niemals mit den Fingern an. Die Rückstände des Hautfetts auf dem Glaskolben verdampfen und können die Glühlampe schädigen.

- Achten Sie auf den richtigen Sitz des Lampensockels (6) im Scheinwerfer (1).

Einstellen des Scheinwerfers der RSV
Die Lichteinstellung beim Motorrad ist immer ein Kompromiss zwischen der Blendung des Gegenverkehrs und einer guten Fahrbahnausleuchtung. Die Einstellung ist auch von der Beladung des Motorrades abhängig. Schon der Soziusbetrieb sorgt schnell für eine deutliche Blendung. Die Kontrolle ist deshalb wichtig und sollte auf den Betriebszustand Ihres Motorrades abgestimmt werden. Grundsätzlich sollte eine Abblendung von 10 % erreicht werden.

Einstellen der Abblendung an der Garagenwand:
■ Stellen Sie das Motorrad 5 m entfernt auf einer gerade Fläche ab.
■ Setzen Sie eine Person auf den Fahrersitz und federn Sie die Dämpfer kurz durch.
■ Lassen Sie den Motor laufen und schalten Sie das Abblendlicht ein.
■ Messen Sie die Lichtaustrittshöhe des Scheinwerfers mit einem Zollstock.
■ Zeichnen Sie die Höhe an der Wand (auf einem Blatt Papier) mit einem Strich an.
■ Zeichnen Sie einen weiteren Strich 5 cm unter dem Strich für die Lichtaustrittshöhe an.
■ Die obere Kante der Hell-Dunkel-Grenze des Abblendlichtes soll auf dem unteren Strich liegen.
■ Korrigieren Sie die Lichteinstellung wenn erforderlich, indem Sie die Einstellschraube (3 oder 5 im Bild 2) verdrehen.

Einstellen der Abblendung mit dem Lichteinstellgerät:
■ Stellen Sie das Motorrad auf einer gerade Fläche ab.
■ Positionieren Sie das Lichteinstellgerät gerade vor dem Motorrad.
■ Stellen Sie die Linse des Lichteinstellgerätes in Höhe des Scheinwerfers des Motorrades.
■ Stellen Sie die Abblendung am Einstellgerät auf 10 % ein.
■ Setzen Sie eine Person auf den Fahrersitz und federn Sie die Dämpfer kurz durch.
■ Lassen Sie den Motor laufen und schalten Sie das Abblendlicht ein.
■ Die obere Kante der Hell-Dunkel-Grenze des Abblendlichtes soll auf der Linie auf der Projektionsfläche des Lichteinstellgerätes liegen.

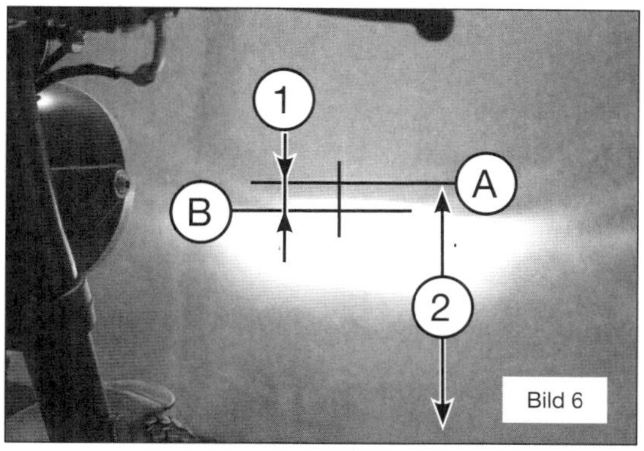

Bild 6
A Scheinwerferhöhe
B Abblendung (für die Hell-Dunkel-Grenze)
1 Scheinwerferhöhe -5 cm
2 Scheinwerferhöhe

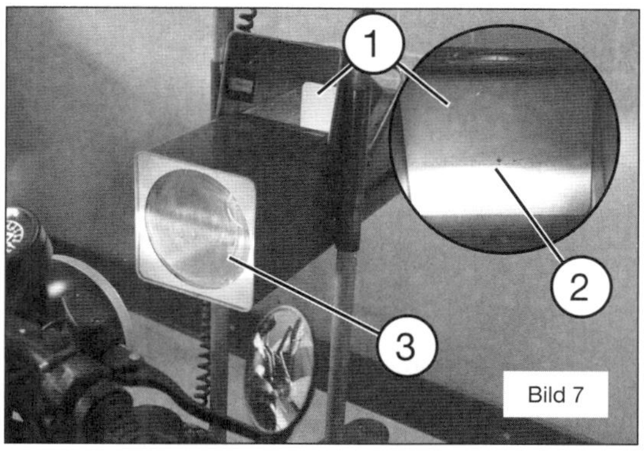

Bild 7
Einstellung mit dem Lichteinstellgerät.
1 Projektionsfläche
2 Soll-Einstell-Linie und die Hell-Dunkel-Grenze
3 Projektionslinse

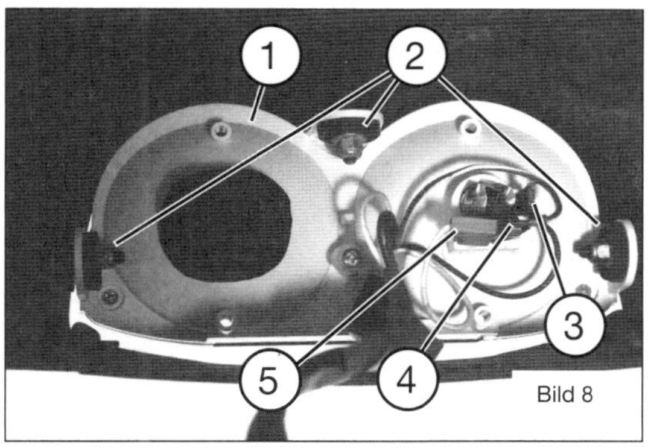

Bild 8
Rückleuchte in der Innenseite der Heckverkleidung.
1 Rückleuchte
2 Verschraubungen
3 Masseanschluss (blau)
4 Bremslicht KL54 (grün/gelb)
5 Fahrlicht und Kennzeichenbeleuchtung KL58 (gelb)

■ Korrigieren Sie die Lichteinstellung wenn erforderlich, indem Sie die Einstellschraube (3 oder 5 im Bild 2) verdrehen.

Rückleuchte

Ist das Rücklicht als LED-Leuchte ausgeführt, kann sie nur als komplette Einheit ersetzt werden kann.

Demontage an der Rückleuchte:
■ Schalten Sie die Zündung aus und ziehen Sie den Schlüssel ab.
■ Bauen Sie die Soziussitzbank und den Fahrersitz aus. Die Arbeitsschritte dazu finden Sie im Kapitel 11 in diesem Buch.
■ Bauen Sie die Heckverkleidung ab. Auch die Arbeitsschritte dazu finden Sie im Kapitel 11 dieses Buches.

Sichtprüfung Messen

■ Legen Sie den Anschlussstecker in der Heckverkleidung frei.
■ Ziehen Sie das Anschlusskabel (11) der Rückleuchte (6) vom Stecker auf der rechten Heckrahmenseite ab.
■ Drehen Sie die Verschraubungen (2 im Bild 8) heraus.
■ Nehmen Sie die Rückleuchte aus der Heckverkleidung heraus.

Die Montage erfolgt sinngemäß in umgekehrter Reihenfolge.

Achten Sie darauf, die Lagergummis zu montieren (die dicke Seite kommt nach unten).

Achten Sie auf spannungsfreien Sitz der Rückleuchte in der Verkleidung.

■ Prüfen Sie die Funktion der Lampe.

Demontage der Glühlampe:

Ist das Rücklicht als LED-Leuchte ausgeführt, kann sie nur als komplette Einheit ersetzt werden kann.

■ Schalten Sie die Zündung aus und ziehen Sie den Schlüssel ab.
■ Drehen Sie die Schrauben (2 im Bild 9) der entsprechenden Rücklichtglashaube (1) heraus.
■ Nehmen Sie die entsprechenden Rücklichtglashaube (1) ab.
■ Drücken Sie die Glühlampe leicht in die Fassung hinein und drehen Sie sie leicht gegen den Uhrzeigersinn.
■ Nehmen Sie die Glühlampe heraus.

Die Montage erfolgt sinngemäß in umgekehrter Reihenfolge.

Fassen Sie den Glassockel der Glühlampe niemals mit den Fingern an. Die Rückstände des Hautfetts auf dem Glaskolben verdampfen und können die Glühlampe schädigen. Wenn nicht anders möglich, reinigen Sie den Glassockel abschließend mit einem sauberen Lappen.

■ Achten Sie auf den richtigen Sitz des Lampensockels (6) im Scheinwerfer (1).

Kennzeichenleuchte

Ob als LED-Rücklichteinheit oder serienmäßig mit Glühlampen, die Kennzeichenbeleuchtung erfolgt entweder über die Glühlampen für das Fahrlicht, oder bei den LED-Systemen über eine LED-Leiste. In beiden Fälle gibt es keine Montagemöglichkeit für die Kennzeichenleuchte.

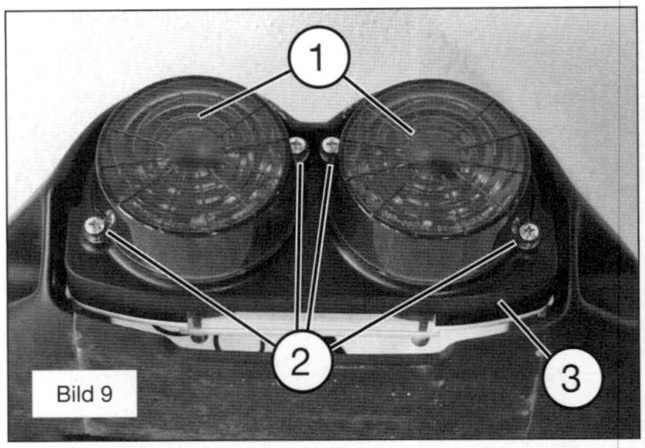

Bild 9
Rücklichtgläser.
1 Rücklichtglashauben
2 Schrauben
3 Rücklicht

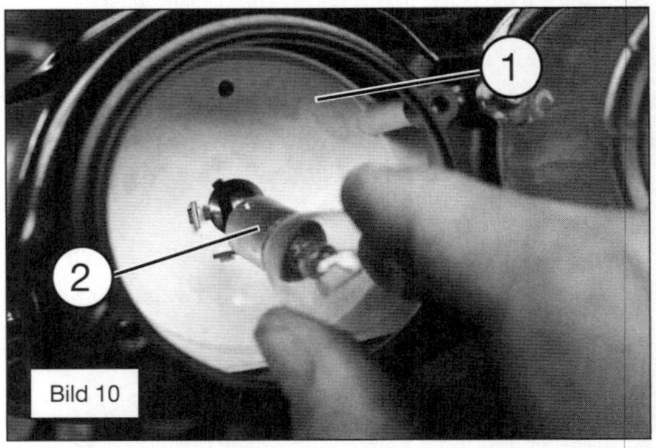

Bild 10
Rücklicht Glühlampe.
1 Rücklichtgehäuse mit Fassung
2 Glühlampe

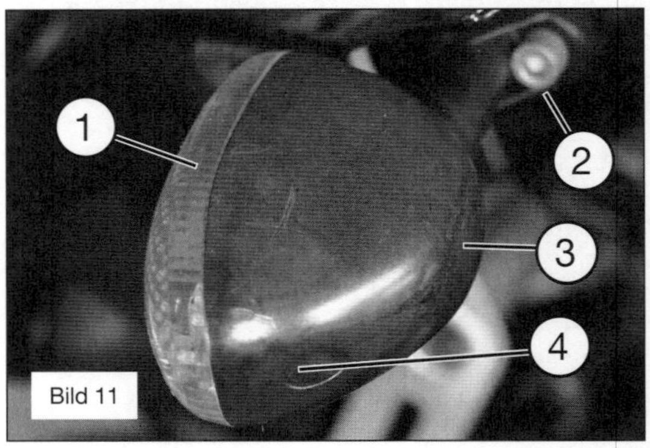

Bild 11
Rücklicht Glühlampe.
1 Blinkerglas
2 Schraube
3 Blinkergehäuse
4 Schraube Blinkerglas

Blinker

Demontage der Blinkleuchten

■ Schalten Sie die Zündung aus und ziehen Sie den Schlüssel ab.
■ Demontieren Sie die hintere Sitzabdeckung.
■ Legen Sie das jeweilige Anschlusskabel zur Blinkleuchte frei.
■ Entsichern Sie den Steckkontakt und ziehen Sie ihn auseinander.
■ Führen Sie das Anschlusskabel nach unten heraus.
■ Drehen Sie die Schraube (2 im Bild) heraus und nehmen Sie die Blinkleuchte ab.
■ Führen Sie die Anschlusskabel durch die Bohrung hindurch.

Alternativ können auch die Steckkontakte (2 im Bild 12) von der Fassung (3) abgezogen werden und die Anschlusskabel durch das Blinkergehäuse herausgezogen werden.

Die Montage erfolgt sinngemäß in umgekehrter Reihenfolge.
■ Prüfen Sie grundsätzlich den richtigen Sitz der Steckkontakte.
■ Prüfen Sie die Funktion der Blinkleuchte nach der Montage.

Wechsel der Glühlampe der Blinkleuchten
Die Blinker für die Aprilia RSV wurden mit Glühlampen ausgerüstet. Nur noch wenige Fahrzeuge sind mit den originalen Blinkleuchten ausgestattet. Kontrollieren und vermerken Sie, welche Leuchtmittel in Ihrem Fahrzeug verbaut sind.
■ Schalten Sie die Zündung aus und ziehen Sie den Schlüssel ab.
■ Drehen Sie die Schraube (8 im Bild 16) heraus.
■ Nehmen Sie den Reflektor mit der Streuscheibe (6) vom Blinkergehäuse (3) ab.
■ Ziehen Sie die Glühlampe gerade aus der Lampenfassung heraus.
Fassen Sie den Glassockel der Glühlampe niemals mit den Fingern an. Die Rückstände des Hautfetts auf dem Glaskolben verdampfen und können die Glühlampe schädigen.

Die Montage erfolgt sinngemäß in umgekehrter Reihenfolge.
■ Kontrollieren Sie die Funktion der Blinkleuchte vor der Montage des Reflektors.
■ Achten Sie darauf, dass die Haltenase des Reflektors auf der Innenseite des Blinkers richtig im Gehäuse einsitzt.

Tachometerbeleuchtung

Die Tachobeleuchtung sowie die Warnlampen sind in der Aprilia als Glühlampen ausgeführt. Verwendet werden Glühlampen mit 1,2 W. Sie sind einzeln erhältlich.

Ausbau des Tachometers
■ Schalten Sie die Zündung aus und ziehen Sie den Schlüssel ab.
■ Stellen Sie das Motorrad auf einen

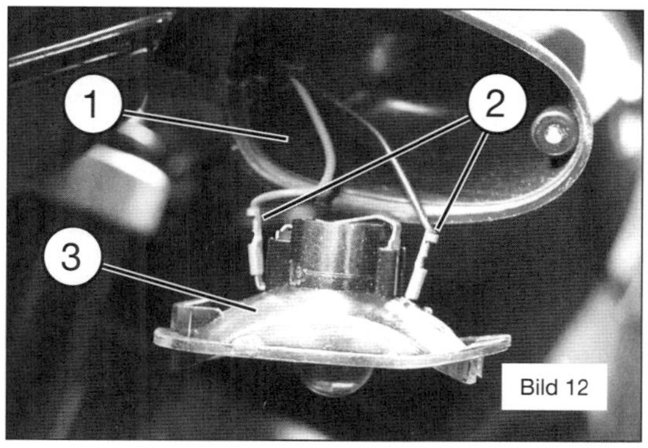

Bild 12
Reflektor Blinkleuchte.
1 Blinkergehäuse
2 Steckkontakte
3 Fassung und Reflektor

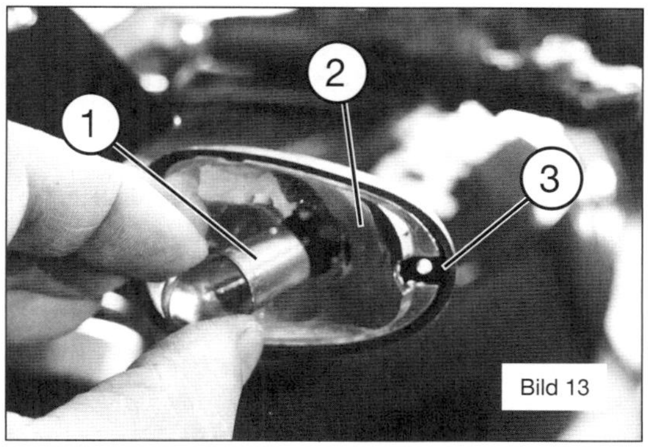

Bild 13
Fassung Blinkleuchte.
1 Blinklichtglühlampe
2 Fassung und Reflektor
3 Blinkergehäuse

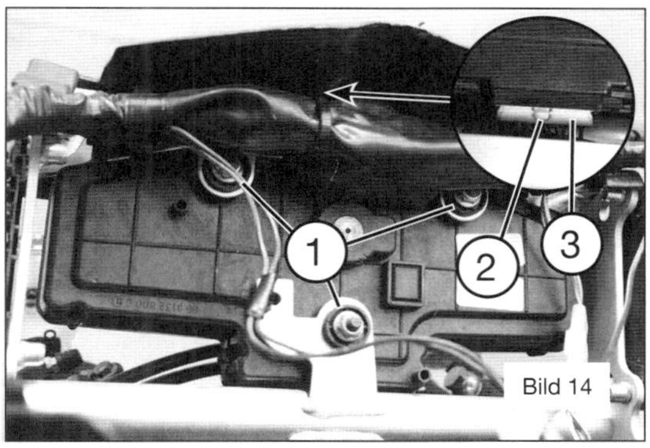

Bild 14
Befestigung Tachometer.
1 Muttern
2 Sicherungsraste
3 Steckkontakt

Montageständer. Die Verschraubungen des Scheinwerfers und der Scheinwerfermaske müssen im Bereich des Lenkkopfes beidseitig zugänglich sein.
■ Demontieren Sie die Scheinwerfermaske vorne. Genauere Informationen hierzu finden Sie im Kapitel 11.
■ Demontieren Sie die drei Muttern (1 im Bild 13) und ziehen Sie den Tachometer etwas heraus.
■ Entsichern (2) Sie den Steckkontakt (3) und ziehen Sie den Stecker vom Tachometer ab.
■ Nehmen Sie den Tachometer heraus.

Die Montage erfolgt sinngemäß in umgekehrter Reihenfolge.
■ Achten Sie auf den richtigen Sitz des Steckkontaktes im Tachometer.

Sichtprüfung | Messen

Bild 15
Glühlampe für die Tachobeleuchtung.
1 Fassung mit fest verbauter Glühlampe
2 Farbkappe (orange)

Bild 16
Glühlampen Tachometer.
1 Gehäuserückseite
2 Dichtung
3 Fernlichtkontrollleuchte
4 Blinkerkontrollleuchte
5 Tachoplatine
6 Gehäuse Vorderseite
7 Glühlampen Tachometergehäuse
8 Schrauben
9 Seitenständer
10 Tankkontrollleuchte

Bild 17
Einbaulage der Sicherungen und Relais.
A Sicherungträger rechts am Tachometer
1 Zünd- und Einspritzanlage Sicherung I
2 Blinker, Hupe, Tachometer, Brems- und Fahrlicht
3 Lüftermotor, Uhr
4 Zünd- und Einspritzanlage Sicherung II
5 Auf- und Abblendlicht
B Relaisplatz unter der Bankabdeckung hinten
6 Anschluss Alarmanlage
7 Startfreigabemodul (Diodenmodul)
8 Kraftstoffpumpenrelais
9 Entlastungsrelais KL15
C Relaisplatz unter dem Fahrersitz
10 Starterrelais
11 Vorsicherungen 30 A
D Relaisplatz links am Tachometer
12 Lüfterrelais
13 Abblendlichtrelais
14 Aufblendlichtrelais
E Relais vor dem Tacho
15 Blinkrelais

Glühlampenwechsel

Die Vorgehensweise unterscheidet sich für die Kontrollleuchten und die Tachobeleuchtung nicht wesentlich.

Auf den Glühlampen für die Tachobeleuchtung sind orangefarbene Schutzkappen verbaut.

Die Leuchten mit Sockel sind auch als LED-Leuchtmittel in unterschiedlichen Farben erhältlich.

- Bauen Sie den Tachometer wie beschrieben aus.
- Legen Sie den Tachometer umgedreht auf einem weichen Lappen ab.
- Drehen Sie die Schrauben (8 im Bild 16) auf der Rückseite heraus.
- Nehmen Sie die Tachometerrückseite (1) zusammen mit der Dichtung (2) ab.
- Drehen Sie die entsprechende Glühlampe (7 Beleuchtung oder 3, 4, 9, 10 Kontrollleuchte) etwas gegen den Uhrzeigersinn und nehmen Sie sie heraus.

Die Montage erfolgt sinngemäß in umgekehrter Reihenfolge.

- Kontrollieren Sie die Funktion der Glühlampe vor dem Zusammenbau und der Montage des Tachometers.

Sicherungen und Relais

Sicherungen und Relais sind in der Aprilia an verschiedenen Stellen verbaut.

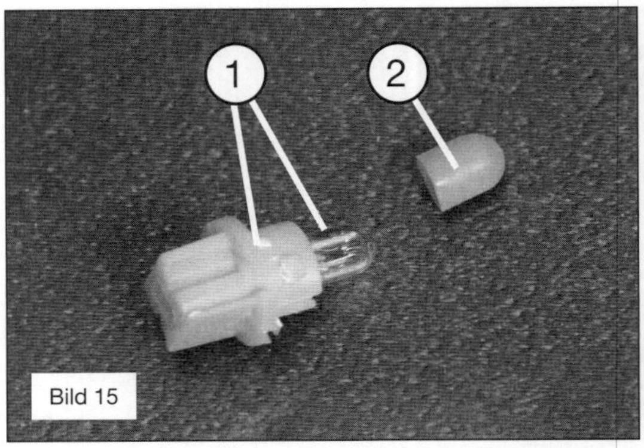

Bild 15

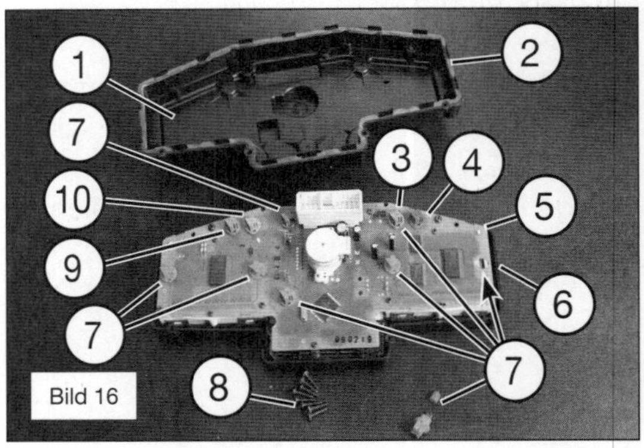

Bild 16

Der Sicherungsplatz am Tacho (A im Bild 17)
Er beherbergt die Geräte-Sicherungen (15A), die im Alltagsbetrieb schnell zugänglich sein sollten.

Die Sicherungen sind ohne Werkzeug zugänglich! Kontrollieren Sie bei Schwierigkeiten, ob diese Sicherungen noch vorhanden sind oder unplanmäßig den Besitzer gewechselt haben.

Bild 17

Funktion	Stromstärke
E Zünd- und Einspritzanlage 1 (5)	15 A
D Blinker, Hupe, Tachometer, Brems- und Fahrlicht (6)	15 A
C Lüftermotor, Uhr	15 A
B Zünd- und Einspritzanlage Sicherung II	15 A
A Auf- und Abblendlicht	15 A

Der Relaisplatz unter dem Soziussitz / Sitzabdeckung hinten (B im Bild 17)
Neben dem Anschlussstecker für die Alarmanlage finden Sie hier das Startfreigabemodul oder auch Diodenmodul (7), das Kraftstoffpumpenrelais (3) und das Entlastungsrelais für die Zündung (9).

Der Sicherungs- und Relaisplatz (C im Bild 17)
Neben der Batterie sind hier das Startrelais (10) und die beiden 30 A Vorsicherungen (11) verbaut.

Gelegentlich ist hier auch der Diagnoseanschluss zugänglich.

Funktion	Stromstärke
Dauerstrom KL 30	30 A
Geschaltetes Plus KL15	30 A

Der Relaisplatz am Tacho (D im Bild 17)
Links neben dem Tachometer sind die Relais für den vorderen Bereich des Motorrades verbaut. Das Lüfterrelais (12), das Relais für das Abblendlicht, das Relais für das Aufblendlicht finden Sie unter der mit zwei Schrauben verschraubten Abdeckkappe.

Der Relaisplatz vor dem Tachometer (E im Bild 17)
Das Blinkrelais befindet sich vor dem Tachometer und ist dort in einer Gummilagerung eingeschoben. Der Zugang wird durch die Demontage der Frontmaske möglich.

Werden LED-Blinkleuchten nachgerüstet, muss hier ein entsprechendes Relais verbaut werden.

Ausbau der Sicherungen
■ Schalten Sie die Zündung aus und ziehen Sie den Schlüssel ab.
■ Bauen Sie den Soziussitz ab.
■ Demontieren Sie den Fahrersitz.
■ Clipsen Sie die Sicherungsabdeckung auf.
■ Ziehen Sie die Sicherung gerade aus dem Sicherungsträger heraus.
■ Prüfen Sie die Sicherung wie im Anschluss unter der Überschrift »Messen und Prüfen« beschrieben.

Die Montage erfolgt sinngemäß in umgekehrter Reihenfolge.

Prüfen Sie den Steckkontakt der Sicherung hinsichtlich des Zustandes der Kontakte und des festen Sitzes der Sicherung in den Steckkontakten.

Lenkerschalter

Demontage des linken Lenkerschalters
Im linken Lenkerschalter sind der Blinkerschalter, der Hupentaster sowie der Wählschalter für Auf- und Abblendlicht und der Taster für die Lichthupe verbaut.
■ Demontieren Sie die Scheinwerfermaske vorne. Genauere Informationen hierzu finden Sie im Kapitel 11.
■ Ziehen das Anschlusskabel zum Frontscheinwerfer aus der Verbindungsstelle links (2 im Bild 18) heraus und trennen Sie den Steckkontakt.
■ Ziehen Sie das Anschlusskabel zum Lenkerschalter links aus der Verbindungsstelle links (2) heraus und trennen Sie den Steckkontakt.

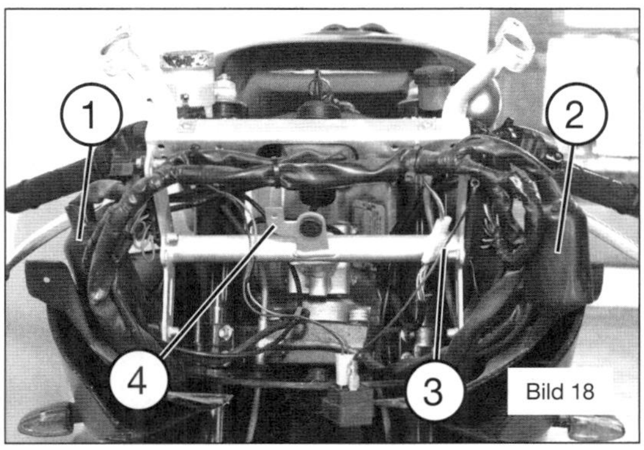

Bild 18
Verbindungsstellen in der Frontverkleidung.
1 Verbindungsstelle rechts vorne
2 Verbindungsstelle links vorne
3 Anschlussstecker Zündschloss
4 Halter Blinkrelais

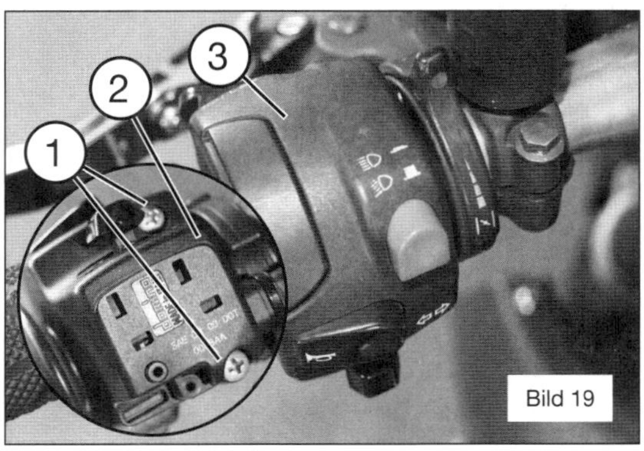

Bild 19
Befestigung Lenkerschalter links.
1 Verschraubungen
2 Unterteil Lenkerschalter
3 Oberteil Lenkerschalter

Bild 20
Lenkerschalter rechts.
1 Schalterunterteil
2 Schraube
3 Schalteroberteil

Bild 21
Kupplungsschalter.
1 Kupplungsschalter
2 Kupplungshebel
3 Kupplungshebelträger
4 Spreitzniet am Kupplungsschalter

■ Legen Sie das Anschlusskabel frei.
■ Drehen Sie die beiden Schrauben (1 im Bild 19) heraus.
■ Ziehen Sie das Schalteroberteil (3) vom Schalterunterteil (2) ab.
■ Nehmen Sie die beiden Schalterhälften vom Lenker ab.

Die Montage erfolgt sinngemäß in umgekehrter Reihenfolge.
■ Achten Sie auf die richtige Montageposition des Lenkerschalters.
■ Kontrollieren Sie die Funktion des Lenkerschalters vor der endgültigen Montage.

Demontage des rechten Lenkerschalters
Im rechten Lenkerschalter sind der Killschalter und der Starttaster verbaut.
■ Demontieren Sie die Scheinwerfermaske vorne. Genauere Informationen hierzu finden Sie im Kapitel 11.
■ Ziehen Sie das Anschlusskabel zum Frontscheinwerfer aus der Verbindungsstelle rechts (1 im Bild 18) heraus und trennen Sie den Steckkontakt.
■ Ziehen Sie das Anschlusskabel zum Lenkerschalter rechts aus der Verbindungsstelle rechts (1) heraus und trennen Sie den Steckkontakt.
■ Legen Sie das Anschlusskabel frei.
■ Drehen Sie die beiden Schrauben (2 im Bild 20) heraus.
■ Ziehen Sie das Schalteroberteil (3) vom Schalterunterteil (1) ab.
■ Nehmen Sie die beiden Schalterhälften vom Lenker ab.

Die Montage erfolgt sinngemäß in umgekehrter Reihenfolge.
■ Achten Sie auf die richtige Montageposition des Lenkerschalters.
■ Kontrollieren Sie die Funktion des Lenkerschalters vor der endgültigen Montage.

Demontage des Kupplungsschalters
Am Halter des Kupplungshebels ist der Kupplungsschalter eingeclipst.
☞ Er unterscheidet sich zum vorderen Bremslichtschalter durch seine spiegelverkehrte Bauweise.
■ Demontieren Sie die Scheinwerfermaske vorne. Genauere Informationen hierzu finden Sie im Kapitel 11.

Bild 20

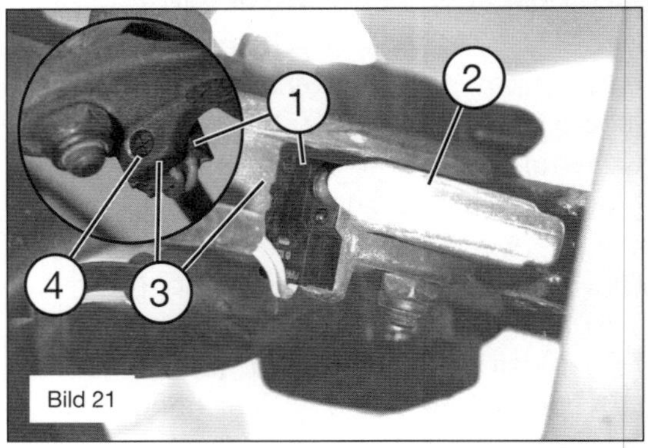

Bild 21

■ Ziehen Sie das Anschlusskabel zum Frontscheinwerfer aus der Verbindungsstelle rechts (1 im Bild 18) heraus und trennen Sie den Steckkontakt.
■ Ziehen Sie das Anschlusskabel zum Kupplungsschalter aus der Verbindungsstelle links (2) heraus und trennen Sie den Steckkontakt.
■ Legen Sie das Anschlusskabel frei.
■ Betätigen Sie den Kupplungshebel (2 im Bild 21) und clipsen Sie die Spreizniete (4) des Kupplungsschalters (1) aus dem Kupplungshebelträger aus.
■ Nehmen Sie den Kupplungsschalter ab.

Die Montage erfolgt sinngemäß in umgekehrter Reihenfolge.
■ Kontrollieren Sie die Funktion des Lenkerschalters vor der endgültigen Montage.

Bremslichtschalter

Demontage des vorderen Bremslichtschalters
☞ Der Bremslichtschalter ist am Handbremszylinder verbaut. Er kann unabhängig vom Lenkerschalter abgebaut werden.
■ Schalten Sie die Zündung aus und ziehen Sie den Schlüssel ab.
■ Demontieren Sie die Scheinwerfermaske vorne. Genauere Informationen hierzu finden

Sie im Kapitel 11.
■ Ziehen Sie das Anschlusskabel zum Frontscheinwerfer aus der Verbindungsstelle rechts (1 im Bild 18) heraus und trennen Sie den Steckkontakt.
■ Ziehen Sie das Anschlusskabel zum Bremslichtschalter aus der Verbindungsstelle rechts (1) heraus und trennen Sie den Steckkontakt.
■ Legen Sie das Anschlusskabel frei.
■ Betätigen Sie den Bremshebel (2 im Bild 21) und clipsen Sie die Spreizniete (4) des Kupplungsschalters (1) aus dem Kupplungshebelträger aus.
■ Nehmen Sie den Kupplungsschalter ab.

Die Montage erfolgt sinngemäß in umgekehrter Reihenfolge.
■ Kontrollieren Sie die Funktion des Lenkerschalters vor der endgültigen Montage.

Demontage des hinteren Bremslichtschalters

Der Bremslichtschalter ist in den Bremshebelhalter des Fußbremshebels eingeschraubt. Er ist ein Druckschalter, der bei unbetätigter Bremse vom Bremshebel betätigt wird. Der Schaltkontakt ist dann geöffnet. Der Schaltkontakt schließt, wenn der Bremshebel nach unten gedrückt und der Bremslichtschalter entlastet wird.
■ Schalten Sie die Zündung aus und ziehen Sie den Schlüssel ab.
■ Legen Sie das Anschlusskabel des Bremslichtschalters frei und ziehen Sie den Steckkontakt ab.
■ Drehen Sie den Bremslichtschalter (2) gegen den Uhrzeigersinn heraus.
■ Nehmen Sie den Bremslichtschalter ab.

Die Montage erfolgt sinngemäß in umgekehrter Reihenfolge.
■ Kontrollieren Sie die Funktion des Bremslichtschalters vor der endgültigen Montage.
■ Achten Sie auf festen Sitz der Steckkontakte.

Zündschloss

Das Zündschloss selbst sichert das Fahrzeug gegen unberechtigte Benutzung mit einer mechanischen Sperre. Das Schloss verhindert die Betätigung des Schlossschalters und kann die Lenkung gegen den Rahmen blockieren.

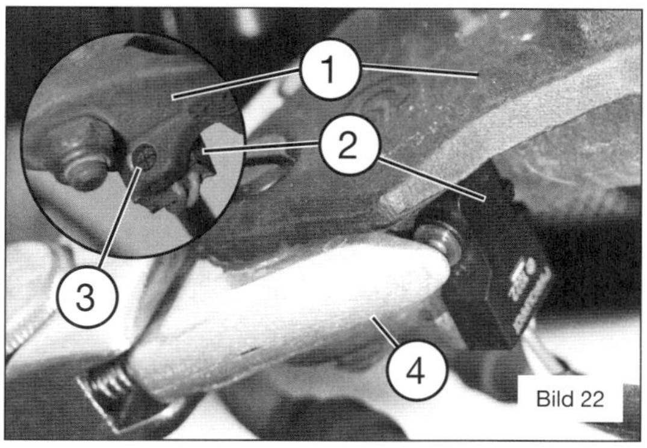

Bild 22

Bild 22
Bremslichtschalter vorne.
1 Bremshebelträger
2 Bremslichtschalter
3 Spreizniet am Bremslichtschalter
4 Bremshebel

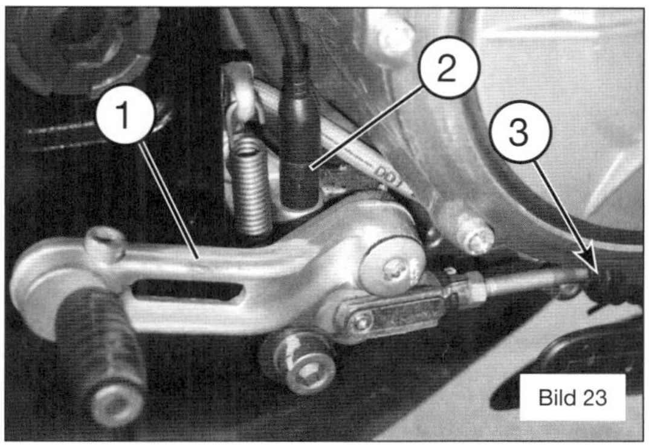

Bild 23

Bild 23
Bremslichtschalter vorne.
1 Fußbremshebel mit Halter
2 Bremslichtschalter
3 Fußbremszylinder

Wenn beide Schlüssel für das Motorrad nicht mehr vorhanden sind, gibt es die Möglichkeit bei Spezialfirmen, die auch Fahrzeugschlüssel fertigen, die Schlüssel nach dem Schloss fertigen zu lassen. Das erspart nicht nur den Ersatz des Helmfachschlosses, sondern ermöglicht auch einen wieder aufgefundenen Schlüssel weiter zu verwenden.

Funktion und Fehler des Zündschlosses
Das Zündschloss kann durchaus unterschiedliche Fehler aufweisen.

■ *Mechanische Fehler:*
Wenn durch Witterungseinflüsse Feuchtigkeit und Schmutz in die Schlossmechanik eingedrungen ist, wird die Betätigung zunehmend schwerer und Schließzylinder und auch die Mechanik der Lenkungssperre werden schwergängig.

■ *Elektrische Fehler:*
Das Zündschloss übernimmt bei den Aprilia-Modellen noch Schaltfunktionen, bei der auch Verbraucher mit größerer Stromaufnahme geschaltet werden. Grundsätzlich ist der Schlossschalter genau dafür ausgelegt. Trotzdem kann der Schlossschalter durch Überlastung oder Verschleiß Schäden

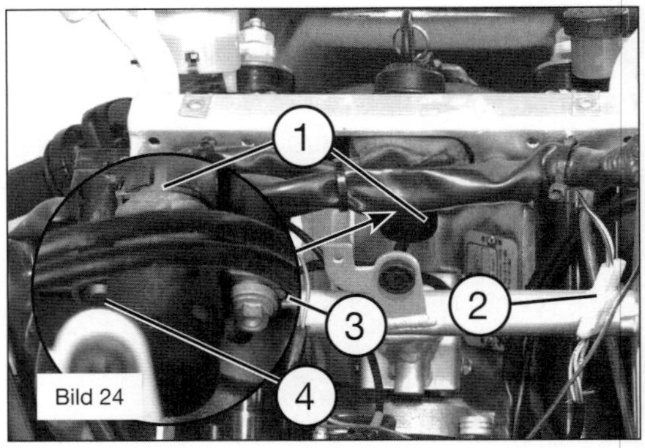

Bild 24
Zündschloss mit Schalter.
1 Zündschloss
2 Steckkontakt Zündschlossschalter
3 Maschinenschraube
4 Abreißschraube

davontragen. Oft treten diese Fehler schleichend auf und verursachen eine Unterspannung an mehreren Bauteilen. Das ist ein gewichtiger Grund die Nachrüstung von Zubehörteilen hinsichtlich der Stromaufnahme durchaus kritisch zu betrachten.

Demontage des Zündschlosses

☞ Das Zündschloss ist mit zumindest einer Abreißschraube befestigt. Die Schrauben müssten eigentlich angekörnt und ausgebohrt werden.

■ Schalten Sie die Zündung aus und ziehen Sie den Schlüssel ab.
■ Legen Sie die Steckeranschlüsse zum Kabelbaum (2 im Bild 24) frei und ziehen Sie die Steckkontakte ab.

Lösen der Verschraubung mit Körnerschlägen gegen den Uhrzeigersinn:

☞ In den meisten Fällen lassen sich die Abreißschrauben mit einigen Schlägen in die Löserichtung mit einem scharfen Meißel oder einem Körner lösen. Das erspart dann die Montagearbeiten für den Ausbau der oberen Gabelbrücke.

■ Versuchen Sie die Abreißschraube (4 im Bild 24) seitlich anzukörnen.
■ Setzen Sie den Körner leicht schräg an und versuchen Sie die Abreißschraube mit einigen Körnerschlägen gegen den Uhrzeigersinn zu lösen.
■ Drehen Sie sobald möglich die Abreißschraube zuerst mit einer Zange, dann von Hand heraus.
■ Demontieren Sie die verbliebene Maschinenschraube (3).
■ Nehmen Sie das Zündschloss nach unten ab.

Lösen der Verschraubungen durch Ausbohren (demontierte Gabelbrücke oben):

■ Demontieren Sie die Scheinwerfermaske vorne. Genauere Informationen hierzu finden Sie im Kapitel 11.
■ Stellen Sie den Tank in die Wartungsstellung. Nähere Informationen hierzu finden Sie im Kapitel 9 »Zünd- und Einspritzsystem«.
■ Bauen Sie die Gabelbrücke oben aus. Nähere Informationen hierzu finden Sie im Kapitel 18 »Fahrwerk«.
■ Körnen Sie die Abreißschraube(n) (4 im Bild 24) genau in der Mitte an.
■ Bohren Sie die Schrauben beginnend mit einem 2-mm-Bohrer auf.
■ Erweitern Sie die Bohrungen zuerst auf 3,5 mm und anschließend auf 6,5 mm.
■ Demontieren Sie die verbliebene Maschinenschraube (3).
■ Nehmen Sie das Zündschloss ab.
■ Drehen Sie den Schraubenrest der Abreißschraube heraus.

Die Montage erfolgt für beide Reparaturwege sinngemäß in umgekehrter Reihenfolge.

■ Prüfen Sie die Funktion von Schlossschalter und Rahmenschloss vor der endgültigen Montage.
■ Prüfen Sie die Ausrichtung des Zündschlosses, so dass sich das Rahmenschloss ohne zu hakeln einrasten und aufschließen lässt.
■ Drehen Sie die Maschinenschraube (3) auf Drehmoment fest.
■ Drehen Sie die neue Abreißschraube (4) so weit fest, dass sie an der Sollbruchstelle am Schraubenkopf abreißt.

Bauteil	*Drehmoment*
Zündschloss Abreißschraube	11 Nm
Zündschloss Maschinenschraube	11 Nm

Geführte Fehlersuche

Die folgende Fehlersuche gibt Ihnen eine Fehlersuche vor und beschreibt die Messungen, die Sie im Rahmen der Fehlersuche sinnvollerweise durchführen sollten. Grundsätzlich stellen wir Ihnen die Messpunkte, die erforderliche Einstellung des Multimeters und natürlich auch die zu erwartenden Messergebnisse für die einzelnen Bauteile oder auch zur besseren Übersicht im Schaltplan vor. Im Laufe der Produktionszeit können einige Messwerte abweichen.

Grundvoraussetzung für die meisten Prüfungen an der elektrischen Anlage ist eine Batterie, die intakt und ausreichend geladen ist. Auch bei einer intakten und geladenen Batterie kann es während der Fehlersuche sinnvoll sein, die Batterie mit einem Ladegerät zu unterstützen.

A Prüfung der Batterie		
Aufgabe	Information	Ergebnis (Sollwerte)
1 Batterie prüfen und laden	Batterie voll laden, 3 h ruhen lassen und die Batteriespannung prüfen	Tabelle auf Seite 22
2 Batterietest durchführen	Herstelleranweisung des Testgerätes beachten	-

Der Blinker funktioniert nicht

Die Fahrtrichtungsanzeige besteht im Wesentlichen aus dem Blinkrelais, dem Blinkerschalter und den Blinkleuchten. Die Prüfungen in diesem System werden wir Ihnen hier vorstellen.

A Prüfung der Spannungsversorgung des Blinkrelais		
Aufgabe	Information	Ergebnis (Sollwerte)
1 Sicherungen prüfen	Prüfen Sie die Hauptsicherung (30 A) am Startrelais Prüfen Sie die Sicherung »2« neben dem Tachometer	-
2 Spannungsversorgung prüfen	Schalten Sie die Zündung ein und messen Sie die Spannung des Anschlusses (B) am Blinkrelais (Batterie) gegen Masse	12,5 V bis 13,5 V Batteriespannung

In dieser Prüfung wird das Blinkrelais ausgeschlossen und die angeschlossenen Blinkleuchten über den Blinkerschalter oder den Warnblinkschalter angesteuert. Die Vorgehensweise unterscheidet sich zwischen LED und Glühlampen nicht. Achten Sie darauf, dass das Blinkrelais bei LED-Blinkleuchten auch für die LED-Blinkleuchten geeignet sein muss.

B Blinkrelais überbrücken		
Aufgabe	Information	Ergebnis (Sollwerte)
1 Brücken des Blinkrelais	Demontieren Sie das Blinkrelais und schließen Sie über Kabeladapter eine 7,5-A-Sicherung an den Anschlussstecker an. Schalten Sie die Zündung an. Schalten Sie den Blinker links, den Blinker rechts und wenn vorhanden den Warnblinkschalter nacheinander an.	Die Blinkleuchten in der angewählten Fahrtrichtung leuchten dauerhaft! **Blinkrelais defekt. Bitte ersetzen!** Nur die Blinkleuchten einer Seite leuchten! **Blinkerschalter und Verkabelung prüfen!** Die Blinkleuchten leuchten nur bei Betätigung des Warnblinkschalters. **Blinkerschalter prüfen!**

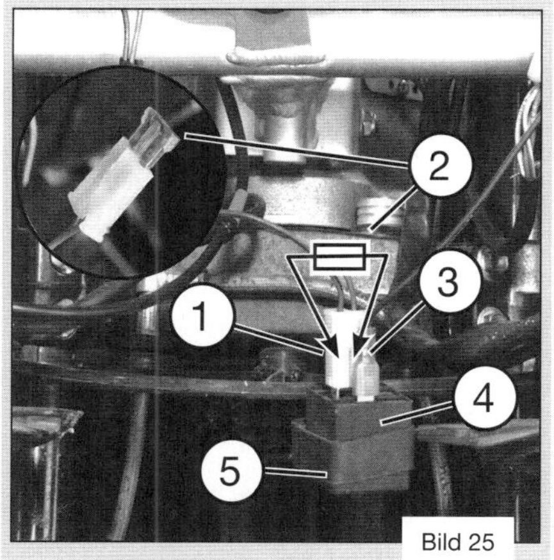

Bild 25

Bild 25
Überbrücken des Blinkrelais mit Adapterkabeln und einer 7,5-A-Sicherung.
1 KL49a (Blinkerschalter)
2 Sicherung mit Anschlusskabeln
3 KL49 (Sicherung D)
4 KL31 (Masse)
5 Blinkrelais

C Prüfung der Blinkleuchten		
Aufgabe	**Information**	**Ergebnis (Sollwerte)**
1 Prüfen der Spannungsversorgung der Blinkleuchten.	Legen Sie die Anschlusskabel zu der Blinkleuchte frei. Messen Sie die anliegende Spannung am Steckanschluss bei aufgesteckter Blinklampe. Ist die Spannung »OK«, muss die Blinkleuchte beziehungsweise die Glühlampe der Blinkleuchte geprüft werden. Ist die Spannung zu niedrig, muss der Anschluss zum Blinkerschalter und zur Masse geprüft werden.	12,5 V bis 13,5 V Batteriespannung
2 Spannungsverlustmessung plusseitig	Die Spannungsversorgung erfolgt über die Hauptsicherung (30 A neben der Batterie), das Zündschloss und die Sicherung »D« für Blinker, Hupe Tachometer, Brems- und Fahrlicht (15 A), das Blinkerrelais und den Blinkerschalter.	Max. 0,5 V
3 Spannungsverlustmessung masseseitig	Die Masseversorgung erfolgt über den Massepunkt von Motor und Rahmen.	Max. 0,5 V
4 Anschluss der Blinklampe an eine Spannungsquelle	Anschluss der Steckkontakte der Blinklampe an eine Spannungsquelle. Die Blinkerlampe sollte leuchten. Ist das nicht der Fall, muss die Glühlampe oder soweit es sich um eine LED-Lampe handelt, die komplette Blinkleuchte ersetzt werden	Die Blinkerlampe sollte leuchten

Fern- und/oder Abblendlicht funktionieren nicht

Der linke Lenkerschalter übernimmt die Lichtsteuerung an Ihrem Motorrad. Rücklicht, Kennzeichenleuchte und Standlicht vorne funktionieren bereits bei eingeschalteter Zündung. Die Spannungsversorgung für den Frontscheinwerfer wird über das Aufblendrelais (14 im Bild 17) und das Abblendrelais (13) realisiert. Die Lichthupe über den »PASS«-Taster für die Lichthupe erfolgt über eine Diode.

A Prüfung der Spannungsversorgung		
Aufgabe	**Information**	**Ergebnis (Sollwerte)**
1 Prüfung der Sicherung »A«	Überprüfen Sie den Zustand der Hauptsicherungen »A« im Sicherungsträger rechts neben dem Tachometer.	-
Für die folgenden Prüfung muss der Fahrersitz demontiert werden.		
2 Prüfung der Hauptsicherungen	Die Spannungsversorgung erfolgt über eine der beiden Hauptsicherungen (30 A) neben der Batterie.	-
3 Prüfung der Spannungsversorgung am Relais für Abblendlicht (13 im Bild 17)	Schließen Sie ein Messkabel an den Anschluss (30) des Relais für Abblendlicht rechts neben dem Tachometer an. Messen Sie die Gleichspannung. Das Einschalten der Zündung ist nicht erforderlich.	12,5 V bis 13,5 V Batteriespannung

4 Prüfung der Spannungsversorgung am Relais für Abblendlicht (14 im Bild 17)	Schließen Sie ein Messkabel an den Anschluss (30) des Relais für Fernlicht rechts neben dem Tachometer an. Messen Sie die Gleichspannung. Das Einschalten der Zündung ist nicht erforderlich.	12,5 V bis 13,5 V Batteriespannung

B Prüfung am Lichtschalter

Tipp: Der Lichtschalter ist nicht bei allen Modell vorhanden. Bei den Varianten ohne Lichtschalter leuchtet das Abblendlicht zusammen mit dem Standlicht bereits bei eingeschalteter Zündung.

Aufgabe	Information	Ergebnis (Sollwerte)
1 Prüfung des Lichtschalters (soweit verbaut) in der Funktion Standlicht	■ Schalten Sie die Zündung ein. ■ Legen Sie den Steckkontakt für den linken Lenkerschalter frei. ■ Schalten Sie das Standlicht ein und messen Sie den Spannungsverlust über dem Schaltkontakt des Lichtumschalters: grün (Spannungsversorgung)/gelb (Standlicht).	Max. 0,5 V
2 Prüfung des Umschalters für Auf- und Abblendlicht in der Funktion Abblendlicht	Tipp: Der Auf- und Abblendschalter betätigt lediglich je nach Anwahl das Auf- oder Abblendlicht. ■ Schalten Sie die Zündung ein. ■ Legen Sie den Steckkontakt für den linken Lenkerschalter frei. ■ Schalten Sie den Lichtschalter auf die Position »Fahrlicht« und mit dem Auf- und Abblendschalter das Ablendlicht ein. Messen Sie den Spannungsverlust über dem Schaltkontakt des Lichtumschalters: grün (Spannungsversorgung)/schwarz (Abblendlicht).	Max. 0,5 V
3 Prüfung des Umschalters für Auf- und Abblendlicht in der Funktion Abblendlicht	Tipp: Der Auf- und Abblendschalter betätigt lediglich je nach Anwahl das Auf- oder Abblendlicht-Relais. ■ Schalten Sie die Zündung ein. ■ Legen Sie den Steckkontakt für den linken Lenkerschalter frei. ■ Schalten Sie den Lichtschalter auf die Position »Fahrlicht« und mit dem Auf- und Abblendschalter das Fernlicht ein. Messen Sie den Spannungsverlust über dem Schaltkontakt des Lichtumschalters: grün (Spannungsversorgung)/weiß (Fernlicht).	Max. 0,5 V
4 Prüfung des Tasters für Fernlicht/Lichthupe Tipp: Der Taster wird auch als Funktionstaste für die Tachometereinheit verwendet. Das weiß-blaue Anschlusskabel wird über die Diode an den Anschluss des Fernlichtrelais (weiß) geleitet.	■ Schalten Sie die Zündung ein. ■ Schalten Sie das Abblendlicht ein. ■ Betätigen Sie die Lichthupe und messen Sie den Spannungsverlust über dem Schaltkontakt des Lichthupentasters: grün (Spannungsversorgung)/weiß-blau (Lichthupe).	Max. 0,5 V

Sichtprüfung Messen

C Prüfung am Scheinwerfer		
Aufgabe	**Information**	**Ergebnis (Sollwerte)**
1 Prüfungen der Anschlüsse der vorderen Lampen	■ Kontrollieren Sie, ob die Anschlüsse verfärbt oder beschädigt sind. ■ Kontrollieren Sie, ob die Steckkontakte fest auf den Glühlampen fest auf dem Lampenstecker sitzen.	-
Bei Fahrzeugen mit H7-Glühlampen sollten Sie unbedingt die Glühlampen ausbauen und überprüfen. Informationen dazu finden Sie auf der Seite 52 in diesem Band.		
2 Prüfung der Spannung an Glühlampen (bei Scheinwerfern mit Halogenlampen)	■ Schalten Sie die Zündung ein. ■ Soweit ein Lichtschalter vorhanden ist, schalten Sie ihn auf die Stufe für Fahrlicht. ■ Schalten Sie das Abblendlicht ein und messen Sie die Spannung am Abblendscheinwerfer am Steckeranschluss für Abblendlicht. ■ Schalten Sie das Fernlicht ein und messen Sie die Spannung am Fernlichtscheinwerfer.	12,5 V bis 13,5 V Batteriespannung
3 Prüfung der Spannung an der Standlichtglühlampe	■ Schalten Sie die Zündung ein. ■ Soweit ein Lichtschalter vorhanden ist, schalten Sie ihn auf die Stufe für Standlicht. Messen Sie die Spannung am Abblendscheinwerfer am Steckeranschluss für Abblendlicht.	

Das Bremslicht funktioniert nicht

Das Bremslicht wird durch den vorderen beziehungsweise den hinteren Bremslichtschalter eingeschaltet. Die Spannungsversorgung erfolgt über die Sicherung »Brake/Horn«.

A Prüfung am Bremslichtschalter		
Aufgabe	**Information**	**Ergebnis (Sollwerte)**
1 Prüfung am Bremslichtschalter vorne	Legen Sie den Steckkontakt frei, ziehen Sie ihn ab und messen Sie den Widerstand des Schalterkontaktes.	Unbetätigt: ∞Ω (unendlich großer Widerstand) Betätigt: 0 Ω
2 Prüfung am Bremslichtschalter hinten		
3 Bremslichtschalter überbrücken	Ziehen Sie den Steckkontakt ab und überbrücken Sie ihn kabelbaumseitig. Schalten Sie die Zündung ein.	Das Bremslicht leuchtet

B Prüfung am Rücklicht (Bremslicht)		
Aufgabe	**Information**	**Ergebnis (Sollwerte)**
1 Prüfung der Sicherung im Sicherungsträger	Prüfen Sie den Zustand der Sicherung »2« im Sicherungsträger neben dem Tacho.	-
2 Prüfung der Anschlüsse Rückleuchte	Kontrollieren Sie, ob die Steckkontakte fest auf dem Lampenstecker sitzen.	-
3 Prüfung der Spannung an der Rückleuchte	Betätigen Sie einen Bremshebel und messen Sie die Spannung an den Anschlüssen Bremslicht (gelb-grün) und (blau) Masse.	12,5 V bis 13,5 V Batteriespannung

Die Rückleuchte funktioniert nicht

Das Rücklicht wird bei Fahrzeugen ohne Lichtschalter durch das Zündschloss eingeschaltet. Bei Fahrzeugen mit Lichtschalter wird die Rückleuchte ab der Schaltstufe für das Standlicht eingeschaltet. Die Spannungsversorgung erfolgt über die Sicherung »D« (2 im Bild 17).

A Prüfung am Rücklicht

Aufgabe	Information	Ergebnis (Sollwerte)
1 Prüfung der Sicherung im Sicherungsträger	Prüfen Sie den Zustand der Sicherung »D« im Sicherungsträger rechts neben dem Tachometer.	-
2 Prüfung der Anschlüsse Rückleuchte	Kontrollieren Sie, ob die Steckkontakte fest auf dem Lampenstecker und dem Verbindungsstecker zum Kabelbaum sitzen.	-
3 Prüfung der Spannung an der Rückleuchte	Betätigen Sie einen Bremshebel und messen Sie die Spannung an den Anschlüssen Rücklicht (gelb) und (blau) Masse.	12,5 V bis 13,5 V Batteriespannung

Fehler im Auf- oder Abblendlichtrelais

Das Auf-und Abblendlichtrelais schaltet die Glühlampe für das Auf- beziehungsweise das Abblendlicht. Die Ansteuerung der Relais erfolgt über den Auf- und Abblendschalter im linken Lenkerschalter und mit dem Taster auf der Vorderseite des Lenkerschalters über eine Diode für die Lichthupe (Fernlichtfunktion).

Für die Prüfung des Relaisschalters muss die Spule mit einer Spannung von 12 V beaufschlagt werden. Um Schäden weitestgehend zu vermeiden, sichern Sie die Spannungsversorgung mit 1 A ab oder reduzieren Sie den Strombegrenzer des Labornetzteils entsprechend.

Unbetätigt sind die Schaltkontakte grundsätzlich offen. Der gemessene Widerstand sollte unendlich groß sein. Das Multimeter zeigt dann in der Regel »OL« (open loop).

Wird die entsprechende Spule bestromt, wird der Schaltkontakt geschlossen und der Widerstand ändert sich auf 0 Ω.

A Prüfung der beiden Lichtrelais (Auf- und Abblendlicht)

Aufgabe	Information	Ergebnis (Sollwerte)
1 Prüfung der Relaisspule	■ Messen Sie den Widerstand zwischen dem Anschlusspin 85 (blau) und Anschlusspin 86 (schwarz am Abblendrelais oder weiß am Aufblendrelais).	Ca. 10 Ω*
2 Prüfung des Relaisschalters	■ Messen Sie den Widerstand des Relaisschalters zwischen dem Anschlusspin 30 (orange-hellblau) und Anschlusspin 87 (schwarz-weiß am Abblendrelais, weiß-schwarz am Aufblendrelais)	∞ Ω (unendlich großer Widerstand)
	■ Legen Sie eine Spannung von 12 V an den Anschlusspin 85 und 86 an. ■ Messen Sie den Widerstand des Relaisschalters zwischen dem Anschlusspin 30 (orange-hellblau) und Anschlusspin 87 (schwarz-weiß am Abblendrelais, weiß-schwarz am Aufblendrelais)	Ca. 0 Ω

*Der Widerstand kann je nach Hersteller des Relais unterschiedlich ausfallen 5 Ω - 100 Ω

Lichthupe funktioniert nicht

Der Lichthupentaster hat zwei Funktionen. Wird er betätigt, wird der Tachometer mit den »LAP«-Funktionen angesteuert. Parallel dazu wird über eine Diode abgetrennt das Fernlichtrelais angesteuert.

A Prüfung des Lichthupentasters

Aufgabe	Information	Ergebnis (Sollwerte)
1 Prüfung der Spannung am Lichtschalter	■ Schalten Sie die Zündung ein und prüfen Sie, ob am grünen Anschlusskabel des Lichtschalters Spannung anliegt.	12,5 V bis 13,5 V Batteriespannung
	■ Schalten Sie die Zündung ein, betätigen Sie den Lichthupentaster und prüfen Sie, ob am weiß-blauen Anschlusskabel des Lichtschalters Spannung anliegt.	

B Prüfung der Diode (Lichthupe)

Die Diode trennt die »LAP«-Funktion für den Tachometer von der KL56a für das Fernlicht. Der Strom kann lediglich vom Lichthupentaster zur Spule des Fernlichtrelais und zum Tachometer fließen. Wird das Fernlicht eingeschaltet, ist ein Stromfluss zum Tachometer gesperrt.

☞ Für die Prüfung der Diode muss diese von der Steckverbindung auf der linken Fahrzeugseite neben dem Scheinwerfer freigelegt und der abgezogen werden.

Aufgabe	Information	Ergebnis (Sollwerte)
1 Prüfen des Spannungsabfalls in Sperrrichtung (Diodentest).	■ Bauen Sie die Diode aus. ■ Schließen Sie die Messkabel des Multimeters an die Anschlüsse der Diode an (rotes Messkabel an weiß-blaues Anschlusskabel der Diode)	0,5 V-0,7 V
2 Prüfung des Spannungsabfalls in Durchlassrichtung (Diodentest)	■ Bauen Sie die Diode aus. ■ Schließen Sie die Messkabel des Multimeters an die Anschlüsse der Diode an (rotes Messkabel an weißes Anschlusskabel der Diode).	0 V

Hupe funktioniert nicht

A Prüfung des Lichthupentasters

Aufgabe	Information	Ergebnis (Sollwerte)
1 Prüfung der Spannung am Hupentastereingang	■ Schalten Sie die Zündung ein und prüfen Sie, ob am grünen Anschlusskabel des linken Lenkerschalters Spannung anliegt.	12,5 V bis 13,5 V Batteriespannung
2 Prüfung der Spannung am Hupentasterausgang	■ Schalten Sie die Zündung ein und betätigen Sie den Hupentaster. Prüfen Sie, ob am grauen Anschlusskabel des linken Lenkerschalters Spannung anliegt.	
3 Prüfung der Spannung an der Hupe (plusseitig)	■ Schalten Sie die Zündung ein und betätigen Sie den Hupentaster. Prüfen Sie, ob am grauen Anschlusskabel der Hupe Spannung anliegt.	
4 Spannungsverlustmessung am Masseanschluss der Hupe	■ Schalten Sie die Zündung ein und betätigen Sie den Hupentaster. Messen Sie den Spannungsabfall des Masseanschlusses der Hupe.	Max. 0,5 V

*Der Widerstand kann je nach Hersteller des Relais unterschiedlich ausfallen 5 Ω - 100 Ω

Messen und Prüfen

Informationen zu den Sicherungen

Die »Flachsicherungen« sind nicht nur in unterschiedlichen Stromstärken lieferbar, sondern auch in unterschiedlichen Baugrößen. Die farbliche Kennzeichnung stellen wir Ihnen in der nachfolgenden Tabelle vor. Die im Bild 26 angegebenen Abmessungen beziehen sich auf die Baulänge (A) des Kunststoffgehäuses. Die Sicherungen lassen sich so recht einfach unterscheiden.

Baulänge und Bezeichnung

Baulänge	*Abmessung*
»Maxi«-Sicherung (1 im Bild 26)	ca. 29 mm
»ATO«-Sicherung (2 im Bild 26)	ca. 19 mm
»Mini«-Sicherung (3 im Bild 26)	ca. 11 mm

Nachrüsten von Sicherungen und Sicherungsträgern

Gerade dann, wenn Sonderzubehör wie eine Griffheizung oder zusätzliche Scheinwerfer nachgerüstet werden, müssen neben der serienmäßigen elektrischen Anlage zusätzlich abgesicherte Stromkreise entstehen. Aprilia hat keine Möglichkeit geschaffen, die Spannungsversorgung an das serienmäßige Bordnetzsystem anzuschließen. Soll aber ein Verbraucher angeschlossen werden, wird auch eine zusätzliche Absicherung erforderlich. Sehr wichtig ist im Bordbuch oder/und in diesem Buch die Ergänzung der elektrischen Anlage zu vermerken.

Anschlüsse an der Batterie:

Achten Sie darauf, dass Sie die Anschlusskabel und die Verschraubungen kurzschlusssicher ausführen. Auch bei Bewegung der Batterie muss sichergestellt sein, dass kein Kurzschluss erfolgen kann. Fixieren Sie die Anschlusskabel am Fahrzeug oder Kabelbaum mit Kabelbindern.

Dokumentation:

Alles was Sie an Ihrem Motorrad verändern, sollten Sie sich entsprechend im Fahrerhandbuch oder in dieser Reparaturanleitung dokumentieren, um es auch nach Jahren noch nachvollziehen zu können. Eine einfache Tabelle wie die, die wir im Anschluss eingefügt haben, kann hier sehr hilfreich sein.

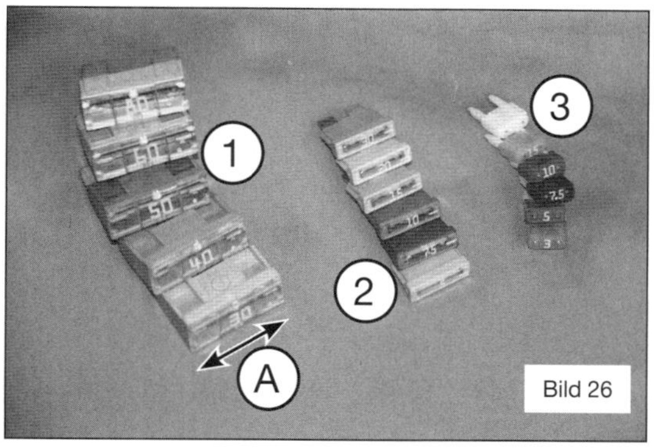

Bild 26
Unterschiedliche Sicherungen.
1 Maxi-Sicherung 29 mm
2 ATO-Sicherung 19 mm
3 Mini-Sicherung 11 mm
A Baulänge

Funktion	*Einbauort*	*Stromstärke*

Prüfung der Ladespannung mit eingeschalten Zusatzverbrauchern:
Die Batterie ist ein sehr guter Puffer. Oftmals kann sie auch einen deutlich höheren Verbrauch kurzfristig auffangen. Liefert aber der Generator oder der Regler aufgrund der höheren Last keine ausreichende Spannung mehr, wird die Batterie nicht mehr geladen. Im ungünstigsten Fall bleiben Sie mit unzureichender Batteriespannung liegen.

Stromstärken und Farben

In Ihrer Aprilia kommen werkseitig lediglich die ATO-Sicherungen zum Einsatz. Allerdings können bei zusätzlichen Absicherungen von Anbauteilen durchaus auch die anderen Bautypen zum Einsatz kommen.

Wechseln Sie niemals eine Sicherung gegen eine größere aus. Auch die Kabel sind nur für klar definierte Ströme ausgelegt und können Schaden nehmen.

Farbmarkierung	*Stromstärke*
Schwarz	1 A
Grau	2 A
Violett	3 A
Rosa	4 A
Hellbraun	5 A
Braun	7,5 A
Rot	10 A
Blau	15 A
Gelb	20 A
Klar (oder Weiß)	25 A
Blaugrün	30 A
Orange (Maxi-Flachsicherung)	40 A
Rot (Maxi-Flachsicherung)	50 A

Blau (Maxi-Flachsicherung)	60 A
Hellbraun (Maxi-Flachsicherung)	70 A
Klar (Maxi-Flachsicherung)	80 A
Violett (Maxi-Flachsicherung)	100 A

Prüfung der Sicherung

Eigentlich sind die im Bild 28 vorgestellten »Leucht-Sicherungen« eine nette Erfindung, die einem bei einer Fehlersuche eine schnelle »Erleuchtung« bescheren kann. Allerdings kommt hier eher noch eine Fehlerquelle hinzu. Eine nicht leuchtende Sicherung kann immer noch defekt sein. Entsprechend sollte auch diese Spezialsicherung wie eine Seriensicherung geprüft werden.

- Schalten Sie die Zündung aus und ziehen Sie den Schlüssel ab.
- Bauen Sie den Sitz ab.
- Clipsen Sie die Sicherungsabdeckung auf.

Optische Prüfung der Sicherung (Bild 27):

- Ziehen Sie die Sicherung gerade aus dem Sicherungsträger heraus.

Kontrollieren Sie, ob der Leiterfaden (1 im Bild 27) noch intakt ist.

Durchgangsprüfung der Sicherung (Bild 29):

Messen Sie den Widerstand einer Sicherung niemals im eingebauten Zustand. Sie können sehr leicht das Multimeter oder zumindest die im Multimeter verbaute Sicherung zerstören.

- Ziehen Sie die Sicherung gerade aus dem Sicherungsträger heraus.
- Stellen Sie das Multimeter auf einen Messwert von 200 Ω ein.
- Halten Sie die schwarze Messspitze (COM) an den einen Anschluss der Sicherung.
- Halten Sie die rote Messspitze gleichzeitig an den anderen Anschluss der Sicherung.
- Lesen Sie den Messwert des Multimeters ab. Er sollte etwa 0 Ω betragen.

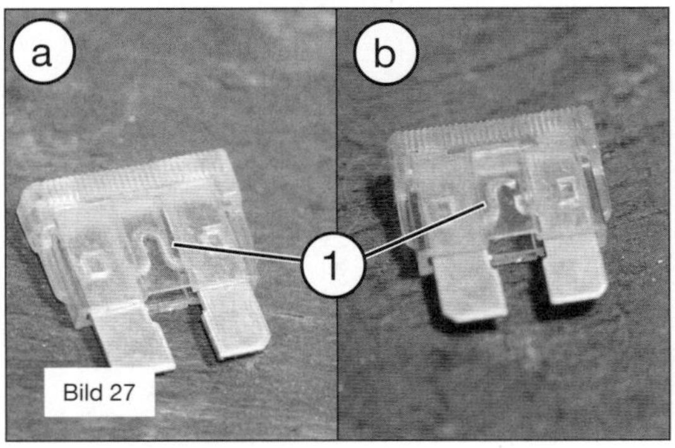

Bild 27

Bild 27
Optische Prüfung der Sicherung.
1 Leiterfaden
a Intakte Sicherung
b Defekte Sicherung

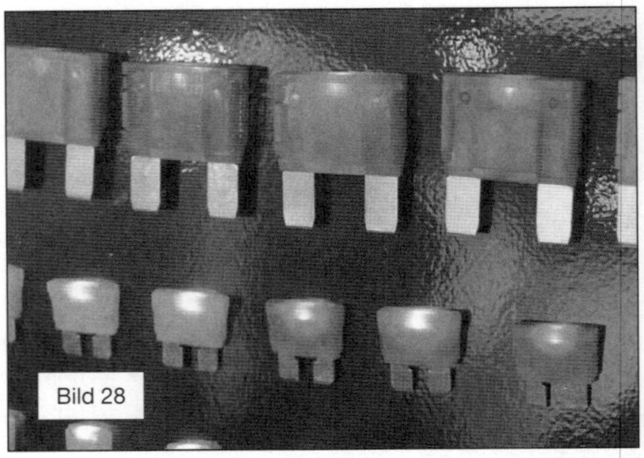
Bild 28

Bild 28
Besonderes Extra ist die Leuchtsicherung. Leicht zu erkennen sind die durchgebrannten Sicherungen, die mit einer LED ausgerüstet sind.

Die Anzeige »OL« oder »-1« bedeutet »over loop« und bedeutet, dass keine Verbindung zwischen den Messpunkten besteht oder der Messbereich zu klein gewählt wurde. Für die Prüfung an der Sicherung bedeutet es, dass die Sicherung leider defekt ist.

Spannungsmessung an der Sicherung (Bild 30):

Für die Spannungsmessung an der Sicherung muss die Sicherung auch mit Spannung versorgt werden. Entsprechend muss die Zündung eingeschaltet sein.

- Stellen Sie das Multimeter auf einen Messwert von 20 V ein.
- Halten Sie die schwarze Messspitze (COM) an die Batteriemasse (-).
- Halten Sie die rote Messspitze gleichzeitig an den einen Anschluss der Sicherung.

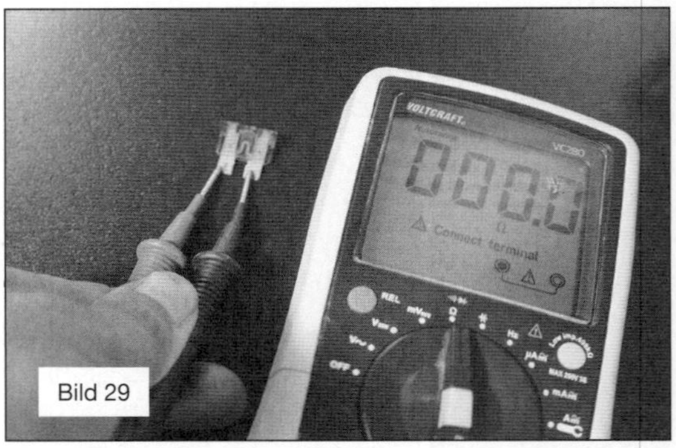
Bild 29

Bild 29
Durchgangsprüfung der Sicherung.

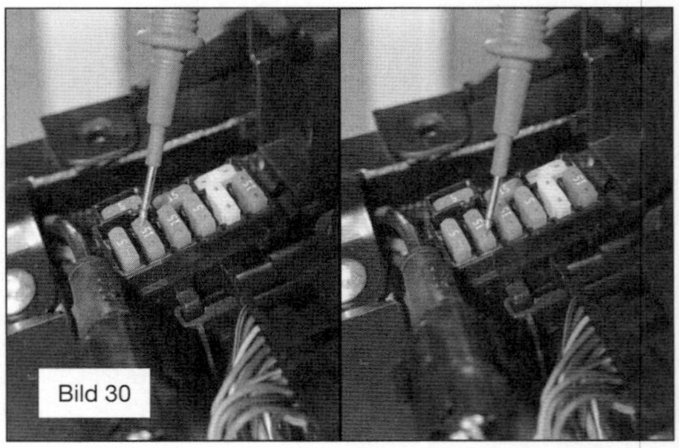
Bild 30

Bild 30
Spannungsmessung an der Sicherung.

■ Lesen Sie den Messwert des Multimeters ab. Er sollte der Batteriespannung entsprechen (12,5 bis 13,5 V).

Der Messwert sollte an beiden Anschlüssen der Sicherung gleich sein. Liegt die Spannung nur an einer Seite der Sicherung an, ist sie leider defekt und muss ersetzt werden.

■ Soweit erforderlich, ersetzen Sie die Sicherung gegen eine neue in der Stromstärke, die der Fahrzeughersteller vorgegeben hat.

Die Montage erfolgt sinngemäß in umgekehrter Reihenfolge.

■ Prüfen Sie die elektrische Anlage und im Speziellen die Funktion des Schaltkreises, an dem die Sicherung ersetzt wurde.

Spannungsmessung an der Blinkleuchte (Bild 30)

■ Legen Sie den Steckkontakt der betroffenen Blinkleuchte frei.

■ Ziehen Sie den Steckkontakt ab.

■ Schalten Sie die Zündung ein und schalten Sie den Blinkerschalter auf die fehlerhafte Fahrtrichtung. Wahlweise können Sie auch die Warnblinkschalter einschalten.

■ Stellen Sie das Multimeter auf einen Messwert von 20V DC ein.

■ Stecken Sie die schwarze Messspitze (COM) mit einem passenden Adapter an den Masseanschluss oder klemmen Sie sie an den Fahrzeugrahmen.

■ Stecken Sie die rote Messspitze mit einem passenden Adapter gleichzeitig an den einen Plusanschluss der Blinkleuchte.

■ Lesen Sie den Messwert des Multimeters ab. Er sollte etwa der Batteriespannung entsprechen (12,5 bis 13,5 V). Die Spannung wird durch das Blinkrelais an- und abgeschaltet. Der Messwert schwankt dann entsprechend.

Wenn Sie das Blinkrelais wie auf Seite 61 beschrieben überbrückt haben, sollte die Spannung dauerhaft anliegen. Wenn die Spannung anliegt, aber die Blinkleuchte nicht leuchtet, prüfen Sie die Glühlampe (bei älteren Varianten) oder ersetzen Sie die Leuchteneinheit (bei LED-Leuchten).

Die Montage erfolgt sinngemäß in umgekehrter Reihenfolge.

■ Prüfen Sie die Funktion der Blinkanlage vor der endgültigen Montage.

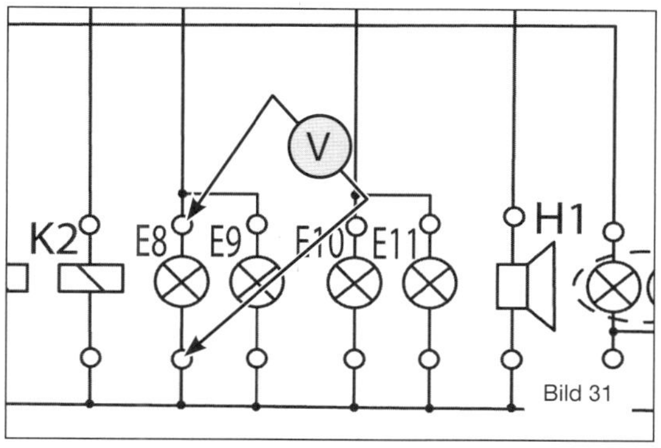

Bild 31
Spannungsmessung an beiden Steckern der Blinkleuchte.
V Anschluss Voltmeter (Auszug aus dem Schaltplan Bild 41)

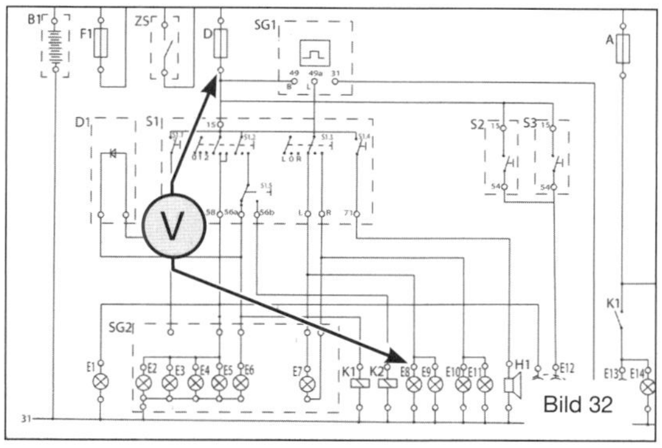

Bild 32
Spannungsverlustmessungen an der Spannungsversorgung der Blinkleuchte.
V Anschluss Voltmeter (Auszug aus dem Schaltplan Bild 41)

Spannungsverlustmessung plusseitig an der Blinkleuchte (Bild 31)

Leuchtet eine Blinkleuchte schwächer oder gar nicht, lässt sich über die Spannungsverlustmessung recht einfach feststellen, ob der Fehler auf dem plusseitigen Weg (Batterie-Zündschloss-Blinkrelais-Blinkerschalter) zu finden ist.

■ Legen Sie den Steckkontakt der betroffenen Blinkleuchte frei.

■ Stellen Sie das Multimeter auf einen Messwert von 20V DC ein.

■ Stecken Sie die schwarze Messspitze (COM) mit einem passenden Adapter an den Plusanschluss der Batterie.

■ Schließen Sie den roten Messanschluss mit einer Messnadel an das Pluskabel der betroffenen Blinkleuchte an.

■ Schalten Sie die Zündung ein und schalten Sie den Blinkerschalter auf die fehlerhafte Fahrtrichtung.

■ Lesen Sie den Messwert des Multimeters ab. Er sollte 0,5 V nicht übersteigen. Ist das der Fall, ist ein Übergangswiderstand in der Leitung zur Blinkleuchte vorhanden. Prüfen Sie die Steckverbindungen genau.

Spannungsverlustmessung masseseitig an der Blinkleuchte (Bild 33)

Diese Messung ist nur dann sinnvoll, wenn der Masseanschluss der Blinkleuchte

Sichtprüfung   Messen

Bild 33
Spannungsverlustmessungen masseseitig an der Blinkleuchte.
V Anschluss Voltmeter (Auszug aus dem Schaltplan Bild 41)

Bild 34
Spannungsverlustmessungen über dem Zündschloss.
V Anschluss Voltmeter (Auszug aus dem Schaltplan Bild 41)

Bild 35
Spannungsverlustmessungen über dem Auf- und Abblendschalter (S1.4) oder dem Lichthupentaster (S1.5).
(Auszug aus dem Schaltplan Bild 41)

auch über den Kabelbaum geführt ist. Ein schlechter Massekontakt an Blinkleuchten, die am Rahmen direkt verkabelt wurden, sind recht leicht schon optisch zu erkennen.

- Legen Sie den Steckkontakt der betroffenen Blinkleuchte frei.
- Stellen Sie das Multimeter auf einen Messwert von 20V DC ein.
- Stecken Sie die schwarze Messspitze (COM) mit einem passenden Adapter an den Minusanschluss der Batterie.
- Schließen Sie den roten Messanschluss mit einer Messnadel an das Minuskabel der betroffenen Blinkleuchte an.
- Schalten Sie die Zündung ein und schalten Sie den Blinkerschalter auf die fehlerhafte Fahrtrichtung.
- Lesen Sie den Messwert des Multimeters ab. Er sollte 0,5 V nicht übersteigen. Ist das der Fall, ist ein Übergangswiderstand in der Leitung zur Blinkleuchte vorhanden. Prüfen Sie die Steckverbindungen genau.

Spannungsverlustmessung über dem Zündschloss (Bild 34)

Der Schaltkontakt kann durch Verschleiß, durch Überlastung oder durch Verschmutzung nicht mehr richtig schließen und baut im Laufe der Zeit eine Schicht auf, die nicht sehr gut leitet. An diesem Widerstand fällt ein Teil der Batteriespannung ab. Diese Spannung steht nicht nur dem Bordnetz nicht mehr zur Verfügung, sondern verschlechtert den Schaltkontakt zunehmend.

- Demontieren Sie die Verkleidungen um den Tank.
- Bauen Sie den Tank ab. Beide Arbeiten beschreiben wir im Kapitel 11 im Detail.
- Demontieren Sie den Luftfilterkasten und decken Sie den Ansaugbereich mit einem sauberen Lappen ab.
- Stellen Sie das Multimeter auf einen Messwert von 20V DC ein.
- Stecken Sie die schwarze Messspitze (COM) mit einem passenden Adapter an den Eingang des Schlossschalters ein.
- Stecken Sie die rote Messspitze mit einem passenden Adapter an den Ausgang des Schlossschalters ein.
- Schalten Sie die Zündung ein und lesen Sie den Messwert des Multimeters ab. Er sollte 0,5 V nicht übersteigen. Ist das der Fall, ist ein Übergangswiderstand am Schaltkontakt

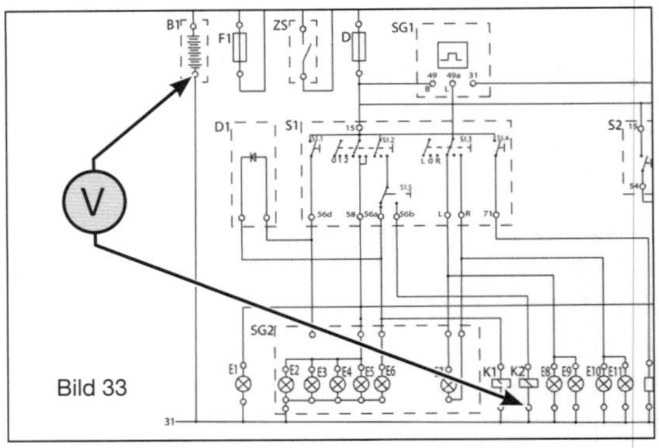

Bild 33

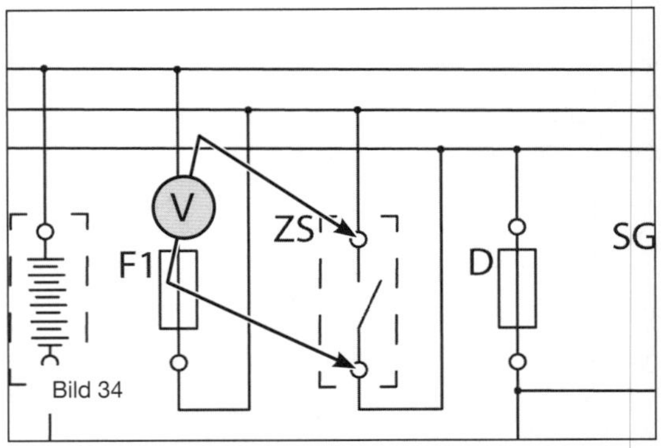

Bild 34

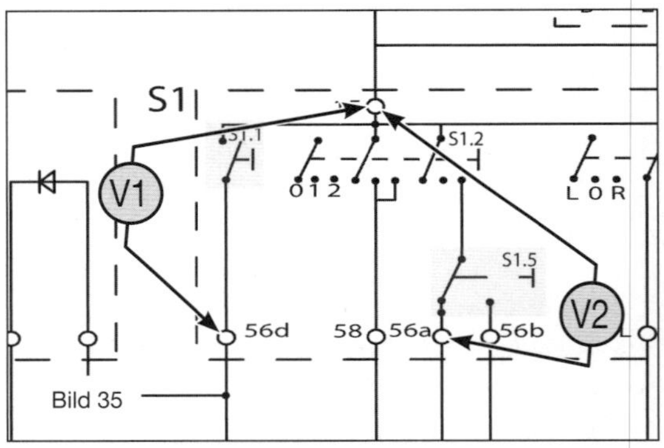

Bild 35

des Zündschlosses vorhanden.

Derzeit sind noch keine Einzelteile für das Zündschloss lieferbar. Das Zündschloss muss dann ersetzt werden. Falls ein gebrauchtes Schloss zum Einsatz kommen soll, gibt es über Schlossspezialisten die Möglichkeit das gebrauchte Schloss auf die alten Schlüssel umbauen zu lassen. Die Schlösser können von einem Spezialisten umcodiert werden.

Spannungsverlustmessung über dem Auf- und Abblendschalter (V1) beziehungsweise über dem Taster (V2) für die Lichthupe (Bild 35)

Der Schaltkontakt kann durch Verschleiß, durch Überlastung oder durch Verschmutzung nicht mehr richtig schließen und baut im Laufe der Zeit eine Schicht auf, die nicht sehr gut leitet. An diesem Widerstand fällt ein Teil der Spannung ab. Diese Spannung steht nicht nur dem Fernlicht nicht mehr zur Verfügung, sondern verschlechtert den Schaltkontakt zunehmend.

■ Schalten Sie die Zündung aus und ziehen Sie den Schlüssel ab.

Spannungsmessungen am Anschlusskabel des Lichtschalters

Die einzelnen Schalter sind in der Schaltereinheit auch nach dem Zerlegen nicht sinnvoll zugänglich. Wir stellen Ihnen die Messungen am Anschlussstecker vor.

■ Demontieren Sie die Scheinwerferverkleidung. Die Arbeiten hierzu stellen wir Ihnen im Kapitel 11 genauer vor.

■ Legen Sie die Anschlussstecker für die Schaltereinheit links frei.

■ Stellen Sie das Multimeter auf einen Messwert von 20V DC ein.

■ Stecken Sie die schwarze Messspitze (COM) mit einem passenden Adapter an den Batterieminusanschluss an.

■ Schalten Sie die Zündung für die einzelnen Messungen wieder ein.

Spannungsmessung am Lichtschalter:

■ Stecken Sie die rote Messspitze mit einem passenden Adapter an den Anschluss »C«(grün) im Bild 37 an.

Sie sollten hier die Batteriespannung von etwa 12,5 V messen.

Spannungsmessung Standlichtanschluss:

■ Stecken Sie die rote Messspitze mit einem passenden Adapter an den Anschluss »G« (gelb) im Bild 36 oder 37 an.

■ Bei Schalteinheiten mit Lichtschalter (2 im Bild 36) schalten Sie den Lichtschalter auf die Schaltstufen Standlicht.

Sie sollten hier die Batteriespannung von etwa 12,5 V messen.

Spannungsmessung Abblendlichtanschluss:

■ Stecken Sie die rote Messspitze mit einem passenden Adapter an den Anschluss »D« (schwarz) im Bild 36 oder 37 an.

■ Bei Schalteinheiten mit Lichtschalter (2 im Bild 36) schalten Sie den Lichtschalter auf die Schaltstufen Fahrlicht.

■ Schalten Sie den Auf- und Abblendlichtschalter auf die Schaltstufe Abblendlicht.

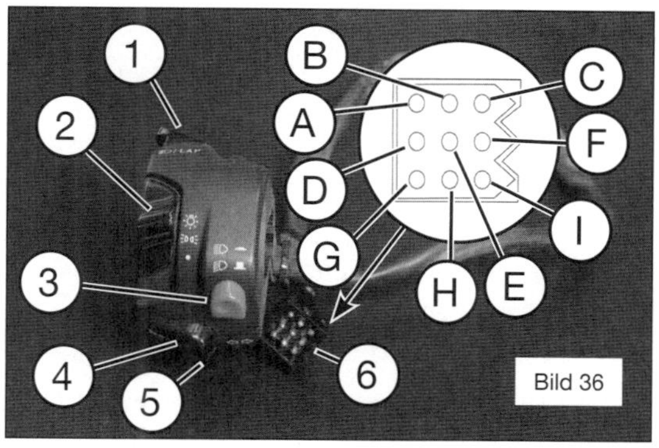

Bild 36

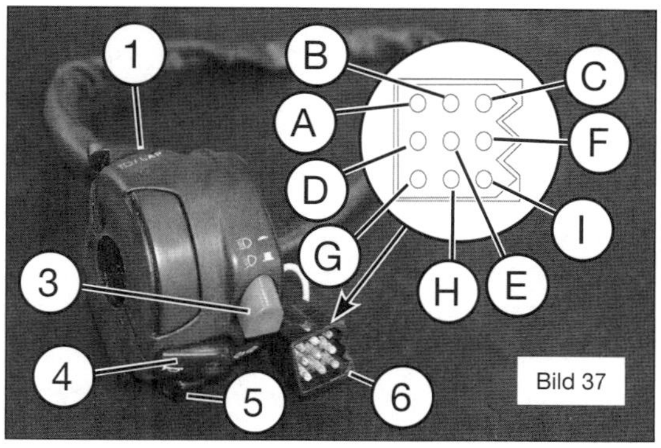

Bild 37

Das Abblendlichtrelais sollte klacken und das Abblendlicht leuchten.

Sie sollten dann hier die Batteriespannung von etwa 12,5 V messen.

Spannungsmessung Fernlichtanschluss:

■ Stecken Sie die rote Messspitze mit einem passenden Adapter an den Anschluss »H« (weiß) im Bild 36 oder 37 an.

■ Bei Schalteinheiten mit Lichtschalter (2 im Bild 36) schalten Sie den Lichtschalter auf die Schaltstufen Fahrlicht.

■ Schalten Sie den Auf- und Abblendlichtschalter auf die Schaltstufe Fernlicht. Das Fernlichtlichtrelais sollte klacken und das Fernlicht sowie die Fernlichtkontrollleuchte müssen zusätzlich zum Abblendlicht leuchten.

Sie sollten dann hier die Batteriespannung von etwa 12,5 V messen.

Spannungsmessung Lichthupenanschluss:

■ Stecken Sie die rote Messspitze mit einem passenden Adapter an den Anschluss »A« (blau/weiß) im Bild 36 oder 37 an.

■ Bei Schalteinheiten mit Lichtschalter (2 im Bild 36) schalten Sie den Lichtschalter auf die Schaltstufen Fahrlicht.

■ Schalten Sie den Auf- und Abblendlichtschalter auf die Schaltstufe Abblendlicht oder schalten das Licht aus.

■ Betätigen Sie die Lichthupe. Das Fernlicht-

Bilder 36 und 37
Stecker am Lichtschalter.
1 Lichthupentaster
2 Lichtschalter
3 Auf-/Ablendschalter
4 Hupentaster
5 Blinkerschalter
A bl/ws (KL56d Lichthupe)
B h-bl (R Blinker rechts)
C gn (KL15 Sicherung D)
D sw (KL56b Abblendlicht)
E rt (L Blinker links)
F gr (KL71 Hupe)
G ge (KL58 Standlicht)
H ws (KL56a Fernlicht)
I bl/sw (KL49a vom Blinkrelais)

lichtrelais sollte klacken und das Fernlicht sowie die Fernlichtkontrollleuchte müssen leuchten.

Sie sollten dann hier die Batteriespannung von etwa 12,5 V messen.

Spannungsmessung Hupenanschluss:

■ Stecken Sie die rote Messspitze mit einem passenden Adapter an den Anschluss »F« (grau) im Bild 36 oder 37 an.

■ Betätigen Sie den Hupentaster.

Sie sollten hier die Batteriespannung von etwa 12,5 V messen.

Spannungsmessung Blinkanlage:

Wenn das Blinkrelais normal arbeitet, werden Sie in der Blinkfrequenz 12 V oder 0 V messen können. Um eine gleichmäßige Messspannung zu erreichen und gleichzeitig Fehler des Blinkrelais ausschließen zu können, überbrücken Sie das Blinkrelais von der Klemme 49 zur Klemme 49a.

■ Stecken Sie die rote Messspitze mit einem passenden Adapter an den Anschluss »I« (blau/schwarz) im Bild 36 oder 37 am Steckkontakt zum Lenkerschalter links an.

Sie sollten hier die Batteriespannung von etwa 12,5 V messen.

■ Stecken Sie die rote Messspitze mit einem passenden Adapter an den Anschluss »B« (hellblau) im Bild 36 oder 37 an.

■ Schalten Sie den Blinkerschalter auf die Schaltstellung »R«.

Sie sollten hier die Batteriespannung von etwa 12,5 V messen.

■ Stecken Sie die rote Messspitze mit einem passenden Adapter an den Anschluss »E« (rot) im Bild 36 oder 37 an.

■ Schalten Sie den Blinkerschalter auf die Schaltstellung »L«.

Sie sollten hier die Batteriespannung von etwa 12,5 V messen.

Widerstandsmessung am Bremslichtschalter (Bild 38)

■ Schalten Sie die Zündung aus und ziehen Sie den Zündschlüssel ab.

Der Bremslichtschalter muss für die Prüfung nicht ausgebaut werden.

Bremslichtschalter vorne:

■ Legen Sie das Anschlusskabel frei.

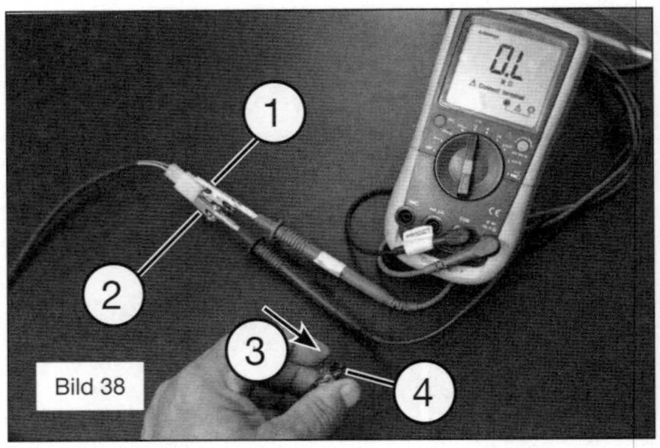

Bild 38

Bild 38 Widerstandsmessung am Bremslichtschalter.
1 Messanschluss rot
2 »COM«-Anschluss
3 Schalter zur Simulation bei unbetätigter Bremse drücken
4 Bremslichtschalter

■ Entsichern Sie den Anschlussstecker und ziehen Sie die Steckkontakte am Bremslichtschalter vorne ab.

Bremslichtschalter hinten:

■ Legen Sie das Anschlusskabel frei.

■ Entsichern Sie den Anschlussstecker und ziehen Sie ihn ab.

Weiter für beide Bremslichtschalter:

■ Stellen Sie das Multimeter auf einen Messwert von 200 Ω ein.

■ Halten Sie die schwarze Messspitze (COM) an den einen Anschluss des Schalters.

■ Halten Sie die rote Messspitze gleichzeitig an den anderen Anschluss des Schalters.

■ Betätigen Sie den Bremshebel.

Bei ausgebautem Bremslichtschalter erfolgt die Messung bei unbetätigtem Schalter. Wird der Schalter betätigt, muss der Messwert unendlich groß wie im Bild 38 gezeigt sein.

■ Lesen Sie den Messwert des Multimeters ab. Er sollte etwa 0 Ω betragen.

Messpunkte am Scheinwerfer und Rücklicht

■ Schalten Sie die Zündung aus und ziehen Sie den Zündschlüssel ab.

■ Stellen Sie das Multimeter auf einen Messwert von 20 V ein.

Messpunkt	*Kabelfarbe*
Scheinwerfer Standlicht	Fassung: gelb Kabelbaum: gelb
Scheinwerfer Abblendlicht	Fassung: schwarz Kabelbaum schwarz/weiß
Scheinwerfer Fernlicht	Fassung: weiß Kabelbaum: weiß/schwarz
Rückleuchte Fahrlicht	Fassung: gelb Kabelbaum: gelb
Rücklicht Bremslicht	Fassung: gelb/grün Kabelbaum: gelb/grün

Klemmenbezeichnungen nach Norm

Klemmenbezeichnungen der Spannungsversorgung

Die wichtigsten Normkurzzeichen für die Funktionen im Bereich der Spannungsversorgung im Bordnetz Ihrer Aprilia RSV.

DIN-Norm	Beschreibung
15	Geschaltetes Plus hinter Batterie (Ausgangskontakt vom Zündanlassschalter)
15a	Geschaltetes Plus vom Zündanlassschalter (hinter der Sicherung)
30	Ausgang direkt von Batterie-Plus
30a	Ausgang direkt von Batterie-Plus (hinter der Sicherung)
30al	Ausgeschaltetes Plus von Steuergerät für Bordnetz für Innenleuchte
31	Batterie-Minus oder Fahrzeugmasse
50	Ausgangskontakt vom Zündanlassschalter für Anlasser
75	Ausgangskontakt vom Zündanlassschalter für das Ausschalten von Verbrauchern zur Entlastung der Batterie beim Anlassen
75a	Ausgeschaltetes Plus hinter dem Relais für die Entlastung der Batterie beim Anlassen (hinter der Sicherung)
86s	Ausgeschaltetes Plus durch Zündanlassschalter beim vollständigen Herausziehen des Schlüssels aus dem Zündanlassschalter
87	Ausgangskontakt vom Kraftstoffpumpenrelais
87a	Ausgangskontakt vom Kraftstoffpumpenrelais oder vom Relais hinter der Sicherung

Klemmenbezeichnungen für Signale und Beleuchtung

Die wichtigsten Normkurzzeichen für die Beleuchtung im Bordnetz. Die Klemmenbezeichnung finden Sie auf externen Bauteilen wieder.

DIN-Norm	Beschreibung
54	Bremsleuchten
56	Ausgang von Lichtschalter für Abblendlicht und Fernlicht
56a	Fernlicht
56aL	Fernlicht links
56aR	Fernlicht rechts
56b	Abblendlicht
56bL	Abblendlicht links
56bR	Abblendlicht rechts
58	Stand- und Schlusslicht, Kennzeichenleuchte
58d	Beleuchtung von Schaltern und Schalttafeleinsatz
58L	Standlicht, Schlusslicht und Parklicht links
58R	Standlicht, Schlusslicht und Parklicht rechts
49L	Blinker links
48R	Blinker rechts

Sichtprüfung

Messen

Schaltpläne elektrische Anlage

Schaltplan Generator und Generatorregler

Generator und Generatorregler übernehmen die Spannungsversorgung bei laufendem Motor und sorgen für eine ausreichende Batterieladung.

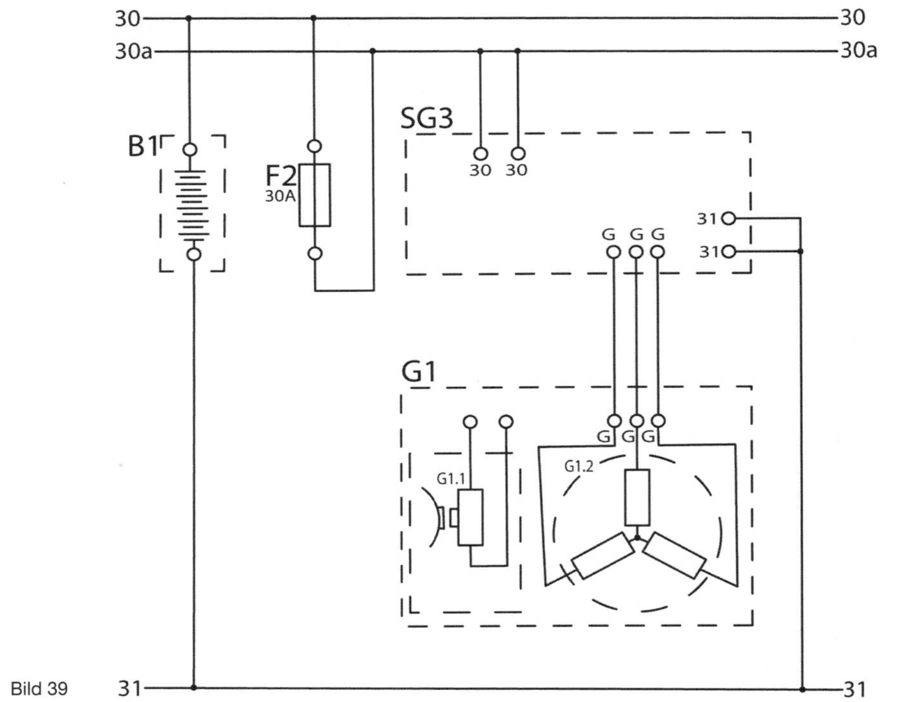

Bild 39
Generator, Regler und Vorsicherung.
B1 Batterie
F2 Vorsicherung 30 A
G1 Generator
G1.1 OT-Geber
G1.2 Generatorwicklungen
SG3 Generatorregler

Schaltplan der Lenkerschalter

Die Lenkerschalter sind in das Beleuchtungssystem, die Signalanlage und in die Startfreigabe eingebunden.

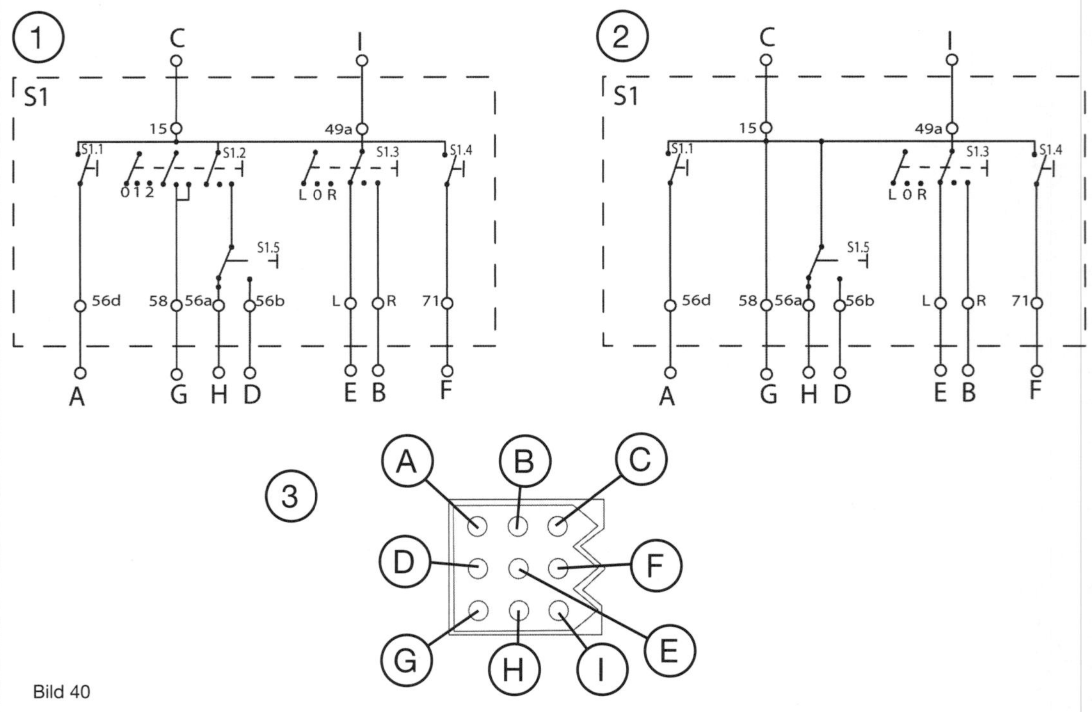

Bild 40
Schaltplan der Lenkerschalter (links).
1 Schalter mit Lichtschalter
2 Schalter ohne Lichtschalter
3 Steckverbindung beider Schalter
A bl/ws (KL56d Lichthupe)
B h-bl (R Blinker rechts)
C gn (KL 15 Sicherung D)
D sw (KL 56b Abblendlicht)
E rt (L Blinker links)
F gr (KL71 Hupe)
G ge (KL58 Standlicht)
H ws (KL56a Fernlicht)
I bl/sw (KL49a vom Blinkrelais)

Schaltplan Lichtanlage

Das Beleuchtungssystem, mit Hupe und Blinkanlage in der Übersicht.

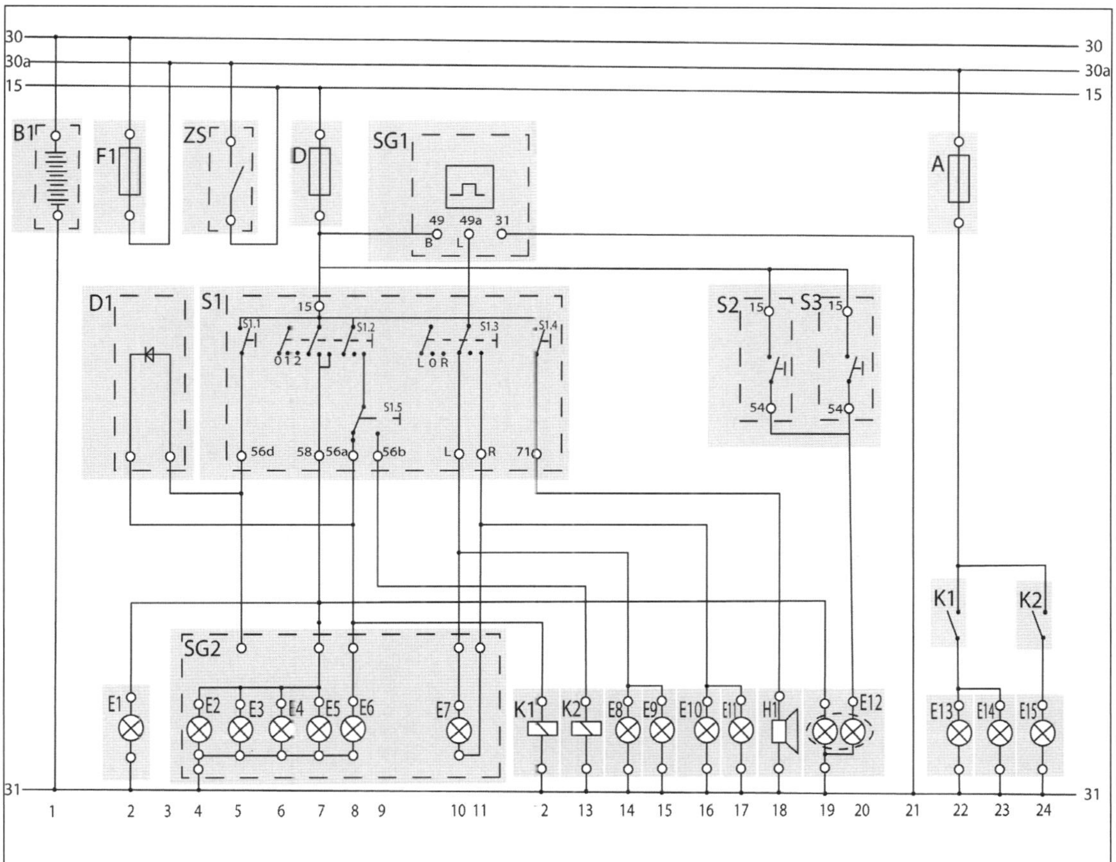

Bild 41

Kürzel	Bezeichnung	Pfad
A	Sicherung »A« 15A	22
B1	Batterie	1
D	Sicherung »D« 15A	7
D1	Diode	2
E1	Standlicht vorne	2
E2-E5	Tachobeleuchtung	4
E6	Fernlichtkontrolle	8
E7	Blinkerkontrollleuchte	10
E8	Blinker VL	14
E9	Blinker HL	15
E10	Blinker VR	16
E11	Blinker HR	17
E12	Rücklicht (2x)	19
E13	Fernlicht	22
E14	Fernlicht	23
E15	Abblendlicht	24

Kürzel	Bezeichnung	Pfad
F1	Hauptsicherung 1 30A	3
H1	Hupe	18
K1	Fernlichtrelais	12
K2	Abblendlichtrelais	13
S1	Lenkerschalter links	5
S1.1	Lichthupentaster	5
S1.2	Lichtschalter	6
S1.3	Blinkerschalter	10
S1.4	Hupentaster	12
S1.5	Auf-/Abblendschalter	8
S2	Bremslichtschalter vorne	18
S3	Bremslichtschalter hinten	20
SG1	Blinkrelais	8
SG2	Tachometer	3
ZS	Zündschloss	4

Bild 41
A Sicherung »A« 15A
B1 Batterie
D Sicherung »D« 15A
D1 Diode
E1 Standlicht vorne
E10 Blinker VR
E11 Blinker HR
E12 Rücklicht (2x)
E13 Fernlicht
E14 Fernlicht
E15 Abblendlicht
E2-E5 Tachobeleuchtung
E6 Fernlichtkontrolle
E7 Blinkerkontrollleuchte
E8 Blinker VL
E9 Blinker HL
F1 Hauptsicherung 1 30A
H1 Hupe
K1 Fernlichtrelais
K2 Abblendlichtrelais
S1 Lenkerschalter links
S1.1 Lichthupentaster
S1.2 Lichtschalter
S1.3 Blinkerschalter
S1.4 Hupentaster
S1.5 Auf-/Abblendschalter
S2 Bremslichtschalter vorne
S3 Bremslichtschalter hinten
SG1 Blinkrelais
SG2 Tachometer
ZS Zündschloss

Sichtprüfung Messen

Bild 42
Generator, Regler und Vorsicherung.
1 Rastnase
2 Pin-Nummerierung
3 Anschlusspin Tacho

Anschlussstecker am Tachometer
Der Tachometer ist die Schnittstelle für mehrere elektrische Systeme, Informationsfeld für den Fahrer und die Ausgabestelle für die Fehlercodes des Einspritzsystems.

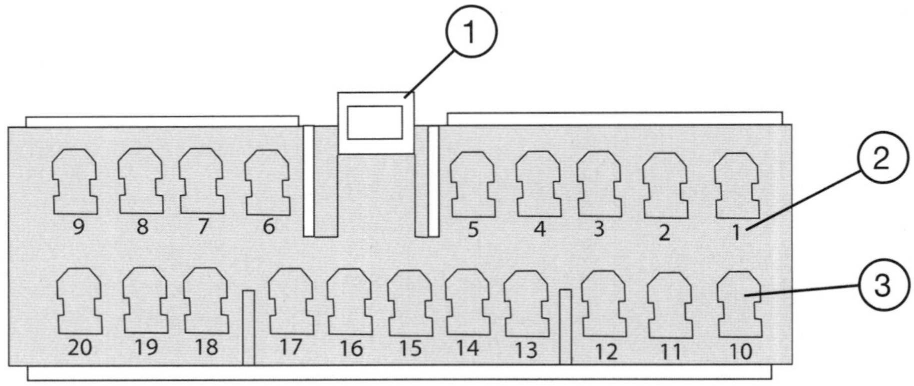

Bild 42

Anschlusspin (2 im Bild 42)	Beschreibung
1	KL30 über Sicherung »E« (15A)
2	Wassertemperaturfühler Pin1
3	Öldruckschalter
4	Leerlaufschalter (Neutralschalter)
5	Taste »LAP« (Lichthupe)
6	Raddrehzahlgeber Pin 2
7	Diodenmodul (Startfreigabemodul)
8	KL15 über Sicherung »D«
9	Warnsensor Kraftstoffstand
10	PIN 14 Motorsteuergerät
11	Seitenständerschalter
12	Raddrehzahlgeber Pin 1
13	Seitenständer
14	Wassertemperaturfühler Pin 2
15	Masseanschluss
16	Warnblinkerkontrolle Pin 1
17	Warnblinkerkontrolle Pin 2
18	Masseanschluss (Achtung Mappinganschluss!)
19	Masseanschluss
20	Raddrehzahlgeber Pin 3

9 Zünd- und Einspritzsystem

Dieses Kapitel befasst sich mit dem Zünd- und Einspritzsystem Ihres Motorrades. Wir werden Ihnen die wichtigsten Arbeiten rund um das System und natürlich auch die Funktionszusammenhänge, Messungen und Prüfungen für die Fehlersuche sowie die Fehlersuche mit einem kleinen Diagnosesystem vorstellen.

Systemkomponenten

Das Einspritzsystem ist eine sogenannte Saugrohreinspritzung. Die Einspritzdüsen werden vom Motorsteuergerät angesteuert und spritzen in das Ansaugrohr vor die Einlassventile ein. Das Motorsteuergerät übernimmt grundsätzlich die Steuerfunktionen für die Einspritzung und die Zündung. Zusätzlich werden Informationen zum Tachometer weitergeben und für den Fahrer im Display dargestellt. Weiterhin werden für die Diagnose Fehler im System abgelegt. Das ist ein wichtiger Grund das Einspritzsystem regelmäßig über die Eigendiagnose und falls erforderlich mit der Messtechnik unter die Lupe zu nehmen.

Im Bild unten möchten wir Ihnen vorstellen, wie der Informationsfluss beziehungsweise die Ansteuerung des Zünd- und Einspritzsystem aufgebaut ist.

Immer dann, wenn ein Pfeil zum Motorsteuergerät zeigt, wird die Information über einen Messwert an das Steuergerät geliefert. Die entsprechenden Bauteile sind am Motorsteuergerät angeschlossen.

Immer dann, wenn der Pfeil vom Motorsteuergerät weg zeigt, wird das entsprechende Bauteil angesteuert.

Die gestrichelten Pfeile bedeuten einen Informationsfluss zwischen den Bauteilen. Die Flussrichtung der Informationen kann in beide Richtungen erfolgen (bidirektional).

Komponenten in der Wartung

Luftfiltereinsatz wechseln

Fällig wird er nach Wartungsplan bei 15.000 km. Sie sollten ihn aber regelmäßig im Auge behalten und die Gelegenheit nutzen, seinen Verschmutzungsgrad bei allen Arbeiten zu beurteilen, an denen Sie den Luftfilterkasten zerlegen müssen.

Ein verschmutzter Luftfiltereinsatz kann erhöhten Kraftstoffverbrauch und Leistungsverlust bedeuten.

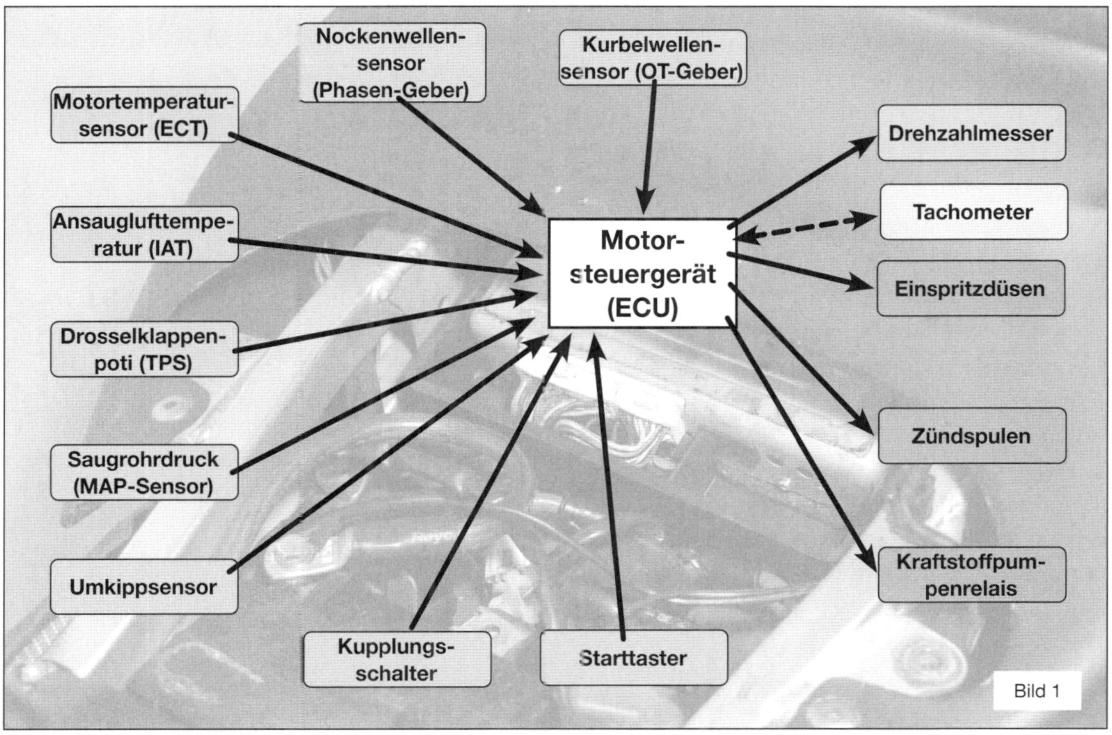

Bild 1
Informationsfluss rund um das Einspritzsystem. Pfeile in Richtung des Motorsteuergerätes (ECU) liefern Informationen. Pfeile aus Richtung des Motorsteuergerätes steuern Bauteile an.

Sichtprüfung Messen

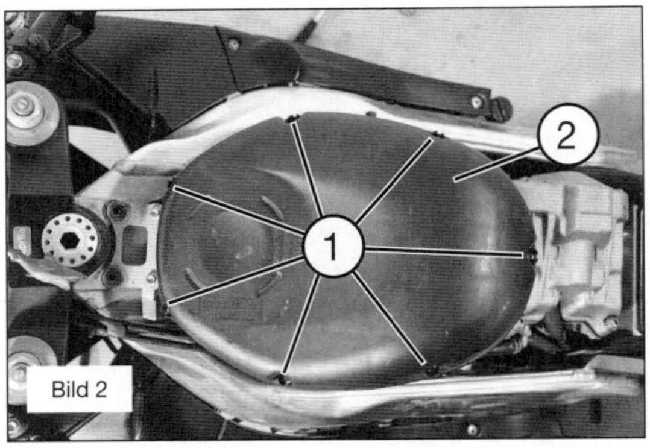

Bild 2

Bild 2
Luftfilterkastendeckel demontieren.
1 Schrauben
2 Luftfilterkastendeckel

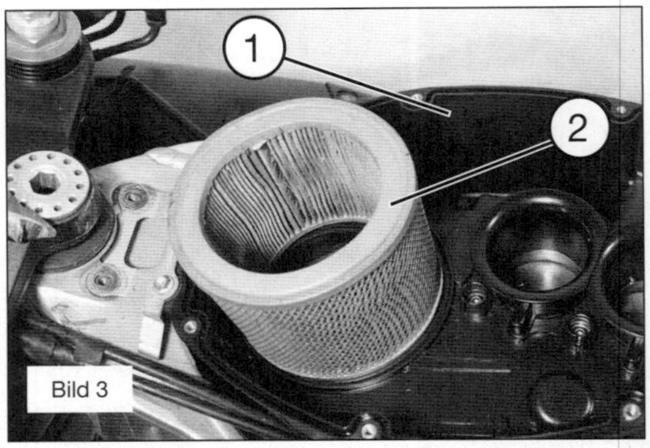

Bild 3

Bild 3
Luftfilterkastendeckel demontieren.
1 Luftfilterkastenunterteil
2 Luftfilter

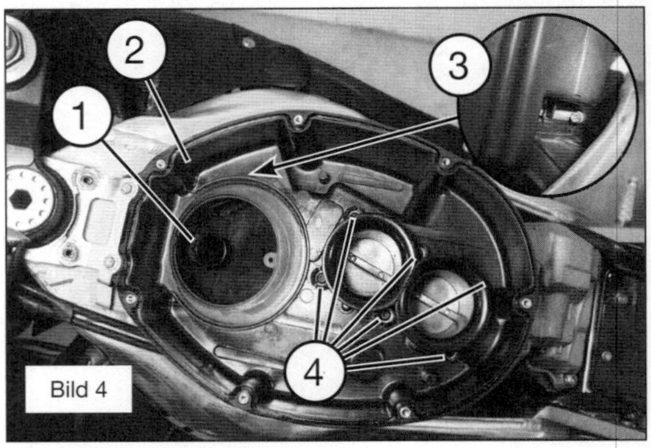

Bild 4

Bild 4
Luftfilterkastenunterteil demontieren.
1 Luftfilterkastenunterteil
2 Luftfilter
3 Schelle
4 Schrauben

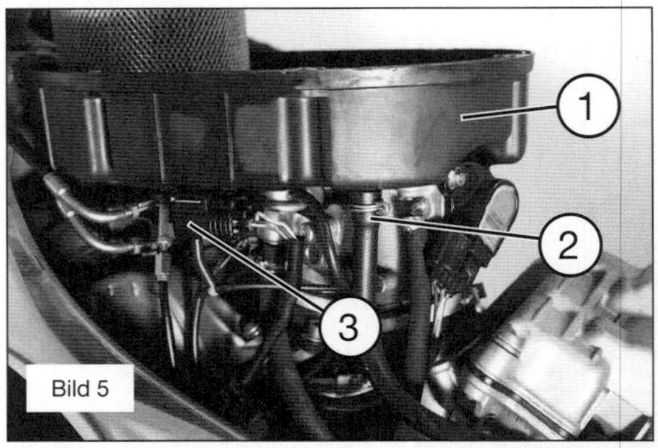

Bild 5

Bild 5
Luftfilterkastenunterteil demontieren.
1 Luftfilterkastenunterteil
2 Anschluss Motorentlüftung
3 Saugrohrdrucksensor

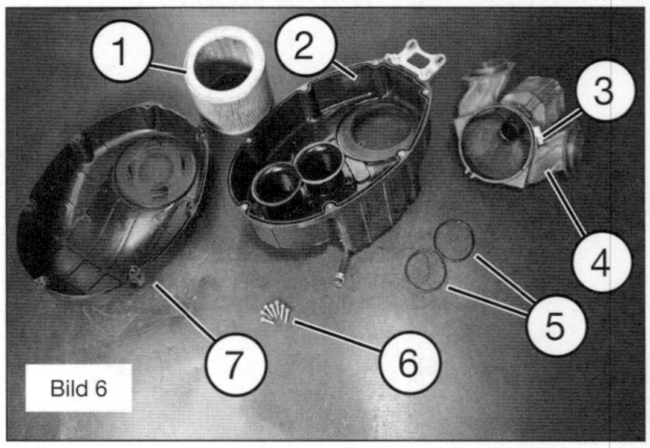

Bild 6

Bild 6
Luftfilterkasten in Teilen.
1 Luftfiltereinsatz
2 Luftfilterkastenunterteil
3 Schelle
4 Ansaugmuffe
5 Dichtringe
6 Schrauben
7 Luftfilterkastenoberteil

■ Schalten Sie die Zündung aus und ziehen Sie den Zündschlüssel ab.
■ Legen Sie den Steckkontakt für die Kraftstoffpumpe und den Tankreservegeber frei.
■ Entsichern Sie den Steckkontakt und ziehen Sie ihn ab.
■ Demontieren Sie den Kraftstoffvorlauf am Drosselklappenstück und verschließen Sie den Anschluss.

☞ Fangen Sie austretenden Kraftstoff mit geeigneten Lappen auf.

■ Bauen Sie den Tank ab. Die Arbeiten hierzu stellen wir Ihnen im Kapitel 11 vor.
■ Drehen Sie die Schrauben (1 im Bild 2) des Luftfilterdeckels (2) heraus.
■ Nehmen Sie den Luftfilterkastendeckel (2) ab.
■ Nehmen Sie den Luftfilter aus dem Luftfilterunterteil heraus.

Die Montage erfolgt sinngemäß in umgekehrter Reihenfolge zur Demontage.
■ Reinigen Sie den Luftfilterkasten gründlich mit Bremsenreiniger und fusselfreien Lappen.
■ Setzen Sie den neuen Luftfiltereinsatz ein

Bauteil	*Drehmoment*
Schrauben Kraftstofftank	12 Nm
Schrauben Verkleidungen	8 Nm
Schrauben Luftfilterkasten	Handfest

Luftfilterkastenunterteil ausbauen
■ Bauen Sie den Luftfiltereinsatz wie bereits beschrieben aus.
■ Ziehen Sie den Motorentlüftungsschlauch (2 im Bild 5) ab.
■ Ziehen Sie den Saugrohrdrucksensor (3) vom Luftfilterkastenunterteil (1) ab und legen ihn mit angeschlossenen Schläuchen und Leitungen zur Seite.
■ Lösen Sie die Schelle zur Ansaugmuffe (3 im Bild 4)
■ Drehen Sie die Schrauben (4) (unverlierbar) los und lassen Sie im Luftfilterkastenunterteil stecken.
■ Nehmen Sie das Luftfilterkastenunterteil nach oben ab.

Die Montage erfolgt sinngemäß in umgekehrter Reihenfolge zur Demontage.
■ Reinigen Sie den Luftfilterkasten gründ-

lich mit Bremsenreiniger und fusselfreien Lappen.

■ Achten Sie auf den Sitz der Dichtungen (5 im Bild 6).

■ Setzen Sie den neuen Luftfiltereinsatz ein.

Bauteil	*Drehmoment*
Schrauben Kraftstofftank	12 Nm
Schrauben Verkleidungen	8 Nm
Schrauben Luftfilterkasten	Handfest

Zündkerzen wechseln

Verbaut sind zwei Zündkerzen für jeden Zylinder. Durch die beiden Zündquellen wird die Zeit zwischen Zündung und vollem Brenndruck auf den Kolben deutlich verkürzt. Ungewöhnlich ist der Weg von Aprilia hinsichtlich der verwendeten Einzelfunkenspulen für jede Zündkerze. Fällig werden sie nach Wartungsplan bei 15.000 km. Jedenfalls wenn nichts dazwischenkommt, wie Zündaussetzer oder eine Demontage aus einem anderen Grund.

Immer dann, wenn Sie die Zündkerzenstecker von den Zündkerzen abziehen, sollten sie etwas (sehr wenig!) Kerzensteckerfett auf die Dichtfläche der Kerzenstecker zur Zündkerze auftragen. So lassen sich die Zündkerzenstecker schadfrei auch noch nach Jahren von den Zündkerzen abziehen.

■ Schalten Sie die Zündung aus und ziehen Sie den Zündschlüssel ab.

■ Demontieren Sie den Kraftstoffvorlauf am Drosselklappenstück und verschließen Sie den Anschluss.

Fangen Sie austretenden Kraftstoff mit geeigneten Lappen auf.

■ Bauen Sie den Tank ab. Die Arbeiten hierzu stellen wir Ihnen im Kapitel 11 vor.

■ Demontieren Sie das Luftfilterkastenunterteil wie bereits beschrieben.

■ Soweit erforderlich, reinigen Sie den Zündkerzenschacht mit Druckluft.

■ Setzen Sie einen passenden Kerzenschlüssel (SW16) in den Kerzenschacht ein und drehen Sie die Zündkerze (3) gegen den Uhrzeigersinn heraus.

■ Nehmen Sie die Zündkerze nach oben heraus.

Achten Sie darauf, dass die Zündkerze im Kerzenschlüssel gehalten wird. Sie darf nicht unkontrolliert herausfallen.

Bild 7
Zündkerzen und Stecker.
1 Kerzenstecker
2 Zündkerzen

■ Legen Sie die Zündkerzen entsprechend der Montagereihenfolge auf einem sauberen Tuch auf der Werkbank ab.

■ Kontrollieren Sie die Zündkerzen auf Schäden oder ungewöhnliche Ablagerungen.

Die Montage erfolgt sinngemäß in umgekehrter Reihenfolge zur Demontage.

■ Kontrollieren Sie vor der Montage den Elektrodenabstand der Zündkerzen.

Bauteil	*Messwert*
Elektrodenabstand	0,8 - 0,9 mm

■ Setzen Sie die Zündkerze mit Hilfe des Kerzenschlüssels oder einem passenden Schlauch, den Sie auf die Kerzenkeramik aufschieben, auf dem Kerzengewinde ab und drehen Sie sie von Hand an.

■ Ziehen Sie die Zündkerze auf Drehmoment fest.

■ Tragen Sie sehr wenig Montagefett für Kerzenstecker auf die Dichtung des Kerzensteckers auf.

■ Drücken Sie den Kerzenstecker auf die Zündkerze des entsprechenden Zylinders auf.

Bauteil	*Drehmoment*
Zündkerze	20 Nm

Kraftstofffilter wechseln

Wie bei den meisten Motorrädern ist der Kraftstofffilter im Tank verbaut. Der Wechsel ist werkseitig vorsehen. Allerdings rechnen Sie mit Schwierigkeiten für das Abdichten des Tankgebers im Kunststofftank. Der Kraftstofffilter sollte alle 45.000 km gewechselt werden. Je nach Kraftstoffqualität oder Verschmutzung gerne auch etwas früher. Da er sich aber im Tankfördermodul befindet, wird er oft genug einfach »vergessen«. Sicherlich trägt die Kraftstoffqualität auch dazu bei, dass sich sogar die Kunst-

Sichtprüfung

Messen

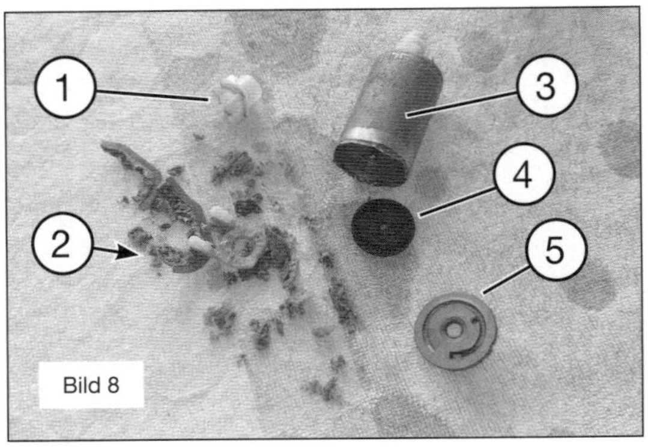

Bild 8

Kraftstoffpumpe (eigentlich nicht zerlegbar) und Kraftstofffilter.

1 Anschlussstück Filter
2 Filterreste (zusammengesammelt aus dem Tank)
3 Kraftstoffpumpe
4 Förderrad
5 Pumpendeckel

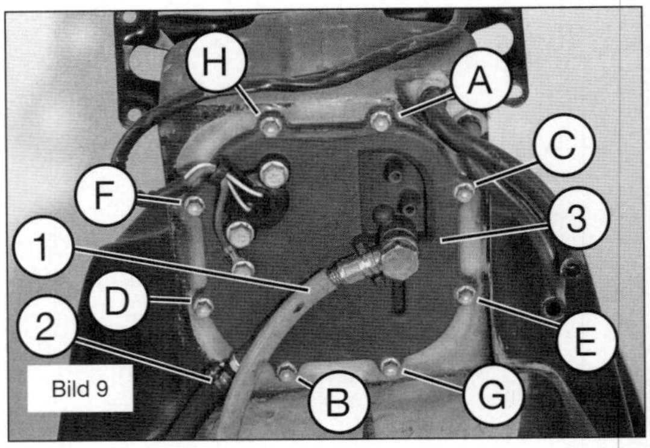

Bild 9

Verschraubungen am Tankfördermodul.

1 Vorlaufleitung
2 Rücklaufleitung
3 Tankfördermodul
A-H Anzugsfolge der Tankverschraubungen

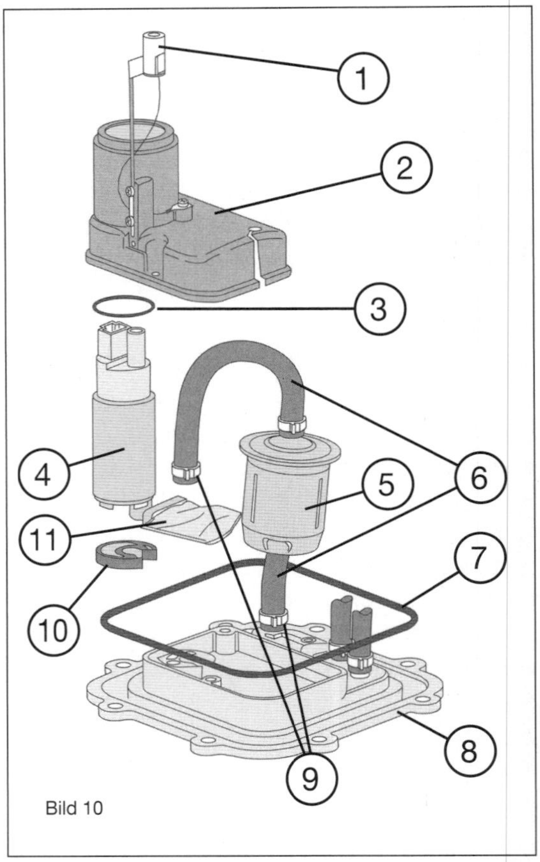

Bild 10

Kraftstofffördermodul in Teilen.

1 Füllstandsmelder (Sensor)
2 Abdeckhaube
3 Dichtring
4 Kraftstoffpumpe
5 Kraftstofffilter
6 Schlauch
7 Dichtring
8 Fördermodulträger
9 Schellen
10 Dichtelement
11 Vorfilter (Siebfilter)

stoffteile des Kraftstofffilters zersetzen können. Ärgerlicherweise werden dann einige Kunststoffteile ihren Weg ins Innere finden und die Kraftstoffpumpe (Bild 8) festsetzen.

Als Original-Ersatzteil gibt es ein Filterset, dass den Filter und die Dichtringe beinhaltet. Im Falle eines Kraftstoffpumpenschadens wie im Bild 8, können Sie lediglich die ganze Kraftstofffördereinheit erwerben. Im Zubehörmarkt oder in den üblichen Internetversteigerungsportalen gibt es die Kraftstoffpumpe auch als Einzelteil mit dem passenden Ersatzfilter. Den Ausbau und die Demontage stellen wir Ihnen im Unterkapitel »Tankfördermodul« in diesem Kapitel vor.

Kraftstoffgase sind sehr entzündlich. Achten Sie auf gute Belüftung und vermeiden Sie jede Art von Zündquellen oder offenes Feuer.

Tragen Sie bei Arbeiten an der Kraftstoffanlage grundsätzlich Gummihandschuhe und Augenschutz.

- Bauen Sie den Kraftstofftank ab.
- Entleeren Sie den Kraftstofftank.
- Demontieren Sie die Schrauben (H-A im Bild 9) und nehmen Sie das Kraftstofffördermodul vorsichtig aus dem Tank heraus.

Achten Sie darauf, den Füllstandsmelder (1 im Bild 10) nicht zu verbiegen.

De- und Montage des Filters (5 im Bild 10):

- Lösen Sie die beiden Schellen (9) oder die am Filter selbst.

Prüfen Sie den Zustand der Anschlussschläuche. Im Zweifel oder bei erkennbaren Schäden gleich mitersetzen.

- Ziehen Sie den Filter und soweit erforderlich die Schläuche ab und entsorgen sie fachgerecht.
- Bauen Sie den neuen Kraftstofffilter (5) in der richtigen Durchflussrichtung wieder ein.

De- und Montage des Vorfilters (11 im Bild 10):

- Bauen Sie den Kraftstofffilter (5) wie bereits beschrieben ab.
- Ziehen Sie die Anschlusskabel zur Kraftstoffpumpe und zum Füllstandsgeber ab und legen Sie sie frei.
- Ziehen Sie die Abdeckung (2) vom Fördermodulträger (9) ab.
- Hebeln Sie mit einem kleinen Schlitzschraubendreher den Kraftstofffilter (11) von der Kraftstoffpumpe ab.

Die Montage erfolgt sinngemäß in umgekehrter Reihenfolge zur Demontage.

- Erneuern Sie den O-Ring (3) sowie den Dichtring (7) zwischen Tank und Grundträger.

Achten Sie auf festen Sitz der Anschlusskabel am Fördermodul und auf den Steckkontakten.

Drosselklappe

Besonderheiten der Drosselklappe

Die Drosselklappen sind im Drosselklappenmodul verbaut und warten mit einigen Besonderheiten auf, die wir Ihnen zunächst einmal vorstellen möchten.

■ *Drosselklappensynchronisation:*
Beide Drosselklappen sind auf einer Welle verbaut und können nicht unabhängig voneinander eingestellt werden. Die Synchronisierung der beiden Drosselklappen erfolgt über Synchronschrauben, die in der Servicestellung des Tanks auf der rechten Fahrzeugseite erreichbar sind.

■ *Der Chokezug/Chokehebel:*
Betätigt werden die Drosselklappen (1 im Bild 11) oder besser die Drosselklappenwelle über eine Schubstange (7), die wiederum durch das Gaszughalbrad (6) betätigt wird. Über den Chokezug (3) kann mit dem Betätigungszapfen (2) die Leerlaufdrehzahl etwas angehoben werden. Der Choke hat also keine Klappe, die wie bei Vergasersystemen die Luftzufuhr einschränkt.

■ *Die Leerlaufeinstellung:*
Bei kaltem Motor wird die Leerlaufdrehzahl durch den Chokehebel angehoben. Die Leerlaufdrehzahl bei warmen Motor kann über die Einstellschraube mit Handrad (8 im Bild 11) nachjustiert werden. Die Einstellschraube für den Drosselklappenspalt (9) sollte grundsätzlich nicht verdreht werden. Sie ist für die Grundeinstellung des Drosselklappenmoduls erforderlich und wird werkseitig auf einem Prüfstand durchgeführt.

■ *Druckausgleichsventil für die Kupplung:*
Der Motor ist mit einem PPC-System (**P**neumatic-**P**ower-**C**lutch) ausgerüstet. Die Kupplungsfedern werden über eine Membran bei geschlossener Drosselklappe und laufendem Motor mit Unterdruck beaufschlagt, die gegen die Federkraft der Kupplungsfedern wirkt. Die Kupplung lässt sich so leichter betätigen und erlaubt im Schiebebetrieb ein leichtes Kupplungsrutschen, was wie eine Antihoppingkupplung wirkt.

Bild 11
Drosselklappenbetätigung und Einstellungen.
1 Drosselklappe,
2 Betätigungszapfen Chokezugwelle
3 Chokezug
4 Betätigungsbowdenzug
5 Rückstellbowdenzug
6 Gaszughalbrad
7 Schubstange
8 Einstellschraube Leerlaufdrehzahl
9 Einstellschraube Drosselklappenspalt

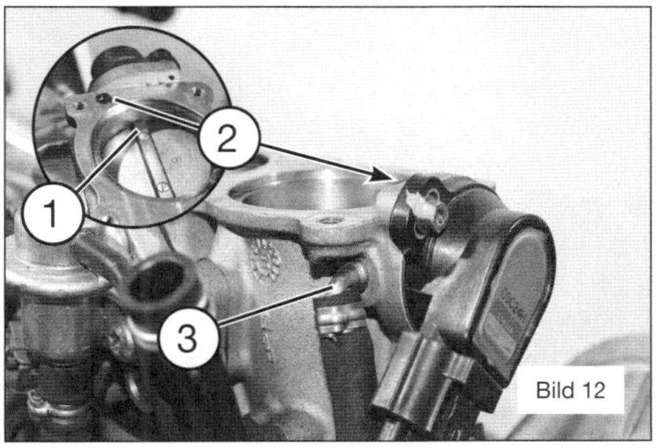

Bild 12
Druckausgleichsventil.
1 Querbohrung in der Drosselklappe
2 Bohrung zum Luftfilterkasten
3 Anschlussschlauch zum Y-Verteilerschlauch

Die genaue Funktion werden wir mit der Prüfung für die Membranbetätigung in Kapitel 12 »Antrieb und Kupplung« vorstellen.

Demontage der Drosselklappeneinheit

Die Kraftstoffleitungen können unter Druck stehen.

Tragen Sie bei Arbeiten an der Kraftstoffanlage grundsätzlich Gummihandschuhe und Augenschutz.

■ Schalten Sie die Zündung aus und ziehen Sie den Zündschlüssel ab.
■ Bauen Sie den Tank ab. Nähere Informationen dazu finden Sie im Kapitel 11.
■ Demontieren Sie den Luftfilter wie bereits in diesem Kapitel beschrieben.
■ Bauen Sie das Luftfilterkastenunterteil wie bereits beschrieben ab.
■ Ziehen Sie den Sicherungsclip (2 im Bild 13) ab.
■ Schieben Sie die Hülse (1) aus dem Halter heraus und legen Sie den Einstellzug für die Leerlaufschraube frei.
■ Lösen Sie die Kontermuttern (3, 5 und 8) und nehmen Sie den Zug aus dem Halter heraus.

Entspannen Sie die Einstellschrauben am Gaszug so weit, dass Sie den Gaszug aus dem Halter am Drosselklappenmodul herausnehmen können.

Sichtprüfung Messen

Bild 13
Züge am Drosselklappenstück.
1 Lagerhülse
2 Sicherungsclip
3 Kontermutter
4 Einstellmutter
5 Kontermutter
6 Einstellmutter
7 Kontermutter
8 Einstellmutter
9 Zugnippel
10 Leerlaufeinstellschraube

Bild 14
Einstellung der Gaszüge.
1 Einstellschraube Schließerzug
2 Kontermutter Schließerzug
3 Gasgriffspiel in Drehrichtung
4 Gasgriff
5 Kontermutter Gaszug
6 Halbrad auf der Drosselklappenwelle
7 Einstellschraube Gaszug
8 Gaszug
9 Rückstellzug

Bild 15
Ansaugstutzen und Drosselklappenstück.
1 Anschlussstecker Einspritzventil
2 Schelle Ansaugstutzen

Bild 16
Ansaugstutzen am Zylinder.
1 Ansaugstutzen
2 Schrauben
3 Schellen

■ Nehmen Sie den Nippel aus dem Gaszughalbrad beziehungsweise aus dem Betätigungshebel für den»Chokezug« heraus.
■ Legen Sie die Bowdenzüge aus dem Arbeitsbereich heraus.
■ Entsichern Sie den Steckkontakt zum Drosselklappenpotenziometer, zu den Einspritzventilen und zum Saugrohrdruckfühler und ziehen Sie sie ab.
■ Ziehen Sie die beiden Schläuche zum Y-Anschlussstück des PPC-Kupplungssystems vom Drosselklappenmodul ab.
■ Drehen Sie die Schellen (2 im Bild 15) so weit wie möglich auf.
■ Ziehen Sie das Drosselklappenmodul aus dem Ansaugstutzen heraus.
■ Decken Sie die Ansaugstutzen mit einem fusselfreien und sauberen Lappen ab.

Die Montage erfolgt sinngemäß in umgekehrter Reihenfolge zur Demontage.

Kontrollieren Sie den Zustand der Ansaugstutzen zum Zylinder auf Rissbildung oder Verhärtung.

Sollten die Ansaugstutzen lediglich etwas zu steif sein, um die Montage zu bewerkstelligen, können Sie diese mit einem Heißluftföhn langsam und vorsichtig erwärmen, bis diese wieder geschmeidig sind.
■ Ersetzen Sie die Schellen durch gleichwertige Schellen der gleichen Bauart.

Bauteil	*Drehmoment*
Kontermutter Gaszug	Handfest
Schelle Ansaugstutzen	Handfest

Demontage der Ansaugstutzen
■ Demontieren Sie das Drosselklappenmodul wie bereits beschrieben.
■ Drehen Sie die Schrauben (2 im Bild 16) heraus.
■ Nehmen Sie den oder die Ansaugstutzen ab.

Die Montage erfolgt sinngemäß in umgekehrter Reihenfolge zur Demontage.

Kontrollieren Sie den Zustand der Ansaugstutzen zum Zylinder auf Rissbildung oder Verhärtung.

Wenn Schäden erkennbar sind, müssen beide Ansaugstutzen ersetzt werden.

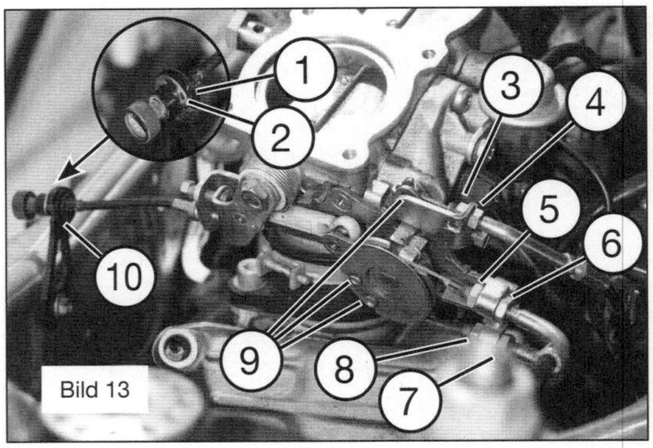

Bild 13

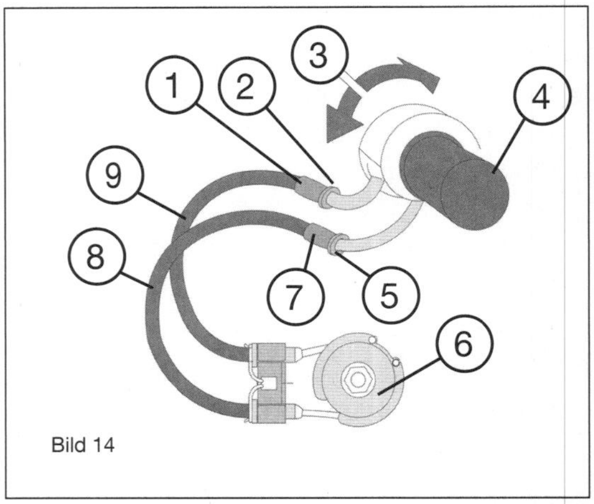

Bild 14

Bild 15

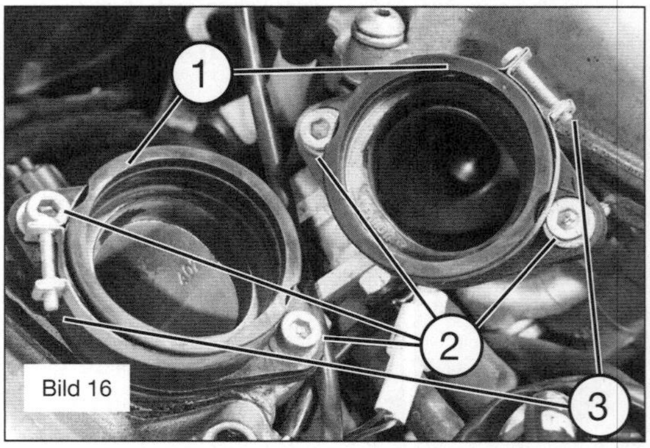

Bild 16

Einstellen der Gaszüge
Die Grundeinstellung der Gaszüge sollte immer nach einer Demontage der Züge, des Drosselklappenstücks oder des Gasgriffes erfolgen. Es wurden unterschiedliche Gas-

zugsätze verbaut. Im Grunde genommen sind aber bei allen Gaszügen jeweils eine Einstellschraube für das Zugseil und eine weitere für den Schließerzug verbaut.

Prüfen Sie, ob der Gasgriff leichtgängig und ruckfrei sich vom Leerlauf in Richtung Vollgas verdrehen lässt.

Prüfen Sie, dass sich der Gasgriff selbsttätig wieder zum Leerlaufanschlag dreht.

Prüfen Sie, dass das Spiel Gasgriff (3 im Bild 10) etwa 2 bis 3 mm beträgt.

- Lösen Sie die Kontermutter (5).
- Spannen oder entspannen Sie den Gaszug (9) mit Hilfe der Einstellschraube (7).

Sollte die Einstellung nicht über die Einstellschraube am Gaszug gelingen, verändern Sie die Einstellung an der Verstellung für den Schließerzug. Die Einstellung am Schließerzug kann auch am Halter der Gaszüge des Drosselklappengehäuses verbaut sein.

- Ziehen Sie die Kontermutter wieder an. Kontrollieren Sie die Einstellung auch bei eingeschlagenem Lenker erneut.

Demontage Drosselklappenpoti

Der Drosselklappenpoti für die Drosselklappen (3 im Bild 8) erfasst die Stellung der Drosselklappe.

Der Drosselklappenpoti wird bei der Herstellung des Drosselklappenkörpers genau justiert. Die Demontage ist nicht vorgesehen.

Er sollte grundsätzlich nur dann demontiert werden, wenn er ersetzt werden muss.

- Entsichern Sie den Steckkontakt (3 im Bild 17) und ziehen Sie ihn ab.
- Drehen Sie die beiden Schrauben (2) heraus.
- Nehmen Sie den Drosselklappenpoti (1) ab.

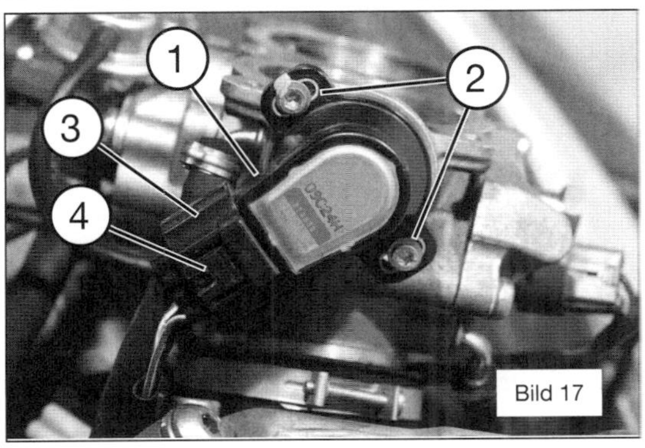

Bild 17

Bild 17 Drosselklappenpoti.
1 Drosselklappenpoti
2 Schrauben
3 Steckkontakt
4 Sicherungsclip

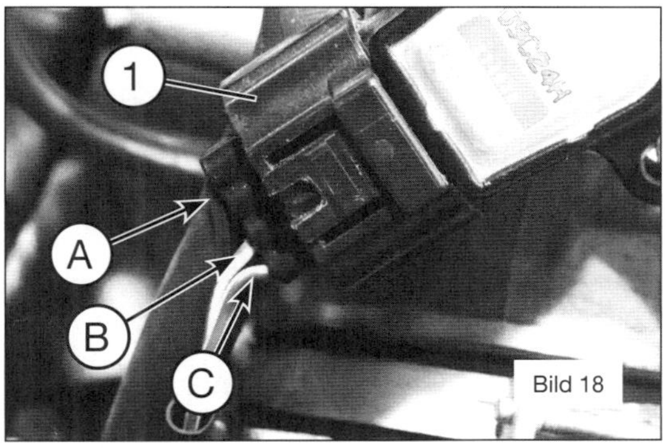

Bild 18

Bild 18 Steckerbelegung am Drosseklappenpoti.
1 Anschlussstecker
A Blau-braun Sensorminus (Sensormasse)
B Braun-gelb Sensorsignal
C Braun-weiß Sensorplus

Die Montage erfolgt sinngemäß in umgekehrter Reihenfolge zur Demontage.

- Achten Sie darauf, den neuen Drosselklappenpotenziometer auf die gleiche Position zu verbauen, in der der Alte befestigt wurde.

Bauteil	*Drehmoment*
Drosselklappenpoti Schrauben	3 Nm

Grundeinstellung Drosselklappenpoti

Soweit der Drosselklappenpoti nicht ersetzt wurde und die originale Einbauposition bekannt ist, schrauben Sie den Drosselklappenpoti in der Position an, in der er bereits verbaut worden war.

Wird ein anderer Drosselklappenpoti verbaut, sind leider keine Einstellwerte des Herstellers vorgegeben. Wir geben Ihnen hier die Messwerte an, die wir im Mittel an den beiden Motorrädern für diese Buchproduktion ermittelt haben.

- Stellen Sie den Tank in »Servicestellung«.
- Schließen Sie den »COM«-Anschluss des Multimeters mit einem geeigneten Messadapter oder einem Nadelabgreifer am Masseanschluss (A im Bild 18) an.
- Schließen Sie den Messanschluss des Multimeters an den Signalausgang (B) des Drosselklappenpotenziometers an.
- Stellen Sie das Multimeter auf einen Messwert bis 20V DC (Gleichspannung) ein. Schalten Sie die Zündung ein.
- Lösen Sie die Einstellschrauben des Drosselklappenpotenziometers gerade so weit, dass die den Drosselklappenpotenziometer noch verdrehen können.
- Kontrollieren Sie, dass die Drosselklappe auf dem Leerlaufanschlag liegt und nicht durch den »Choke« leicht geöffnet wird.
- Schalten Sie die Zündung ein.
- Verdrehen Sie den Drosselklappenpoti so weit, dass Sie eine Spannung von 0,5 - 0,6 V ablesen können.

Sichtprüfung Messen

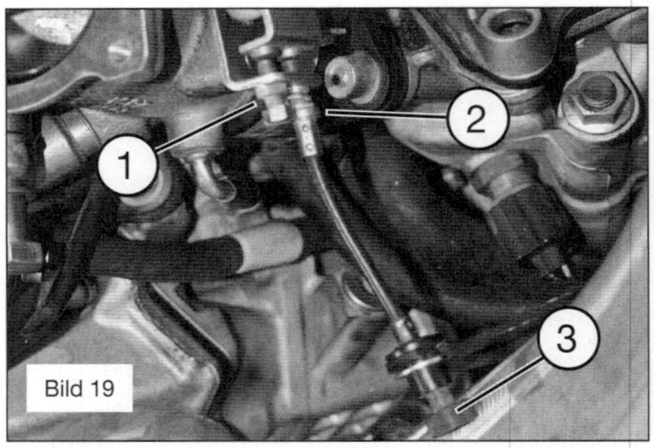

Bild 19

Bild 19
Leerlaufeinstellschraube.
1 Einstellschraube Drosselklappenspalt
2 Leerlaufeinstellschraube
3 Verlängerung mit Welle Leerlaufeinstellschraube

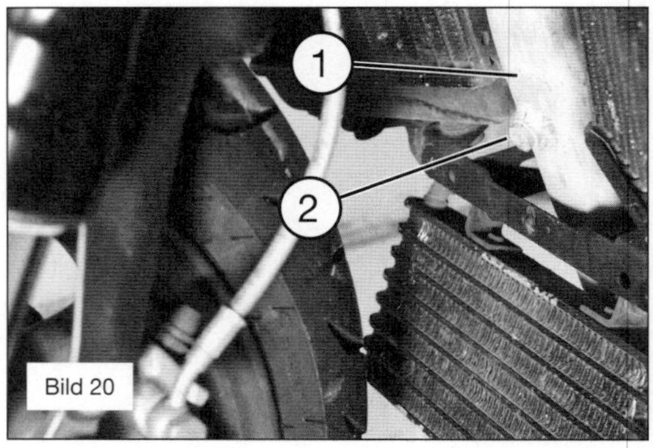

Bild 20

Bild 20
Verschlussschraube Abgaskrümmer vorne.
1 Abgaskrümmer
2 Verschlussschraube

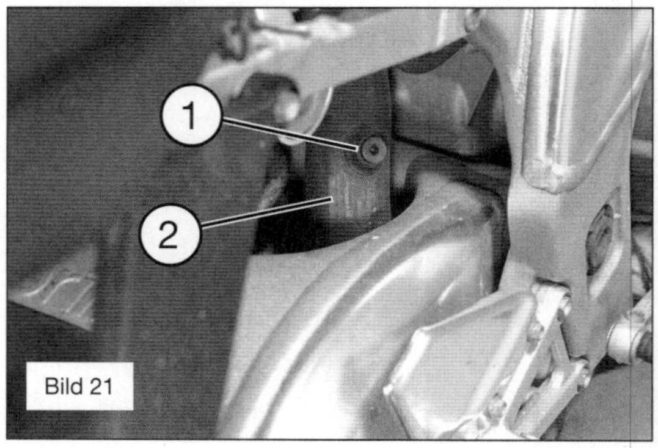

Bild 21

Bild 21
Verschlussschraube Abgaskrümmer hinten.
1 Verschlussschraube
2 Abgaskrümmer

Gasstellung	*Signalspannung*
Leerlauf	0,5 bis 0,6 V
Volllast	3,8 bis 4,0 V

■ Ziehen Sie die Einstellschrauben des Drosselklappenpotenziometers wieder fest.

Bauteil	*Drehmoment*
Drosselklappenpoti Schrauben	3 Nm

Einstellen der Leerlaufdrehzahl

Grundsätzlich verändert sich die Motordrehzahl bei einem Einspritzsystem nicht nennenswert. Für den Warmlauf wird sie durch das Motorsteuergerät leicht angehoben, anschließend auf die normale Leerlaufdrehzahl abgesenkt. Das Motorsteuergerät der Aprilia hat fast keine Möglichkeit, die Drehzahl anzupassen. Die Drehzahl wird vom Fahrer bei kaltem Motor über den »Choke-Hebel« angehoben.

Kontrollieren Sie die Dichtigkeit des Ansaugsystems (Ansaugstutzen, Unterdruckleitungen, Dichtringe der Einspritzventile) auf Schäden. Hier kann Falschluft eindringen und die Ursache für erhöhte Leerlaufdrehzahl sein.

■ Lassen Sie den Motor warm laufen.

■ Verdrehen Sie den Lenker zum rechten und anschließend zum linken Lenkeinschlag.

Beobachten Sie hierbei, ob die Motordrehzahl konstant bleibt. Wenn das nicht der Fall ist, prüfen Sie die Einbaulage und den Zustand der Gaszüge und lösen die Vorspannung der Gaszüge etwas.

Bauteil	*Messwert*
Spiel am Gasgriff (Verdrehung)	2 - 3 mm

■ Überprüfen Sie die Leerlaufdrehzahl. Sie sollte bei 1150 bis 1350 1/min liegen. Soweit erforderlich, verdrehen Sie die Leerlaufeinstellschraube (3 im Bild 19).

Hineindrehen (im Uhrzeigersinn) bedeutet die Anhebung der Drehzahl. Herausdrehen (gegen den Uhrzeigersinn) bewirkt die Absenkung der Motordrehzahl.

■ Kontrollieren Sie die Motordrehzahl nach einigen Gasstößen erneut.

Drosselklappen sychronisieren

Die beiden Drosselklappen sind fest mit der Drosselklappenwelle verbunden. Die Synchronisierung der Drosselklappen erfolgt über Luft-Bypass-Schrauben.

Aprilia gibt für die Synchronisierung den Anschluss eines CO-Testers an den Verschlussschrauben im Krümmer des vorderen und des hinteren Zylinders an. Möglich ist es aber auch die Synchronisierung ganz klassisch über eine Unterdruckmessung durchzuführen. Wir stellen Ihnen im Folgenden beide Möglichkeiten vor.

Voraussetzungen für die Synchronisierung:

■ Das Ansaugsystem weist keine Schäden oder Undichtigkeiten auf.

■ Das PPC-Kupplungssystem ist dicht.

■ Die Kühlmitteltemperatur beträgt 75 °C bis 95 °C.

■ Die Raumtemperatur beträgt 20 °C bis 30 °C.

Synchronisation über den CO-Wert:

■ Bringen Sie den Tank wie im Kapitel 11 beschrieben in die Servicestellung.

■ Demontieren Sie die Verkleidung zwischen den beiden Kühlern.

■ Drehen Sie die Verschlussschraube am Abgaskrümmer vorne (Bild 20) heraus.

■ Drehen Sie die Verschlussschraube am Abgaskrümmer hinten (Bild 21) heraus. Sie ist auf der rechten Seite zu erreichen.

■ Drehen Sie jeweils einen Messadapter in die Gewinde ein.

■ Schließen Sie einen CO-Tester an den Messadapter des hinteren Zylinders an.

■ Lassen Sie den Motor im Leerlauf laufen.

Lesen Sie das Messergebnis am Abgastester ab.

Abgassystem	*CO-Wert im Leerlauf*
Fahrzeuge ohne Katalysator	0,8 bis 1,3 Vol%
Fahrzeuge mit Katalysator	1,5 bis 2,0 Vol%

Führen Sie die Messung für beide Zylinder durch.

■ Soweit erforderlich, korrigieren Sie die CO-Einstellung. Versuchen Sie so genau wie möglich, den gleichen CO-Wert für beide Zylinder zu erreichen.

Bei Fahrzeugen mit der Rahmennummer ZD4ME erfolgt die Korrektur über die Bypassschrauben (1 im Bild 23).

Bei Fahrzeugen mit der Rahmennummer ZD4RP erfolgt die Korrektur über die Einstellpotis im Steuergerät (A und B im Bild 22).

Die Montage erfolgt sinngemäß in umgekehrter Reihenfolge zur Demontage.

Bauteil	*Drehmoment*
Drosselklappenpoti Schrauben	3 Nm

Synchronisation über Synchronuhren:

■ Bringen Sie den Tank wie im Kapitel 11 beschrieben in die Servicestellung.

■ Demontieren Sie den Unterdruckschlauch (1 im Bild 24).

■ Demontieren Sie den Blindstopfen (2).

■ Verschließen Sie den Anschlussschlauch (1) mit einem passenden Stopfen.

■ Schließen Sie je eine Synchronuhr an die Anschlüsse (1) und (2) an.

■ Lassen Sie den Motor im Leerlauf laufen.

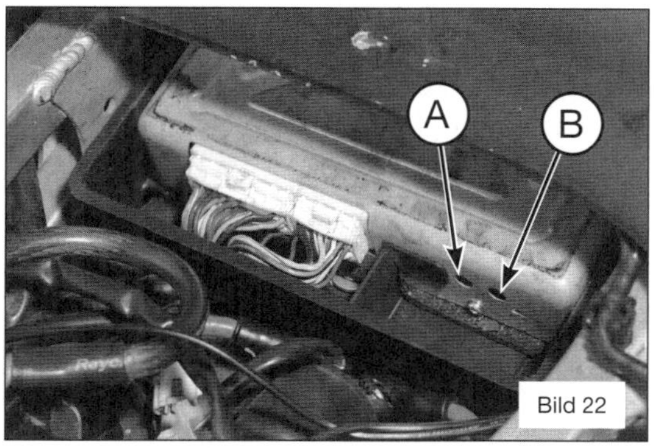

Bild 22

Bild 22
Zugang am Drosselklappenmodul links.
A Einstellschraube hinterer Zylinder (Zylinder 2)
B Einstellschraube vorderer Zylinder (Zylinder 1)

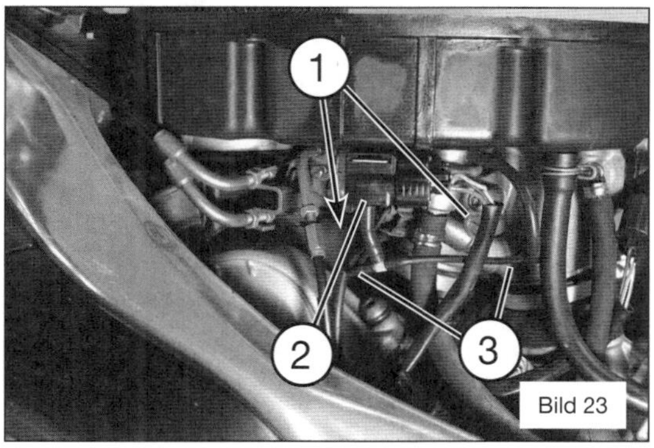

Bild 23

Bild 23
Zugang am Drosselklappenmodul links.
1 Bypassschrauben
2 Saugrohrdruckfühler
3 Anschlussschläuche am Saugrohr.

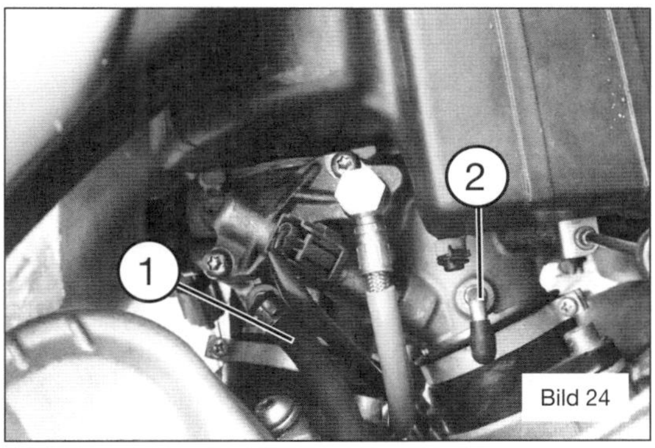

Bild 24

Bild 24
Zugang am Drosselklappenmodul rechts.
1 Anschluss zum Y-Anschlussstück des PPC-Kupplungssystem
2 Anschluss Saugrohr (Blindstopfen)

Bild 25

Bild 25
Synchronuhren am Motor.
1 Synchronuhr hinterer Zylinder
2 Unterdruckanschluss hinterer Zylinder
3 Synchronuhr vorderer Zylinder
4 Unterdruckanschluss vorderer Zylinder

■ Drosseln Sie die Messuhren so weit ab, dass die Zeiger der Messuhr sich nur sehr wenig bewegen.

Lesen Sie das Messergebnis an den beiden Synchronuhren ab.

■ Soweit erforderlich, korrigieren Sie die Einstellung über die Bypassschrauben (1).

Sichtprüfung Messen

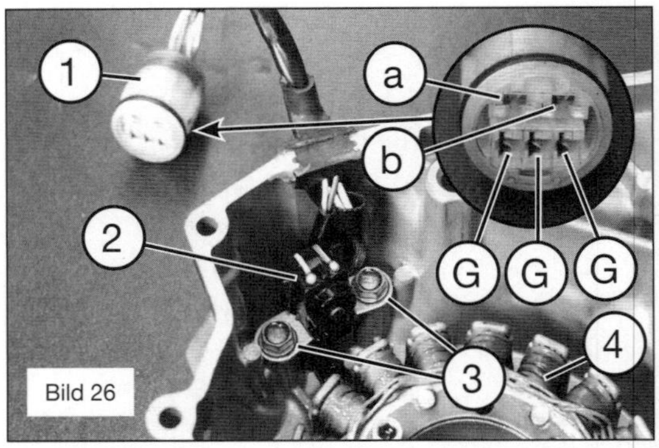

Bild 26
OT-Geber im Generatordeckel.
1 Anschlussstecker
2 OT-Geber
3 Schrauben
4 Generator
a Anschluss 1 OT-Geber
b Anschluss 2 OT-Geber
G Anschluss Generatorwicklung

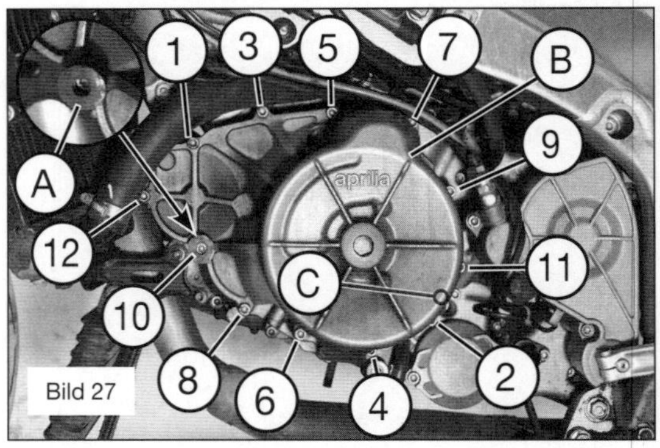

Bild 27
Verschraubung Generatordeckel.
A Anlagegummi
B Generatordeckel
C Position der Passhülse
1-12 Anzugsreihenfolge der Schrauben des Generatordeckels

Versuchen Sie, so genau wie möglich den gleichen Messwert für beide Zylinder zu erreichen.

☞ Eine Veränderung über die Bypassschrauben bedeutet immer auch eine Veränderung des CO-Messwertes und des Unterdruckmesswertes. Grundsätzlich ist die Synchronisation über den CO-Meswert als die genauere Methode anzusehen und vorzuziehen.

Kubelwellensensor (OT-Geber)

☞ Um die Motordrehzahl zu errechnen und die genaue Stellung der Kurbelwelle feststellen zu können, wird über einen Sensor und Markern auf dem Rotorrad des Generators ein Signal erzeugt und über das Motorsteuergerät ausgewertet. Die Bezeichnungen für diesen Sensor reichen von »Kurbelwellengeber« über »OT-Geber« bis zum aus dem englischen »Pick-Up«. Verbaut ist er im Generatordeckel auf der linken Motorseite.

Demontage des Kurbelwellensensors (OT-Gebers, Pick-Up)

- Demontieren Sie die Seitenverkleidungen auf der linken Seite.
- Bauen Sie den Luftfilter und das Luftfilterunterteil aus.
- Reinigen Sie den Motorblock auf der linken Seite um den Generatordeckel.
- Entsichern Sie den Steckkontakt auf der linken Motorseite und fummeln Sie den Generatoranschluss an den Unterdruck- und an den Kühlmittelleitungen vorbei auf die linke Motorseite.
- Lassen Sie das Motoröl aus dem Ölvorratstank ablaufen.
- Demontieren Sie den Ölvorratstank.

☞ Stellen Sie einen geeigneten Ölauffangbehälter unter und fangen Sie abtropfendes Restöl aus dem Ölkühler und dem Anschlussschlauch zum Motor auf.

- Stellen Sie einen geeigneten Ölauffangbehälter unter. Beim Abnehmen des Generatordeckels wird Öl ablaufen.
- Drehen Sie die Schrauben (1-12 im Bild 27) heraus.
- Hebeln Sie den Generatordeckel (B) gerade vom Gehäuse ab.
- Führen Sie das Anschlusskabel des Generators nach.
- Nehmen Sie den Generatordeckel ab.
- Legen Sie den Generatordeckel auf einer Werkbank ab.
- Drehen Sie die Schrauben (3 im Bild 26) heraus.
- Nehmen Sie den OT-Geber (Pick-Up) (2) vom Generatordeckel ab.
- Drehen Sie die Schrauben des Generatorstators heraus.
- Nehmen Sie den Generatorstator vom Generatordeckel ab.

☞ OT-Geber (Pick-Up) und Generatorstator werden in der Regel nur als Einheit gehandelt und müssen dann zusammen ersetzt werden.

Die Montage erfolgt sinngemäß in umgekehrter Reihenfolge zur Demontage.

- Reinigen Sie den Deckel und die Dichtfläche am Motorblock gründlich.
- Setzen Sie den OT-Geber (Pick-Up) in den Gehäuseblock ein und ziehen Sie die Schrauben zuerst handfest und anschließend auf Drehmoment an.
- Tragen Sie etwas Silikondichtmasse auf den Sitz des Generatorkabels im Generatorsdeckel auf.
- Setzen Sie die Gummidichtung des Anschlusskabels in den Motorblock ein.
- Ziehen Sie die Schrauben (1 - 12) in der angegebenen Reihenfolge gleichmäßig an.

■ Füllen Sie das Motoröl wie im Kapitel 15 Schmiersystem beschrieben auf.

Bauteil	*Drehmoment*
Schrauben Gehäusedeckel	11 Nm
Schrauben OT-Geber	11 Nm

Nockenwellensensor (Phasen-Geber)

Beim Viertaktmotor erfolgt ein Arbeitsspiel mit zwei Kurbelwellenumdrehungen. Um unterscheiden zu können, in welcher der beiden OT-Stellungen sich die Kurbelwelle befindet, kommt ein weiterer Positionssensor auf der Nockenwelle des vorderen Zylinders (Zylinder 1) zum Einsatz.

Demontage des Nockenwellensensors (Phasengeber)

■ Bauen Sie den Kraftstofftank wie im Kapitel 11 beschrieben aus.
■ Bauen Sie den Luftfilter und das Luftfilterunterteil aus.
■ Demontieren Sie das Drosselklappenstück und hängen Sie es zur linken Fahrzeugseite aus dem Arbeitsbereich heraus.
■ Reinigen Sie den Ventildeckel des ersten Zylinders (vorderer Zylinder) im Bereich der Ventildeckeldichtung.
■ Demontieren Sie die Verkleidung zwischen den beiden Kühlern.

Von hier aus können Sie die vorderste der Ventildeckelschrauben am besten erreichen.

■ Drehen Sie die Schrauben des Ventildeckels heraus.

Verwenden Sie einen genau passenden Innensechskantschlüssel ohne Verschleißspuren. Die Schrauben können schwer zu lösen sein. Es steht sehr wenig Platz zur Verfügung, um beschädigte Schrauben zu entfernen.

■ Nehmen Sie den Ventildeckel ab.
■ Legen Sie das Anschlusskabel des Nockenwellengebers frei.
■ Entsichern Sie den Steckkontakt (6 im Bild 28) und ziehen Sie ihn ab.
■ Drehen Sie die Schrauben (1) heraus.
■ Lösen Sie die Klebestelle des Anschlusskabels (3).
■ Lösen Sie das Anschlusskabel aus der Dichtstelle (5) im Zylinderkopf.

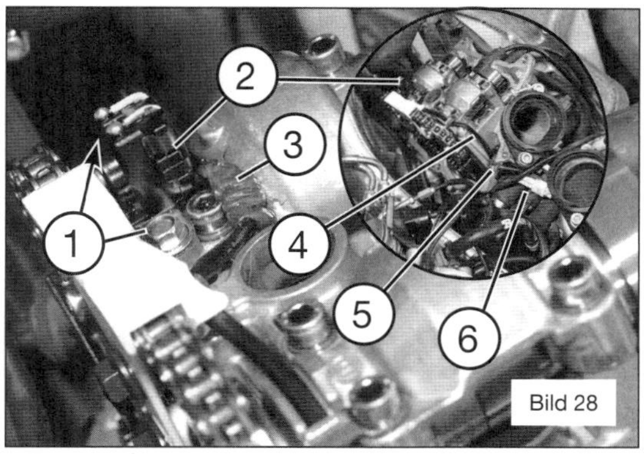

Bild 28
Nockenwellengeber.
1 Schrauben Nockenwellengeber
2 Nockenwellengeber
3 Klebestelle mit Dichtmasse
4 Anschlusskabel
5 Kabeldurchführung am Zylinderkopf
6 Anschlussstecker

■ Nehmen Sie das Anschlusskabel (4) aus dem Zylinderkopf heraus.
■ Nehmen Sie den Nockenwellengeber (2) heraus.

Die Montage erfolgt sinngemäß in umgekehrter Reihenfolge zur Demontage.
■ Reinigen Sie den Deckel und die Dichtfläche am Motorblock gründlich.
■ Setzen Sie den OT-Geber (Pick-Up) in den Gehäuseblock ein und ziehen Sie die Schrauben zuerst handfest und anschließend auf Drehmoment an.
■ Tragen Sie etwas Silikondichtmasse auf den Sitz des Nockenwellengeberkabels im Zylinderkopf auf.
■ Setzen Sie die Gummidichtung des Anschlusskabels in den Zylinderkopf ein.

Bauteil	*Drehmoment*
Ventildeckel Schrauben	9 Nm
Phasen-Geber Schrauben	4 Nm

Motortemperaturfühler

Die Motortemperatur ist eine wichtige Kenngröße für die Gemischbildung. Die Aufgabe des Temperaturfühlers (1 im Bild 29) besteht darin, die Motortemperatur zu erfassen und für das Motorsteuergerät darzustellen.

Bild 29
Kühlmitteltemperaturfühler.
1 Temperaturfühler
2 Steckkontakt

Sichtprüfung Messen

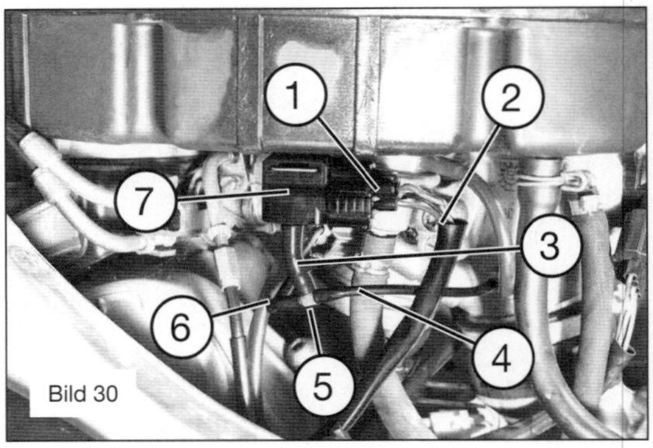

Bild 30

Saugrohrdruckfühler.

1 Steckkontakt
2 Anschlusskabel
3 Anschluss MAP-Sensor
4 Anschluss hinterer Zylinder
5 T-Stück
6 Anschluss vorderer Zylinder
7 Haltegummi am Luftfilterkastenunterteil

Die physikalische Größe »Wärme« wird in ein elektrisches Signal umgewandelt. Im Grundsatz unterscheiden wir zwei Arten von Temperaturfühlern. Beim NTC (Negative Temperature Coefficient) sinkt mit steigender Temperatur der Widerstand. Je höher also die Temperatur ist, die durch den Sensor erfasst wird, umso kleiner wird der Widerstand des Sensors. Der PTC (Positive Temperature Coefficient) verhält sich genau umgekehrt.

Demontage des Motortemperaturfühlers

■ Lassen Sie den Motor abkühlen.
■ Lassen Sie das Kühlwasser ab. Die Beschreibungen der Arbeitsschritte hierzu finden Sie im Kapitel 14.
■ Bringen Sie den Tank in Servicestellung wie im Kapitel 11 beschrieben.
■ Entsichern Sie den Steckkontakt und ziehen Sie ihn ab.
■ Drehen Sie den Temperaturfühler gegen den Uhrzeigersinn aus dem vorderen Zylinderkopf heraus.

Die Montage erfolgt sinngemäß in umgekehrter Reihenfolge zur Demontage.
■ Tragen Sie etwas Gewindedichtmittel (Loctite 572) auf das Gewinde auf.

Bauteil	*Drehmoment*
Motortemperaturfühler	30 Nm

Saugrohrdruckfühler

Der Saugrohrdrucksensor (MAP = Manifold-Absolute-Pressure) erfasst den Unterdruck im Saugrohr hinter den Drosselklappen. Der Messsensor nimmt den Druck beider Saugrohre über ein T-Stück auf. Aufgrund des geringen Leitungsquerschnitts hat diese Verbindung keinen nennenswerten Einfluss auf die Trennung der Saugrohre für jeden Zylinder. Je weiter die Drosselklappen geöffnet sind, umso geringer wird der Unterdruck vor der Drosselklappe. Dieser Sensor liefert ein Spannungssignal, das durch ein Multimeter oder durch ein Oszilloskop erfasst werden kann. Es können die Spannungsversorgung und der Signalausgang erfasst und ausgewertet werden.

Demontage der Saugrohrdruckfühler

■ Lassen Sie den Motor abkühlen.
■ Schalten Sie die Zündung aus und ziehen Sie den Zündschlüssel ab.
■ Bringen Sie den Tank wie im Kapitel 11 beschrieben in Servicestellung.
■ Entsichern Sie den Steckkontakt (1 im Bild 30) und ziehen Sie ihn ab.
■ Nehmen Sie den Saugrohrdruckfühler mit dem Haltegummi (7) vom Luftfilterunterteil ab.
■ Ziehen Sie den Anschlussschlauch (3) zum Sensor ab.
■ Nehmen Sie den Sensor heraus.

Die Montage erfolgt sinngemäß in umgekehrter Reihenfolge zur Demontage.

Prüfen Sie die Anschlussschläuche (3,4 und 6) sowie das T-Stück (5) auf Schäden oder Rissbildung.
■ Achten Sie auf den Sitz der Unterdruckschläuche auf den Anschlüssen.

Ansauglufttemperaturfühler

Die Aufgabe des Temperaturfühlers besteht darin, die Ansauglufttemperatur zu erfassen und für das Motorsteuergerät erfassbar darzustellen. Die physikalische Größe »Wärme« wird in ein elektrisches Signal umgewandelt. Der Ausfall eines Temperaturfühlers kommt selten vor. Allerdings passiert es oft, dass er sogenannte Aussetzer im Verlauf zeigt. Der Temperaturfühler selbst wird während der

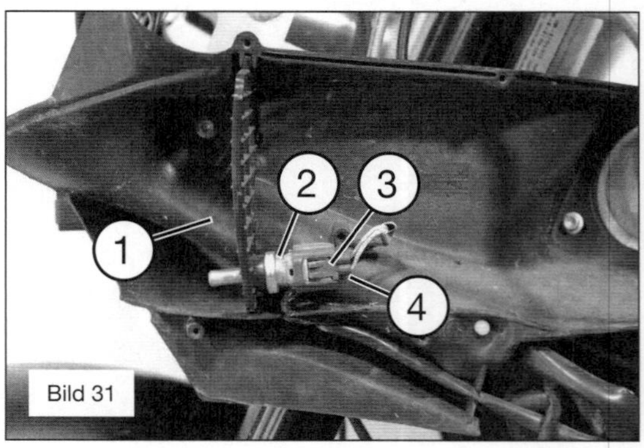

Bild 31

Ansauglufttemperatursensor RSV Mille.

1 Luftansaughutze links
2 Temperaturfühler für die Ansaugluft
3 Sicherungsraste
4 Steckkontakt

Messung mit erwärmt oder er wird wie beim Ansaugluftfühler Vibrationen, Feuchtigkeit und durchaus auch starken Temperaturschwankungen ausgesetzt. Natürlich können diese Einflüsse auch dazu führen, dass der Temperaturfühler in einigen Bereichen zwar perfekt arbeitet, aber in anderen Temperaturbereichen »Ausreißer« zeigt. Diese Defekte werden in der Regel nicht mit dem Multimeter erkannt. Die Messung mit dem Oszilloskop ist hier die sicherste Variante.

Demontage des Ansauglufttemperaturfühlers
Der Ansauglufttemperaturfühler ist in der linken Luftführung verbaut.
■ Schalten Sie die Zündung aus und ziehen Sie den Zündschlüssel ab.

RSV Mille:
■ Demontieren Sie die Seitenverkleidung und die Verkleidung über den Zündspulen.

Weiter für alle Fahrzeuge:
■ Entsichern Sie den Steckkontakt (4 im Bild 31) und ziehen Sie ihn ab.
■ Ziehen Sie den Ansaugtemperaturfühler aus der Luftführung heraus.

Die Montage erfolgt sinngemäß in umgekehrter Reihenfolge zur Demontage.
■ Achten Sie auf den richtigen Sitz des Ansaugtemperaturfühlers in der Luftführung.

Umkippsensor

Der Umkippsensor oder Lagesensor unterbricht bei einer Seitenneigung von 60° bis 70° im Stand ein Signal an das Motorsteuergerät. Das Motorsteuergerät schaltet dann Kraftstoffpumpe, Einspritzdüsen und die Spannungsversorgung für die Zündung ab.

Wurde der Umkippsensor bei eingeschalteter Zündung ausgelöst, muss zum Zurücksetzen der Sicherheitsschaltung das Motorrad wieder aufrecht stehen und die Zündung aus- und wieder eingeschaltet werden.

Demontage des Umkippsensors
Den Umkippsensor (3 im Bild 33) (Schwerkraftsensor) finden Sie bei beiden Modellvarianten der RSV Mille und der Tuono unter dem Fahrersitz hinter der Batterie (und vor dem Motorsteuergerät auf der rechten Seite).

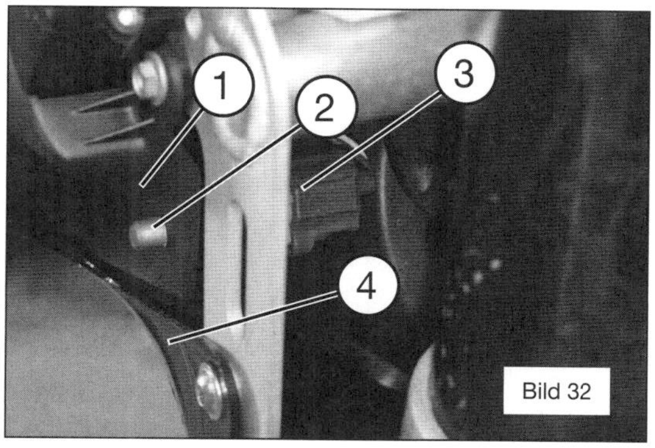

Bild 32

Bild 32
Ansauglufttemperatursensor Tuono.
1 Tachoverkleidung links
2 Temperaturfühler für die Ansaugluft
3 Steckkontakt
4 Scheinwerferverkleidung

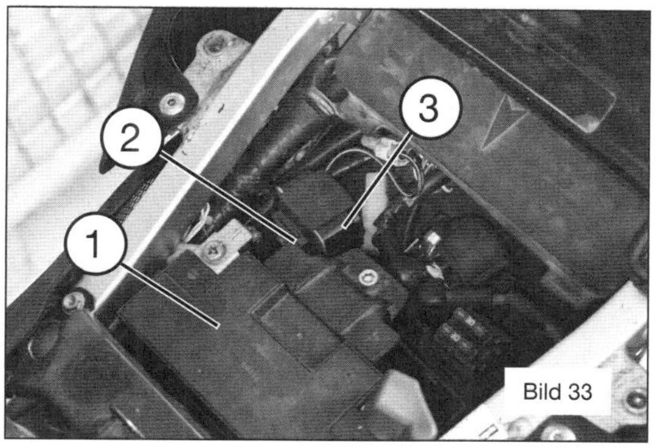

Bild 33

Bild 33
Umkippsensor unter dem Fahrersitz.
1 Batterie
2 Haltgummi
3 Umkippsensor

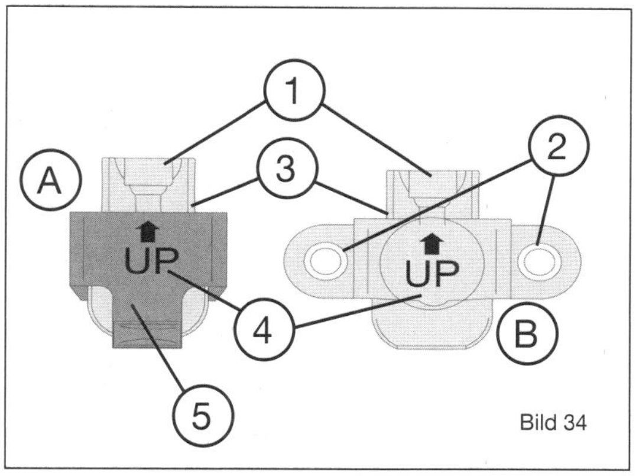

Bild 34

Bild 34
Umkippsensoren.
1 Anschlussstecker
2 Befestigungslaschen
3 Umkippsensor
4 Markierung der Montagerichtung nach oben
5 Gummilagerung
A und B Bauvarianten des Sensors

■ Schalten Sie die Zündung aus und ziehen Sie den Zündschlüssel ab.
■ Demontieren Sie den Fahrersitz.
■ Ziehen Sie den Umkippsensor (3) aus dem Haltegummi (2) heraus.
■ Entsichern Sie die Steckerraste und ziehen Sie den Stecker ab.

Die Montage erfolgt sinngemäß in umgekehrter Reihenfolge zur Demontage.

Achten Sie auf die Einbaurichtung des Sensors. Auf den meisten Haltern ist diese mit dem Schriftzug »UP« und einem Pfeil nach oben gekennzeichnet. Grundsätzlich zeigt der Anschlussstecker nach oben.

Die Einbaulage des Umkippsensors ist sehr wichtig. Bei falscher Einbaulage kann der Sensor während der Fahrt un-

Sichtprüfung Messen

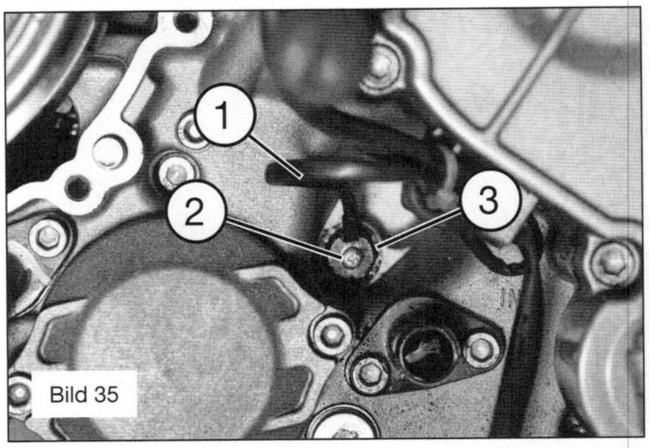

Bild 35

Bild 35
Gangpositionssensor (Leerlaufschalter).
1 Anschlusskabel
2 Schraube
3 Gangpositionssensor (Neutralschalter)

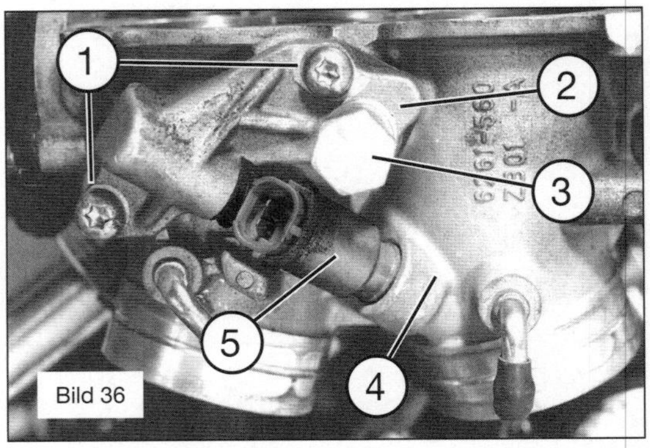

Bild 36

Bild 36
Einspritzdüse (Injektor) am Drosselklappenmodul.
1 Schraube
2 Anschlussstück
3 Anschluss Kraftstoffvorlauf
4 Drosselklappenmodul
5 Einspritzdüse

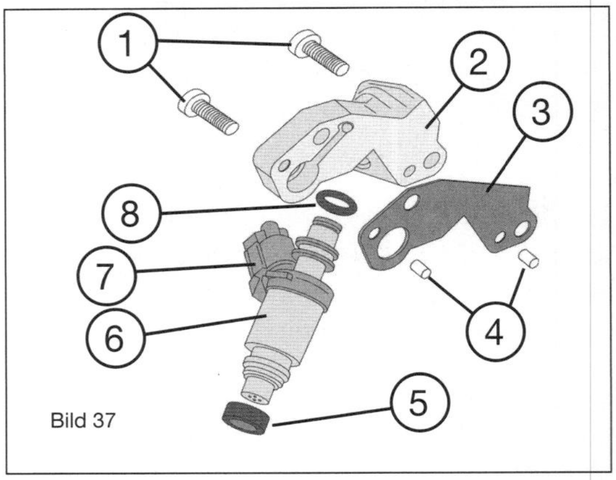

Bild 37

Bild 37
Einspritzdüse (Injektor).
1 Schrauben
2 Anschlussstück
3 Dichtung
4 Passstifte
5 Dichtring
6 Einspritzdüse
7 Anschlussstecker
8 O-Ring

erwartet den Motor abschalten und durchaus einen Unfall verursachen.

Gangpositionssensor

Der Gangpositionsgeber ist auf der rechten Motorseite über dem Ölfilter verbaut. Er ist ein Kontaktschalter, der die Motormasse zum Anschlusskontakt durchschaltet, wenn das Getriebe in der »Neutralstellung« steht. Der Durchgang kann mit einem Multimeter geprüft werden.

- Drehen Sie die Schraube (2 im Bild 35) heraus.
- Nehmen Sie das Anschlusskabel ab.

Die Montage erfolgt sinngemäß in umgekehrter Reihenfolge zur Demontage.

- Prüfen Sie die Funktion der Ganganzeige im Display.
- Erneuern Sie den O-Ring.

Bauteil	*Drehmoment*
Gangpositionsgeber	4 Nm
Anschlusskabel	Handfest

Einspritzdüsen (Injektoren)

Die Einspritzdüsen sollen den Kraftstoff fein zerstäuben und genau dosiert für jeden einzelnen Zylinder abgeben. Schäden an den Einspritzdüsen sind recht selten. Grundsätzlich sollten Sie die Spannungsversorgung und die Ansteuerung sowie den Kraftstoffdruck bei einer Fehlersuche immer mit im Auge haben.

⚠ Kraftstoffgase sind sehr entzündlich. Achten Sie auf gute Belüftung und vermeiden Sie jede Art von Zündquellen oder offenes Feuer.

Tragen Sie bei Arbeiten an der Kraftstoffanlage grundsätzlich Gummihandschuhe und Augenschutz.

- Lassen Sie den Motor abkühlen.
- Schalten Sie die Zündung aus und ziehen Sie den Zündschlüssel ab.
- Bauen Sie den Tank und den Luftfilterkasten mit dem Luftfilterkastenunterteil ab. ab. Die Arbeiten hierzu haben wir Ihnen in diesem Kapitel bereits vorgestellt.
- Ziehen Sie die Steckkontakte der Einspritzventile ab.
- Sollten Sie die Kraftstoffdruckleitung noch nicht demontiert haben, tun Sie das jetzt.
- Drehen Sie die Schrauben (1 im Bild 36) heraus.
- Lösen Sie das Anschlussstück (2) vom Drosselklappenmodul und der Dichtung (3 im Bild 37).
- Ziehen Sie das Anschlussstück (2) von den Passstiften ab.
- Nehmen Sie das Anschlussstück zusammen mit der Einspritzdüse (6), dem O-Ring (8) und dem Dichtring (5) vom Drosselklappenmodul ab.

Fangen Sie austretenden Restkraftstoff mit einem geeigneten Lappen auf.

Die Montage erfolgt sinngemäß in umgekehrter Reihenfolge zur Demontage.

- Entfernen Sie die Rückstände auf dem Drosselklappenmodul und dem Anschlussstück ohne die Gehäuseteile zu verkratzen oder Riefen zu hinterlassen.

■ Erneuern Sie den O-Ring (8) und den Dichtring (5).

Bauteil	*Drehmoment*
Schrauben Anschlussstück	9 Nm

Zündspulen

Auch hier geht Aprilia einen besonderen Weg. Üblich ist für Zündsysteme mit zwei Zündkerzen eine Doppelfunkenspule, die beide Kerzen abdeckt. Aprilia steuert mit je eigener Endstufe im Steuergerät jede Zündspule für die beiden Zylinder an. Verbaut sind also vier einzelne Zündspulen. Die Spannungsversorgung erfolgt für das Motorstopprelais und die Sicherung »B« im Sicherungsträger neben dem Tachometer.

Die Zündspule ist ein Transformator, der die durch den Abbau des Magnetfeldes entstehende Spannung in der Spule auf Zündspannung transformiert. In der Regel machen sich Fehler an der Zündspule durch »Aussetzer« während der Fahrt oder im warmen Zustand bemerkbar. Die Spule wird im Betrieb auch warm und dehnt sich aus. In den meisten Fällen kommt es so zu Unterbrechungen bei der Spulenverdrahtung. Diese Fehler sind meist nur dann nachzuweisen, wenn sie auftreten. An einer ausgebauten Spule im kalten Zustand kann ein Fehler auch unentdeckt bleiben.

Demontage der Zündspule

Die Zündspulen der RSV Mille und die der Tuono befinden sich rechts und links unter der Seitenverkleidung.

Markieren Sie sich, welche Zündspule zu welcher Zündkerze gehört.

■ Lassen Sie den Motor abkühlen.

■ Schalten Sie die Zündung aus und ziehen Sie den Zündschlüssel ab.

■ Ziehen Sie die Steckkontakte (a und b im Bild 33) ab.

■ Ziehen Sie den Zündkerzenstecker von der entsprechenden Zündkerze ab.

■ Führen Sie das Zündkabel heraus.

■ Drehen Sie die beiden Schrauben (1) heraus.

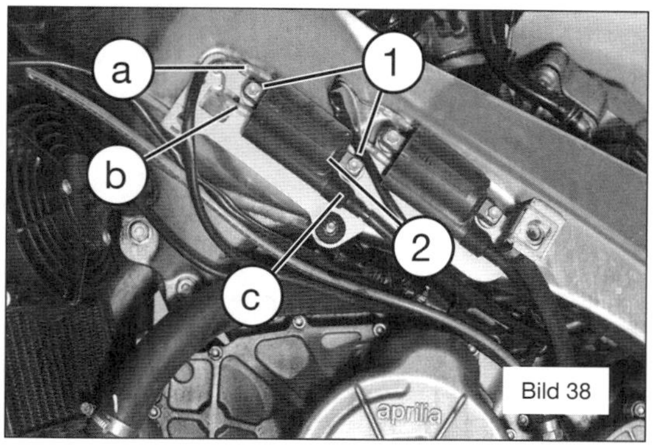

Bild 38

Bild 38
Zündspule am Halter.
1 Schrauben
2 Zündspule
a (KL15) Spannungsversorgung (grün-grau)
b Ansteuerung durch das Motorsteuergerät
- (weiß-orange) Zylinder vorne, Stecker außen
- (rosa-gelb) Zylinder vorne, Stecker innen
- (blau-weiß) Zylinder hinten, Stecker außen
- (blau-gelb) Zylinder vorne, Stecker innen
c Hochspannungsanschuss zum Zündkerzenstecker

■ Nehmen Sie die Zündspule ab.

Die Montage erfolgt sinngemäß in umgekehrter Reihenfolge zur Demontage.

■ Tragen Sie sehr wenig Montagefett für Kerzenstecker auf die Dichtung des Kerzensteckers auf.

■ Drücken Sie den Kerzenstecker auf die Zündkerze des entsprechenden Zylinders auf.

Wegfahrsperre/Alarmanlage

Einige wenige Fahrzeuge sind mit einer Alarmanlage und Wegfahrsperre ausgerüstet worden. Hierzu gibt es im Bereich der Soziussitzabdeckung einen Steckkontakt, der mit der Anschlussklemme (KL15) geschaltes Plus und einem Anschluss zum Motorstopprelais verbunden ist. Wird diese unterbrochen, ist die Spannungsversorgung für die Zündspulen unterbrochen und der Motor springt nicht an.

Motorsteuergerät

Das Motorsteuergerät »CPU« (**C**entral **P**rocessing **U**nit) wertet die Sensoren der Einspritzanlage aus und übernimmt die Ansteuerung der Aktoren der Zünd- und Einspritzanlage. Das Motorsteuergerät (1 im Bild 39) liegt bei der Aprilia im Heckrahmen hinter dem Fahrersitz in einer Ablagewanne

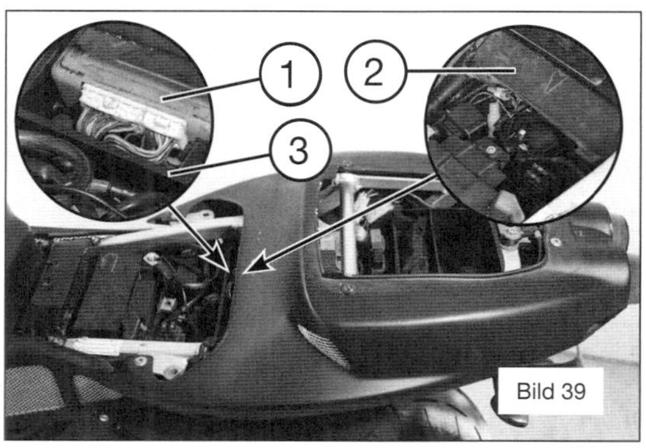

Bild 39

Bild 39
Einbaulage des Motorsteuergerätes.
1 Motorsteuergerät
2 Abdeckung
3 Ablagewanne

Sichtprüfung Messen

Bild 40
Diagnosemodus für das Motorsteuergerät.
1 Steckkontakte für den Diagnosemodus
2 Display rechts neben dem Drehzahlmesser
3 Fehleranzeige im Display »22«
4 Fehleranzeige im Display »41«
5 Anzeige »DIAG« für den Diagnosemodus
6 Fehler- (Service)code-Ziffer

(3) ein. Die Abdeckung (2), die Steckkontakte sind über den Fahrersitz zugänglich.

Faszinierend ist der offene, beziehungsweise der nur mäßig verdeckte Weg, das Steuergeräte-Mapping (Pin 16) zu beeinflussen.

Ausbau des Motorsteuergerätes

■ Fragen Sie den Fehlerspeicher des Motorsteuergerätes ab und notieren Sie die Fehlerspeichereinträge soweit vorhanden.
■ Schalten Sie die Zündung aus und ziehen Sie den Zündschlüssel ab.
■ Klemmen Sie den Masseanschluss der Batterie ab.
■ Demontieren Sie den Fahrersitz.
■ Ziehen Sie die Abdeckung (2 im Bild 39) ab.
■ Entsichern Sie die Steckkontakte des Steuergerätes und ziehen Sie sie ab.

Die Montage erfolgt sinngemäß in umgekehrter Reihenfolge zur Demontage.
■ Führen Sie eine Probefahrt durch und fragen Sie den Fehlerspeicher erneut ab.

Abfrage des Fehlerspeichers

In Sachen Diagnose ist die Aprilia ein klassischer Vertreter der frühen Einspritztechnik. Diagnosetester waren eher selten in den Werkstätten anzutreffen und die Diagnose musste auch leicht am Streckenrand Informationen liefern können, die dann die eigentliche Fehlersuche erleichtern. Den Komfort heutiger Steuergeräte und Tester Messwerte abzufragen, Datenverläufe optisch auszuwerten oder auch alte Fehler in einem Speicher einsehen zu können und sogar die Umfeldwerte zu dem Fehler einfach abzulesen, gab es für diese Baureihe noch nicht.

Displayanzeige bei aktivem Fehler

Liegt ein Fehler im Einspritz- oder Zündsystem vor, erfolgt im oberen Bereich des Displays die Anzeige »EFI«. Um nachzuvollziehen, was den Fehler verursacht hat, muss die Zündung ausgeschaltet werden und die Abfrage des Fehlerspeichers wie unten beschrieben durchgeführt werden.

Abfrage des Fehlerspeichers

Der Fehlerspeicher ist lediglich in der Lage aktuelle (aktive) Fehler mit einem zweistelligen Displaycode anzuzeigen. Ein

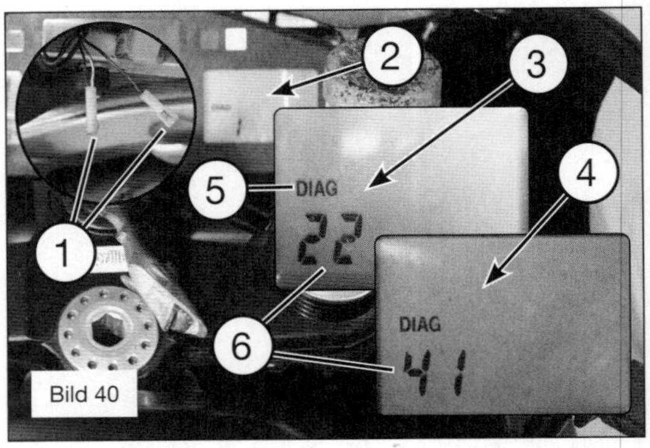

Bild 40

Löschen ist nicht vorgesehen und auch nicht erforderlich. Die Abfrage erfolgt bei jedem Einschalten der Zündung neu.
■ Schalten Sie die Zündung aus.
■ Demontieren Sie die Sitzbank und die rechte Seitenverkleidung.
■ Legen Sie den OBD-Anschlussstecker frei und stecken Sie die beiden Steckkontakte für die Diagnose zusammen.

Die Verbindung der beiden Kontakte zum Steuergerät und zum Tachometer löst den Diagnosemodus aus.

■ Schalten Sie die Zündung ein und starten Sie den Motor. Springt der Motor nicht an, betätigen Sie den Anlasser etwa 5 Sekunden.
■ Nach einigen Sekunden erscheint auf dem rechten Display neben dem Drehzahlmesser unter dem Schriftzug »DIAG« eine Zahl.

Diese Zahl kann mit Hilfe der nachstehenden Tabelle zum aktuell erkannten Fehler umgeschlüsselt werden.

Liegen mehrere Fehler vor, werden diese in der Reihenfolge von dem niedrigsten Zahlenwert bis zum höchsten Zahlenwert angezeigt.

Das Ende der Fehlercodeauflistung erkennen Sie darin, dass der erste Fehler wieder angezeigt wird. Die Fehlercodeauflistung wird bis zum Ausschalten der Zündung wiederholt.

Nach Reparatur und Bauteilprüfung

■ Schalten Sie die Zündung aus.
■ Schalten Sie die Zündung wieder ein und starten Sie den Motor.
■ Warten Sie einige Minuten im Leerlauf und kontrollieren Sie, ob die Anzeige »EFI« nicht erneut erscheint.

Es kann sein, dass Sie diesen Vorgang mehrfach wiederholen müssen.

Fehlercodeliste

Fehler (Service) Code	Fehlerbeschreibung	Notlauffunktion
11	Nockenwellensensor (Phasengeber) defekt, Verkabelung unterbrochen oder Kurzschluss	Der Motor kann in Einzelfällen bis zum Ausschalten der Zündung weiterlaufen. Ein Neustart ist nicht möglich. In vielen Fällen tritt der Fehler bei einer bestimmten Motortemperatur auf. Versuchsweise den Motor abkühlen lassen und dann einen Neustart versuchen.
12	Kurbelwellensensor (Drehzahlgeber) defekt, Verkabelung unterbrochen oder Kurzschluss	Der Motor geht aus und springt bei vorliegendem Fehler auch nicht wieder an. In vielen Fällen tritt der Fehler bei einer bestimmten Motortemperatur auf. Versuchsweise den Motor abkühlen lassen und dann einen Neustart versuchen.
13	Saugrohrdruckfühler (Map-Sensor) defekt, Verkabelung unterbrochen oder Kurzschluss	Der Motor läuft mit schlechterer Leistung und erhöhtem Kraftstoffverbrauch weiter.
14	Saugrohrdruckfühler (Map-Sensor) Verschlauchung undicht oder unplausibles Signal	
15	Drosselklappenpoti Primärdrosselklappe (motornah) defekt, Verkabelung unterbrochen oder Kurzschluss	Der Motor läuft mit schlechterer Leistung. Das Steuergerät verwendet einen Ersatzwert.
21	Motortemperaturfühler (Wassertemperatur) defekt, Verkabelung unterbrochen oder Kurzschluss	Der Motor läuft mit schlechterer Leistung. Der Kaltstart ist erschwert.
22	Ansauglufttemperaturfühler defekt, Verkabelung unterbrochen oder Kurzschluss	Der Motor läuft mit schlechterer Leistung. Eine Kennfeldanpassung auf die Meereshöhe erfolgt nicht.
23	Luftdrucksensor im Motorsteuergerät defekt (Steuergerät defekt)	
33	Zündspule 1 des 1. Zylinder defekt, Verkabelung unterbrochen oder Kurzschluss	Der Motor läuft eventuell unrund und mit schlechterer Leistung mit der verbliebenen Zündspule.
34	Zündspule 2 des 1. Zylinder defekt, Verkabelung unterbrochen oder Kurzschluss	
35	Zündspule 1 des 2. Zylinder defekt, Verkabelung unterbrochen oder Kurzschluss	
36	Zündspule 2 des 2. Zylinder defekt, Verkabelung unterbrochen oder Kurzschluss	
41	Umkippsensor defekt, Verkabelung unterbrochen oder Kurzschluss	Kein Notlauf möglich, Motor geht aus.

Tankfördermodul

Das Tankfördermodul beinhaltet die Kraftstoffpumpe, den Siebvorfilter, den Kraftstofffeinfilter sowie den Füllstandsgeber für den Reservekraftstoffstand.

Arbeiten am Kraftstofffördermodul

Kraftstoffgase sind sehr entzündlich. Achten Sie auf gute Belüftung und vermeiden Sie jede Art von Zündquellen oder offenes Feuer.

Tragen Sie bei Arbeiten an der Kraftstoffanlage grundsätzlich Gummihandschuhe und Augenschutz.

■ Bauen Sie den Kraftstofftank ab. Die Arbeiten hierzu stellen wir Ihnen im Kapitel 11 im Detail vor.

Ausbau des Kraftstofffördermoduls

Der Kraftstofftank ist aus Kunststoff. Die Abdichtung zwischen Kraftstofffördermodul und Kraftstofftank kann problematisch

Bild 41
Verschraubungen am Tankfördermodul.
1 Vorlaufleitung
2 Rücklaufleitung
3 Tankfördermodul
A-H Anzugsfolge der Tankverschraubungen

Bild 42
Kraftstofftank absaugen.
1 Saugschlauch
2 Einfüllstutzen
3 Tankfördermodul
4 Kunststoffschlauch
5 Kraftstoff im Tank
6 Druckanschluss Kraftstoffpumpe

werden. Achten Sie auf die vorgeschriebene Anzugsfolge.

■ Entleeren Sie den Kraftstofftank.
■ Demontieren Sie die Vorlaufleitung (1 im Bild 41) und die Rücklaufleitung (2).
■ Drehen Sie die Schrauben (H-A) heraus.
■ Nehmen Sie das Tankfördermodul aus dem Kraftstofftank heraus.

Achten Sie darauf, den Schwimmer oder seinen Arm nicht zu verbiegen.

Die Montage erfolgt sinngemäß in umgekehrter Reihenfolge zur Demontage.

■ Reinigen Sie Dichtflächen an Tank und Tankfördermodul sehr gründlich.
■ Erneuern Sie den Dichtring zwischen Tank und Grundträger.
■ Tragen Sie zusätzlich etwas benzinfeste Silikondichtmasse auf die Dichtfläche des Flansches am Tankfördermodul auf.
■ Drehen Sie die Schrauben in der Reihenfolge (A-H) zunächst leicht von Hand an.
■ Ziehen Sie die Schrauben in der Reihenfolge (A-H) auf Drehmoment an.
■ Verstreichen Sie die Silikondichtmasse wie im Bild 41 gezeigt zum Tank.
■ Prüfen Sie die Dichtigkeit und die Funktion des Tankfördermoduls.

Bauteil	*Drehmoment*
Schrauben Fördermodul im Tank	7 Nm

Tank entleeren

Grundsätzlich ist es auch möglich, den Kraftstofftank mit Hilfe der Kraftstoffpumpe zumindest bis zu einem Rest von etwa 1,5 l zu entleeren. Die Kraftstoffpumpe sollte aber niemals leerlaufen. Die Pumpe und ihre Bestandteile werden durch den Kraftstoff gekühlt und im gewissen Sinn auch geschmiert. Der Trockenlauf kann leicht Schäden verursachen.

Kraftstoffgase sind sehr entzündlich. Achten Sie auf gute Belüftung und vermeiden Sie jede Art von Zündquellen oder offenes Feuer.

Tragen Sie bei Arbeiten an der Kraftstoffanlage grundsätzlich Gummihandschuhe und Augenschutz.

Tank über die Kraftstoffpumpe teilentleeren:

■ Lassen Sie den Motor abkühlen.
■ Schalten Sie die Zündung aus und ziehen Sie den Zündschlüssel ab.

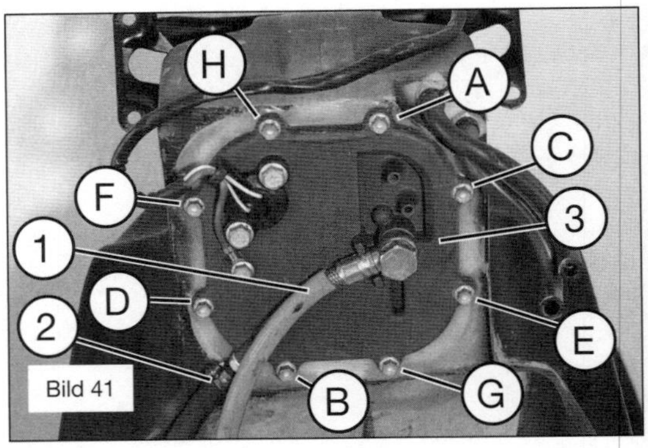

Bild 41

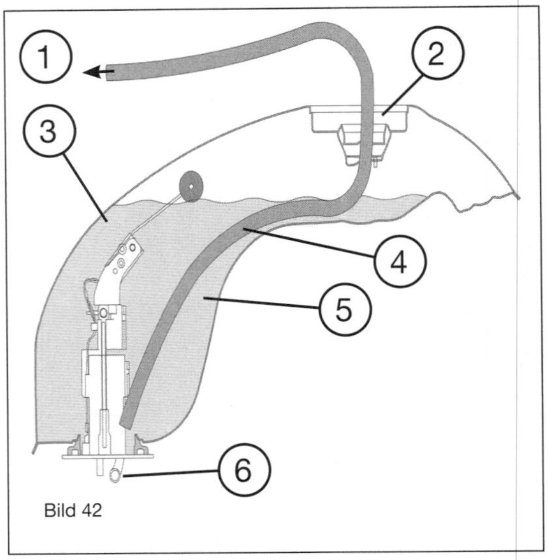

Bild 42

■ Bauen Sie den Tank aus. Die Arbeiten hierzu stellen wir Ihnen im Kapitel 11 im Detail vor.
■ Schließen Sie das schwarze (grüne) Kabel, das über die Verschraubung an das Tankfördermodul angeschraubt ist, an Batterieminus an.

Das orange Kabel ist das Sensorkabel des Füllstandsgebers, das Anschlusskabel darf nicht angeschlossen werden. Hier wird sonst der Sensor zerstört.

■ Schließen Sie das grüne (grün-schwarze) Kabel des Kraftstofffördermoduls über ein Adapterkabel mit Schalter an Batterieplus an.
■ Schließen Sie einen Kraftstoffschlauch an den Druckanschluss (6 im Bild 42) an.
■ Öffnen Sie den Tankdeckel.
■ Schalten Sie den Schalter ein und pumpen Sie den Kraftstoff in ein ausreichend großes sauberes Gefäß, um den Kraftstoff aufzufangen.

Beobachten Sie den Kraftstoffstand mit einer Taschenlampe und schalten Sie die Kraftstoffpumpe rechtzeitig ab, um einen Trockenlauf der Pumpe zu vermeiden.

Tank über Saugschlauch entleeren (Bild 42):

■ Führen Sie einen Kunststoffschlauch vorsichtig bis zur tiefsten Stelle in den Tank ein.

Der Schlauch muss lang genug sein, um am Austrittsende tiefer zu hängen als die tiefste Stelle im Tank mit dem Saugbereich.

■ Saugen Sie den Kraftstoff mit einer geeigneten Pumpe (Minivac) an.

Kraftstoffgase sind sehr giftig. Saugen Sie den Kraftstoff nicht mit dem Mund an. Verwenden Sie eine geeignete Pumpe!

■ Halten Sie den Saugschlauch in ein ausreichend großes sauberes Gefäß, um den Kraftstoff aufzufangen.

■ Lassen Sie den Kraftstoff restlos ablaufen.

Verwendung des abgesaugten Kraftstoffes:

■ Befüllen Sie den Kraftstofftank anschließend nur mit sauberen Kraftstoff.

Ausbau der Kraftstoffpumpe

Kraftstoffgase sind sehr entzündlich. Achten Sie auf gute Belüftung und vermeiden Sie jede Art von Zündquellen oder offenes Feuer.

Tragen Sie bei Arbeiten an der Kraftstoffanlage grundsätzlich Gummihandschuhe und Augenschutz.

■ Bauen Sie das Tankfördermodul aus.

■ Ziehen Sie die Anschlusskabel zur Kraftstoffpumpe und zum Füllstandsgeber ab und legen Sie sie frei.

■ Drehen Sie die beiden Schrauben der Abdeckhaube (2 im Bild 43) heraus.

■ Ziehen Sie die Abdeckhaube (2) vom Grundträger (8) ab.

■ Hebeln Sie mit einem kleinen Schlitzschraubendreher den Kraftstofffilter (11) von der Kraftstoffpumpe ab.

■ Ziehen Sie die Kraftstoffpumpe (13) aus dem Grundträger (8) heraus.

Die Montage erfolgt sinngemäß in umgekehrter Reihenfolge zur Demontage.

Achten Sie auf festen Sitz der Anschlusskabel am Fördermodul und auf den Steckkontakten.

Im Zubehör sind Kraftstoffpumpe oder ein Reparatursatz auch in Einzelteilen lieferbar.

■ Kontrollieren Sie die Bauteile gründlich auf ihre Passgenauigkeit.

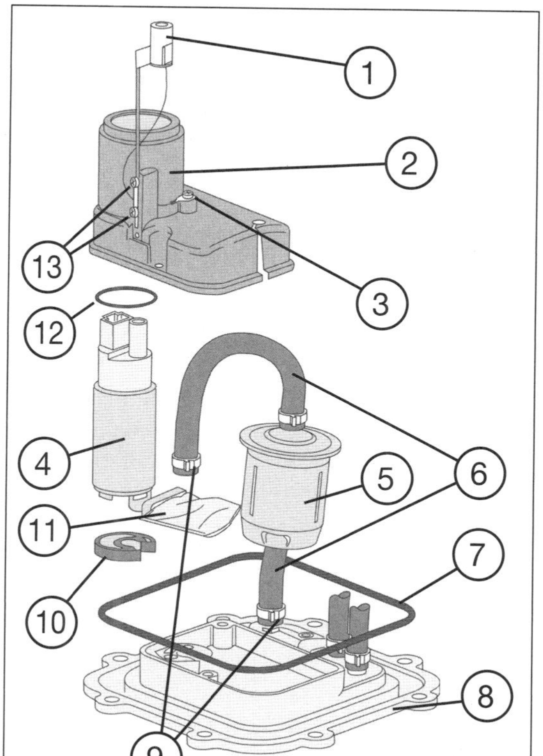

Bild 43

Bild 43
Kraftstofffördermodul in Teilen.
1 Füllstandsmelder (Sensor)
2 Abdeckhaube
3 Verbindungsschraube
4 Kraftstoffpumpe
5 Kraftstofffilter
6 Schlauch
7 Dichtring
8 Fördermodulträger
9 Schellen
10 Dichtelement
11 Vorfilter (Siebfilter)
12 Dichtring
13 Schrauben

■ Prüfen Sie den Kraftstoffdruck und das Fördervolumen nach dem Einbau von Bauteilen aus dem Zubehör.

Ausbau des Kraftstofffüllstandsgebers

Kraftstoffgase sind sehr entzündlich. Achten Sie auf gute Belüftung und vermeiden Sie jede Art von Zündquellen oder offenes Feuer.

Tragen Sie bei Arbeiten an der Kraftstoffanlage grundsätzlich Gummihandschuhe und Augenschutz.

■ Bauen Sie wie bereits beschrieben, das Tankfördermodul aus.

■ Drehen Sie die Verbindungsschraube (3 im Bild 43) heraus und nehmen Sie das Anschlusskabel ab.

■ Drehen Sie die Schrauben (13) heraus. Nehmen Sie den Füllstandsmelder (1) ab.

Die Montage erfolgt sinngemäß in umgekehrter Reihenfolge zur Demontage. Beachten Sie die Montagereihenfolge der Schrauben des Tankfördermoduls.

Bauteil	*Drehmoment*
Schrauben Fördermodul im Tank	7 Nm
Anschlussschraube Sensor	Handfest
Schrauben Füllstandsensor	Handfest

Sichtprüfung   Messen

Ausbau des Druckreglers

Der Kraftstoffdruckregler ist auf der linken Seite des Drosselklappenmoduls verbaut.

⚠ Kraftstoffgase sind sehr entzündlich. Achten Sie auf gute Belüftung und vermeiden Sie jede Art von Zündquellen oder offenes Feuer.

☞ Tragen Sie bei Arbeiten an der Kraftstoffanlage grundsätzlich Gummihandschuhe und Augenschutz.

- Bringen Sie den Kraftstofftank in Servicestellung. Informationen hierzu finden Sie im Kapitel 11.
- Ziehen Sie den Saugrohrdruckfühler (1 im Bild 44) vom Luftfilterkastenunterteil ab.
- Legen Sie den Saugrohrdruckfühler mit den angeschlossenen Leitungen und dem Anschlusskabel aus dem Arbeitsbereich heraus.
- Entsichern Sie die Rücklaufleitung (3) am Schnellverschluss zum Tank und ziehen sie ab.

☞ Fangen Sie austretenden Restkraftstoff mit einem Lappen auf.

Ziehen Sie die Unterdruckleitung (3 im Bild 45) ab.

- Drehen Sie Schrauben (4) heraus.
- Nehmen Sie den Druckregler ab.
- Öffnen Sie die Schelle (5) und ziehen Sie den Rücklaufschlauch vom Druckregler ab.

Die Montage erfolgt sinngemäß in umgekehrter Reihenfolge zur Demontage.

- Erneuern Sie den Dichtring zwischen Druckregler und Drosselklappenmodul.
- Prüfen Sie den Kraftstoffdruck und das Fördervolumen.

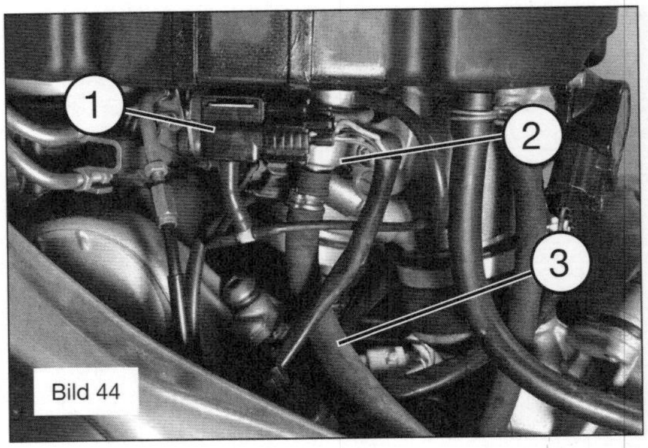

Bild 44

Bild 44
Versteckter Kraftstoffdruckregler.
1 Saugrohrdruckfühler
2 Kraftstoffdruckregler
3 Rücklaufleitung

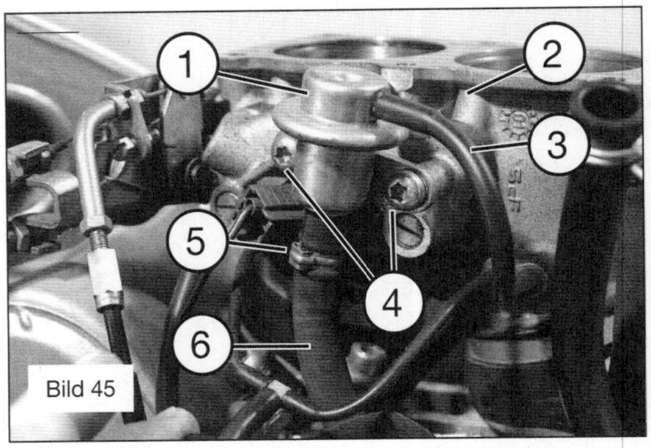

Bild 45

Bild 45
Kraftstoffdruckregler.
1 Kraftstoffdruckregler
2 Drosselklappenmodul
3 Unterdruckanschluss
4 Schrauben
5 Schelle
6 Rücklaufleitung

Steckkupplungen trennen

Bei Fahrzeugen dieser Baureihen finden sich sechs typische Stecksysteme für die Verbindungen der Kraftstoffversorgungsschläuche, die durchaus auch bei anderen Fahrzeugherstellern zum Einsatz kommen.

☞ Optisch sind sicherlich noch viele weitere Varianten möglich und natürlich auch verbaut. Die Steckkupplungen sind übrigens auch in einschlägigen Internetportalen einzeln erhältlich.

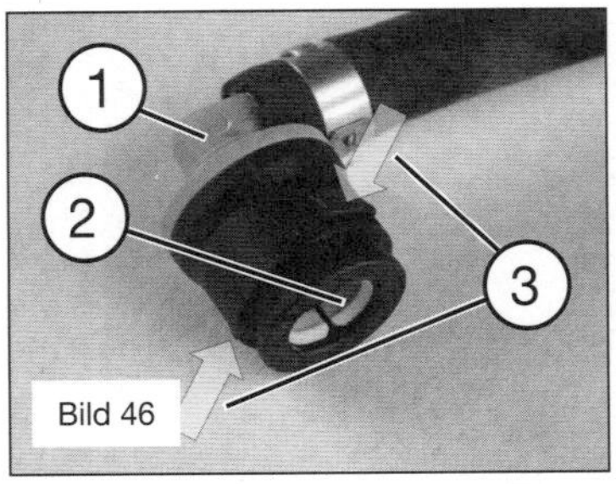

Bild 46

Bild 46
Variante 1.
1 Kupplungsgehäuse
2 Rastenring
3 Entriegelungstasten

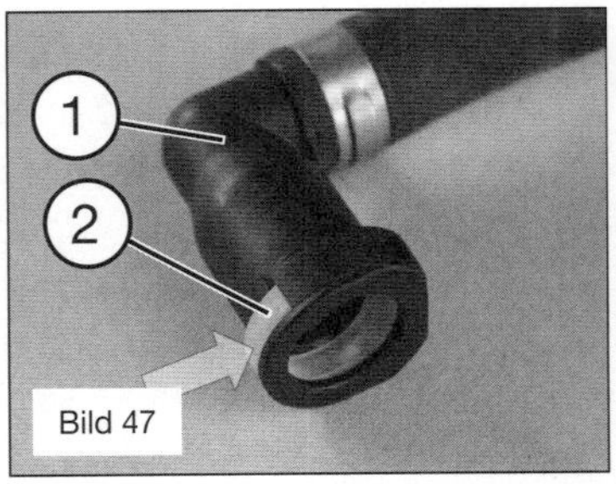

Bild 47

Bild 47
Variante 2.
1 Kupplungsgehäuse
2 Rastenring

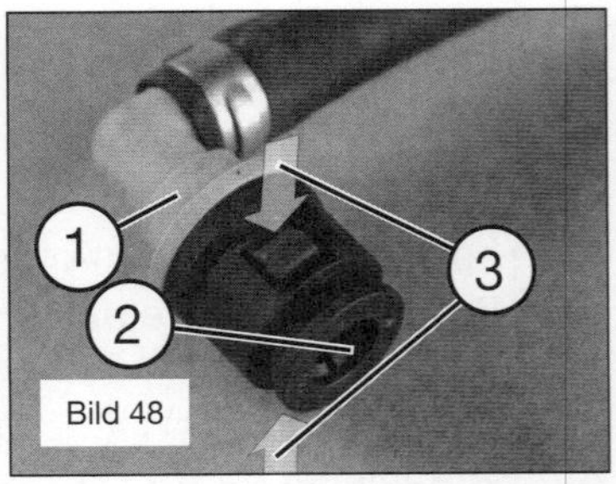

Bild 48

Bild 48
Variante 3.
1 Kupplungsgehäuse
2 Rastenring
3 Entriegelungstasten

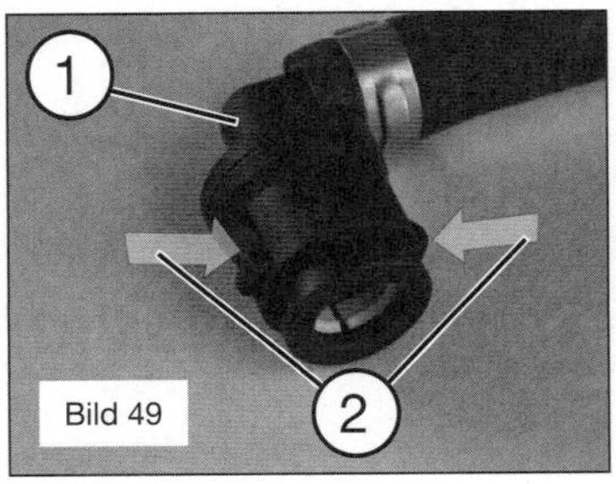

Bild 49

Bild 49
Variante 4.
1 Kupplungsgehäuse
2 Entriegelungstasten

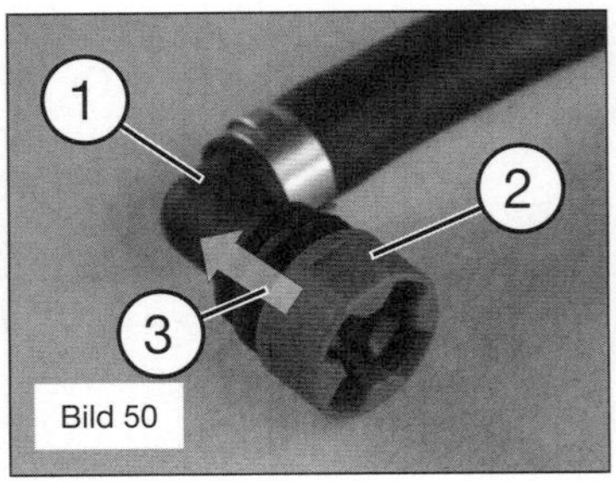

Bild 50

Bild 50
Variante 5.
1 Kupplungsgehäuse
2 Außenring
3 Bewegungsrichtung

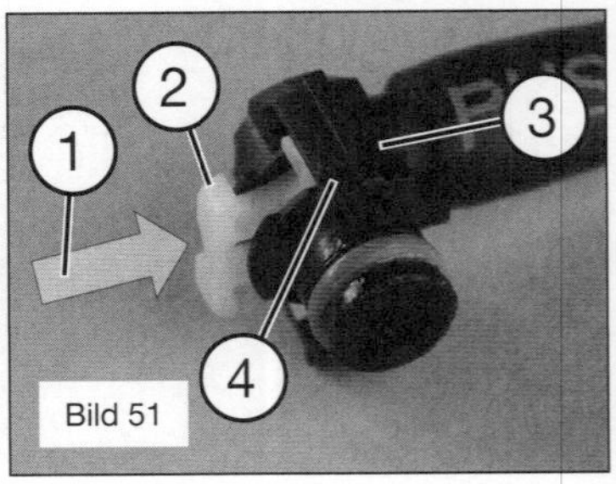

Bild 51

Bild 51
Variante 6.
1 Bewegungsrichtung (sichern)
2 Sicherungsklammer
3 Kupplungsgehäuse
4 Entriegelungstaste

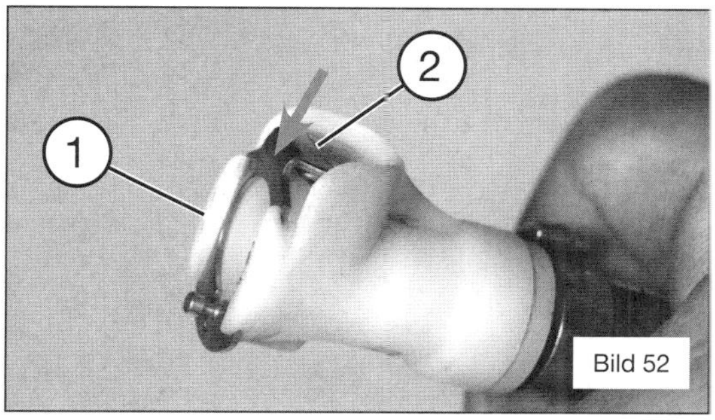

Bild 52
Schnellverschluss des Rücklaufs zum Tank.
1 Schnellverschluss
2 Sicherungsklammer

Bild 53
Verschraubung des Vorlaufs am Drosselklappenmodul.
1 Druckleitung
2 Dichtringe
3 Hohlschraube

Variante 1 (Bild 46)
■ Steckkupplung (1) auf die Leitung drücken.
■ Entriegelungstasten in Pfeilrichtung (3) drücken und gedrückt halten.
■ Steckkupplung (1) von der Kraftstoffleitung (2) abziehen.
■ Beim Einbau Farbzuordnung beachten.
■ Steckkupplungen müssen beim Verriegeln »hörbar« einrasten.

Den festen Sitz der Steckkupplung durch Gegenziehen prüfen!

Variante 2 (Bild 47)
■ Steckkupplung (1) auf die Leitung drücken.
■ Zugentriegelung in Pfeilrichtung (2) ziehen.
■ Steckkupplung (1) von der Kraftstoffleitung (2) abziehen.
■ Beim Einbau Farbzuordnung beachten.
■ Die Steckkupplungen müssen beim Verriegeln »hörbar« einrasten.

Den festen Sitz der Steckkupplung durch Gegenziehen prüfen!

Variante 3 (Bild 48)
■ Steckkupplung (1) auf die Leitung drücken.
■ Entriegelungstaste (2) drücken und Steckkupplungen abziehen.
■ Beim Einbau Farbzuordnung beachten.
■ Steckkupplungen müssen beim Verriegeln »hörbar« einrasten.

Den festen Sitz der Steckkupplungen durch Gegenziehen prüfen!

Variante 4 (Bild 49)
■ Steckkupplung (1) auf die Leitung drücken.
■ Entriegelungstaste (2) drücken und Steckkupplung abziehen.
■ Beim Einbau Farbzuordnung beachten.
■ Steckkupplungen müssen beim Verriegeln »hörbar« einrasten.

Den festen Sitz der Steckkupplung durch Gegenziehen prüfen!

Variante 5 (Bild 50)
■ Steckkupplung (1) auf die Leitung drücken.
■ Außenring (2) in Pfeilrichtung (3) zurückziehen und die Steckkupplungen abziehen.
■ Beim Einbau Farbzuordnung beachten.
■ Steckkupplungen müssen beim Verriegeln »hörbar« einrasten.

Den festen Sitz der Steckkupplung durch Gegenziehen prüfen!

Variante 6 (Bild 51)
■ Die Sicherungsklammer (2) rechts und links zusammendrücken (1).
■ Die Entriegelungstasten (4) rechts und links zusammendrücken und gedrückt halten.
■ Die Steckkupplung (3) abziehen.
■ Beim Einbau Farbzuordnung beachten.
■ Steckkupplungen müssen beim Verriegeln »hörbar« einrasten.

Den festen Sitz der Steckkupplung durch Gegenziehen prüfen!

Schnellverschluss Rücklauf zum Tank
■ Die Sicherungsklammer (2) herunterdrücken (1) und gedrückt halten.
■ Steckkupplung auseinanderziehen.
■ Steckkupplungen müssen beim Verriegeln »hörbar« einrasten.

Den festen Sitz der Steckkupplung durch Gegenziehen prüfen!

Verschraubung Vorlauf am Drosselklappenmodul
■ Bringen Sie den Kraftstofftank in Servicestellung.
■ Drehen Sie die Hohlschraube (3) heraus.
■ Nehmen Sie die beiden Dichtringe und die Druckleitung ab.

Für die Montage ersetzen Sie die Dichtringe, richten die Kraftstoffleitung aus und drehen Sie die Hohlschraube mit 22 Nm fest.

Sichtprüfung Messen

Kraftstoffpumpe prüfen

Die Kraftstoffpumpe versorgt die Einspritzdüsen mit Kraftstoff und sorgt für den erforderlichen Einspritzdruck. Beides sind wichtige Kenngrößen, um die Funktion der Gemischaufbereitung sicherzustellen.

Prüfungsvoraussetzungen

- Die Batteriespannung muss mindestens 11,5 V betragen.
- Schließen Sie ein Dauerladegerät zur Ladungserhaltung an die Batterie an.
- Die Sicherungen sind alle intakt.

Fördermenge prüfen (Bild 54)

Die Messung erfolgt bei ausgeschaltetem Motor. Die gesamte Fördermenge wird im Messgefäß (3) aufgefangen.

- Nehmen Sie den Verschlussdeckel vom Kraftstoff-Einfüllstutzen ab.
- Ziehen Sie den Vorlaufschlauch an den Einspritzdüsen am Schnellverschluss des Sammelrohrs oder am Kraftstofftank ab und fangen den ausfließenden Kraftstoff mit einem Putzlappen auf.
- Schließen Sie ein T-Stück an die Kraftstoffvorlaufleitung an.
- Stecken Sie einen Schlauch auf das T-Stück auf und halten Sie ihn in ein Messgefäß (3).
- Bestromen Sie die Kraftstoffpumpe wie auf Seite 94 (Tankentleerung) beschrieben.
- Lassen Sie etwa 250 ml in den Messbecher laufen, schalten Sie die Kraftstoffpumpe ab. So werden T-Stück und der Anschlussschlauch entlüftet.
- Das Messgefäß (3) entleeren.

Die Fördermenge der Kraftstoffpumpe hängt von der Batteriespannung ab. Prüfen Sie die Batteriespannung und schließen Sie wenn erforderlich ein Dauerladegerät an.

Lassen Sie die Kraftstoffpumpe über den Diagnosetester 30 Sekunden lang laufen und messen dabei die geförderte Kraftstoffmenge. Sie sollte mindestens 0,5 l betragen.

Wird die Mindestfördermenge nicht erreicht:

- Kraftstoffleitungen auf mögliche Verengungen (Knicke) oder Verstopfungen prüfen.
- Ziehen Sie die Vorlaufleitung (1) vom Kraftstofffilter-Eingang ab.

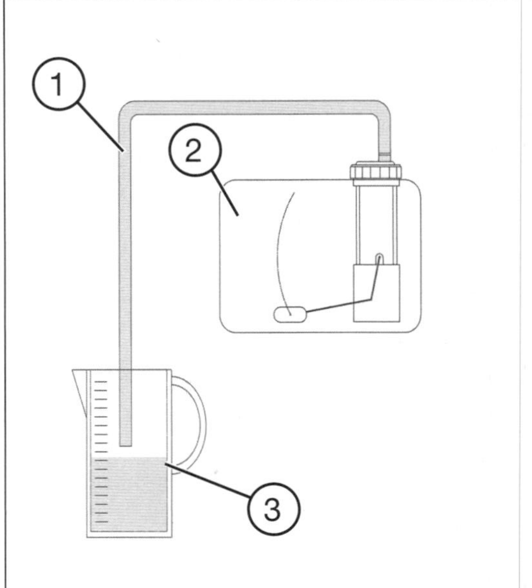

Bild 54

Bild 54
Fördermenge prüfen.
1 Vorlaufleitung
2 Kraftstofftank mit Kraftstofffördermodul (Intankpumpe und Füllstandssensor)
3 Messbecher (2 l)

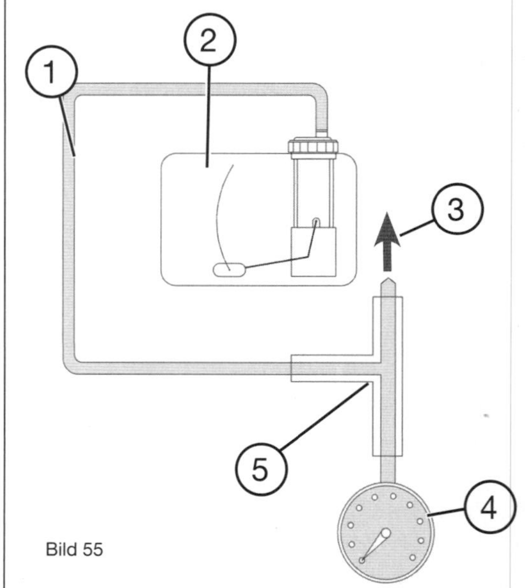

Bild 55

Bild 55
Druckprüfung.
1 Vorlaufleitung
2 Kraftstofftank mit Kraftstofffördermodul (Intankpumpe und Füllstandssensor)
3 Anschluss zum Kraftstofffilter
4 Druckmessuhr
5 Anschlussadapter

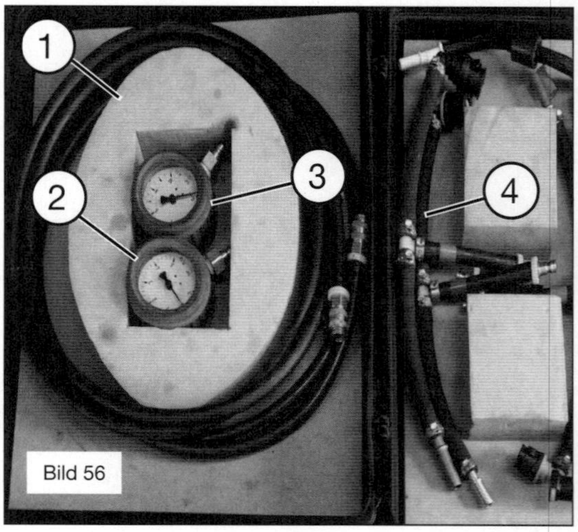

Bild 56

Bild 56
Druckprüfgeräteset.
1 Verlängerungsschlauch
2 Messuhr bis 5 bar
3 Messuhr bis 10 bar
4 Anschlussadapter mit T-Stücken

■ Prüfung der Fördermenge vor dem Kraftstofffilter wiederholen.

Wird die Mindestfördermenge jetzt erreicht:
■ Ersetzen Sie den Kraftstofffilter.

Wird die Mindestfördermenge wieder nicht erreicht:
■ Bauen Sie die Kraftstoff-Fördereinheit aus und prüfen Sie das Filtersieb auf Verschmutzung.

Bisher liegt kein Fehler vor:
■ Kraftstoffpumpe defekt, ersetzen Sie die Kraftstoff-Fördereinheit.

Bezeichnung	*Messwert*
Fördervolumen in 30 Sekunden	0,5 l

Kraftstoffdruck messen (Bild 55)
Sie haben die Fördermenge erreicht, vermuten trotzdem einen Fehler in der Kraftstoffversorgung (Undichtigkeiten in der Pumpe unter Druck). Somit muss der Pumpendruck auch unter Last geprüft werden.
■ Belassen Sie das T-Stück in der Kraftstoffleitung, stecken aber den Adapter auf das Kraftstoffverteilerrohr auf.
■ Verlegen Sie einen Verlängerungsschlauch (1 im Bild 56) so, dass Sie den Kraftstoffdruck während der Fahrt beobachten können.

⚠ Achten Sie darauf, dass der Schlauch knickfrei verlegt ist und Sie während der Fahrt nicht behindert oder gefährdet.

■ Fahren Sie das Fahrzeug Probe, um den Kraftstoffdruck beobachten zu können.
■ Fahren Sie das Fahrzeug auch unter hoher Last. Der Kraftstoffdruck muss bei etwa 3,0 bar bleiben.
■ Fällt der Kraftstoffdruck ab, müssen der Kraftstofffilter und die Kraftstoffleitungen überprüft werden.
■ Liegt dort kein Fehler vor, ist die Kraftstoffpumpe defekt, ersetzen Sie die Kraftstoff-Fördereinheit.

Bezeichnung	*Messwert*
Förderdruck	3,0 bar

Geführte Fehlersuche

Die Fehlersuche im Gemischaufbereitungssystem ist die aufwendigste im Motorrad. Nicht nur, dass hier sehr viele Komponenten zusammenkommen, es werden wie schon beschrieben durch das Motorsteuergerät Ersatzwerte herangezogen, um den Betrieb des Motorrads so lange wie möglich aufrecht erhalten zu können. Das ist ein gewichtiger Grund, bei jeder Fehlersuche die Fehlerspeicherabfrage grundsätzlich zuerst durchzuführen und den Eintrag zu vermerken. Sie werden zwar nur selten auf das defekte Bauteil hingewiesen, finden aber immer einen guten Ausgangspunkt für die Fehlersuche.

Spannungsversorgung sicherstellen
Sehr wichtig ist die Spannungsversorgung. Da die Fehlersuche durchaus mehrere Startversuche oder einen längeren Zeitraum bei eingeschalteter Zündung erfordert, sollten Sie die Batterie durch den Anschluss eines Dauerladegerätes unterstützen.

A Prüfung der Batterie		
Aufgabe	Information	Ergebnis (Sollwerte)
1 Batterie prüfen und laden	Batterie voll laden, 3 h ruhen lassen und die Batteriespannung prüfen	Tabelle auf Seite 22
2 Batterietest durchführen	Herstellenanweisung des Testgerätes beachten	-

Die Anzeige »EFI« geht während der Fahrt an
Es ist kein Leistungsverlust festzustellen. Es sind keine Auffälligkeiten erkennbar.

A Fehlerspeicherabfrage		
Aufgabe	Information	Ergebnis (Sollwerte)
1 Fragen Sie den Fehlerspeicher ab	■ Abfrage des Fehlerspeichers über das Tachometerdisplay ■ Notieren Sie den Eintrag im Fehlerspeicher am besten mit der Servicenummer	-

2 Fehler beheben	Prüfen Sie das angegebene Bauteil und das Umfeld sowie die Sicherungen und die Spannungsversorgung	-
3 Probefahrt zum Fehlerspeicher prüfen	Der Eintrag in den Fehlerspeicher wird selbsttätig gelöscht. Wenn er nach oder während der Probefahrt nicht erneut auftritt, dürfen Sie ihn als »Behoben« betrachten	-

Der Motor springt nicht an (Anlasser dreht)

Es ist kein Fehlerspeichereintrag vorhanden.

A Fehlerspeicherabfrage

Aufgabe	Information	Ergebnis (Sollwerte)
1 Fragen Sie den Fehlerspeicher ab	■ Abfrage des Fehlerspeichers über das Tachometerdisplay ■ Notieren Sie den Eintrag im Fehlerspeicher am besten mit der Servicenummer	-

B Spannungsversorgung prüfen

Aufgabe	Information	Ergebnis (Sollwerte)
1 Hauptsicherungen 30 A prüfen	Die Sicherung stellt die Spannungsversorgung vor dem Zündschloss sicher	OK
2 Sicherung »B« 15 A prüfen (KL30)	Die Sicherung B ist für das Motorabstellrelais und somit für die Spannungsversorgung der Einspritzventile und der Zündspulen zuständig	OK
3 Sicherung »E« prüfen (KL30)	Die Sicherung E ist für das Motorabstellrelais, das Kraftstoffpumpenrelais und das Motorsteuergerät zuständig	OK
4 Prüfen Sie die Spannungsversorgung der Zündspulen	Schalten Sie die Zündung an und stellen Sie den Killschalter auf die Position »RUN«	12,5 V bis 13,5 V Batteriespannung
5 Prüfen Sie die Spannungsversorgung der Einspritzdüsen	Schalten Sie die Zündung an und stellen Sie den Killschalter auf die Position »RUN«	12,5 V bis 13,5 V Batteriespannung

C Kraftstoffversorgung prüfen

Aufgabe	Information	Ergebnis (Sollwerte)
1 Tankentlüftung auf Funktion prüfen	Tankenlüftungsschlauch und Zufuhr bis zum Einfüllstutzen prüfen	Freigängig in den Aktivkohlefilter
2 Fördermenge der Kraftstoffpumpe prüfen	Druckregler, Kraftstofffilter und Kraftstoffpumpe werden auf Funktion geprüft	0,5 l / 30 Sekunden
3 Systemdruck der Kraftstoffpumpe prüfen	Druckregler und Kraftstoffpumpe werden auf Funktion geprüft	3,5 - 4,5 bar

D Prüfung der Ansteuerung

Aufgabe	Information	Ergebnis (Sollwerte)
1 OT-Geber prüfen	Der OT-Geber liefert die Informationen über Drehzahl und die Kurbelwellenposition.	Signalbild (6 Zähne) > 2,5 V AC

2 Ansteuerung Einspritzventil	Das Motorsteuergerät steuert die Spule der Einspritzspule über Masse an	Siehe Signalbild
3 Ansteuerung Zündspulen	Das Motorsteuergerät steuert die Spule der einzelnen Zündspule über Masse an	Siehe Signalbild
4 Zustand der Zündkerzen	Elektrodenabstand, auf Ablagerung oder Beschädigungen prüfen	0,6 bis 0,7 mm

Sind die unterschiedlichen Prüfungen bis hier hin unauffällig gewesen, sollten Sie die Motormechanik in die Prüfung mit einbeziehen.

E Prüfung der Motormechanik

Aufgabe	Information	Ergebnis (Sollwerte)
1 Kompressionsdruck prüfen	Siehe Kapitel 10	10 - 16 bar
2 Druckverlustprüfung durchführen		Max. 20 %
3 Steuerzeiten prüfen		Markierungen
4 Ventilspiel prüfen		EV 0,12 - 0,17 mm AV 0,23 - 0,28 mm

Der Motor läuft im Leerlauf unrund

A Kraftstoffversorgung und Drosselklappenstück

Aufgabe	Information	Ergebnis (Sollwerte)
1 Prüfen Sie den Kraftstoffdruck	Seite 99 »Kraftstoffdruck messen«	3,5 - 4,5 bar
2 Prüfen Sie die Einspritzventile	■ Widerstandsmessung der Spule ■ Bewertung des Spritzbildes ■ Signalbild der Ansteuerung	Ca. 12 Ω bei Raumtemperatur
3 Prüfen Sie die Dichtigkeit der Ansaugstutzen und der Anschlüsse am Drosselklappenstück	■ Optische Prüfung ■ Dichtigkeitsprüfung mit Bremsenreiniger	OK
4 Prüfen Sie den Zustand der Anschlussschläuche und -stutzen am Drosselklappenmodul	■ Verschlauchung zum Saugrohrdruckfühler ■ Stopfen Drosselklappenmodul Drosselklappe vorne (rechte Seite) ■ Verschlauchung zum PPC-Kupplungssystem	OK
5 Prüfen Sie die Abdichtung des Steuerventils für das PPC-Kupplungssystem in der Drossklappenwelle	■ Verschlauchung abziehen und Abdichtung zwischen Anschlussstück und Bohrung zum Luftfilter sowie über die Drosselklappenwelle prüfen	Prüfung des Unterdrucks bei laufendem Motor an der Kupplung (-0,2 bar)
6 Prüfen Sie die Synchronisierung der Drosselklappen	Die Drosselklappen sind hochpräzise werkseitig eingestellt	-

B Steuergerät, Sensoren und Aktoren

Aufgabe	Information	Ergebnis (Sollwerte)
1 Fragen Sie den Fehlerspeicher ab	■ Abfrage des Fehlerspeichers über das Tachometerdisplay ■ Notieren Sie den Eintrag im Fehlerspeicher am besten mit der Servicenummer	-

2 Prüfen Sie den Drosselklappensensor	■ Zündung an ■ Motor aus ■ Messadapter zusammen mit dem Signalausgang des Drosselklappenpotis anschließen	Ca. 0,5 - 0,6 V in Leerlaufstellung ca. 3,8 bis 4,0 V bei Volllaststellung
3 Prüfen Sie den Saugrohrdruckfühler	■ Zündung an ■ Motor aus ■ Messadapter zusammen mit dem Signalausgang des Saugrohrdruckfühlers anschließen	Ca. 3,8 bis 4,2 V bei Umgebungsluftdruck
4 Prüfen Sie den Wassertemperaturfühler	■ Sensor ausbauen und im Wasserbad erhitzen	1,9 kΩ - 3,0 kΩ bei 20 °C, 200 Ω bis 400 Ω bei 80 °C
5 Prüfen Sie den Ansauglufttemperaturfühler		1,9 kΩ - 3,0 kΩ bei 20 °C, 200 Ω bis 400 Ω bei 80 °C

Der Motor läuft im Teillastbereich unrund

A Zündanlage und Steuergerät		
Aufgabe	Information	Ergebnis (Sollwerte)
1 Prüfen Sie die Zündspulen	Prüfen Sie die Widerstandswerte der Zündspulen mit dem Multimeter und das Signalbild mit dem Oszilloskop	Primär: 2,8 Ω 5,2 Ω Sekundär: 9,1 kΩ - 16,5 kΩ (alle gleich!) Signalbild
2 Zustand der Zündkerzen	Elektrodenabstand, auf Ablagerung oder Beschädigungen prüfen	0,6 bis 0,7 mm
3 Zustand der Zündkerzenstecker	Kontaktstecker intakt Fester Sitz des Kabels Widerstandsmessung	4,5 - 5,5 kΩ
4 Anschlusskabel prüfen	Anschlusskabel am Steuergerät und Bauteilen auf festen Sitz prüfen sowie Schäden an den Steckkontakten und Kabeln	OK
5 Lassen Sie das Steuergerät prüfen	Das Steuergerät kann mit Werkstattmitteln nicht überprüft werden. Mehrere unplausible Fehler können ein Hinweis auf Probleme mit der Rechnereinheit sein.	-

B Sensoren		
Aufgabe	Information	Ergebnis (Sollwerte)
1 Prüfen Sie den Wassertemperaturfühler	■ Sensor ausbauen und im Wasserbad erhitzen	1,9 kΩ - 3,0 kΩ bei 20 °C, 200 Ω bis 400 Ω bei 80 °C
2 Prüfen Sie den Ansauglufttemperaturfühler		1,9 kΩ - 3,0 kΩ bei 20 °C, 200 Ω bis 400 Ω bei 80 °C

3 Prüfen Sie den Saugrohrdruckfühler	■ Zündung an ■ Motor aus ■ Messadapter zusammen mit dem Signalausgang des Saugrohrdruckfühlers anschließen Die beiden Saugrohre werden durch ein reduziertes T-Stück mit einem Sensor überwacht.	Ca. 3,8 bis 4,2 V bei Umgebungsluftdruck
4 Prüfen Sie den Drosselklappensensor	■ Zündung an ■ Motor aus ■ Messadapter zusammen mit dem Signalausgang des Drosselklappenpotis anschließen	Ca. 0,5 - 0,6 V in Leerlaufstellung Ca. 3,8 bis 4,0 V bei Volllaststellung

C Kraftstoffversorgung		
Aufgabe	Information	Ergebnis (Sollwerte)
1 Prüfen Sie, ob ausreichend Kraftstoff im Tank ist	Eine zu geringe Menge kann die Ursache für eine Luftansammlung in den Druckleitungen sein	OK
2 Prüfen Sie den Zustand des Luftfilters	Prüfung auf Verschmutzung und richtigen Sitz im Luftfilterkasten. Zustand der Ansauggummis und den Luftweg nach außen	OK
3 Prüfen Sie die Dichtigkeit der Ansaugstutzen und der Anschlüsse am Drosselklappenstück	■ Optische Prüfung ■ Dichtigkeitsprüfung mit Bremsenreiniger	OK
4 Prüfen Sie den Zustand der Dichtringe an den Einspritzventilen		OK
5 Fördermenge der Kraftstoffpumpe prüfen	Druckregler, Kraftstofffilter und Kraftstoffpumpe werden auf Funktion geprüft	0,5 l / 30 Sekunden
6 Systemdruck der Kraftstoffpumpe prüfen	Druckregler und Kraftstoffpumpe werden auf Funktion geprüft	3,0 bar
7 Prüfen Sie den Zustand der Tankentlüftung	Die Leitung muss knickfrei verlegt sein und darf keine Verengungen aufweisen. Der Querschnitt muss auf die gesamte Länge freigängig sein	OK
8 Prüfen Sie den Zustand der Kraftstoffdruckleitung		OK

Der Motor hat keine Leistung
Es ist kein Fehlerspeichereintrag vorhanden.

A Grundeinstellung		
Aufgabe	Information	Ergebnis (Sollwerte)
1 Prüfen Sie die Einstellung der Gaszüge	■ Spiel- und Leichtgängigkeit	2 mm bis 3 mm
2 Prüfen Sie die Einstellung und Funktion des Drosselklappensensors	■ Zündung an ■ Motor aus ■ Messadapter mit dem Signalausgang des Drosselklappenpotis anschließen	Ca. 0,5 - 0,6 V in Leerlaufstellung Ca. 3,8 V bis 4,0 V bei Volllaststellung

3 Prüfen Sie den Öffnungswinkel der Drosselklappe	■ Tank in Servicestellung bringen ■ Luftfilterkastenoberteil abbauen ■ Prüfen, ob die Drosselklappen bis zum Volllastanschlag betätigt werden. Gegebenenfalls die Gaszugeinstellung prüfen	

B Fehlerspeicher

Aufgabe	Information	Ergebnis (Sollwerte)
1 Fragen Sie den Fehlerspeicher ab	■ Abfrage des Fehlerspeichers über das Tachometerdisplay ■ Notieren Sie den Eintrag im Fehlerspeicher am besten mit der Servicenummer	-

C Zündanlage

Aufgabe	Information	Ergebnis (Sollwerte)
1 Prüfen der Abgaskrümmertemperatur	Prüfen, ob beide Zylinder mitlaufen. Ein nicht laufender Zylinder hat einen kalten Abgaskrümmer beziehungsweise einen merklich kälteren Abgaskrümmer. Achtung Verbrennungsgefahr!	Etwa gleiche Temperatur
2 Prüfen Sie die Zündspulen	Prüfen Sie die Widerstandswerte der Zündspulen mit dem Multimeter und das Signalbild mit dem Oszilloskop	Primär: 2,8 Ω 5,2 Ω Sekundär: 9,1 kΩ - 16,5 kΩ (alle gleich!) Signalbild
3 Zustand der Zündkerzen	Elektrodenabstand, auf Ablagerung oder Beschädigungen prüfen	0,6 mm bis 0,7 mm
4 Anschlusskabel prüfen	Anschlusskabel am Steuergerät und Bauteilen auf festen Sitz prüfen sowie Schäden an den Steckkontakten und Kabeln	OK
5 Lassen Sie das Steuergerät prüfen	Das Steuergerät kann mit Werkstattmitteln nicht überprüft werden. Mehrere unplausible Fehler können ein Hinweis auf Probleme mit der Rechnereinheit sein	-

D Ansaugtrakt

Aufgabe	Information	Ergebnis (Sollwerte)
1 Prüfen Sie den Zustand des Luftfilters	Prüfung auf Verschmutzung und richtigen Sitz im Luftfilterkasten. Zustand der Ansauggummis und den Luftweg nach außen	OK
2 Prüfen Sie die Dichtigkeit der Ansaugstutzen und der Anschlüsse am Drosselklappenstück	■ Optische Prüfung ■ Dichtigkeitsprüfung mit Bremsenreiniger	OK

E Kraftstoffversorgung

Aufgabe	Information	Ergebnis (Sollwerte)
1 Kraftstoff prüfen	Tank nach Verschmutzung oder Wassereintrag überprüfen	OK
2 Prüfen Sie den Zustand der Dichtringe an den Einspritzventilen	■ Optische Prüfung ■ Dichtigkeitsprüfung mit Bremsenreiniger	OK

3 Prüfen Sie die Einspritzventile	■ Widerstandsmessung der Spule ■ Bewertung des Spritzbildes ■ Signalbild der Ansteuerung	Ca. 12 Ω bei Raumtemperatur
4 Sicherung der Kraftstoffpumpe prüfen	Wenn die Sicherung mehrfach durchbrennt, Verkabelung der Kraftstoffpumpe prüfen und ggf. die Kraftstoffpumpe tauschen	-
5 Fördermenge der Kraftstoffpumpe prüfen	Druckregler, Kraftstofffilter und Kraftstoffpumpe werden auf Funktion geprüft	0,5 l / 30 Sekunden
6 Systemdruck der Kraftstoffpumpe prüfen	Druckregler und Kraftstoffpumpe werden auf Funktion geprüft	3,0 bar

F Sensoren und Aktoren

Aufgabe	Information	Ergebnis (Sollwerte)
1 Überprüfen Sie die Unterdruckschläuche an den Drosselklappenstücken	Auf Rissbildung und festen Sitz prüfen	-
2 Prüfen Sie den Zustand der Anschlussschläuche und -stutzen am Drosselklappenmodul	■ Verschlauchung zum Saugrohrdruckfühler ■ Stopfen Drosselklappenmodul Drosselklappe vorne (rechte Seite) ■ Verschlauchung zum PPC-Kupplungssystem	OK
3 Prüfen Sie die Abdichtung des Steuerventils für das PPC-Kupplungssystem in der Drossklappenwelle	■ Verschlauchung abziehen und Abdichtung zwischen Anschlussstück und Bohrung zum Luftfilter sowie über die Drosselklappenwelle prüfen	Prüfung des Unterdrucks bei laufendem Motor an der Kupplung (-0,2 bar)
4 Prüfen Sie das Kühlsystem	Kühlmittelstand, Wasserpumpe und Frostschutzgehalt prüfen (Kapitel 14)	-
5 Prüfen Sie den Wassertemperaturfühler	■ Istwert über einen geeigneten OBD-Tester abfragen ■ Sensor ausbauen und im Wasserbad erhitzen	1,9 kΩ - 3,0 kΩ bei 20 °C, 200 Ω bis 400 Ω bei 80 °C
6 Prüfen Sie den Ansauglufttemperaturfühler		1,9 kΩ - 3,0 kΩ bei 20 °C, 200 Ω bis 400 Ω bei 80 °C
7 Prüfen Sie den Drosselklappensensor	■ Zündung an ■ Motor aus ■ Messadapter zusammen mit dem Signalausgang des Drosselklappenpotis anschließen	Ca. 0,5 - 0,6 V in Leerlaufstellung Ca. 3,8 V bis 4,0 V bei Volllaststellung
8 Prüfen Sie den Saugrohrdruckfühler	■ Zündung an ■ Motor aus ■ Messadapter zusammen mit dem Signalausgang des jeweiligen Saugrohrdruckfühlers anschließen ■ Die Sensoren sind identisch. Bei Austausch der beiden Sensoren müsste der Fehler mitwandern	Ca. 3,8 V bis 4,2 V bei Umgebungsluftdruck

Bild 57
Drosselklappenstück.
1 Sensor Masse
2 Signalausgang
3 Sensor Plus
A Drosselklappenpoti
B Steckkontakt

Bild 58
Spannungsmessung am Signalausgang.
1 Spannung im Leerlauf
2 Glatter Anstieg der Spannung
3 Spannung bei Vollgas
4 Glatter Abfall der Spannung

Messen und Prüfen

Auf den nächsten Seiten werden wir Ihnen die Messungen und Prüfungen an den wichtigsten Teilen des Zünd- und Einspritzsystems vorstellen.

Drosselklappenpoti

■ Bringen Sie den Kraftstofftank in Service-Stellung. Genauere Informationen hierzu finden Sie im Kapitel 11.

Spannungsversorgung prüfen:

Die Messungen können mit dem Multimeter durchgeführt werden.

■ Entsichern Sie den Steckkontakt (B im Bild 57) und ziehen Sie den Steckkontakt ab.
■ Stellen Sie einen Messbereich von 20V DC (Gleichspannung) ein.
■ Schließen Sie den Messanschluss (rotes Messkabel) an den linken Anschluss (1 im Bild 57) an.
■ Schließen Sie den Masseanschluss (schwarzes Messkabel) an den rechten Anschluss (3) an.
■ Schalten Sie die Zündung ein.
■ Lesen Sie die Spannung ab.

Die Spannung sollte zwischen 4,7 V und 5,3 V liegen.

Sensorausgangsspannung am Drosselklappenpoti prüfen:

Die Messungen können mit dem Multimeter durchgeführt werden. Sinnvoller ist eine Messung mit dem Oszilloskop. Die Zeitachse sollte so eingestellt werden, dass Sie einen Messbereich von 10 Sekunden auf dem Bildschirm sehen können.

■ Stellen Sie einen Messbereich von 20 V DC (Gleichspannung) ein.
■ Schließen Sie den Messanschluss (rotes Messkabel) an den mittleren Anschluss (3 im Bild 57) an.
■ Schließen Sie den Masseanschluss (schwarzes Messkabel) an den Anschluss (1) (Sensormasse) an.
■ Schalten Sie die Zündung ein. Der Motor wird nicht gestartet.
■ Lesen Sie die Spannung ab.
■ Drehen Sie den Gasgriff langsam von der »Leerlaufstellung« in Richtung »Vollgas« und wieder zurück.
■ Lesen Sie die Spannung ab. Über das

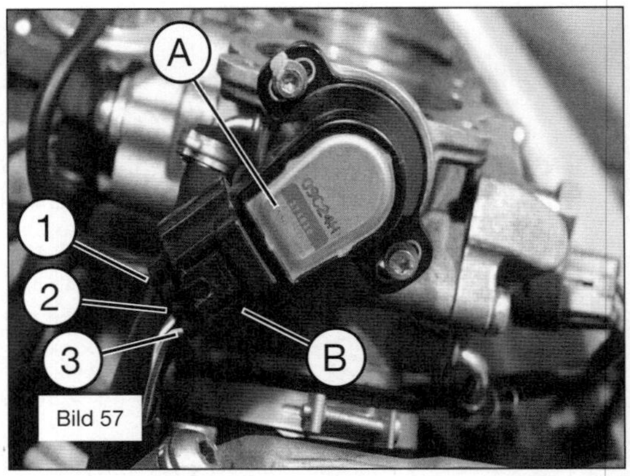

Bild 57

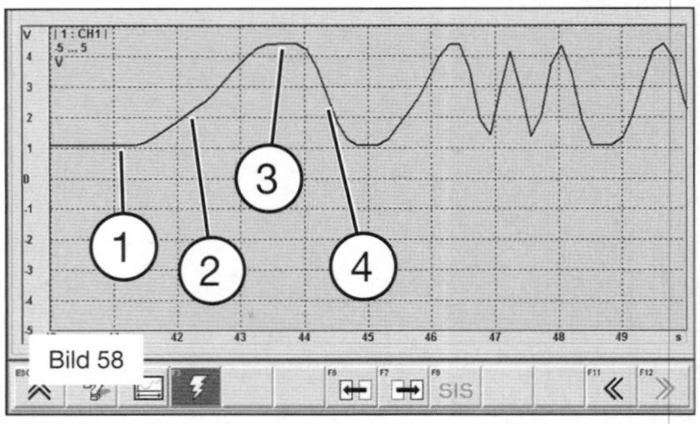

Bild 58

Signalbild, das bei dieser Messung auf einem Oszilloskop entsteht, können Sie den Spannungsverlauf (Bild 58) im Detail verfolgen. Ein beschädigter Potentiometer würde durch plötzliche Ausreißer in Richtung Plus oder in Richtung Minus auffallen.

Bezeichnung	*Messwert*
Primär Drosselklappenpoti Leerlauf (Volllast)	Ca. 1 V (4,0 V - 4,5 V)

Widerstandsmessung Drosselklappenpoti:

Gemessen wird hier lediglich der Gesamtwiderstand des Drosselklappenpotis.

■ Entsichern Sie den Steckkontakt (B im Bild 57) und ziehen Sie den Steckkontakt ab.
■ Stellen Sie einen Messbereich von 10 kΩ ein.
■ Schließen Sie den Messanschluss (rotes Messkabel) an den linken Anschluss (1 im Bild 57) an.
■ Schließen Sie den Masseanschluss (schwarzes Messkabel) an den mittleren Anschluss (2) an.

Sie sollten hier einen Gesamtwiderstand von 3,6 kΩ bis 4,4 kΩ ablesen.

Kurbelwellensensor (OT-Geber)

In den meisten Fällen fällt der OT-Geber bei warmem Motor aus. Bei kaltem

Motor kann die Widerstandsmessung unauffällig verlaufen. Der Zugang zu den Anschlüssen am Generatorzentralstecker ist schwierig. Das Anschlusskabel wird vom Generator zwischen den Zylindern auf die rechte Seite geführt. Der Zentralstecker liegt am Kabelbaum neben dem Motor. Gut erreichbar sind die Anschlüsse am Motorsteuergerät (Pin 1 und 9 auf dem kleinen Steuergerätestecker) erreichbar.

Spannungsmessung bei laufendem Motor oder bei Startdrehzahl:

Der Kurbelwellensensor ist ein Induktivgeber. Die Spannungsausgabe des Sensors ist von der Motordrehzahl abhängig. Die Signalabfolge ist sehr schnell und übersteigt die Abtastrate eines Multimeters um ein Mehrfaches. Die Spannungsmessung ist nur über ein Oszilloskop sinnvoll möglich.

■ Legen Sie das Anschlusskabel zum Kurbelwellensensor frei.
■ Schließen Sie den Messanschluss (rotes Messkabel) an den Anschluss (a im Bild 54) an.
■ Schließen Sie den Masseanschluss (schwarzes Messkabel) an den Anschluss (b) an.
■ Wählen Sie die Messspannung mit 5 V/Teiler (40 V auf dem Bildschirm) an.
■ Wählen Sie die Zeitachse mit 10 ms/Teiler (100 ms auf dem Bildschirm) an.
■ Starten Sie den Motor.
■ Setzen Sie den Trigger auf die höchste Spannungsspitze (1 im Bild 61).
■ Stoppen Sie die Aufnahme oder machen Sie einen Screenshot, wenn Sie zwei Bezugsmarkenlücken (3) erkennen können.

Werten Sie das Signalbild aus. Sie sollten eindeutig 5 Spitzen (1) zählen können. Das entspricht der Anzahl der Rotorzähne auf dem Geberrad der Kurbelwelle. Die Spannungshöhe (2) muss > 3,3 V AC (Wechselspannung) sein.

Widerstandsmessung am OT-Geber:

Die Widerstandsmessung kann lediglich den Zustand der Spule im Stand bewerten. Aussetzer, die durch die Bewegung im Magnetfeld oder Vibrationen entstehen, werden nicht erkannt.
Soll der Widerstand des OT-Gebers im eingebauten Zustand überprüft werden, ist es

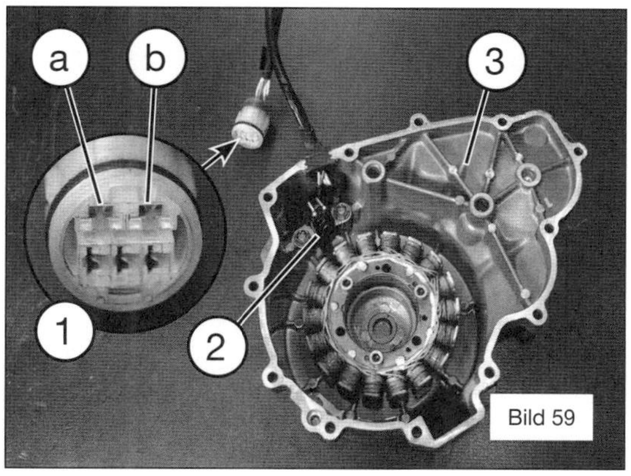

Bild 59

Bild 59
Kurbelwellensensor (OT-Geber)
a Anschluss OT-Geber
b Anschluss OT-Geber
1 Anschlussstecker
2 OT-Geber
3 Generatordeckel

Bild 60

Bild 60
Einbaulage der Positionssensoren.
1 Nockenwellensensor (Phasengeber)
2 Steckverbindung Nockenwellengeber
3 Steckverbindung Generator (Zentralstecker)
4 Einbaulage rechts neben dem Motor

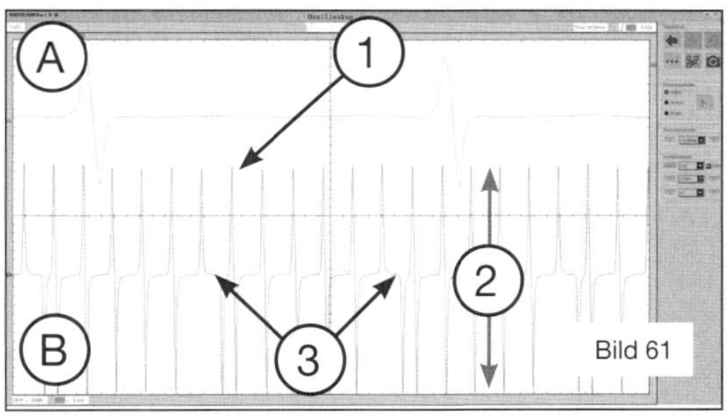

Bild 61

Bild 61
Signalbild Kurbelwellensensor.
1 Spannungsspitzen
2 Spannungshöhe
3 Bezugsmarkenlücken
A Signalbild Nockenwellengeber (Phasengeber)
B Signalbild Kurbelwellengeber (OT-Geber)

sinnvoll, die Messung am Motorsteuergerät durchzuführen. Erst wenn hier ein unerwartetes Messergebnis festgestellt wird, sollten Sie den Generatorstecker auf der rechten Motorseite (4 im Bild 60) freilegen. Wir stellen Ihnen die Messungen an beiden Anschlussstellen vor.

Messpunkte am Motorsteuergerät:

■ Legen Sie das Anschlusskabel zum Motorsteuergerät unter dem Fahrersitz frei.
■ Entriegeln Sie den kleineren Anschlussstecker (16 Pin) und ziehen Sie ihn ab.
■ Schließen Sie den Messanschluss (rotes Messkabel) an den Anschlusspin 1 des Motorsteuergerätes an.
■ Schließen Sie den Masseanschluss (schwarzes Messkabel) an den Anschlusspin (9) an.

Messpunkte am Generator-Zentralstecker:

- Bringen Sie den Tank in Servicestellung.
- Demontieren Sie den Luftfilterkasten komplett.
- Legen Sie das Anschlusskabel zum Generatorzentralstecker auf der rechten Seite des Motors (3 im Bild 60) frei.
- Entriegeln Sie den Anschlussstecker und ziehen Sie ihn ab.
- Schließen Sie den Messanschluss (rotes Messkabel) an den Anschlusspin (a im Bild 62) an.
- Schließen Sie den Masseanschluss (schwarzes Messkabel) an den Anschlusspin (b) an.

Weiter für beide Messpunkte:

- Stellen Sie das Multimeter auf einen Messwert von 1 kΩ (oder 2 kΩ) ein.

Sie sollten hier einen Widerstand von 0,150 kΩ bis 0,300 kΩ ablesen.

Nockenwellensensor (OT-Geber)

Ein Viertaktmotor benötigt für ein Arbeitsspiel (Ansaugen-Verdichten-Arbeiten-Ausstoßen) zwei Kurbelwellenumdrehungen. Mit dem Nockenwellensensor (Phasengeber) kann der Motor die beiden OT-Stellungen der Kurbelwelle (Zünd-OT vor dem Arbeitstakt und dem Überschneidungs-OT zwischen Ausstoßen und Ansaugen) unterscheiden.

In den meisten Fällen fällt der Nockenwellensensor (Phasengeber) bei warmem Motor aus. Bei kaltem Motor kann die Widerstandsmessung unauffällig verlaufen. Der Nockenwellensensor ist unter dem Ventildeckel des vorderen Zylinders (1.- Zylinder) verbaut. Das Anschlusskabel ist zwischen den Ansaugstutzen auf der linken Seite erreichbar.

- Bringen Sie den Tank in Servicestellung.
- Demontieren Sie den Luftfilterkasten.
- Legen Sie das Anschlusskabel zum Nockenwellensensor auf der rechten Seite des Motors (2 im Bild 60) frei.
- Entriegeln Sie den Anschlussstecker und ziehen Sie ihn ab.
- Schließen Sie den Messanschluss (rotes Messkabel) an den Anschlusspin (a im Bild 62) an.
- Schließen Sie den Masseanschluss (schwarzes Messkabel) an den Anschlusspin (b) an.

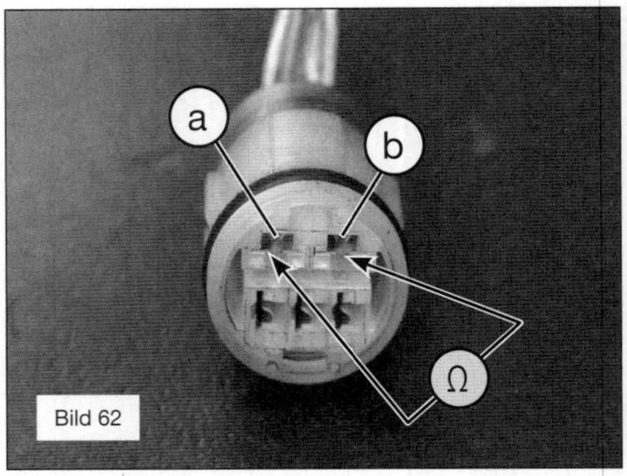

Bild 62

Bild 62
Signalbild Kurbelwellensensor.
a Anschluss OT-Geber
b Anschluss OT-Geber
Ω Messung des Widerstandes

- Stellen Sie das Multimeter auf einen Messwert von 1 kΩ (oder 2 kΩ) ein.

Sie sollten hier einen Widerstand von 0,150 kΩ bis 0,300 kΩ ablesen.

Motortemperaturfühler und Ansauglufttemperaturfühler

Die Prüfung für beide Sensoren läuft so ähnlich ab, dass wir sie zusammen vorstellen.

Widerstandsmessung:

- Bauen Sie den entsprechenden Sensor wie beschrieben aus.
- Entriegeln Sie den Anschlussstecker und ziehen Sie ihn ab.
- Schließen Sie den Messanschluss (rotes Messkabel) an den Anschluss (A im Bild 63) an.
- Schließen Sie den Masseanschluss (schwarzes Messkabel) an den Anschluss (B) an.
- Stellen Sie das Multimeter auf einen Messwert von 20 kΩ ein.
- Hängen Sie den Temperaturfühler wie im Bild 63 gezeigt in einen Wasserbehälter hinein.

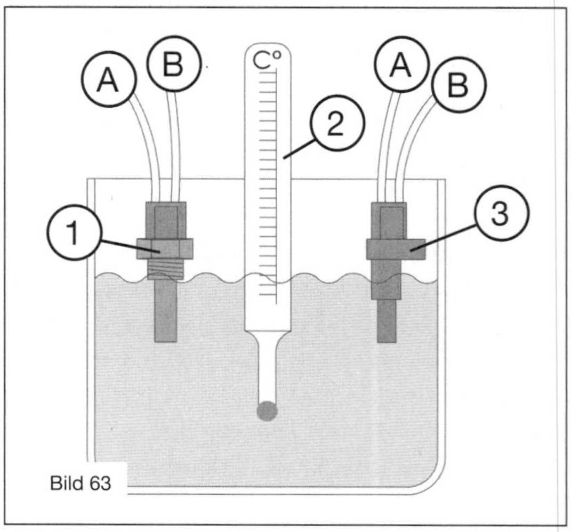

Bild 63

Bild 63
Kurbelwellensensor (OT-Geber)
1 Wassertemperaturfühler
2 Thermometer
3 Ansauglufttemperaturfühler
A Anschluss und Adapter
B Anschluss und Adapter

■ Erhitzen Sie das Wasser und rühren Sie es durch, um eine gleichmäßige Wärmeverteilung zu erreichen.

Warten Sie ab, bis das Wasser die entsprechende Temperatur erreicht hat. Lesen Sie den entsprechenden Widerstandswert am Multimeter ab und vergleichen Sie ihn mit dem Messwert in der Tabelle unten.

Temperatur am Wassertemperatursensor	*Messwert*
20 °C	2 kΩ - 3 kΩ
40 °C	0,800 kΩ - 1,2 kΩ
100 °C	0,120 kΩ - 0,250 kΩ

Temperatur am Ansaugluftemperatursensor	*Messwert*
20 °C	2 kΩ - 3 kΩ
40 °C	0,800 kΩ - 1,2 kΩ
100 °C	0,120 kΩ - 0,250 kΩ

Saugrohrdrucksensoren (MAP-Sensoren)

Die beiden Saugrohre werden über je einen Verbindungsschlauch und ein T-Stück mit einem MAP-Sensor (Saugrohrdruckfühler) erfasst.

Spannungsversorgung prüfen:

■ Entsichern Sie den Steckkontakt (2 im Bild 64) und ziehen Sie den Steckkontakt ab.
■ Stellen Sie einen Messbereich von 20V DC (Gleichspannung) am Multimeter ein.
■ Schließen Sie den Messanschluss (rotes Messkabel) an den linken Anschluss (a) an.
■ Schließen Sie den Masseanschluss (schwarzes Messkabel) an den rechten Anschluss (c) an.
■ Schalten Sie die Zündung ein.
■ Lesen Sie die Spannung ab.

Die Spannung sollte zwischen 4,7 V und 5,3 V liegen.

Signalspannung prüfen:

■ Ziehen Sie den Saugrohrdruckfühler (MAP-Sensor) vom Drosselklappenstück ab.
■ Ziehen Sie den Unterdruckschlauch ab.
■ Stecken Sie eine Minivac-Handpumpe auf den Unterdruckanschluss (B) auf.
■ Stellen Sie einen Messbereich von 20V DC (Gleichspannung) am Multimeter ein.
■ Schließen Sie mit einem Messadapter den Messanschluss (rotes Messkabel) an den linken Anschluss (a im Bild 64) an.

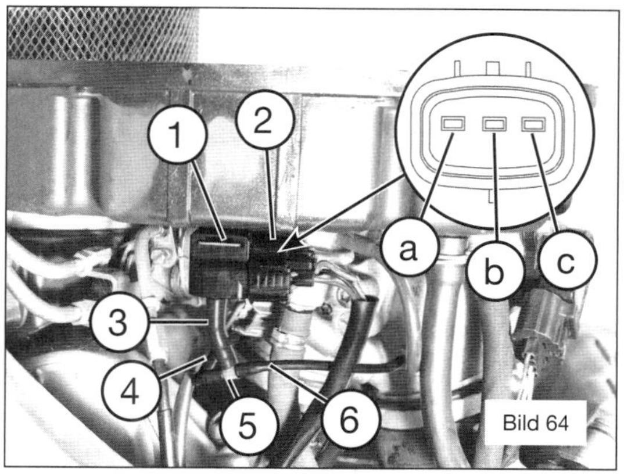

Bild 64

■ Schließen Sie mit einem Messadapter den Masseanschluss (schwarzes Messkabel) an den mittleren Anschluss (b) an.
■ Schalten Sie die Zündung ein.

Beaufschlagen Sie den Saugrohrdruckfühler mit dem in der Tabelle benannten Unterdruck und lesen Sie den Spannungswert am Multimeter ab.

Unterdruck am Saugrohrdruck (MAP) Sensor	*Messwert**
1,0 bar - 0,94 bar	3,4 V - 4,0 V
0,94 bar - 0,85 bar	3,0 V - 3,7 V
0,85 bar - 0,76 bar	2,6 V - 3,4 V
0,76 bar - 0,70 bar	2,4 V - 3,1 V

* Die Messwerte dienen als Anhaltspunkt.

Der Umkippsensor

Der Umkippsensor oder auch Lage- oder Sturzsensor erfasst mit einem Schwerkraftschalter die Seitenneigung des Fahrzeugs. Die erforderliche Neigung im Stand zum Auslösen des Sensors erscheint nicht sehr groß. Durch die Fliehkräfte in Schräglage muss das Motorrad auf der Seite liegen, um den Sensor auszulösen.

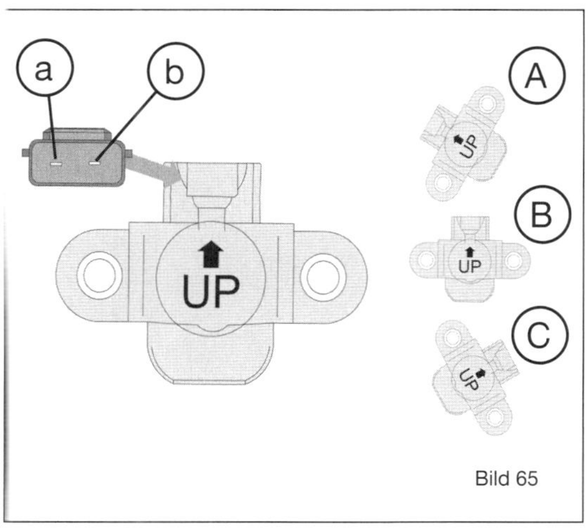

Bild 65

Bild 64
Saugrohrdruckfühler. (MAP-Sensor)
1 Haltegummi am Luftfilterkastenunterteil
2 Anschlusskabel
3 Anschluss MAP-Sensor
4 Anschluss vorderer Zylinder
5 T-Stück
6 Anschluss hinterer Zylinder
a Sensorspannung (+)
b Signal
c Sensormasse (-)

Bild 65
Umkippsensor.
a Sensoranschluss 1
b Sensoranschluss 2
A 45° Neigung nach links
B Stellung gerade
C 45° Neigung nach rechts

Durchgang prüfen:

■ Demontieren Sie den Sensor wie bereits in diesem Kapitel beschrieben.

■ Entsichern Sie den Steckkontakt und ziehen Sie den Steckkontakt ab.

■ Stellen Sie einen Messbereich von 1MΩ am Multimeter ein.

■ Schließen Sie den Messanschluss (rotes Messkabel) an den linken Anschluss (1 im Bild 59) an.

■ Schließen Sie den Masseanschluss (schwarzes Messkabel) an den rechten Anschluss (2) an. Lesen Sie den Widerstand des Sensors in den im Bild 65 gezeigten Stellungen ab und vergleichen Sie die Messwerte mit der nachfolgenden Tabelle.

Sensorlage (Bild 59)	*Messwert**
B (gerade)	3,5 V - 4,5 V
A (45° Neigung nach links)	0,6 V - 1,35 V
C (45° Neigung nach rechts)	0,6 V - 1,35 V

Zu große Seitenneigung schaltet das Einspritz- und Zündsystem ab.

Einspritzventil

Neben der elektrischen Prüfung stehen hier auch hydraulische Prüfungen an.

Widerstandsmessung an der Spule:

Die Widerstandsmessung kann lediglich den Zustand der Spule im Stand bewerten. Aussetzer, die durch die Bewegung im Magnetfeld oder Vibrationen entstehen, werden nicht erkannt.

■ Legen Sie das Anschlusskabel zum Kurbelwellensensor frei.

■ Entriegeln Sie den Anschlussstecker und ziehen Sie ihn ab.

■ Schließen Sie den Messanschluss (rotes Messkabel) an den Anschluss (1 im Bild 66) an.

■ Schließen Sie den Masseanschluss (schwarzes Messkabel) an den Anschluss (2) an.

■ Stellen Sie das Multimeter auf einen Messwert von 1 kΩ (oder 2 kΩ) ein.

Sie sollten hier einen Widerstand von ca. 12 bis 15 Ω ablesen.

Spannungsversorgung der Einspritzdüse:

■ Entsichern Sie den Steckkontakt und ziehen Sie den Steckkontakt ab.

■ Stellen Sie einen Messbereich von 20V DC (Gleichspannung) ein.

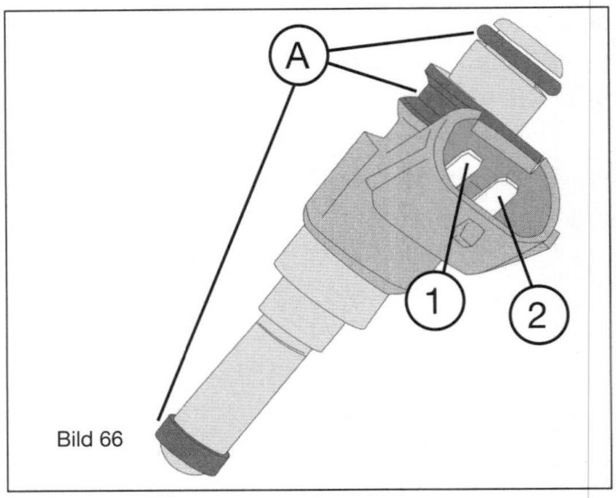

Bild 66

Bild 66
Einspritzventil.
A Dichtungen
1 Spulenanschluss
2 Spulenanschluss

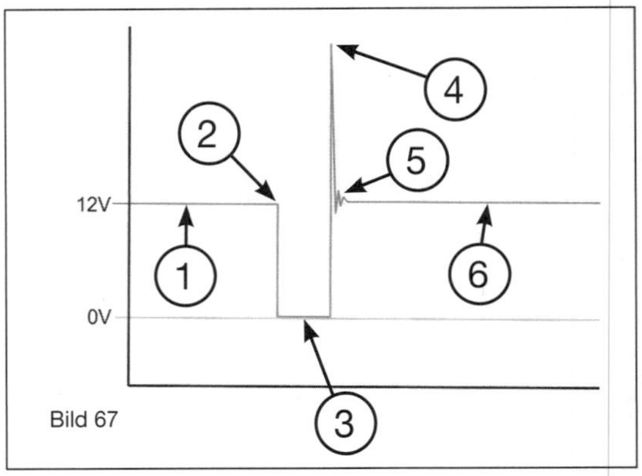

Bild 67

Bild 67
Einspritzsignalbild.
1 Einspritzventil geschlossen
2 Einspritzventil offen
3 Öffnungszeit Einspritzventil
4 Einlassventil wird geschlossen (Spannungsspitze durch Rückinduktion)
5 Ausschwingungen der Spule des Einspritzventils
6 Einspitzventil geschlossen

■ Schließen Sie den Messanschluss (rotes Messkabel) an den linken Anschluss (1 im Bild 66) (weiß/rotes Kabel) an.

■ Schließen Sie den Masseanschluss (schwarzes Messkabel) an den Batterieminuspol an.

■ Stellen Sie den Killschalter auf die Position »RUN«.

■ Schalten Sie die Zündung ein.

■ Lesen Sie die Spannung ab.

Die Spannung sollte zwischen 12,5 V und 13,5 V Batteriespannung liegen.

Ansteuerung durch das Steuergerät:

Das Steuergerät schaltet den Massekontakt der Einspritzdüse (2 im Bild 66) und steuert so die Spule des Einspritzventils an.

■ Bringen Sie den Tank in Servicestellung. Nähere Informationen hierzu finden Sie im Kapitel 11.

■ Legen Sie die Anschlussstecker der Einspritzventile frei.

■ Schließen Sie mit einem Messadapter den Messanschluss (rotes Messkabel) an den rechten Anschluss (2) an.

■ Schließen Sie mit einem Messadapter den Masseanschluss (schwarzes Messkabel) an den Batterieminuspol an.

■ Wählen Sie die Messspannung mit 5 V/Teiler (40 V auf dem Bildschirm) an.
■ Wählen Sie die Zeitachse mit 10ms/Teiler (100 ms auf dem Bildschirm) an.
■ Starten Sie den Motor und lassen Sie ihn im Leerlauf laufen.

Werten Sie das Signalbild aus. Sie sollten im Leerlauf eine Öffnungszeit von etwa 3 bis 5 ms (3 im Bild 67) erkennen können. Die Spannungsspitze am Ende der Einspritzung entsteht durch den Magnetfeldabbau und die Rückinduktion in der Spule.

Dichtigkeitsprüfung:
Um die Dichtigkeit ausreichend genau beobachten zu können, muss das Drosselklappenstück ausgebaut sein.
■ Bringen Sie den Tank in Servicestellung. Nähere Informationen hierzu finden Sie im Kapitel 11.
■ Demontieren Sie den kompletten Luftfilter.
■ Bauen Sie das Drosselklappenstück wie schon beschrieben aus.
■ Lassen Sie die Kraftstoffleitungen (Vor- und Rücklauf montiert.
■ Demontieren Sie die Abdeckung für den Soziussitz.
■ Ziehen Sie das Kraftstoffpumpenrelais ab.
■ Schließen Sie einen Schalter an die Anschlüsse (Pin 3 und Pin 5) an.
■ Schalten Sie die Zündung ein.
■ Schalten Sie die Kraftstoffpumpe ein.

Es sollten sich keine Tropfen an den Düsenbohrungen oder den Anschlüssen bilden. Ist das der Fall, muss die Einspritzdüse ersetzt werden.

Spritzbild:
■ Bringen Sie den Tank in Servicestellung. Nähere Informationen finden Sie im Kapitel 11.
■ Bauen Sie das Drosselklappenstück wie beschrieben aus.

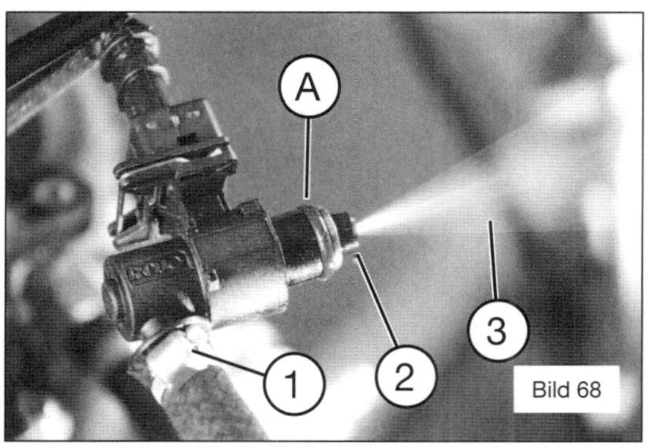

Bild 68

■ Lassen Sie die Kraftstoffleitungen (Vor- und Rücklauf montiert.
■ Legen Sie das Drosselklappenstück so ab, dass Sie das Spritzbild der Einspritzdüse bewerten können.
■ Demontieren Sie die Abdeckung für den Soziussitz.
■ Ziehen Sie das Kraftstoffpumpenrelais ab.
■ Schließen Sie einen Schalter an die Anschlüsse (Pin 3 und Pin 5) an.
■ Schalten Sie die Zündung ein.
■ Schalten Sie die Kraftstoffpumpe ein.
■ Schließen Sie an die Steckkontakte der Einspritzdüse eine 12-V-Batterie an.

Das Spritzbild sollte einen fein vernebelten Kegel bilden. Eine Strahlbildung weist auf ein defektes oder sogar undichtes Einspritzventil hin.

Zündspulen

Widerstandsmessung an der Primärspule (Niederspannungsseite):

Die Widerstandsmessung kann lediglich den Zustand der Spule im Stand bewerten. Aussetzer, die durch die Bewegung im Magnetfeld oder Vibrationen entstehen, werden nicht erkannt.
■ Demontieren Sie die entsprechenden Seitenverkleidungen und legen Sie die Zündspule frei, die überprüft werden soll.
■ Entriegeln Sie die beiden Anschlussstecker (a und b im Bild 69) und ziehen Sie sie ab.
■ Schließen Sie den Messanschluss (rotes Messkabel) an den Anschluss (a) an.
■ Schließen Sie den Masseanschluss (schwarzes Messkabel) an den Anschluss (b) an.
■ Stellen Sie das Multimeter auf einen Messwert von 200 Ω ein.

Sie sollten hier einen Widerstand von ca. 2,8 Ω bis 5,2 Ω ablesen.

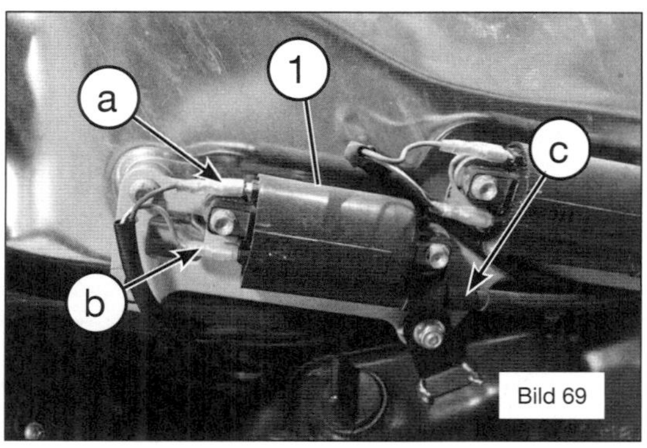

Bild 69

Bild 68
Einspritzventil.
A Dichtungen
1 Spulenanschluss
2 Spulenanschluss
3 Spritzbild (Kraftstoffnebel)

Bild 69
Zündspule.
1 Zündspule
a Anschluss Primärspule (KL15)
b Anschluss Primärspule (KL1)
c Anschluss Hochspannung (KL4)

Sichtprüfung Messen

Bild 70
Zündkerzenstecker.
1 Kerzenstecker
2 Schwarzes Messkabel
3 Angaben zum Widerstand auf dem Kerzenstecker
4 Rotes Messkabel

Bild 71
Signalbild Zündspule sekundärseitig (Hochspannung).
1 Auslösung durch das Steuergerät
2 Zündspannung
3 Brenndauer (Brennlinie)
4 Ausschwingvorgang der Spule
5 Laden der Spule (Steuergerät Impulsende)

Bild 72
Signalbild Zündspule primärseitig.
1 Spule laden
2 Zündspannung
3 Brenndauer
4 Ausschwingvorgang der Spule
5 Schaltgerät schaltet wieder Masse auf

Widerstandsmessung an der Sekundärspule (Hochspannungsseite):

Die Widerstandsmessung kann lediglich den Zustand der Spule im Stand bewerten. Aussetzer, die durch die Bewegung im Magnetfeld oder Vibrationen entstehen, werden nicht erkannt.

■ Demontieren Sie die entsprechenden Seitenverkleidungen und legen Sie die Zündspule frei, die überprüft werden soll.
■ Entriegeln Sie die beiden Anschlussstecker (a und b im Bild 69) und ziehen Sie sie ab.
■ Ziehen Sie den Kerzenstecker von der entsprechenden Zündkerze ab und legen Sie das Zündkabel frei.
■ Drehen Sie das Zündkabel gegen den Uhrzeigersinn aus der Zündspule heraus.
■ Schließen Sie den Messanschluss (rotes Messkabel) an den Anschluss (b) an.
■ Schließen Sie den Masseanschluss (schwarzes Messkabel) an den Anschluss (3) an.
■ Stellen Sie das Multimeter auf einen Messwert von 20 kΩ ein.

Sie sollten hier einen Widerstand von ca. 9,1 kΩ bis 16,5 kΩ ablesen.

Spannungsversorgung der Zündspule:

■ Demontieren Sie die entsprechenden Seitenverkleidungen und legen Sie die Zündspule frei die überprüft werden soll.
■ Entriegeln Sie die beiden Anschlussstecker (a und b im Bild 69) und ziehen Sie sie ab.
■ Schließen Sie den Messanschluss (rotes Messkabel) an den Anschluss (a) an.
■ Schließen Sie den Masseanschluss (schwarzes Messkabel) an den Anschluss (b) an.
■ Stellen Sie das Multimeter auf einen Messwert von 20 V ein.
■ Stellen Sie den Killschalter auf die Position »RUN«.
■ Schalten Sie die Zündung ein.
■ Lesen Sie die Spannung ab.

Die Spannung sollte zwischen 12,5 V und 13,5 V Batteriespannung liegen.

Ansteuerung durch das Steuergerät:

Das Steuergerät schaltet den Massekontakt der Zündspule und steuert so die Spule der Zündspule an.

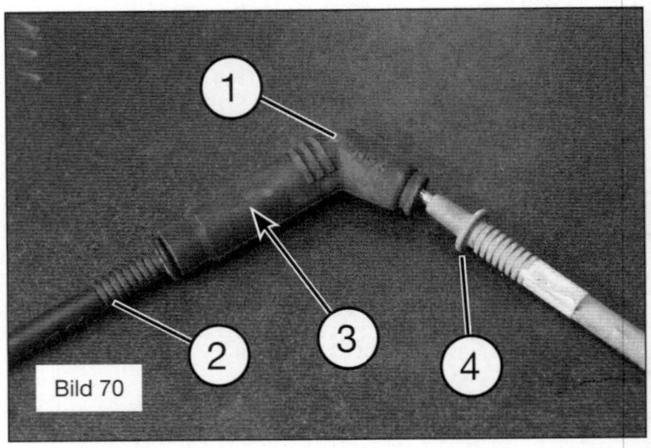

Bild 70

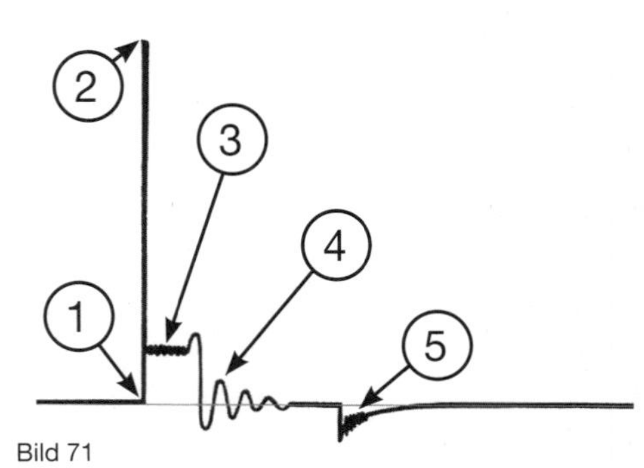

Bild 71

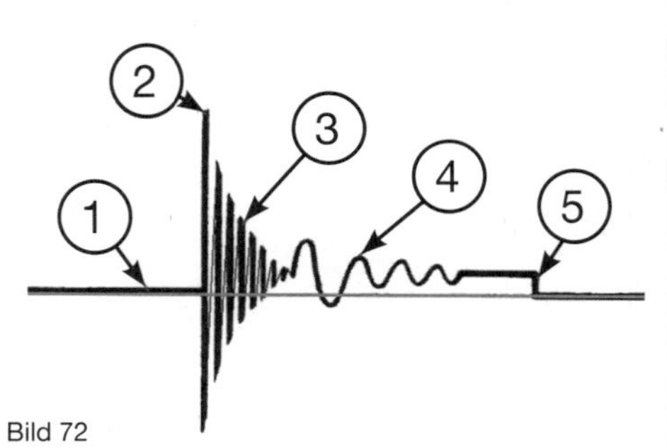

Bild 72

■ Demontieren Sie die entsprechenden Seitenverkleidungen und legen Sie die Zündspule frei die überprüft werden soll.
■ Entriegeln Sie die beiden Anschlussstecker (a und b im Bild 69) und ziehen Sie sie ab.
■ Schließen Sie mit einem Messadapter den Messanschluss (rotes Messkabel) an den rechten Anschluss (a im Bild 69) an.
■ Schließen Sie mit einem Messadapter den Masseanschluss (schwarzes Messkabel) an den Batterieminuspol an.
■ Wählen Sie die Messspannung mit 5 V/Teiler (40 V auf dem Bildschirm) an.
■ Wählen Sie die Zeitachse mit 10ms/Teiler (100 ms auf dem Bildschirm) an.
■ Starten Sie den Motor und lassen Sie ihn im Leerlauf laufen.

Werten Sie das Signalbild aus. Sie sollten im Leerlauf eine Öffnungszeit von etwa 3 bis 5 ms (3 im Bild 71) erkennen können. Die Spannungsspitze am Ende der Einspritzung entsteht durch den Magnetfeldabbau und die Rückinduktion in der Spule.

Motorsteuergerät

Das Motorsteuergerät befindet sich je zur Hälfte unter dem Fahrersitz und unter dem Soziussitz. Die Anschlussstecker sind unter dem Fahrersitz zugänglich.

Grundsätzlich eignet sich das Motorsteuergerät sehr gut, um die Messpunkte für die einzelnen Bauteile im Einspritzsystem gut zugänglich und zentral abzugreifen.

Kennfeldveränderung:
Über einen Masseanschluss auf den Anschlusspin 16 (B) des Motorsteuergerätes wird eine Abgasvorgaben-konforme Grundeinstellung (Mapping) des Motorsteuergerätes bestimmt. Wird der Anschluss abgetrennt, wird die Gemischbildung etwas fetter. Bezeichnet wird das Trennen der Anschlussleitung in der Aprilia-Szene als »PIN 16 Tuning« bezeichnet. Zusammen mit dem Umbau des Anschlussstutzens zu den Luftführungen gilt das als leicht durchzuführende Tuningmaßnahme.

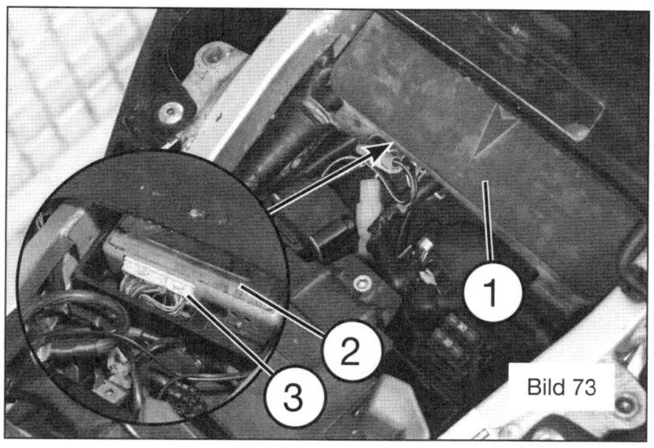

Bild 73

Bild 73
Anschlussstecker Motorsteuergerät (ECU).
1 Abdeckung Steuergerätekasten
2 Motorsteuergerät
3 Steckkontakte am Motorsteuergerät

Pinbelegung am Motorsteuergerät:
Im Folgenden stellen wir Ihnen die Pinbelegung der beiden Steckkontakte am Motorsteuergerät vor.

Den größeren Stecker haben wir mit »A« bezeichnet, den kleineren mit »B«. Die Pin-Nummerierung entnehmen Sie von den Ziffern dem Bild 74. Das Bild zeigt die Anschlussstecker von der Kabelanschlussseite her. Die Belegungen der Anschlusspins finden Sie in der nachstehenden Tabelle.

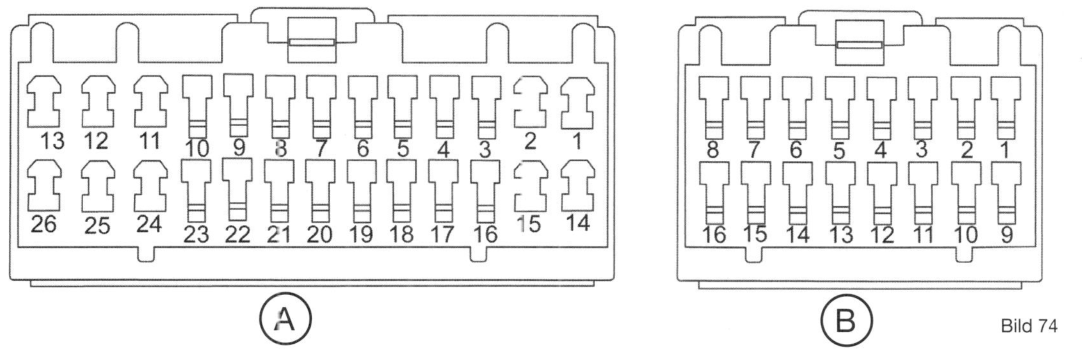

Bild 74

Bild 74
Anschlussstecker Motorsteuergerät (ECU).
A 26-poliger Steuergerätestecker
B 16-poliger Steuergerätestecker

Steckkontakte am Motorsteuergerät (Stecker A)

Nummer	Funktion	Bemerkung (Hauptfarbe/Farblinie)
1	Klemme 30 über Stoppschalter (Lenkerschalter rechts)	Sicherung »B« (grün/grau)
3	Klemme 31 (Masse)	(blau/grün)
4	Frei	-
5	Frei	-
6	Frei	-
7	Einspritzventil vorderer Zylinder	(braun/rot)
8	Frei	-
9	Einspritzventil vorderer Zylinder	(grau/rot)
10	Klemme 31 (Masse)	(blau/grün)
11	Klemme 31 (Masse)	(blau/grün)

12	Zündspule 1 hinterer Zylinder (KL1)	(hellblau/gelb)
13	Zündspule 2 hinterer Zylinder (KL1)	(pink/gelb)
14	Drehzahlsignal für Drehzahlmesser	(grau/violett)
15	Sensor (+) (5V+)	(blau/rot)
16	Kraftstoffpumpenrelais (Ansteuerung über Masse)	(orange/gelb)
17	Diagnoseleitung (Motorsteuergerät zum Display rechts)	(blau/violett)
18	Frei	-
19	Steckkontakt zur Serviceabfrage (Diagnosestecker)	(grün/weiß)
20	Kupplungsschalter und Diodenmodul parallel	(braun/grün)
21	Kupplungsschalter und Diodenmodul parallel	(braun/violett)
22	Startrelais/Startaster	(gelb/rot)
23	Klemme 31 (Masse)	(blau/grün)
24	Frei	-
25	Zündspule 1 vorderer Zylinder (KL1)	(rot/gelb)
26	Zündspule 2 vorderer Zylinder (KL1)	(orange/weiß)

Steckkontakte am Motorsteuergerät (Stecker B)

Nummer	Funktion	Bemerkung (Hauptfarbe/Farblinie)
1	Kurbelwellensensor (OT-Geber) Anschluss 1	(blau/gelb)
2	Nockenwellengeber (Anschluss a)	(blau/rot)
3	Sensor Masse (5V-)	(braun/weiß)
4	Signal Drosselklappenpoti (S)	(braun/gelb)
5	Signal Saugrohrdruckfühler (MAP-Sensor)	(rot)
6	Signal Wassertemperaturfühler	(pink/schwarz)
7	Sturzschalter Anschluss 1 (Masse)	(blau/grün)
8	Einspritzventile Spannungsversorgung	(grün/schwarz)
9	Kurbelwellensensor (OT-Geber) Anschluss 2	(weiß/gelb)
10	Nockenwellengeber (Anschluss b)	(grau/schwarz)
11	Frei	-
12	Frei	-
13	Signal Lufttemperaturfühler	(pink/grün)
14	Sturzschalter Anschluss 2	(pink/weiß)
15	Frei	-
16	Klemme 31 (Masse)	(blau/grün) (Achtung Mapping-Codierung)

Aktivkohlefilter und Regenerierventil
Lediglich die Modelle für den US-Markt waren mit einem Regenerierventil oder zumindest mit einem Aktivkohlefilter ausgerüstet. Die flüchtigen Kraftstoffgase aus dem Tank wurden in dem Filter aufgefangen und über den Ansaugtrakt wieder der Verbrennung zugeführt. Wichtig bei diesem System ist die Dichtigkeit zu prüfen, um Falschluft zu vermeiden.

Widerstandsmessung am Regenerierventil:

Die Widerstandsmessung kann lediglich den Zustand der Spule im Stand bewerten. Aussetzer, die durch die Bewegung im Magnetfeld oder Vibrationen entstehen, werden nicht erkannt.

■ Entriegeln Sie den Anschlussstecker und ziehen Sie ihn ab.
■ Bauen Sie das AKF-(Regenerier)Ventil aus.
■ Schließen Sie den Messanschluss (rotes Messkabel) an den einen Anschluss an.
■ Schließen Sie den Masseanschluss (schwarzes Messkabel) an den anderen Anschluss (2) an.
■ Stellen Sie das Multimeter auf einen Messwert von 200 Ω ein.

Sie sollten hier einen Widerstand von ca. 30 Ω bis 35 Ω ablesen.

Das Magnetventil ist im unbetätigten Zustand geschlossen (kein Durchlass) bei Bestromung ist es offen.

Schaltplan Zünd- und Einspritzsystem

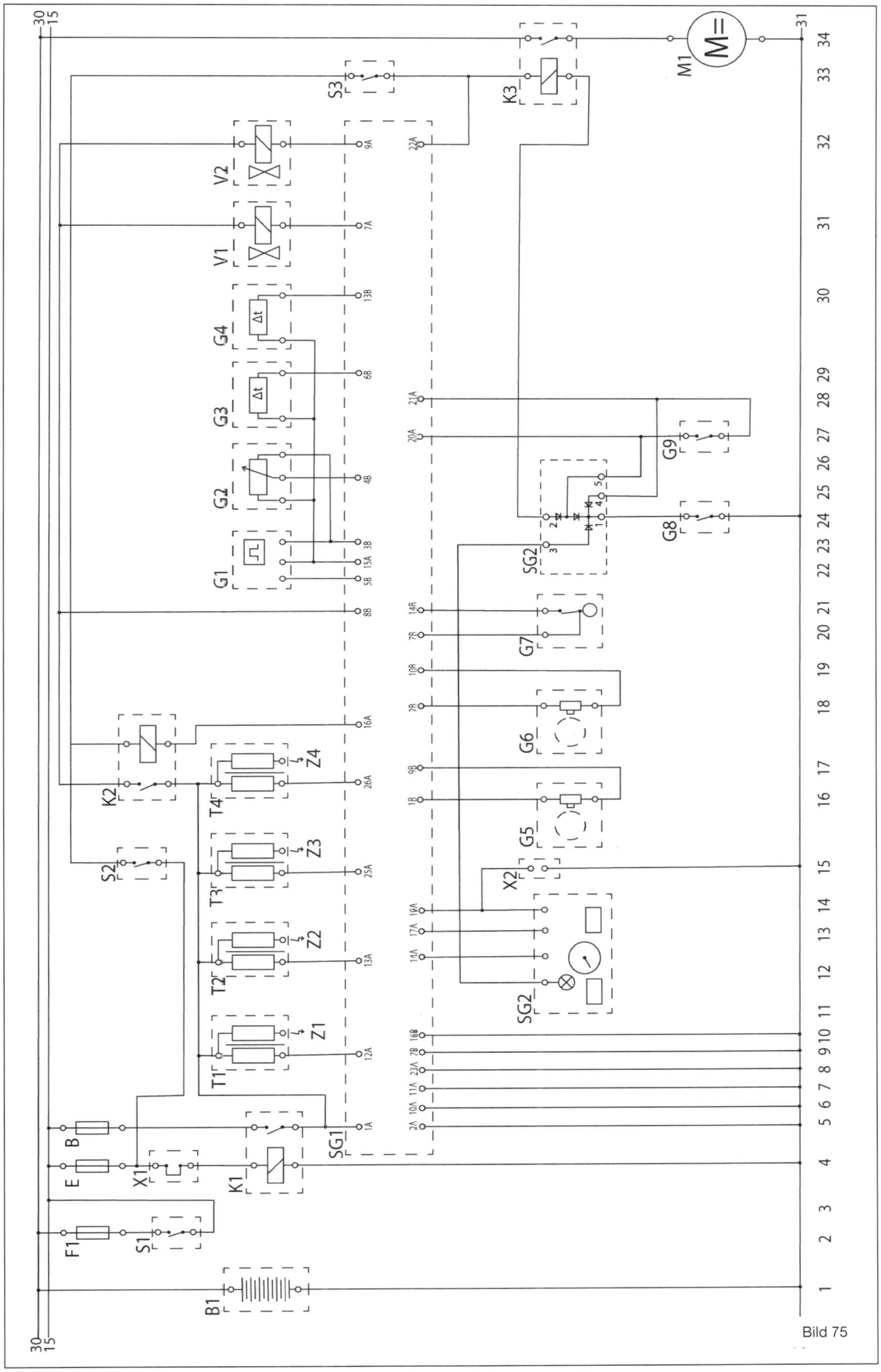

Bild 75

Bild 75
Legende zum Schaltplan.
B Sicherung 15A
B1 Batterie
E Sicherung 15A
F1 Hauptsicherung 30A
G1 Saugrohrdruckfühler
G2 DKP
G3 Wassertemperatur
G4 Lufttemperturfühler
G5 Kurbelwellengeber
G6 Nockenwellengeber
G7 Sturzsensor
G8 Neutralschalter
G9 Kupplungsschalter
K1 Motorstopprelais
K2 EKP
K3 Startrelais
M1 Startermotor
S1 Zündschloss
S2 Killschalter
S3 Starttaster
SG1 Motorsteuergerät
SG2 Tachometer
SG2 Diodenmodul
T1 Zündspule 1 (2.-Zylinder)
T2 Zündspule 2 (2. Zylinder)
T3 Zündspule 1 (1. Zylinder)
T4 Zündspule 2 (1. Zylinder)
V1 Einspritzventil (2. Zylinder)
V2 Einspritzventil (1. Zylinder)
X1 Brücke Alarmanlage
X2 Diagnosestecker (Steckkupplung)
Z1 Zündkerze 1 (2. Zylinder)
Z2 Zündkerze 2 (2.-Zylinder)
Z3 Zündkerze 1 (1. Zylinder)
Z4 Zündkerze 2 (1. Zylinder)

Sichtprüfung

Messen

Bauteilsuche im Schaltplan *(Bild 75)*

Kürzel	Bezeichnung	Strompfad (Bildnummer)
B	Sicherung 15A	5
B1	Batterie	1
E	Sicherung 15A	4
F1	Hauptsicherung 30A	3
G1	Saugrohrdruckfühler (MAP-Sensor)	22
G2	Drosselklappenpotenziometer	25
G3	Wassertemperaturfühler	28
G4	Lufttemperturfühler	30
G5	Kurbelwellengeber (OT-Geber)	16
G6	Nockenwellengeber	18
G7	Sturzsensor	20
G8	Neutralschalter	24
G9	Kupplungsschalter	27
K1	Motorstopprelais	4
K2	Kraftstoffpumpenrelais	17
K3	Startrelais	33
M1	Startermotor	34
S1	Zündschloss	3
S2	Killschalter	15
S3	Starttaster	33
SG1	Motorsteuergerät	5
SG2	Tachometer	11
SG2	Diodenmodul (Startfreigabemodul)	23
T1	Zündspule 1 hinterer Zylinder	8
T2	Zündspule 2 hinterer Zylinder	12
T3	Zündspule 1 vorderer Zylinder	15
T4	Zündspule 2 vorderer Zylinder	17
V1	Einspritzventil hinterer Zylinder	31
V2	Einspritzventil vorderer Zylinder	32
X1	Brücke Nachrüstung Alarmanlage/Wegfahrsperre	4
X2	Diagnosestecker (muss gebrückt werden)	15
Z1	Zündkerze 1 hinterer Zylinder	11
Z2	Zündkerze 2 hinterer Zylinder	13
Z3	Zündkerze 1 vorderer Zylinder	15
Z4	Zündkerze 2 vorderer Zylinder	17

10 Motormechanik

Die Motormechanik des sportlichen Zweizylindertriebwerks bis ins Detail zu betrachten, würde den Rahmen des Buches leicht sprengen. Wir möchten Ihnen trotzdem die wichtigsten Arbeiten vorstellen, die Sie zum Bewerten des Zustandes der Motormechanik und natürlich für die Wartung benötigen.

Kompressionsdruck prüfen

Prüfen und Messen ist grundsätzlich immer der bessere, sicherere und oft auch der schnellere Weg, um einen Fehler zu finden. Das trifft natürlich auch auf die Motormechanik zu. Wir stellen Ihnen die wichtigsten Prüfungen genauer vor. Eine der einfachsten Vorgehensweisen, um eine Aussage über den Zustand des Motors treffen zu können, ist die Auswertung eines Kompressionstests (Bilder 2 und 3). Hier wird der Höchstdruck der Verdichtung gemessen. Bei Geräten mit analoger Anzeige erfolgt die Anzeige auf der Messuhr. Der Druck wird mittels eines Autoventils am Ende des Messschlauchs gehalten und muss nach der Messung abgelassen werden. Die Kompressionsschreiber ermöglichen zwar nicht unbedingt eine genauere Messung, erlauben aber eine Dokumentation des Ergebnisses anhand der sogenannten Schreiberkärtchen. Der Preisunterschied zwischen Kompressionsprüfer und Kompressionsschreiber ist erheblich. Für gute Kompressionsschreibersets kann man leicht mehrere Hundert Euro anlegen.

Die Vorgehensweise ist für beide Messgeräte im Wesentlichen gleich.

- Zuerst wird die Zündkerze demontiert und dann der Kompressionsprüfer (je nach Konstruktion das Messgerät) eingeschraubt oder in das Kerzengewinde hineingepresst.
- Die Zündanlage muss stillgelegt werden.
- Nun muss der Motor mit normaler Anlasserdrehzahl gedreht werden. Hierzu muss die Drosselklappe voll geöffnet sein.
- Es wird so lange gestartet, bis der Druck nicht mehr deutlich ansteigt. Der Höchstdruck sollte bei maximal 12 Motorumdrehungen erreicht sein.

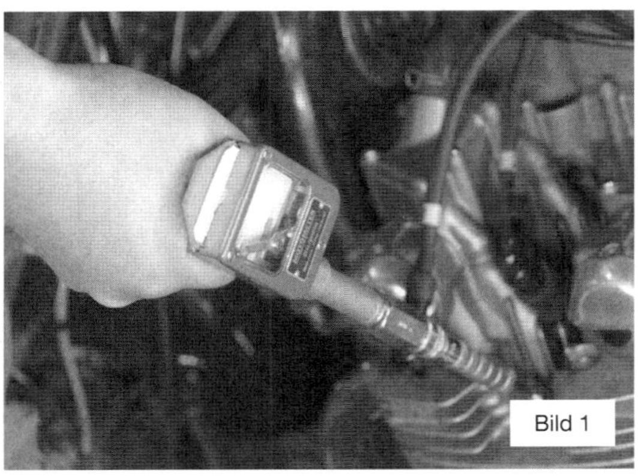

Bild 1

Kompressionsdruckmessung am Motorrad.

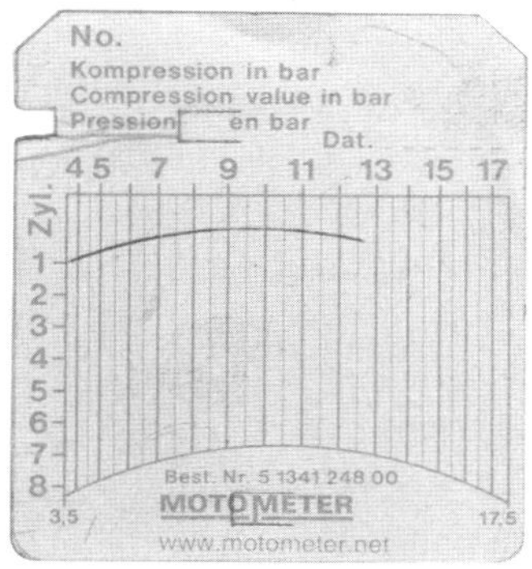

Bild 2

Kompressionsdruck in Ordnung.

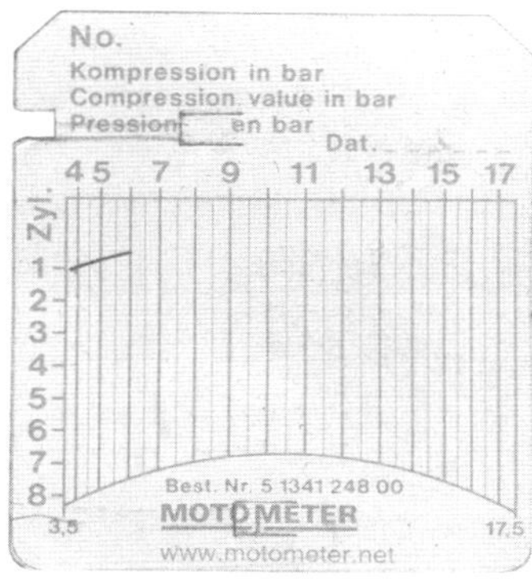

Bild 3

Kompressionsdruck zu niedrig.

Der Kompressionsdruck sollte zwischen 10 und 16 bar liegen.

Ist der Kompressionsdruck geringer, muss der Zylinderverschleiß geprüft und gegebenenfalls defekte Bauteile erneuert werden. Deutlich höherer Kompressionsdruck weist meistens auf Öl im Zylinder hin. Hier müssten dann Gemischpumpe oder beim 4-Takter die Ölabstreifringe und der Zylinderverschleiß geprüft werden.

Druckverlusttest

Im Gegensatz zum Kompressionstest geht es nicht darum, den eigentlichen Zylinderdruck festzustellen, sondern vielmehr darum, wie groß der Verlust ist und wohin der Druck

Sichtprüfung Messen

Bild 4
Druckverlusttest am Motorrad.

Bild 5
Druckverlust in Ordnung.

Bild 6
Druckverlust zu hoch.

entweicht. Schon an dieser Beschreibung merkt man, dass die Aussagekraft für eine Diagnose am Motor wesentlich wichtiger ist, als die Feststellung des tatsächlichen Kompressionsdrucks beim Kompressionstest. Ein weiterer Unterschied liegt darin, dass der Motor nicht wie beim Kompressionstest gedreht werden muss, um Druck zu erzeugen. Der Motor wird im Bereich des Zünd-OT blockiert. Zumeist reicht ein Schraubenschlüssel hierfür. Nun wird der Brennraum mit Druckluft beaufschlagt. Ähnlich wie beim Druckminderer am Kompressor wird der Luftdurchsatz reduziert und die Differenz hier beim Druckverlusttester in Prozenten angegeben. Ein Verlust bis zu 10 – 15 % kann durchaus als »normal« bezeichnet werden. In einer ruhigen Umgebung kann man schnell durch »Abhören« herausbekommen, wo der Druck entweicht.

- Zuerst wird der Druckverlusttester an den Kompressor angeschlossen und mit Hilfe des Handrades bei abgezogener Messleitung auf 0 % eingestellt.
- Jetzt wird die Messleitung angeschlossen. Die Skala sollte 100 % anzeigen. Reduziert man nun den Luftstrom mit dem Finger, indem man die Messleitung teilweise zuhält, erhält man eine auf der Skala ablesbare »Verlustrate«.
- Nachdem man sich von der Funktion des Testers überzeugt hat, wird die entsprechende Kerze demontiert und der Motor auf den Zünd-OT gedreht.
- Im günstigsten Fall sollte er blockiert werden. Will man ihn festhalten, sollte man auf keinen Fall die Kräfte der Druckluft unterschätzen, die den Motor sehr leicht verdrehen kann. Hier können leicht Verletzungen entstehen.

Es zischt aus dem Motorgehäuse:
Der Druck entweicht im Bereich Zylinder oder Kolben. Bei größerem Druckverlust muss der Zylinder demontiert und auf Verschleiß oder Schäden der einzelnen Komponenten geprüft werden.

Es zischt aus dem Einlasskanal:
Das Einlassventil schließt nicht richtig oder ist beschädigt. Es ist durchaus möglich, dass durch längere Standzeiten des Motors Korrosionsspuren das Ventil an seinem Sitz

Bild 4

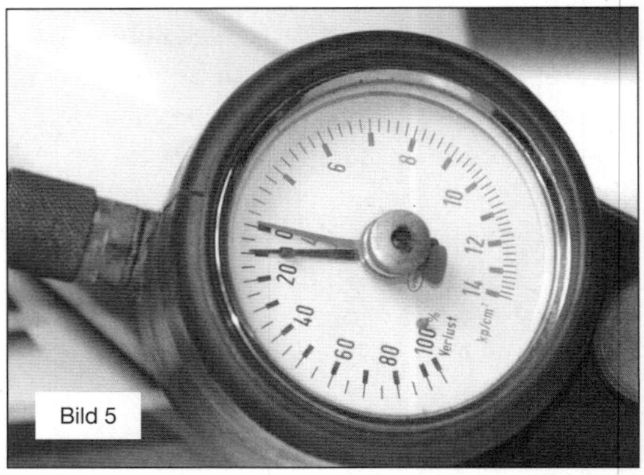

Bild 5

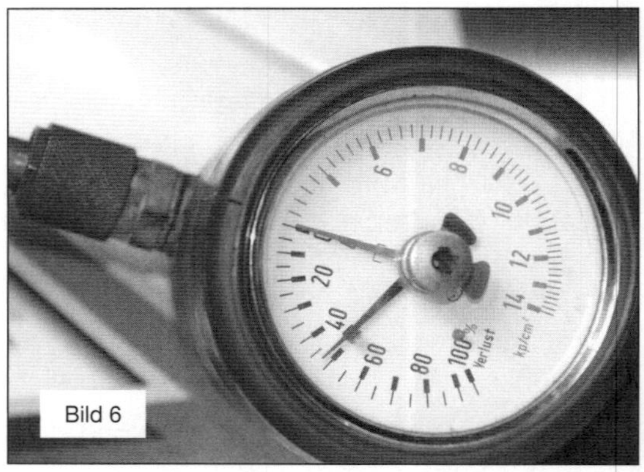

Bild 6

verunreinigen. Leichte Hammerschläge auf das Ventil von oben lassen es schlagartig öffnen und schließen. Oftmals lässt sich dann eine deutliche Verbesserung feststellen.

Es zischt aus dem Auslasskanal:
Das Auslassventil schließt nicht richtig oder ist beschädigt. Wie auch beim Einlassventil ist es durchaus möglich, dass längere Standzeiten des Motors Korrosionsspuren am Ventilsitz hinterlassen haben. Leichte Hammerschläge auf das Ventil von oben lassen es auch hier schlagartig öffnen und schließen. Oftmals lässt sich dann ein deutlich verbessertes Messergebnis feststellen.

Steuerzeiten prüfen

Auch wenn Sie die Steuerkette nicht selbst wechseln müssen, kann es schon für die Diagnose wichtig sein zu erkennen, ob die Steuerzeiten des Motors stimmen oder nicht.

Markierungen an der Kurbelwelle
Die Kurbelwelle hat keine Markierung im klassischen Sinn. Über eine Bohrung kann sie aber in der OT-Stellung (siehe Bild 8) für den 1. oder für den 2. Zylinder separat abgesteckt werden.

OT-Stellung über die Kolbenstellung:

Die OT-Stellung des Zylinders kann über eine Zündkerzenbohrung auf dem Kolbenboden ertastet werden. Die Kurbelwelle muss so weit verdreht werden, dass der Kolben in der höchsten Stellung steht.

Diese Methode eignet sich für die Grundeinstellung, wenn die Steuerkette demontiert wurde.

- Drehen Sie Verschlussschraube (3 im Bild 9) heraus.
- Stecken Sie einen 14-mm-Innensechskantschlüssel in die Zentralschraube (1) des Generatorrotors (4) ein.
- Bringen Sie den Kraftstofftank in Servicestellung.
- Bauen Sie eine Zündkerze aus.
- Stellen Sie einen Taststift oder ein anderes geeignetes Werkzeug durch die Zündkerzenbohrung auf den Kolbenboden.
- Verdrehen Sie den Motor, bis Sie über einen Taststift oder ein anderes geeignetes Werkzeug die höchste Kolbenstellung ertasten können.

OT-Stellung über die Nockenstellung:

- Demontieren Sie den Kraftstofftank. Bauen Sie den Luftfilterkasten komplett aus.
- Demontieren Sie das Drosselklappenstück und legen Sie es aus dem Arbeitsbereich heraus.
- Bauen Sie die beiden Ventildeckel ab. Die Arbeitsschritte stellen wir Ihnen im Anschluss genauer vor.
- Drehen Sie Verschlussschraube (3 im Bild 9) heraus.
- Stecken Sie einen 14-mm-Innensechskantschlüssel in die Zentralschraube (1) des Generatorrotors (4) ein.

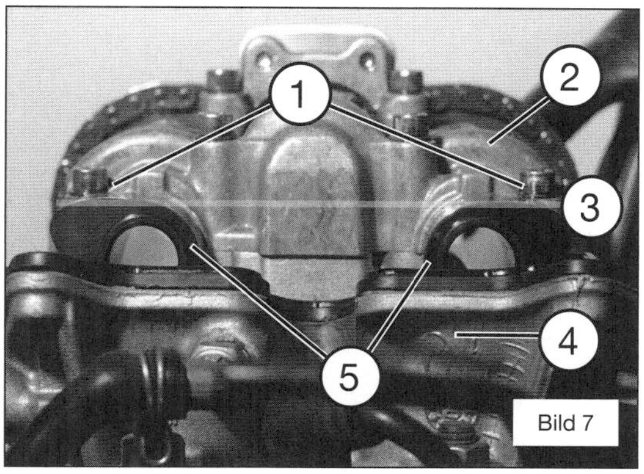

Bild 7

Bild 7
Nockenwellenstellung in Zünd-OT-Stellung.
1 Ebene Schrauben Nockenwellenlagerbock
2 Nockenwellenlagerbock
3 Gedachte Linie
4 Zylinderkopf
5 Nockenwellen

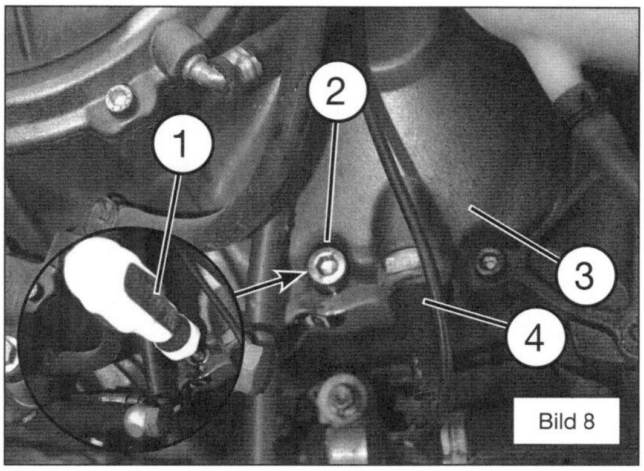

Bild 8

Bild 8
Absteckpunkt der Kurbelwelle.
1 Abgeschliffener Schraubendreher
2 Schraube M8
3 Kupplungsdeckel
4 Öldruckschalter

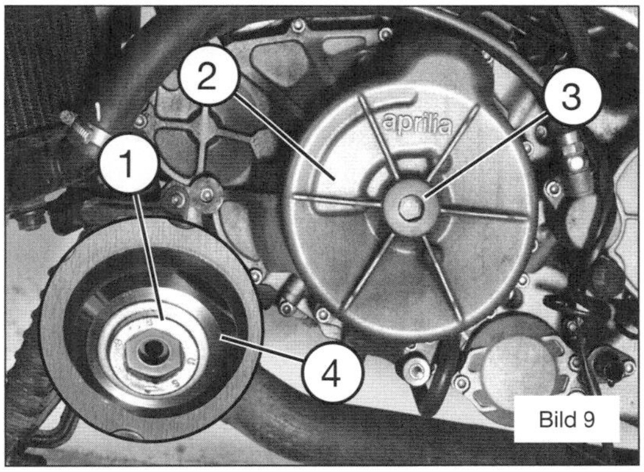

Bild 9

Bild 9
Zugang zur Kurbelwellenschraube.
1 Schraube Kurbelwelle
2 Generatordeckel
3 Verschlussschraube
4 Generatorrotor

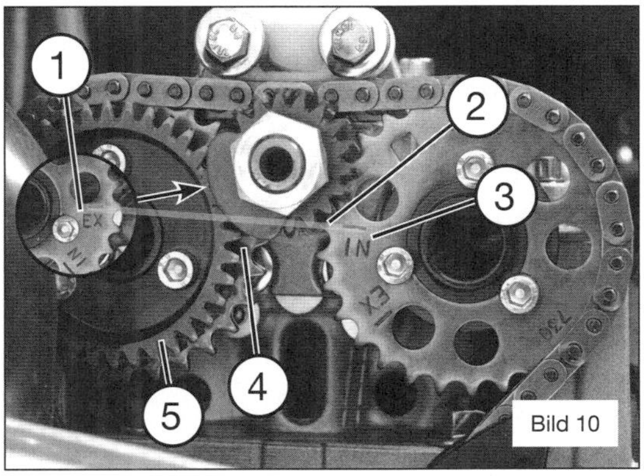

Bild 10

Bild 10
OT-Stellung der Nockenwelle.
1 Markierung auf der Auslassnockenwelle
2 gedachte Linie
3 Markierung auf der Einlassnockenwelle
4 Kettenrad Nockenwelle
5 Antriebsrad Ausgleichswelle

- Verdrehen Sie den Motor im Uhrzeigersinn, bis die Nockenwelle des vorderen Zylinders wie im Bild 7 dargestellt steht.

Beide Nockenwellenflächen bilden eine gedachte Linie (3 im Bild 10) die

Sichtprüfung Messen

in der Höhe der Ebene der Verschraubungen des Nockenwellenlagerbocks liegt.

■ Drehen Sie die 8-mm-Schraube (6 mm Innensechskant) (2 im Bild 8) heraus.

☞ Stellen Sie einen Ölauffangbehälter unter. Es wird Motoröl ablaufen.

Stecken Sie das Absteckwerkzeug von Aprilia für die Kurbelwelle oder ein Eigenbauwerkzeug mit 6 mm Durchmesser und etwa 20 cm Länge in die Schraubenbohrung ein.

■ Verdrehen Sie die Kurbelwelle leicht hin und her, damit das Werkzeug in die Bohrung der Kurbelwelle hineinrutschen kann.

☞ Die Nockenwelle sollte nun wieder in der im Bild 7 dargestellten Position stehen. So ist der Zylinder in die OT-Stellung fixiert.

Markierungen an der Nockenwelle

■ Demontieren Sie den Kraftstofftank.

■ Bauen Sie den Luftfilterkasten komplett aus.

■ Demontieren Sie das Drosselklappenstück und legen Sie es aus dem Arbeitsbereich heraus.

■ Bauen Sie die beiden Ventildeckel ab.

Die Arbeitsschritte stellen wir Ihnen im Anschluss genauer vor.

☞ Die Nockenwellenräder sind für alle vier Nockenwellen identisch. Sie können aufgrund der Bohrungen nur in eine Position verbaut werden.

■ Die Markierungen darauf sind so angelegt, dass sie sich wie im Bild 10 gezeigt in OT-Stellung gegenüberstehen.

■ Die Markierungen liegen dann auf einer gedachten Linie (2). Auf dem Einlassnockenwellenrad gilt dann die Markierung »IN«. Auf dem Auslassnockenwellenrad die Markierung »EX«.

☞ Für den hinteren Zylinder ist das durch das Umsetzerrad der Ausgleichswelle schwieriger zu erkennen.

Markierungen an den Ausgleichswellen

■ Demontieren Sie den Kraftstofftank.

■ Bauen Sie den Luftfilterkasten komplett aus.

■ Demontieren Sie das Drosselklappenstück und legen Sie es aus dem Arbeitsbereich heraus.

■ Bauen Sie die beiden Ventildeckel ab.

Die Arbeitsschritte stellen wir Ihnen im Anschluss genauer vor.

Bild 11
Markierung Ausgleichswelle am hinteren Zylinderkopf.
1 Körnerschläge auf den Zahnradflanken
2 Nockenwellenkettenrad
3 Umsetzerrad
4 Ausgleichswellenrad
5 Mutter
6 Ausgleichsgewicht

Ausgleichswelle am Zylinderkopf:

☞ Die Ausgleichswelle ist nur auf dem hinteren Zylinder (2.Zylinder) verbaut. Sie läuft mit doppelter Drehzahl als die Nockenwelle, also in Kurbelwellendrehzahl.

■ Auf dem Umsetzerrad (3) und auf dem Ausgleichswellenrad sind Körnerpunkte eingeschlagen.

👁 Zur richtigen Positionierung müssen die beiden Körnerpunkte (1) sich gegenüberstehen.

Ausgleichswelle an der Kurbelwelle:

■ Lassen Sie das Kühlmittel ablaufen.

■ Lassen Sie das Motoröl ab.

■ Demontieren Sie den Ausgleichsbehälter für das Kühlmittel.

■ Demontieren Sie den Fußbremshebel mit dem Geberzylinder und dem Ausgleichsbehälter und legen Sie das Bremssystem aus dem Arbeitsbereich heraus.

■ Demontieren Sie den Unterdruckschlauch am Kupplungsdeckel für die Betätigung des PPC-Kupplungssystems.

■ Demontieren Sie den Kupplungsdeckel komplett.

■ Verdrehen Sie den Motor auf den Zünd-OT des vorderen Zylinders (1.Zylinder). Die Positionierung lässt sich über das Ertasten

Bild 12
Markierung Ausgleichswelle zur Kurbelwelle. Wenn keine Markierung erkennbar ist, mit einem wasserfesten Marker Markierungen setzen.
1 Markierung auf dem Kurbelwellenrad
2 Markierung auf der Ausgleichswelle
3 Absteckwerkzeug in der Kurbelwelle

der Kolbenstellung oder über die Markierung an der Nockenwelle festlegen.

■ Auf dem Kubelwellenrad (1) und auf dem Ausgleichswellenrad (3) sind Körnerpunkte eingeschlagen.

Zur richtigen Positionierung müssen die beiden Körnerpunkte sich gegenüberstehen.

Ventildeckel

■ Demontieren Sie den Kraftstofftank.

■ Bauen Sie den Luftfilterkasten komplett aus.

■ Demontieren Sie das Drosselklappenstück und legen Sie es aus dem Arbeitsbereich heraus.

Vorderer Ventildeckel (1. Zylinder)

Verwenden Sie grundsätzlich nur einen passgenauen 5-mm-Innensechskantschlüssel ohne Verschleißspuren. Der Zugang zu einigen Schrauben ist sehr ungünstig für irgendwelche Reparaturschritte, um eine vermurkste Schraube herauszudrehen.

■ Demontieren Sie die Verkleidung zwischen den beiden Kühlern.

■ Demontieren Sie den Kraftstofftank.

■ Bauen Sie den Luftfilterkasten komplett aus.

■ Demontieren Sie das Drosselklappenstück und legen Sie es aus dem Arbeitsbereich heraus.

■ Lösen Sie die Schrauben des Ventildeckels und drehen Sie sie heraus.

Die vorderste Schraube ist am besten zwischen den Kühlern erreichbar.

■ Nehmen Sie den Ventildeckel heraus.

Die Montage erfolgt sinngemäß in umgekehrter Reihenfolge.

■ Erneuern Sie die Dichtmasse für den Nockenwellengeber.

■ Ersetzen Sie die Ventildeckeldichtung.

■ Tragen Sie etwas Dichtmasse im Bereich der Kabeldurchführung des Nockenwellengebers auf.

Hinterer Ventildeckel

Verwenden Sie grundsätzlich nur einen passgenauen 5-mm-Innensechskantschlüssel ohne Verschleißspuren.

■ Demontieren Sie den Kraftstofftank.

■ Bauen Sie den Luftfilterkasten komplett aus.

■ Demontieren Sie das Drosselklappenstück und legen Sie es aus dem Arbeitsbereich heraus.

■ Lösen Sie die Schrauben des Ventildeckels und drehen Sie sie heraus.

Die Montage erfolgt sinngemäß in umgekehrter Reihenfolge.

■ Ersetzen Sie die Ventildeckeldichtung.

Bauteil	*Drehmoment*
Schraube Ventildeckel	9 Nm

Ventilspiel

Schon zur Kontrolle des Ventilspiels, sind nicht unerhebliche Vorarbeiten nötig. Für die Prüfung des Ventilspiels muss der Motor verdreht werden. Geprüft wird in beiden OT-Stellungen der Nockenwellen.

■ Demontieren Sie den Kraftstofftank.

■ Bauen Sie den Luftfilterkasten komplett aus.

■ Demontieren Sie das Drosselklappenstück und legen Sie es aus dem Arbeitsbereich heraus.

■ Bauen Sie die beiden Ventildeckel wie bereits beschrieben ab.

■ Demontieren Sie die Verschlussschraube (3 im Bild 9).

Ventilspiel prüfen vorderer Zylinder

■ Verdrehen Sie die Kurbelwelle an der Zen-

Bild 13

Bild 13
Motor ohne Ventildeckel.
1 Auslassventile 1. Zylinder
2 Einlassventile 1. Zylinder
3 Auslassventile 2. Zylinder
4 Einlassventile 2. Zylinder
EV Einlassventile
AV Auslassventile

Bild 14
Prüfen des Ventilspiels.
1 Nockenwelle
2 Fühlerlehre
3 Stößeltasse

tralschraube der Kurbelwelle im Uhrzeigersinn, bis die Nockenwellen des 1. Zylinders in der im Bild 7 gezeigten Position stehen.

Das Ventilspiel wird für jeden Zylinder einzeln erfasst. Wichtig hierbei ist es, dass der Zylinder sich im Zünd-OT befindet und so die Nocken der Nockenwellen von den Tassenstößel weg zeigen.

■ Prüfen Sie nun die Einlassventile (EV im Bild 13) und Auslassventile (AV) des 1. Zylinders.

Die Fühlerlehre muss sich »saugend«, also mit fühlbarem Widerstand in dem Zwischenraum zwischen Nockenwelle und Tassenstößel bewegen lassen.

■ Notieren Sie sich das Ventilspiel für alle vier Ventile des 1. Zylinders.

Ventilspiel prüfen hinterer Zylinder

Im nächsten Schritt wird das Ventilspiel für den hinteren Zylinder erfasst.

■ Verdrehen Sie die Kurbelwelle an der Zentralschraube der Kurbelwelle im Uhrzeigersinn, bis die Nockenwellen des 2. Zylinders in der im Bild 7 gezeigten Position stehen.

Das Ventilspiel wird für jeden Zylinder einzeln erfasst. Wichtig hierbei ist es, dass der Zylinder sich im Zünd-OT befindet und so die Nocken der Nockenwellen von den Tassenstößel weg zeigen.

■ Prüfen Sie nun die Einlassventile (EV im Bild 13) und Auslassventile (AV) des 2. Zylinders.

Die Fühlerlehre muss sich »saugend«, also mit fühlbarem Widerstand in dem Zwischenraum zwischen Nockenwelle und Tassenstößel bewegen lassen.

■ Notieren Sie sich das Ventilspiel für alle vier Ventile des 2. Zylinders.

Ventilspiel einstellen

Das Ventilspiel wird durch das Austauschen von Einlageplättchen (Shims) unter die Tassenstößel verändert. Dazu müssen, durchaus mehrfach, die Nockenwellen aus- und wieder eingebaut werden.

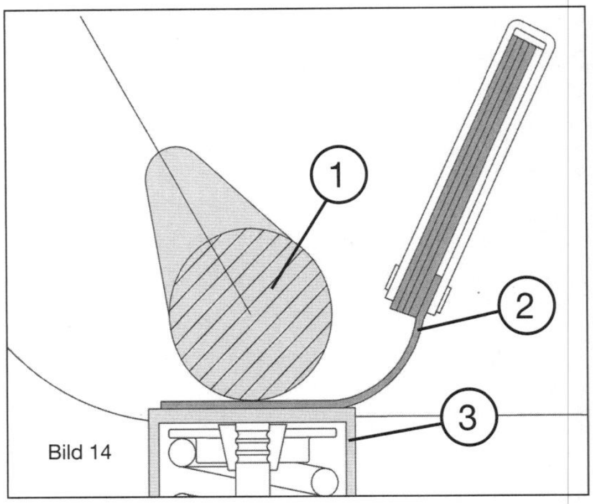

Bild 14

Grundsätzlicher Ablauf:

■ Ventilspiel mit der Fühlerlehre wie beschrieben prüfen und Messwerte in einer Tabelle (wie unten) eintragen.

Soweit bei einem Ventil das Ventilspiel nicht stimmt, müssen die Nockenwellen ausgebaut werden.

■ Die Tassenstößel nach dem Ausbau der Nockenwellen aus dem Zylinderkopf gerade nach oben herausziehen.

■ Die Tassenstößel vertauschungssicher auf einem sauberen Lappen auf der Werkbank ablegen.

■ Die Einlageplättchen (Shims) (2 im Bild 15) bei den Ventilen mit den falschen Einstellwerten vertauschungssicher ablegen (geht sehr gut in Eiswürfelformen für den Tiefkühlschrank).

■ Die Einlageplättchen (Shims) mit der Bügelmessschraube einmessen und durch

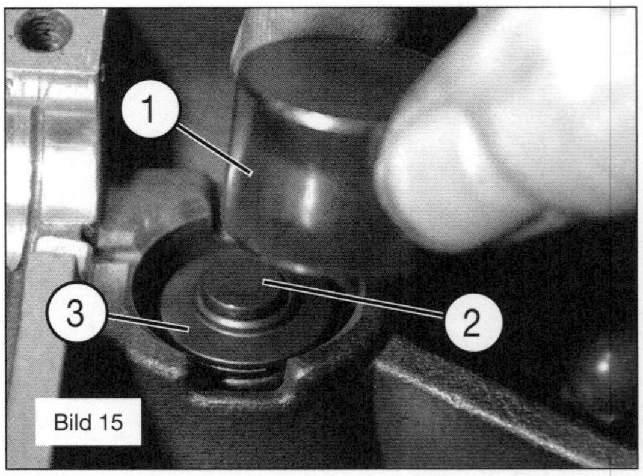

Bild 15

Bild 15
Einbaulage der Einstellplättchen (Shims).
1 Stößeltasse
2 Einstellplättchen (Shim)
3 Federteller

Mustertabelle zum Eintragen des Ventilspiels

Zylinder-Nummer	Einlassventil (0,13 mm bis 0,22 mm)		Auslassventil (0,22 mm bis 0,31 mm)	
	Links	Rechts	Links	Rechts
1				
2				

ein passendes Einlageplättchen (Ventilspiel zu groß = dickeres Einlageplättchen, Ventilspiel zu klein = dünneres Einlageplättchen) ersetzen.

■ Nockenwellen wieder einbauen und das Ventilspiel erneut prüfen.

Nockenwellen ausbauen

Für den Wechsel der Einlageplättchen (Shims) unter den Tassenstößeln müssen die Nockenwellen ausgebaut werden. Die Montagearbeiten sind recht umfangreich.

Achten Sie darauf, dass die Tassenstößel in der ursprünglichen Einbaulage wieder verbaut werden.

Nockenwellen am vorderen Zylinder

■ Verdrehen Sie den Motor so weit, dass der erste Zylinder auf Zünd-OT steht.

■ Stecken Sie die Kurbelwelle mit einer geeigneten Verdrehsicherung (siehe Bild 8) ab.

■ Drehen Sie die Verschlussschraube des Steuerkettenspanners (1 im Bild 19) für den vorderen Zylinder heraus.

■ Nehmen Sie den Steuerkettenspanner heraus.

■ Ziehen Sie den Steckkontakt zum Nockenwellengeber ab und legen Sie das Anschlusskabel zum Nockenwellengeber frei.

■ Drehen Sie die Schrauben (A im Bild 18) heraus und nehmen Sie den Nockenwellengeber ab.

■ Lösen Sie die Verklebung (Dichtmasse) und nehmen Sie den Nockenwellengeber und das Anschlusskabel heraus.

■ Drehen Sie die Schrauben in der Reihenfolge 8 - 1 los und nehmen Sie den Nockenwellenlagerdeckel (C) ab.

■ Achten Sie auf den Verbleib des Kabelhalters (D).

■ Nehmen Sie die entsprechende Nockenwelle aus den Lagerstellen im Zylinderkopf und der Steuerkette heraus.

■ Legen Sie die Nockenwelle vertauschungssicher auf einem sauberen Lappen ab.

Die Montage erfolgt sinngemäß in umgekehrter Reihenfolge.

■ Reinigen Sie die Dichtflächen und Anlageflächen des Ventildeckels gründlich mit einem fusselfreien Lappen.

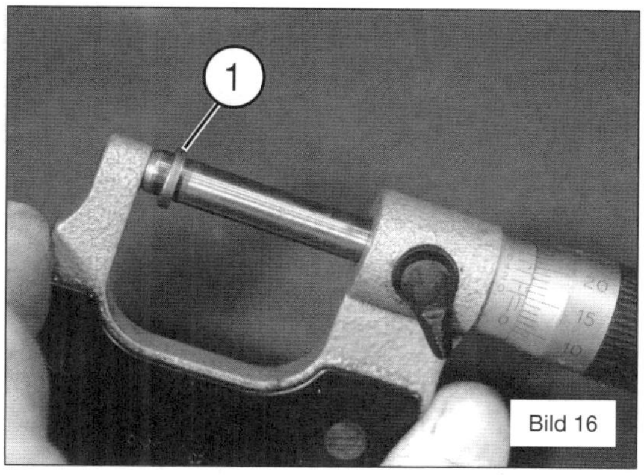

Bild 16
Ausmessen der Shimstärke mit der Bügelmessschraube.
1 Einstellplättchen (Shim)

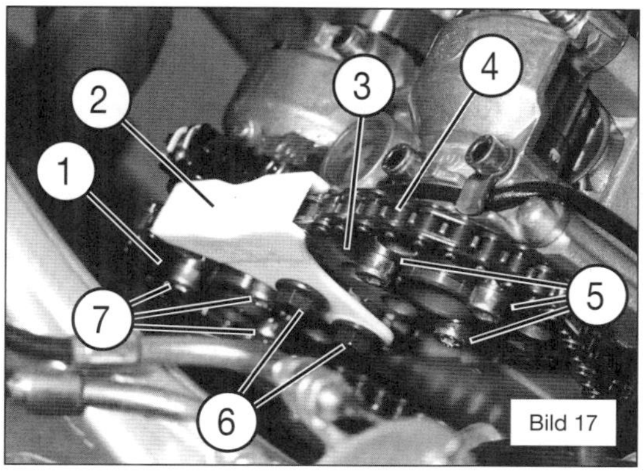

Bild 17
Prüfen des Ventilspiels.
1 Auslassnockenwelle
2 Kettenführung
3 Einlassnockenwelle
4 Steuerkette
5 Schrauben Einlassnockenwelle
6 Schrauben
7 Schrauben Auslassnockenwelle

Bild 18
Lagerbock vorderer Zylinder (1. Zylinder).
A Schrauben Nockenwellengeber
B Klebestelle Kabelbefestigung
C Nockenwellenlagerdeckel
D Kabelhalter
1-8 Anzugsfolge Schrauben Nockenwellenlagerdeckel

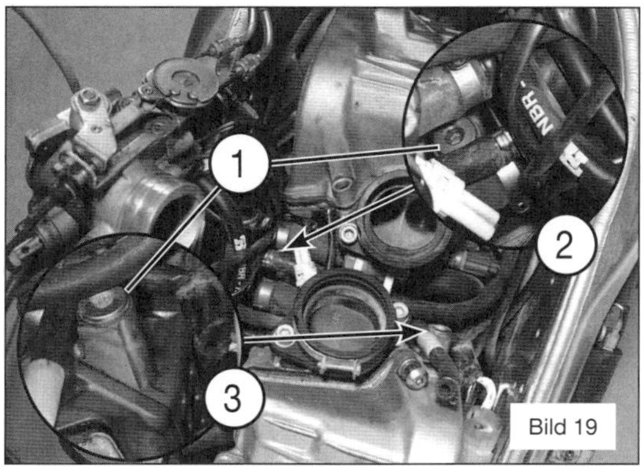

Bild 19
Steuerkettenspanner.
1 Verschlussschraube
2 Am vorderen Zylinder
3 Am hinteren Zylinder

Achten Sie auf die Einbauposition der Nockenwellen.

Achten Sie darauf, dass die Tassenstößel in der ursprünglichen Einbaulage wieder verbaut werden.

Sichtprüfung Messen

■ Ersetzen Sie die Ventildeckeldichtung.
■ Tragen Sie etwas Öl vor der Montage der Nockenwelle(n) auf die Lagerstellen auf.
■ Prüfen Sie abschließend das Ventilspiel.

Nockenwellen am hinteren Zylinder

Um die Nockenwellen des hinteren Zylinders ausbauen zu können, muss die Ausgleichswelle beziehungsweise das Lagerschild der Ausgleichswelle demontiert werden. Die unteren Schrauben werden von den Nockenwellenrädern verdeckt.

■ Verdrehen Sie den Motor so weit, dass der zweite Zylinder auf Zünd-OT steht.
■ Stecken Sie die Kurbelwelle mit einer geeigneten Verdrehsicherung (siehe Bild 8) ab.
■ Lösen Sie die Schrauben der Nockenwellenräder (1 und 6 im Bild 20).
■ Lösen Sie die Mutter (2) der Ausgleichswelle. Halten Sie hierzu mit einem geeigneten Werkzeug in der Bohrung der Ausgleichswelle gegen.
■ Drehen Sie die Verschlussschraube des Steuerkettenspanners (1 im Bild 19) für den hinteren Zylinder heraus.
■ Nehmen Sie den Steuerkettenspanner heraus.
■ Sichern Sie die Steuerkette mit einem Kabelbinder gegen Hineinfallen in den Motor.
■ Drehen Sie die Mutter (2 im Bild 20) ab.
■ Nehmen Sie die Scheibe mit der Ausgleichsmasse (5) ab.
■ Drehen Sie die Schrauben (1) heraus und nehmen Sie das Zwischenrad (8) sowie das Steuerkettenrad (7) ab.
■ Drehen Sie die Schrauben (6) heraus und nehmen Sie das Steuerkettenrad ab.
■ Drehen Sie die Schrauben (1) oben heraus und nehmen Sie die Führungsschiene (2) ab.
■ Drehen Sie die Schrauben (1) unten heraus und nehmen Sie das Lagerschild (2) ab.
■ Drehen Sie die Schrauben in der Reihenfolge (8 - 1 im Bild 22) los und nehmen Sie den Nockenwellenlagerdeckel (A) ab.
■ Nehmen Sie die entsprechende Nockenwelle aus den Lagerstellen im Zylinderkopf und der Steuerkette heraus.
■ Legen Sie die Nockenwelle vertauschungssicher auf einem sauberen Lappen ab.

Die Montage erfolgt sinngemäß in umgekehrter Reihenfolge.

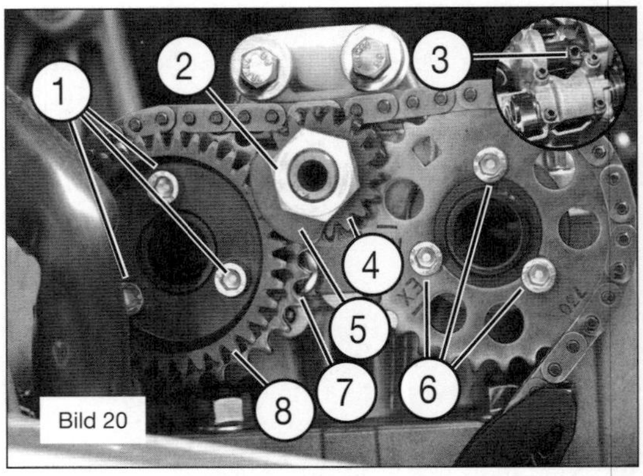

Bild 20

Bild 20
Verschraubungen Nockenwellenräder am hinteren Zylinderkopf.
1 Schrauben
2 Mutter
3 Bohrung
4 Ausgleichswellenrad
5 Scheibe mit Ausgleichsmasse
6 Schrauben
7 Steuerkettenrad
8 Zwischenrad

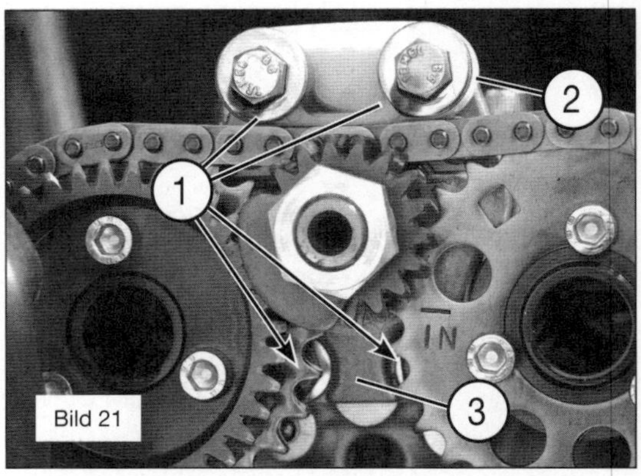

Bild 21

Bild 21
Lagerschild der Ausgleichswelle.
1 Schrauben
2 Führungsschiene
3 Lagerschild

Bild 22

Bild 22
Lagerbock hinterer Zylinder (2. Zylinder).
A Nockenwellenlagerdeckel
1-8 Anzugsfolge Schrauben Nockenwellenlagerdeckel

■ Reinigen Sie die Dichtflächen und Anlageflächen des Ventildeckels gründlich mit einem fusselfreien Lappen.

Achten Sie auf die Einbauposition der Nockenwellen.

Achten Sie darauf, dass die Tassenstößel in der ursprünglichen Einbaulage wieder verbaut werden.

■ Ersetzen Sie die Ventildeckeldichtung.
■ Tragen Sie etwas Öl vor der Montage der Nockenwelle(n) auf die Lagerstellen auf.
■ Prüfen Sie abschließend das Ventilspiel.

Bauteil	*Drehmoment*
Schraube Lagerdeckel	11 Nm
Schrauben Nockenwellenrad	11 Nm
Mutter Ausgleichswellenrad	50 Nm

11 Anbauteile und Verkleidungen

Nicht nur um Zugang zu der Technik Ihres Motorrades zu erlangen, müssen die Verkleidungen Ihres Motorrades demontiert werden. Oftmals ist das schon für die Fahrzeugwartung oder die Reinigung sinnvoll und erforderlich.

Schrauben, Verschlüsse und Verrastungen

Zuerst einmal möchten wir Ihnen die Besonderheiten für die Befestigung der Kunststoffteile vorstellen. Natürlich auch, wie Sie mit ihnen umgehen und was Sie beachten müssen.

Rastnasen in Haltegummis (Bild 1)
Verkleidungsteile werden recht häufig in Gummilagern befestigt. Das ermöglicht eine Befestigung, die (positiv gerade für die Verkleidung, die auch mal belastet wird) eine gewisse Flexibilität zulässt. Auch Vibrationen können hier weniger Schaden anrichten.

Gleitmittel für leichte Montage:

■ Ein säurefreies Silikonfett erleichtert die Montage der Verkleidungsteile in die Gummilager erheblich. Es muss aber mit Augenmaß zum Einsatz kommen, damit die Verkleidungsteile sich nicht zu leicht abziehen lassen.

■ Regelmäßige Reinigung und ein klein wenig Fett halten die Haltegummis flexibel und ermöglichen eine schadfreie Montage.

Achten Sie darauf, dass die Haltegummis unbeschädigt sind.

Achten Sie darauf, dass die Haltgummis richtig in der vorgesehenen Aufnahme sitzen und dort auch passen.

Stufenschrauben oder Schrauben mit Stufenhülse (Bild 2)
Ein Problem bei Kunststoffteilen sind Verspannungen. Presst eine Schraube den Kunststoff, den sie befestigen soll, zu sehr zusammen, wird der Kunststoff im günstigsten Fall verformt. In den meisten Fällen wird er aber ausbrechen oder einreißen. Bei

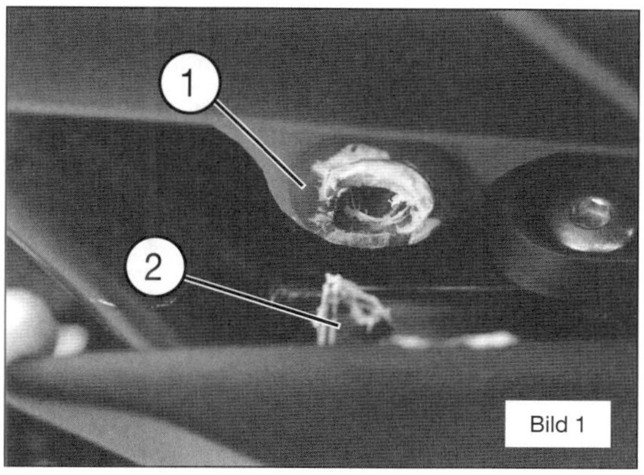

Bild 1

Bild 1
Verrastung in Gummilagern.
1 Gummilager in einer Bohrung
2 Haltenase an einer Verkleidung

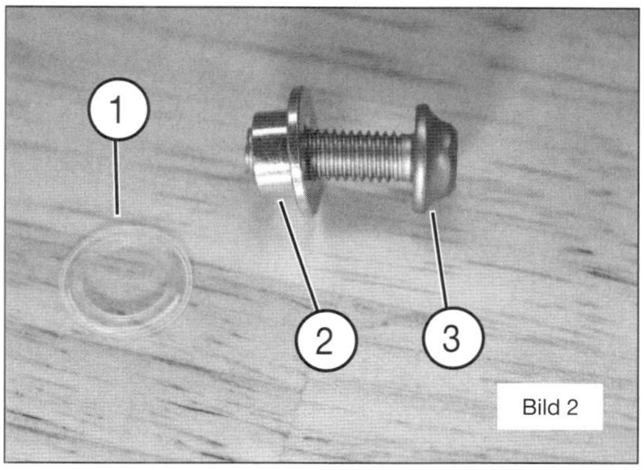

Bild 2

Bild 2
Schraube mit Stufenhülse.
1 Andruckscheibe
2 Stufenhülse
3 Schraube

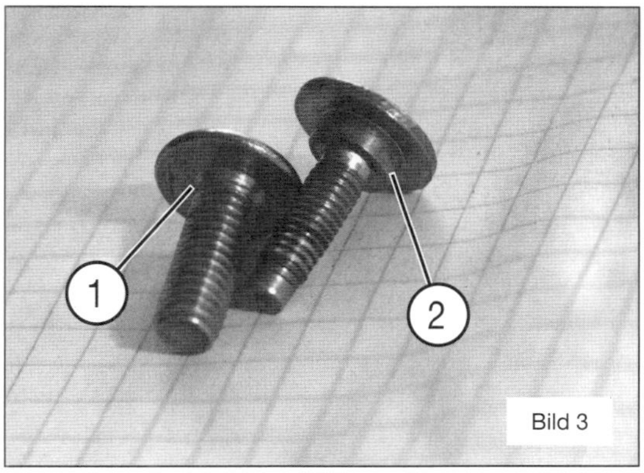

Bild 3

Bild 3
Bundschrauben (Schraube mit integrierter Scheibe).
1 Ohne Stufe (Bundschraube)
2 Mit Stufe (Stufenbundschraube)

Verschraubungen mit einer Stufenschraube oder einer Stufenhülse (2 im Bild 2) liegt der Kunststoff unter verträglicher Spannung mit der Scheibe (1) auf der Stufenhülse. Der Andruck beim Anziehen der Schraube (3) wirkt nur auf die Hülse. Der Kunststoff wird durch die Schraube nicht übermäßig belastet.

Bundschrauben (Bild 3)
Bundschrauben, also Schrauben mit Auflagebund (integrierter Unterlagscheibe), sind bei modernen Motorräder fast überall dort verbaut, wo die Schrauben nicht häufig gelöst werden müssen. Die Anlagefläche ist groß und das Material unter der Schraube trägt zum Sichern der Schraube bei, wird aber zumindest oberflächlich verkratzt.

Sichtprüfung · Messen

Wenn Kunststoffteile verschraubt werden, muss das grundsätzlich mit viel Gefühl erfolgen, um den Kunststoff gerade so nicht zu schädigen, aber trotzdem die Schraube ausreichend fest anzuziehen.

Gummimuttern

In den meisten Fällen, wenn Kunststoffscheiben lösbar aber vibrationseindämmend befestig werden sollen, kommen sogenannte »Gummimuttern« zu Einsatz. Genau genommen handelt es sich um »Blindnietmuttern«. Beim Anziehen wird die Mutter gestaucht und hält sich in der Bohrung fest. Im Laufe der Jahre zersetzt sich das Gummi und die Verschraubung löst sich. Kontrollieren Sie die Gummimutter ab und an auf Rissbildung und beschaffen Sie sich rechtzeitig Ersatz.

Bild 4
Gummimutter.

Kunststoffschrauben

Wenn Kunststoffteile miteinander verbunden werden, kommen Kunststoffschrauben zum Einsatz. Um eine schadenfreie Befestigung zu gewährleisten, werden schon bei der Fertigung die Bohrungen für das Kernloch der Kunststoffschrauben vorgesehen. Eine größere Schraube beschädigt die Bohrung und kann so leicht das Kunststoffteil unbrauchbar machen.

- Verwenden Sie den richtigen Schraubendurchmesser und achten Sie auf die richtige Länge der Schraube.

Wenn Sie die Befestigungsstellen instand setzen, denken Sie daran, eine entsprechende Bohrung für das Kernloch wieder vorzusehen.

Bild 5
Kunststoffschraube.

Sitzbank aus- und einbauen

Fahrersitzbank de- und montieren

- Heben Sie die hinteren Ecken der Sitzpolsterung an und drehen Sie die Schrauben (2 im Bild 6) links und rechts heraus.

Die Schrauben können in den Laschen am Sitz verbleiben. Die Polsterung verhindert ein Herausfallen.

- Heben Sie den Sitz im hinteren Bereich etwas an und ziehen Sie ihn dann zurück (2 im Bild 7).
- Nehmen Sie den Sitz (1) vom Haltebügel vorne (4) ab.
- Nehmen Sie den Sitz (1) heraus.
- Für die Montage setzen Sie den Sitz (1) im Bereich des Haltebügels (4) an, drücken ihn herunter und schieben ihn nach vorne.

Kontrollieren Sie, dass die Lasche (5) im Haltebügel (4) einliegt.

- Heben Sie die hinteren Ecken der Sitzpolsterung an und drehen Sie die Schrauben (2 im Bild 6) links und rechts fest.

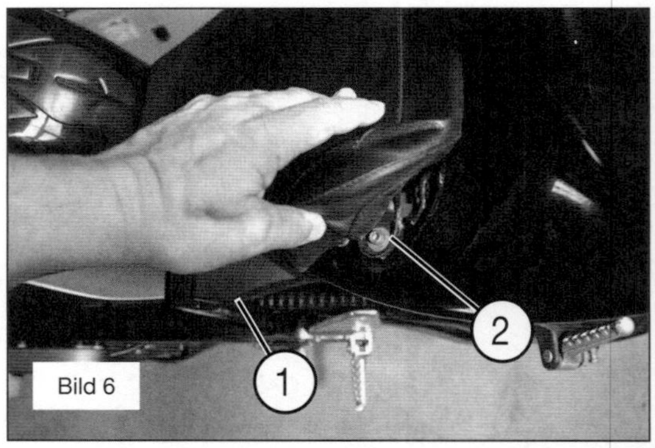

Bild 6
Fahrersitzbefestigung.
1 Fahrersitz
2 Verschraubung rechts und links

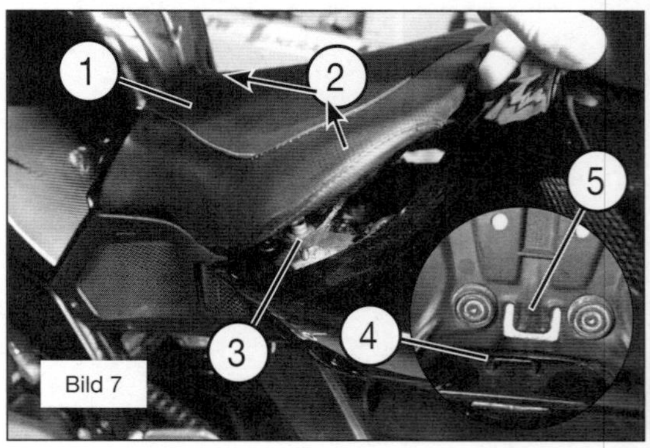

Bild 7
Fahrersitz herausnehmen.
1 Fahrersitz
2 Bewegungsrichtungen zum Ausbau
3 Verschraubung rechts und links
4 Haltebügel auf dem hinteren Tankhalter
5 Lasche im Fahrersitz

Kontrollieren Sie den festen Sitz des Fahrersitzes.

Bauteil	Drehmoment
Schraube Fahrersitz	10 Nm

Soziussitz oder Abdeckung de- und montieren
Schließen Sie das Schloss (4 im Bild 8) auf und nehmen Sie den Soziussitz oder die Sitzabdeckung zuerst hinten hoch vom Schlosszapfen ab und anschließend nach hinten aus den Haltenasen (1) heraus.

Die Montage erfolgt sinngemäß in umgekehrter Reihenfolge.
■ Achten Sie auf festen Sitz der Sitzbank in der Verriegelung und den Rahmenauflagen.

Kotflügel vorne

Kotflügel vorne
Decken Sie die Gabelholme im Montagebereich mit Lappen ab, um Beschädigungen oder Kratzer am Kotflügel oder den Gabelholmen zu vermeiden.
■ Drehen Sie die Schrauben (2) auf beiden Seiten heraus.
■ Nehmen Sie den Kotflügel (1) vorsichtig nach vorne oben heraus.

Die Montage erfolgt sinngemäß in umgekehrter Reihenfolge.

Bauteil	Drehmoment
Schraube Kotflügel vorne	7 Nm

Frontverkleidung

Verkleidungsscheibe RSV Mille und Tuono
Die Verkleidungsscheibe wird in unterschiedlichen Höhen angeboten. Die Montagearbeiten unterscheiden sich aber nicht wesentlich voneinander.
■ Drehen Sie die Schrauben (2 im Bild 10 beziehungsweise 11) heraus.
■ Nehmen Sie die Verkleidungsscheibe (1) ab.

Die Montage erfolgt sinngemäß in umgekehrter Reihenfolge.

Gerade dann, wenn Sie eine andere Scheibe montieren, achten Sie darauf, dass die Stufenhülse und die Andruckscheibe zur Scheibendicke passen. Die Scheibe muss fest sitzen, darf aber nicht durch die Schrauben gequetscht werden (Rissbildung!).

Bauteil	Drehmoment
Frontscheibe Schraube	0,5 Nm

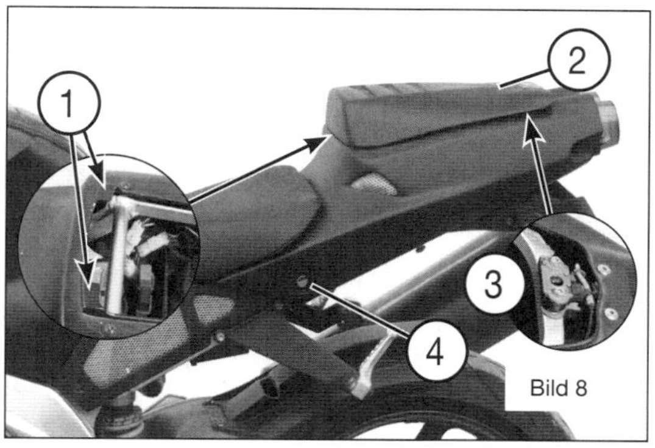

Bild 8
Soziussitz oder Soziussitzabdeckung.
1 Haltenasen
2 Soziussitz oder Sitzabdeckung
3 Sitzbankschloss
4 Schließzylinder Sitzbankschloss

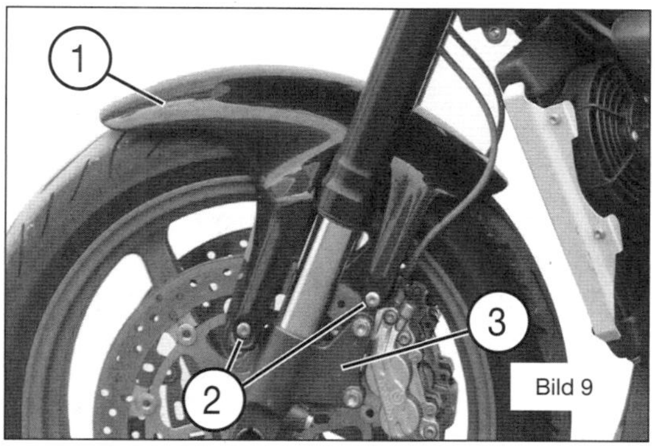

Bild 9
Kotflügel vorne.
1 Kotflügel
2 Schrauben
3 Gabelholm

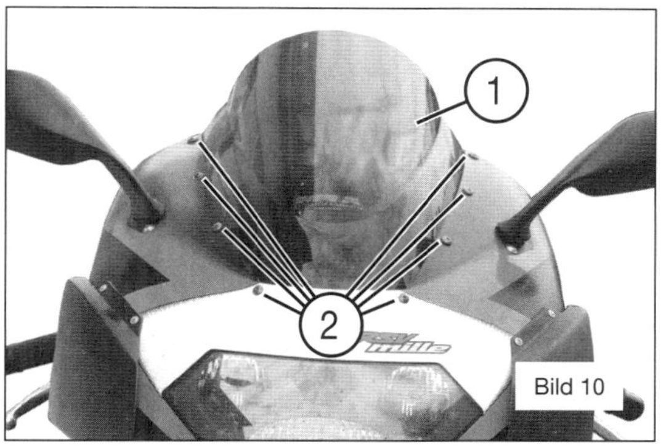

Bild 10
Verkleidungsscheibe an der RSV Mille.
1 Verkleidungsscheibe
2 Schrauben

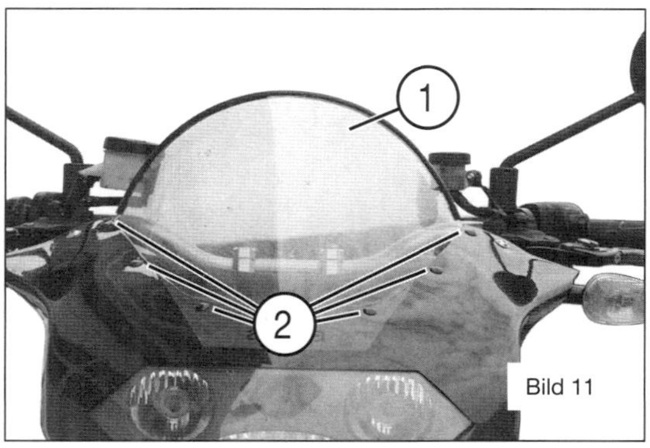

Bild 11
Verkleidungsscheibe an der RSV Tuono.
1 Verkleidungsscheibe
2 Schrauben

Sichtprüfung Messen

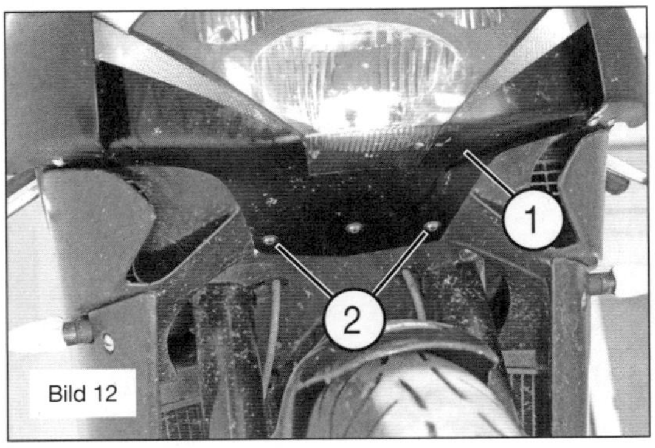

Bild 12

Bild 12
Lampenverkleidung an der RSV Mille vorne unten.
1 Lampenverkleidung
2 Schrauben

Lampenvekleidung RSV Mille

■ Schalten Sie die Zündung aus und ziehen Sie den Zündschlüssel ab.

■ Drehen Sie die Verschraubungen (2 im Bild 12) von vorne heraus.

■ Drehen Sie die Schrauben an den Rückspiegeln (2 im Bild 13) heraus.

■ Drehen Sie die Schrauben (1 im Bild 14) heraus. Halten Sie die Verkleidung von außen in Position.

■ Nehmen Sie die Verkleidung etwas ab und nehmen Sie den Steckkontakt (3 im Bild 15) des Frontscheinwerfers aus der Kabeltülle (1) auf der linken Seite heraus.

■ Entsichern Sie den Steckkontakt rechts und links (2) und ziehen Sie den Anschlussstecker (3) ab.

■ Nehmen Sie die Frontverkleidung zusammen mit dem Scheinwerfer und den Rückspiegeln ab.

■ Legen Sie die Verkleidung sicher auf einer Werkbank ab.

Die Montage erfolgt sinngemäß in umgekehrter Reihenfolge.

■ Drehen Sie zuerst alle Schrauben von Hand ein und richten Sie die Verkleidung aus.

■ Ziehen Sie dann die Schrauben fest.

Bauteil	*Drehmoment*
Schraube Lampenverkleidung	Handfest
Schrauben Rückspiegel	10 Nm

Tachoabdeckung RSV Mille (Bild 16)

■ Demontieren Sie die Lampenverkleidung wie zuvor beschrieben.

■ Drehen Sie die Schrauben (2 im Bild 16) heraus.

■ Nehmen Sie die Tachoabdeckung (1) ab.

Die Montage erfolgt sinngemäß in umgekehrter Reihenfolge.

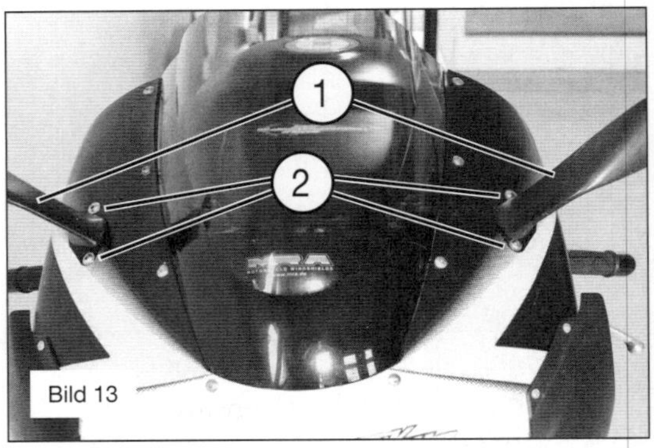

Bild 13

Bild 13
Lampenverkleidung an der RSV Mille vorne oben.
1 Rückspiegel
2 Schrauben

Bild 14

Bild 14
Lampenverkleidung an der RSV Mille vorne innen.
1 Schrauben

Bild 15

Bild 15
Anschlusskabel am Scheinwerfer.
1 Kabeltülle
2 Steckersicherung
3 Anschlussstecker

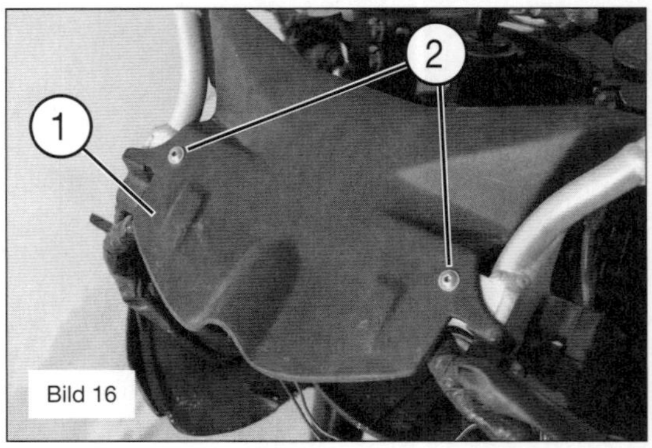

Bild 16

Bild 16
Tachometerabdeckung an der RSV Mille.
1 Tachmeterabdeckung
2 Schrauben

Bauteil	*Drehmoment*
Schraube Lampenverkleidung	Handfest

Lampenverkleidung Tuono (Bild 17)

■ Schalten Sie die Zündung aus und ziehen Sie den Zündschlüssel ab.

■ Drehen Sie die Schrauben (2 im Bild 17)

heraus. Halten Sie die Verkleidung von außen in Position.

■ Ziehen Sie die Verkleidung etwas ab und nehmen Sie den Steckkontakt (3 im Bild 15) des Frontscheinwerfers aus der Kabeltülle (1) auf der linken Seite heraus.

■ Entsichern Sie den Steckkontakt (2 im Bild 15) und ziehen Sie den Anschlussstecker ab.

■ Nehmen Sie die Frontverkleidung zusammen mit dem Scheinwerfer ab.

■ Legen Sie die Verkleidung sicher auf einer Werkbank ab.

Die Montage erfolgt sinngemäß in umgekehrter Reihenfolge.

■ Drehen Sie zuerst alle Schrauben von Hand ein und richten Sie die Verkleidung aus.

■ Ziehen Sie dann die Schrauben fest.

Bauteil	*Drehmoment*
Schrauben Lampenverkleidung	Handfest

Halter Lampenverkleidung (Bild 18)

Die Montagearbeiten für die RSV Mille und die Tuono unterscheiden sich nicht wesentlich.

■ Demontieren Sie die Scheinwerferverkleidung wie bereits beschrieben.

■ Bauen Sie den Tachometer, den Sicherungsträger und den Relaisträger vom Halter der Lampenverkleidung ab.

■ Lösen Sie die Kabelstränge und legen Sie sie frei.

■ Drehen Sie die beiden Schrauben (1 im Bild 17) heraus und nehmen Sie den Halter für die Lampenverkleidung vorne (2) ab.

Die Montage erfolgt sinngemäß in umgekehrter Reihenfolge.

■ Befestigen Sie die Kabelstränge an der gleichen Stelle mit neuen Kabelbindern.

Bauteil	*Drehmoment*
Schrauben Lampenhalter	15 Nm
Schrauben Lampenverkleidung	Handfest

Seitenverkleidungen

Seitenverkleidung RSV Mille (Bild 19)

Die Seitenverkleidungen sind mit einrastenden Schnellverschlüssen (1/4 Umdrehung bis zum Einrasten) montiert.

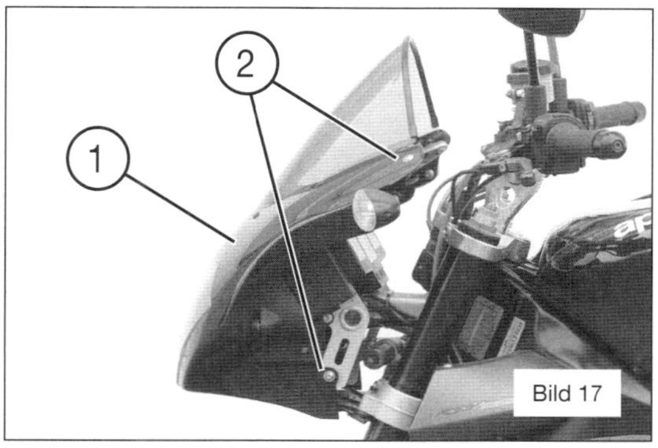

Bild 17

Bild 17
Lampenverkleidung an der Tuono vorne.
1 Lampenverkleidung
2 Schrauben (rechts und links)

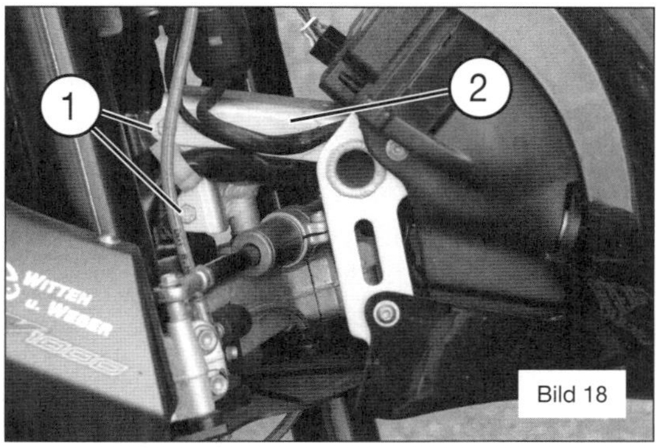

Bild 18

Bild 18
Halter Lampenverkleidung.
1 Schrauben
2 Halter

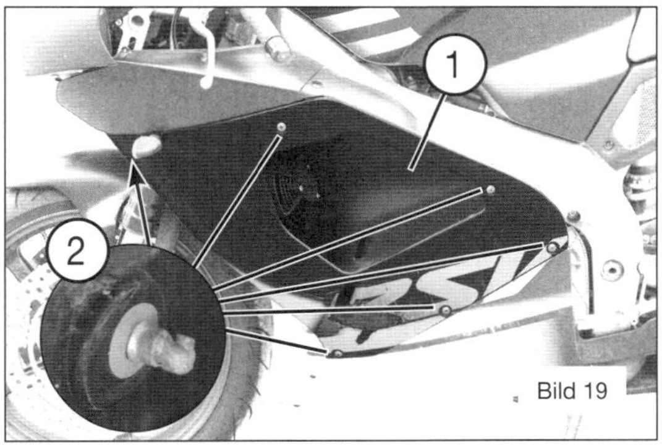

Bild 19

Bild 19
Seitenverkleidung an der RSV Mille.
1 Seitenverkleidung
2 Schnellverschlüsse

■ Drehen Sie die Schnellverschlüsse (2 im Bild 19) gegen den Uhrzeigersinn los.

Die Schnellverschlüsse sind gegen Verlust mit einer Kunststoffscheibe in der Verkleidung gesichert.

■ Halten Sie die Verkleidung von außen fest, bis alle Verschlüsse gelöst worden sind.

■ Nehmen Sie die entsprechende Seitenverkleidung ab.

■ Legen Sie die Verkleidung sicher auf einer Werkbank ab.

Die Montage erfolgt sinngemäß in umgekehrter Reihenfolge.

■ Kontrollieren Sie den Zustand der Schnellverschlüsse, der Sicherungsscheiben gegen Herausfallen und der Klammern.

■ Setzen Sie zuerst alle Schrauben von Hand ein und richten Sie die Verkleidung aus.

Sichtprüfung Messen

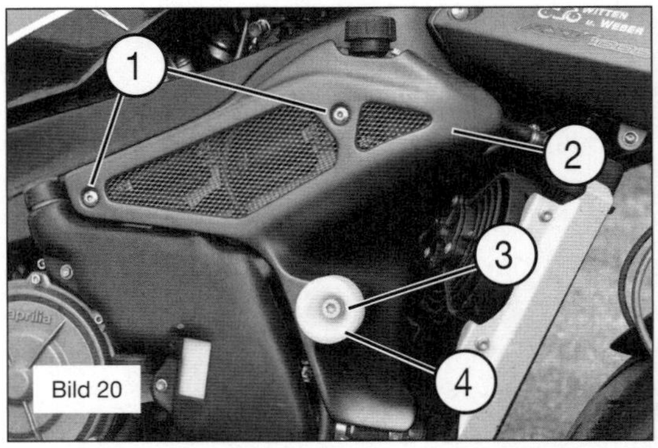

Bild 20
Seitenverkleidung an der RSV Tuono.
1 Schrauben
2 Seitenverkleidung
3 M8-Schraube
4 Sturzpad

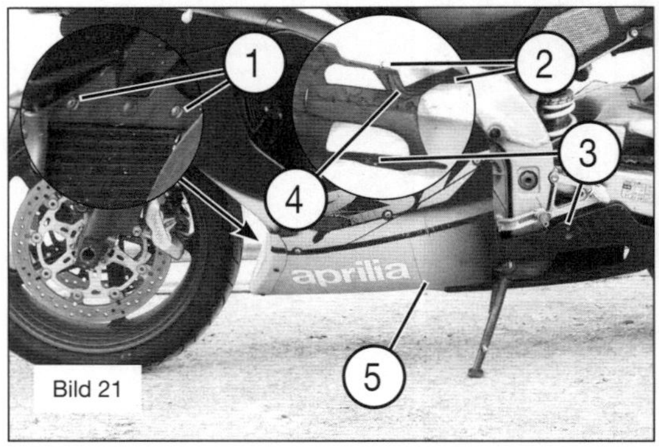

Bild 21
Bugspoiler RSV Mille.
1 Schrauben über dem Ölkühler
2 Schrauben rechte Seite
3 Schraube linke Seite
4 Verkleidung hinter dem Auspuff
5 Bugspoiler

Bild 22
Bugspoiler RSV Tuono.
1 Schrauben über dem Ölkühler
2 Schrauben hinten rechts und links
3 Bugspoiler

■ Ziehen Sie dann die Schnellverschlussschrauben an, bis sie fühlbar einrasten.

Bauteil	*Drehmoment*
Schraube Lampenverkleidung	Handfest

Seitenverkleidung Tuono (Bild 20)
Die Seitenverkleidungen sind hinsichtlich der Montagearbeiten sehr ähnlich.
■ Drehen Sie die Schrauben (3 im Bild 20) heraus und nehmen Sie den Sturzpad (4) (soweit verbaut) ab.
■ Drehen Sie die Schrauben (1) heraus.
■ Nehmen Sie die Seitenverkleidung (2) ab.

Die Montage erfolgt sinngemäß in umgekehrter Reihenfolge.
■ Kontrollieren Sie den Zustand der Gummidübel (3) auf Rissbildung oder ablösende Gewindestücke im Gummidübel.

Bauteil	*Drehmoment*
Schraube Sturzpad	20 Nm
Schraube Seitenverkleidung	Handfest

Bugspoiler RSV Mille (Bild 21)
■ Drehen Sie die vordere Schraube (2 im Bild 21) rechts heraus. Die hintere Schraube kann montiert werden.
■ Drehen Sie die linke Schraube (3) heraus.
■ Demontieren Sie die beiden Schrauben über dem Ölkühler (1).
■ Fädeln Sie den Bugspoiler um das Auspuffrohr auf der rechten Seite herum und nehmen ihn ab.
☞ Der Bugspoiler kann in seine Einzelteile zerlegt werden. Im Originalzustand kamen Kunststoffstifte und Stahlklammern zur Montage zum Einsatz.

Die Montage erfolgt sinngemäß in umgekehrter Reihenfolge.

Bauteil	*Drehmoment*
Schraube Bugspoiler	Handfest

Bugspoiler RSV Tuono (Bild 22)
■ Drehen Sie die Schrauben (2 im Bild 22) links und rechts heraus.
■ Demontieren Sie die beiden Schrauben über dem Ölkühler (1).
■ Nehmen Sie den Bugspoiler ab.
☞ Der Bugspoiler kann in seine Einzelteile zerlegt werden. Im Originalzustand kamen Kunststoffstifte und Stahlklammern zur Montage zum Einsatz.

Die Montage erfolgt sinngemäß in umgekehrter Reihenfolge.

Bauteil	*Drehmoment*
Schraube Bugspoiler	Handfest

Verkleidung am Tank RSV Mille (Bild 23)
☞ Die Montagearbeiten unterscheiden sich für die linke oder die rechte Seite kaum. Wir stellen Ihnen hier eine allgemeingültige Beschreibung zur Verfügung.
■ Demontieren Sie, wie bereits beschrieben, die Seitenverkleidung auf der entsprechenden Seite.
■ Drehen Sie die beiden Schrauben (1) heraus.

■ Nehmen Sie die Verkleidung heraus.

Die Montage erfolgt sinngemäß in umgekehrter Reihenfolge.

Bauteil	*Drehmoment*
Schraube Bugspoiler	Handfest

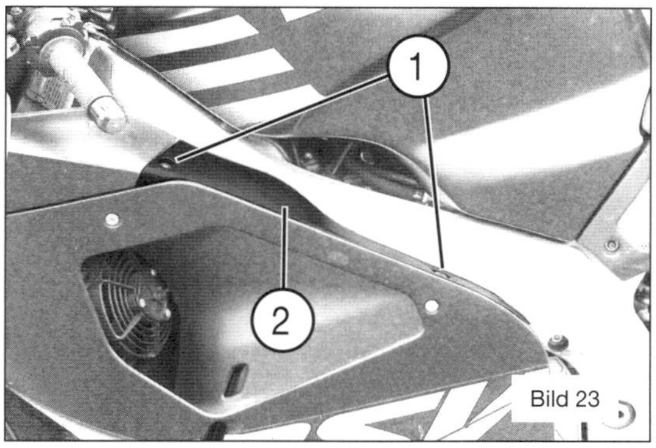

Bild 23
Verkleidung seitlich an der RSV Mille.
1 Schrauben
2 Verkleidung

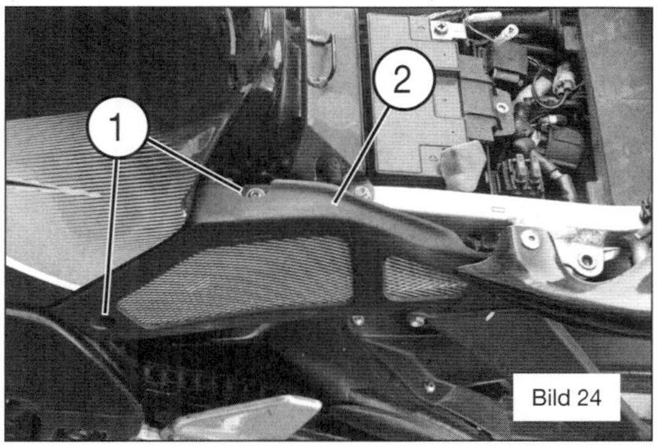

Bild 24
Verkleidung unter dem Fahrersitz.
1 Schrauben
2 Verkleidung unter dem Fahrersitz

Verkleidung unter dem Fahrersitz (Bild 24)
■ Bauen Sie den Fahrersitz wie bereits beschrieben ab.
■ Drehen Sie die beiden Schrauben (1 im Bild 24) der rechten oder linken Verkleidung heraus.
■ Nehmen Sie die entsprechende Verkleidung ab.
■ Nehmen Sie die Verkleidung heraus.

Die Montage erfolgt sinngemäß in umgekehrter Reihenfolge.

Bauteil	*Drehmoment*
Schraube Bugspoiler	Handfest

Heckverkleidungen

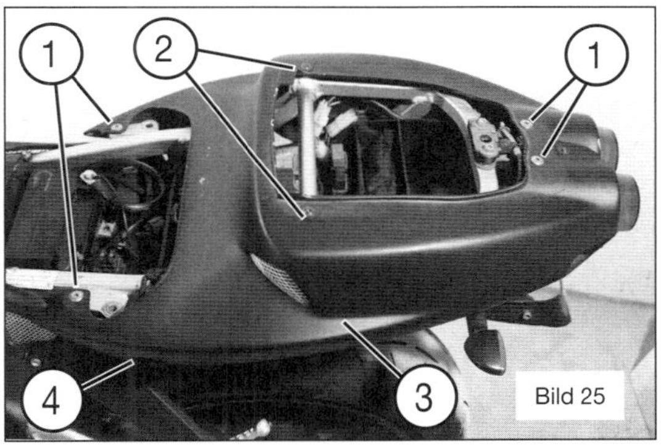

Bild 25
Heckverkleidung von oben.
1 Schrauben
2 Stufenschrauben
3 Heckverkleidung
4 Schließzylinder

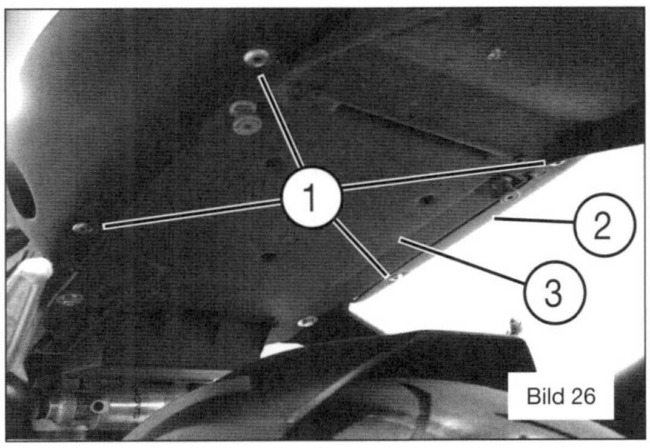

Bild 26
Heckverkleidung von unten.
1 Schrauben
2 Heckverkleidung
3 Abschlussverkleidung

Heckverkleidung (Bilder 25 und 26)
Die Heckverkleidung ist auf der Ober- und der Unterseite verschraubt.
■ Öffnen Sie das Schloss für den Soziussitz beziehungsweise die hintere Sitzabdeckung.
■ Nehmen Sie den Soziussitz beziehungsweise die hintere Sitzabdeckung heraus.
■ Drehen Sie die Schrauben (1 und 2 im Bild 25) heraus.
■ Drehen Sie die Schrauben (1 im Bild 26) heraus.
■ Ziehen Sie die Heckverkleidung etwas auseinander und heben Sie sie über den Schließzylinder (4 im Bild 25).
■ Nehmen Sie auf diese Weise die Heckverkleidung nach oben ab.
■ Entsichern Sie den Steckkontakt und ziehen Sie den Zentralstecker für die Rückleuchteneinheit auf der rechten Seite ab.
■ Nehmen Sie die Heckverkleidung zusammen mit der Rückleuchteneinheit ab.

Die Montage erfolgt sinngemäß in umgekehrter Reihenfolge.
■ Prüfen Sie die Funktion der Rückleuchteneinheit.
■ Prüfen Sie die Funktion des Schließzylinders und des Schlosses für den Soziussitz.

Bauteil	*Drehmoment*
Schrauben Heckverkleidung	Handfest

Kennzeichenträger (Bild 27)
Der Kennzeichenträger ist zusammen mit den Blinkleuchten hinten in der

Bild 27
Kennzeichenträger.
1 Abschlussverkleidung
2 Verschraubung Blinkleuchte
3 Muttern
4 Schrauben Kennzeichenträger
5 Kennzeichenträger
6 Blinkleuchte

Bild 28
Abschlussverkleidung von unten.
1 Abschlussverkleidung
2 Schrauben
3 Gepäckhalter

Bild 29
Abschlussverkleidung von oben und Heckrahmen.
1 Schrauben
2 Schrauben
3 Schloss mit Schrauben und Verkleidungshalter
4 Schrauben Schließzylinder
5 Schrauben Fußrastenträger hinten
6 Schrauben Heckrahmen

Abschlussverkleidung verschraubt.

- Demontieren Sie die Blinkleuchten hinten wie bereits im Kapitel 8 beschrieben.
- Führen Sie Anschlusskabel aus der Abschlussverkleidung und dem Kennzeichenträger heraus.
- Drehen Sie die Schrauben (4 im Bild 27) und Muttern (2) ab.
- Nehmen Sie den Kennzeichenträger ab.

Die Montage erfolgt sinngemäß in umgekehrter Reihenfolge.

- Prüfen Sie die Funktion der Blinkleuchten.

Bauteil	*Drehmoment*
Schrauben Heckverkleidung	Handfest
Muttern Blinkleuchten	Handfest

Abschlussverkleidung (Bilder 28 und 29)

☞ Die Abschlussverkleidung nimmt die Batterie, das Motorsteuergerät, die Hauptsicherungen, das Startrelais sowie das Diodenmodul und das Kraftstoffpumpenrelais auf.

- Schalten Sie die Zündung aus und ziehen Sie den Schlüssel ab.
- Bauen Sie den Tank aus. Die Arbeiten hierzu beschreiben wir im Anschluss.
- Bauen Sie die Heckverkleidung wie beschrieben aus.
- Bauen Sie die Batterie aus.
- Ziehen Sie das Startrelais, das Diodenmodul, die Hauptsicherungen und Relais vom Abschlussblech ab und legen Sie sie frei.
- Demontieren Sie den Kennzeichenträger wie beschrieben.
- Drehen Sie von unten die Schrauben (2 und 3 im Bild 28) heraus.
- Drehen Sie von oben die Schrauben (1 und 2 im Bild 29) heraus.
- Nehmen Sie die Abschlussverkleidung nach unten heraus.

Die Montage erfolgt sinngemäß in umgekehrter Reihenfolge.

- Achten Sie darauf, dass keine Anschlusskabel gequetscht werden.
- Achten Sie darauf, dass alle Steckverbindungen sicher eingerastet sind.

Bauteil	*Drehmoment*
Schrauben Abschlussverkleidung	Handfest
Schrauben Batteriepole	10 Nm

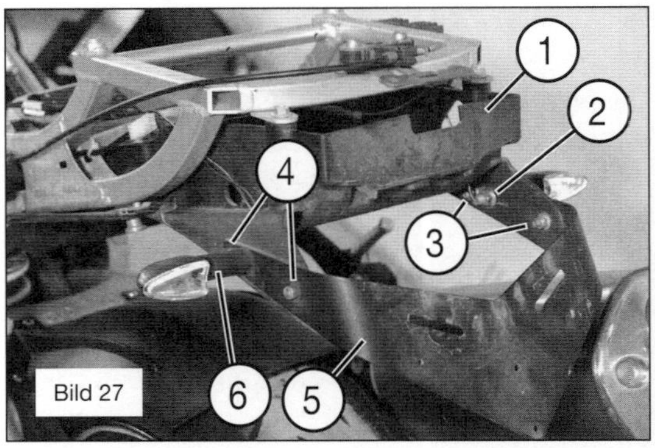

Bild 27

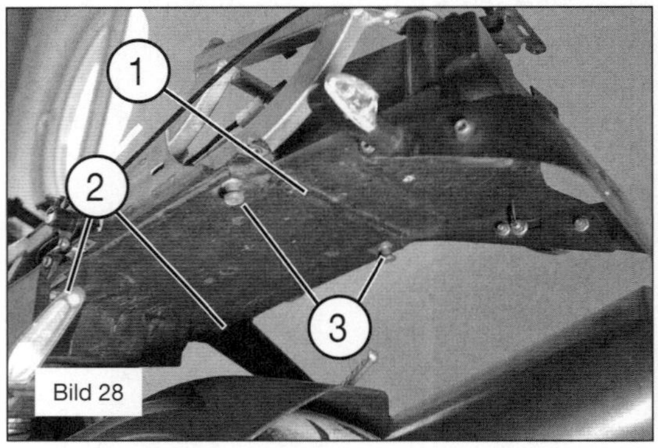

Bild 28

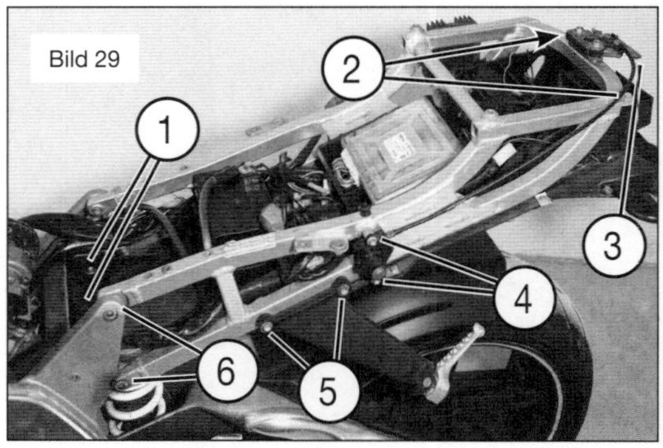

Bild 29

Heckrahmen (Bild 29)

- Schalten Sie die Zündung aus und ziehen Sie den Schlüssel ab.
- Bauen Sie die Abschlussverkleidung wie beschrieben ab.

☞ Grundsätzlich ist es möglich, die Abschlussverkleidung lediglich zu lösen und mit den Anbauteilen auf dem Hinterradkotflügel abzulegen.

- Drehen Sie die Schrauben (4 im Bild 29) heraus und nehmen Sie den Schließzylinder ab.
- Demontieren Sie das Soziussitzschloss (3) und legen Sie Schloss und Schließzylinder zur Seite.
- Drehen Sie die Schrauben (5) heraus und nehmen Sie die Rastenträger links und rechts ab.
- Bauen Sie den Generatorregler wie bereits im Kapitel 6 beschrieben aus.

■ Drehen Sie die Schrauben (6) heraus.
■ Nehmen Sie den Heckrahmen vom Hauptrahmen ab.

Die Montage erfolgt sinngemäß in umgekehrter Reihenfolge.
■ Achten Sie darauf, dass keine Anschlusskabel gequetscht werden.
■ Achten Sie darauf, dass alle Steckverbindungen sicher eingerastet sind.

Bauteil	*Drehmoment*
Schrauben Heckverkleidung	Handfest
Muttern Blinkleuchten	Handfest

Kotflügel und Kettenschutz

Radkotflügel Hinterrad (Bild 30)

Der Radkotflügel und der Kettenschutz sind zwei Bauteile.
■ Drehen Sie die Schrauben (1 im Bild 30) heraus.
■ Nehmen Sie den Kotflügel (2) nach hinten heraus.

Die Montage erfolgt sinngemäß in umgekehrter Reihenfolge.
■ Achten Sie auf spannungsfreien Sitz der Verkleidungsteile untereinander.
■ Kontrollieren Sie den Zustand der Gewinde in der Schwinge (3).

Bauteil	*Drehmoment*
Befestigungsschrauben M6	Handfest

Kettenschutz (Bild 31)

Der Radkotflügel und der Kettenschutz sind zwei Bauteile. Eine Verschraubung des Radkotflügels dient auch zur Befestigung des Kettenschutzes an der Hinterradschwinge.
■ Bauen Sie das Hinterrad aus. Die Montagearbeiten hierzu finden Sie im Kapitel 16.
■ Drehen Sie die Schrauben (1 im Bild 31) heraus.
■ Nehmen Sie den Kotflügel (2) nach hinten heraus.

Die Montage erfolgt sinngemäß in umgekehrter Reihenfolge.
■ Achten Sie auf spannungsfreien Sitz der Verkleidungsteile untereinander.
■ Kontrollieren Sie den Zustand der Gewinde in der Schwinge (3).

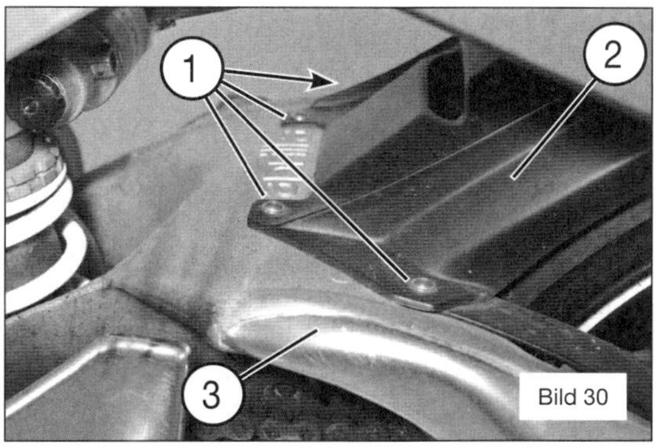

Bild 30
Radkotflügel hinten.
1 Schrauben
2 Radkotflügel hinten
3 Hinterradschwinge

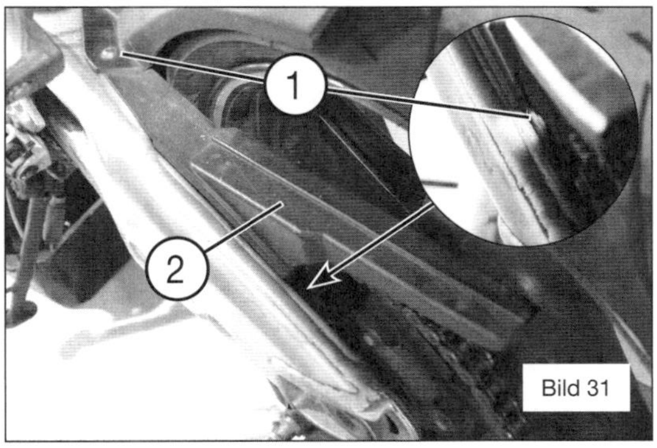

Bild 31
Kettenschutz.
1 Schrauben
2 Kettenschutz

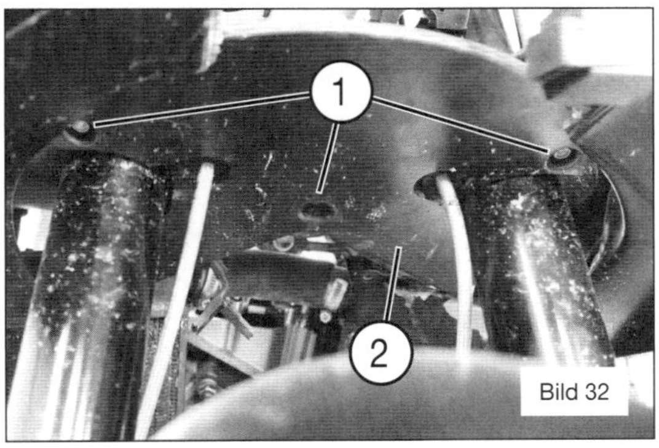

Bild 32
Gabelschutz an der unteren Gabelbrücke.
1 Schrauben
2 Gabelschutz

Bauteil	*Drehmoment*
Befestigungsschrauben M6	Handfest

Gabelschutz unten (Bild 32)

Der Gabelschutz ist über dem Radkotflügel und an der unteren Gabelbrücke verbaut.
■ Drehen Sie die Schrauben (1 im Bild 32) heraus.
■ Nehmen Sie den Gabelschutz (2) nach unten heraus.

Die Montage erfolgt sinngemäß in umgekehrter Reihenfolge.
■ Achten Sie auf spannungsfreien Sitz der Verkleidungsteile untereinander.

Bauteil	*Drehmoment*
Befestigungsschrauben M6	Handfest

Sichtprüfung Messen

Verkleidungen am Kühler

Kühlerverkleidung im Radlauf (Bild 33)

Die Kühlerverkleidung ist zwischen den beiden Wasserkühlern verbaut.

■ Bauen Sie den Bugspoiler wie beschrieben ab.
■ Drehen Sie die Schraube (3 im Bild 33) heraus.
■ Drehen Sie die Schrauben (1) heraus. Nehmen Sie die Kühlerverkleidung im Radlauf ab.

Die Montage erfolgt sinngemäß in umgekehrter Reihenfolge.
■ Achten Sie auf spannungsfreien Sitz der Verkleidungsteile untereinander.

Bauteil	*Drehmoment*
Befestigungsschrauben M6	Handfest

Kühlerschutzplatte an der RSV Tuono

Es wurden unterschiedliche Schutzplatten oder Zierdeckel verbaut. Die Verschraubungen finden sich aber lediglich bei den Kühlern der Tuono. Auf den Ausbau des Kühlers und der Anbauteile gehen wir im Kapitel 14 im Detail ein.
■ Drehen Sie die Schrauben (1 im Bild 34) heraus.
■ Nehmen Sie die Kühlerschutzplatte (2) ab.

Die Montage erfolgt sinngemäß in umgekehrter Reihenfolge.

Achten Sie auf die Schraubenlänge. Sie darf nur so weit, wie das Gewinde im Kühler ausgeführt ist, in den Kühler hineinragen.

Bauteil	*Drehmoment*
Schraube Schutzplatte Kühler	9 Nm

Kraftstofftank

Tank in Servicestellung (Bild 35)

Eine Besonderheit für die Arbeiten an der Aprilia RSV liegt in der Service-Stellung des Kraftstofftanks. Er kann vorne aufgestellt werden und mit einer unter dem Soziussitz eingeclipsten Stütze abgefangen werden. Eine deutliche Erleichterung für viele Wartungsarbeiten oder Messungen.
■ Nehmen Sie unter dem Soziussitz die Tankstütze aus den Halteclips heraus.

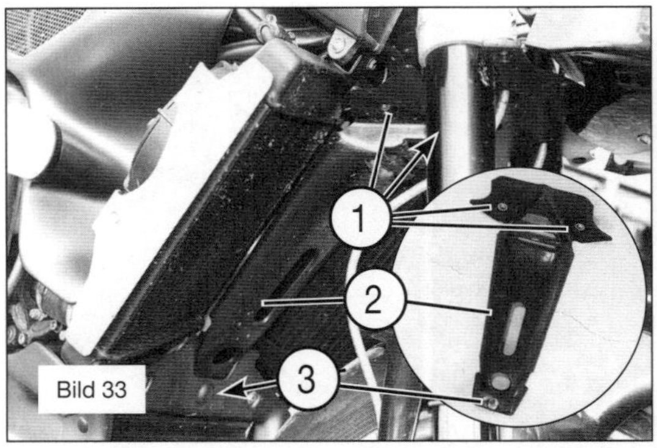

Bild 33
Kühlerverkleidung zwischen den Kühlern.
1 Schrauben oben
2 Kühlerverkleidung zwischen den Kühlern
3 Schraube unten

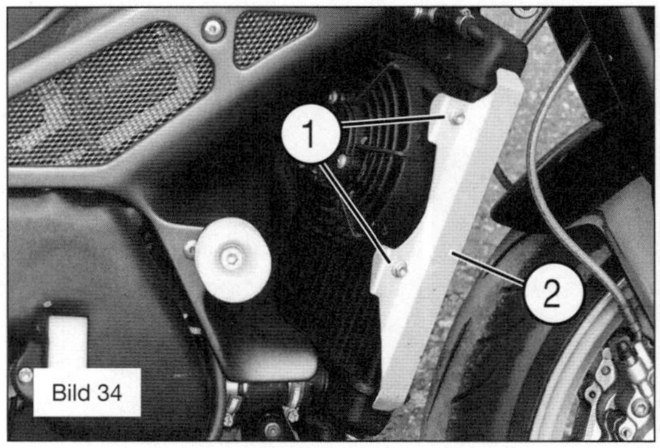

Bild 34
Kühlerschutzplatte an einer Tuono.
1 Schrauben
2 Kühlerschutzplatte

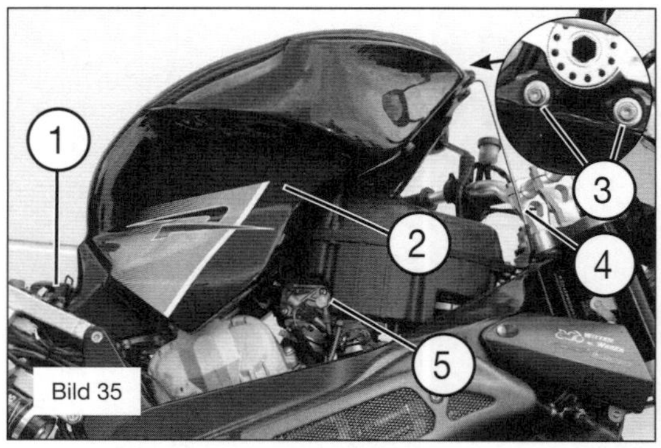

Bild 35
Kraftstofftank in Servicestellung.
1 Lagerbock hinten
2 Kraftstofftank
3 Schrauben Tank vorne
4 Stütze
5 Kraftstoffvorlauf

■ Demontieren Sie den Fahrersitz.
■ Stellen Sie den Lenker in Fahrtrichtung gerade.
■ Drehen Sie die beiden Schrauben (3 im Bild 35) heraus.
■ Heben Sie den Tank (2) vorne vorsichtig an der oberen Gabelbrücke vorbei an.
■ Stellen Sie die Stütze (4) in eine der Bohrungen im Tank und in das entsprechende Gewinde im Rahmen.

Die Verschraubungen des Lagerbocks hinten (1) bleiben fest verschraubt.

Ausbau des Kraftstofftanks

■ Bringen Sie den Kraftstofftank wie beschrieben in Servicestellung.

Tragen Sie bei Arbeiten an der Kraftstoffanlage grundsätzlich Gummihandschuhe und Augenschutz.

Kraftstoffgase sind sehr entzündlich. Achten Sie auf gute Belüftung und vermeiden Sie jede Art von Zündquellen oder offenes Feuer.

■ Drehen Sie die Kraftstoffvorlaufleitung heraus und Verschließen Sie sie mit geeigneten Mitteln (Verschraubung mit Dichtringen).

Legen Sie unter die Anschlusskupplung einen saugfähigen Lappen, um die austretenden Kraftstoffreste auffangen zu können.

■ Entsichern Sie den Schnellverschluss für den Kraftstoffrücklauf und ziehen Sie die Leitung auseinander. Diese Arbeiten haben wir Ihnen im Kapitel 9 zusammengestellt.

■ Ziehen Sie den Anschlussschlauch zur Tankentlüftung und den Überlaufschlauch ab.

■ Ziehen Sie den Anschlussstecker zum Tankfördermodul ab.

■ Drehen Sie die Schrauben (2 im Bild 36) des Lagerbocks hinten heraus.

■ Nehmen Sie den Kraftstofftank heraus.

■ Legen Sie den Kraftstofftank auf einer geraden Fläche ab und fixieren Sie die Kraftstoffvorlauf- und Rücklaufleitung so hoch wie möglich.

Prüfen Sie, dass die angebrachten Verschlüsse dicht sind, um austretenden Kraftstoff zu vermeiden.

Die Montage erfolgt sinngemäß in umgekehrter Reihenfolge.

■ Kontrollieren Sie den Zustand der Gewinde und der Lagergummis.

■ Achten Sie auf spannungsfreien Sitz der Verkleidungsteile untereinander.

■ Achten Sie auf den richtigen Sitz (und das Einrasten der Schlauchkupplung der Rücklaufleitung).

■ Erneuern Sie die Dichtringe der Vorlaufleitung am Drosselklappenstück.

Prüfen Sie die Dichtigkeit der Anschlüsse und Leitungen nach dem Anschließen des Tankfördermoduls auch unter Kraftstoffdruck.

Bauteil	*Drehmoment*
Hohlschraube Vorlaufleitung	22 Nm
Schraube Fahrersitz	10 Nm
Schrauben Kraftstofftank vorne	12 Nm
Schrauben Lagerbock hinten	15 Nm

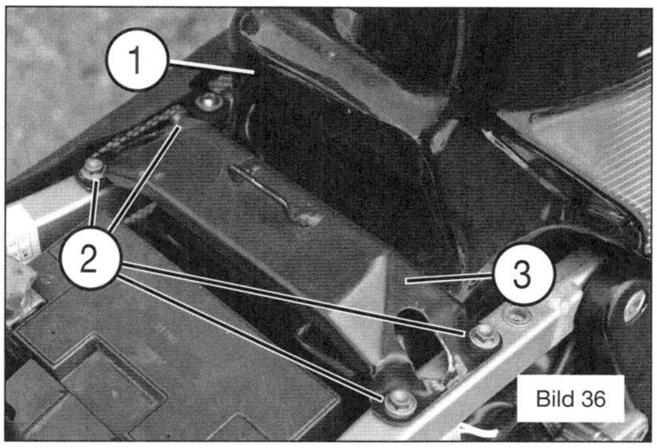

Bild 36

Bild 36
Tankhalterung hinten.
1 Kraftstofftank
2 Schrauben Lagerbock
3 Lagerbock

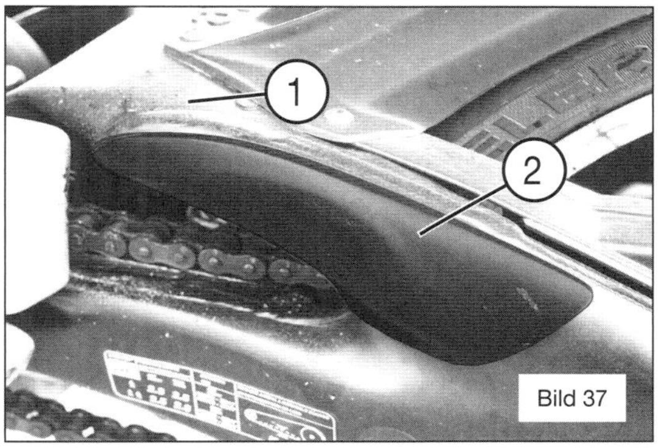

Bild 37

Bild 37
Klebepad Schwinge.
1 Schwinge
2 Aufgeklebter Klebepad

Bild 38

Bild 38
Schutzplatte und Klebepad an der rechten Fußraste.
1 Aufgeklebter Klebepad
2 Schutzplatte
3 Schrauben
4 Fußraste mit Träger

Schutzplatte Fußrasten

Klebepads als Reibschutz

Die Klebepads sind bei den lackierten Rahmen verbaut. Sie sind werkseitig aufgeklebt. Reparaturseitig können diese auch mit einem Karosserie- oder Scheibenkleber befestigt werden.

■ Zum Ablösen erwärmen Sie das Klebepad gleichmäßig mit einem Heißluftföhn.

■ Lösen Sie es mit einem geeigneten Holz- oder Kunststoffkeil von der Klebestelle ab.

■ Reinigen Sie die Klebestellen gründlich von Kleberückständen mit Aceton oder einem Kleberentferner.

■ Vor der Neuverklebung entfetten Sie das Klebepad und die Klebestelle gründlich. Tragen Sie etwas Klebedichtmasse (etwa 3 mm Dicke) auf das Klebepad auf und drü-

cken Sie es auf die Klebestelle.

■ Fixieren Sie das Klebepad bis zum Aushärten des Klebstoffes mit Krepp-Klebeband.

■ Entfernen Sie den Klebstoff, der Ihnen ungeplant daneben gegangen ist, sofort mit etwas Reiniger und einem sauberen Tuch.

Fußrasten

Die Montage unterscheidet sich für die beiden Varianten nicht nennenswert. Wir stellen Ihnen an dieser Stelle eine allgemeingültige Beschreibung vor.

Fußrasten vorne (Bild 39)

Demontage der Fußraste:

■ Schieben Sie den Sicherungsring (8 im Bild 39) von dem Bolzen (9) herunter.

■ Drücken Sie die Raste leicht nach vorne, um den Federdruck aufzufangen, und ziehen Sie den Bolzen aus dem Rastenträger heraus.

■ Nehmen Sie die Fußraste ab.

Die Montage erfolgt sinngemäß in umgekehrter Reihenfolge.

Demontage des Rastenträgers:

☞ Soweit die Schutzplatte demontiert werden soll, sollten Sie die Verschraubungen (3 im Bild 39) der Schutzplatte (4) nun lösen.

■ Drehen Sie die Schrauben (1) heraus.

■ Nehmen Sie den Rastenträger (2) ab.

Die Montage erfolgt sinngemäß in umgekehrter Reihenfolge.

Bauteil	*Drehmoment*
Befestigung Schutzplatte	10 Nm
Schraube Rastenträger M8	20 Nm

Fußrasten hinten (Bild 40)

Demontage der Fußraste:

■ Schieben Sie den Sicherungsring (5 im Bild 40) von dem Bolzen (7) herunter.

■ Schieben Sie den Bolzen (7) aus dem Rastenträger (2) heraus.

■ Nehmen Sie die Fußraste und das Rastenblech zusammen mit der eingelegten Feder und der Kugel vorsichtig heraus.

Die Montage erfolgt sinngemäß in umgekehrter Reihenfolge.

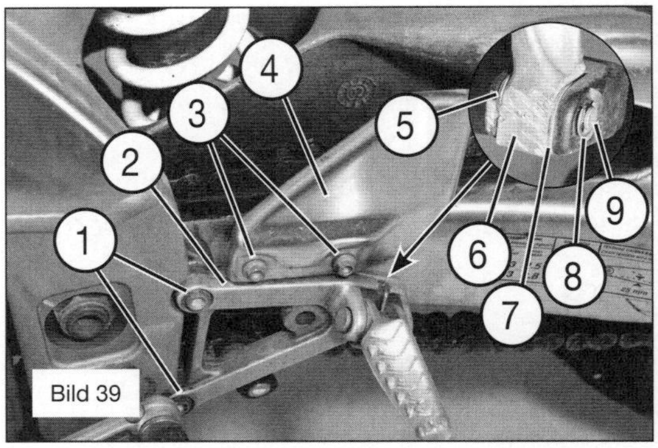

Bild 39

Bild 39
Fußrasten vorne.
1 Schrauben
2 Rastenträger
3 Schrauben
4 Schutzplatte
5 Distanzscheibe
6 Fussraste mit Feder und Kugel
7 Rastenscheibe
8 Sicherungsring
9 Bolzen

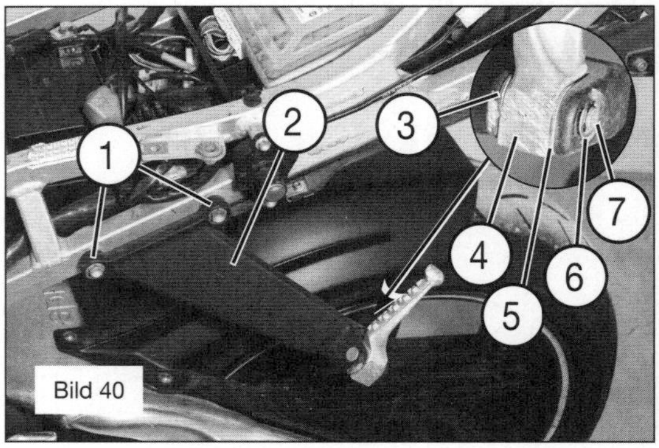

Bild 40

Bild 40
Fußrasten hinten.
1 Schrauben
2 Rastenträger
3 Distanzscheibe
4 Fussraste mit Feder und Kugel
5 Rastenblech
6 Sicherungsring
7 Bolzen

Demontage des Rastenträgers.

■ Drehen Sie die beiden Schrauben (1 im Bild 40) heraus.

■ Nehmen Sie den Rastenträger (2) ab.

Die Montage erfolgt sinngemäß in umgekehrter Reihenfolge.

Bauteil	*Drehmoment*
Schraube Rastenträger	20 Nm

Seitenständer

Demontage des Seitenständers (Bild 41)

■ Stellen Sie das Motorrad auf einem Montageständer sicher ab.

■ Klappen Sie den Seitenständer ein.

■ Bauen Sie den Seitenständerschalter ab.

■ Hängen Sie die beiden Ständerfedern (6 im Bild 41) mit einem Montagehaken aus.

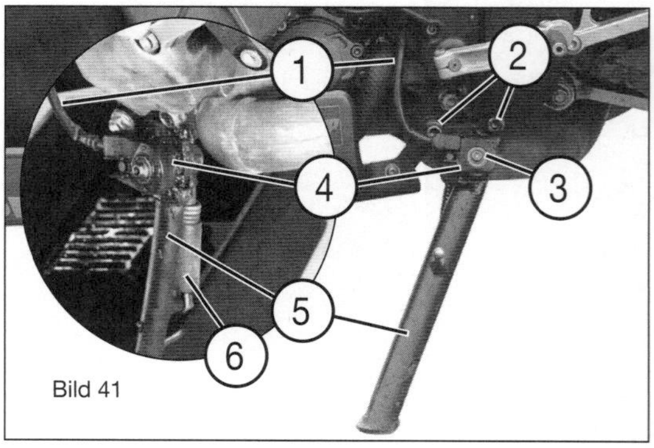

Bild 41

Bild 41
Seitenständer.
1 Anschlusskabel
2 Schrauben
3 Schraube
4 Seitenständerschalter
5 Seitenständer
6 Seitenständerfedern

■ Drehen Sie die Schraube des Seitenständers heraus.
■ Nehmen Sie den Seitenständer (5) von dem Halter ab.
■ Drehen Sie die Schrauben (2) heraus und nehmen Sie den Seitenständerhalter ab.

Die Montage erfolgt sinngemäß in umgekehrter Reihenfolge.

Tragen Sie vor der Montage etwas Fett auf die Lagerpunkte der Feder und der Hülse des Seitenständers auf.

Demontage des Seitenständerschalters
■ Schalten Sie die Zündung aus und ziehen Sie den Zündschlüssel ab.
■ Legen Sie das Anschlusskabel des Seitenständers frei.
■ Entsichern Sie den Steckkontakt und ziehen Sie ihn ab.
■ Drehen Sie die Schraube (3 im Bild 41) heraus und nehmen Sie den Seitenständerschalter ab.

Die Montage erfolgt sinngemäß in umgekehrter Reihenfolge.

Tragen Sie vor der Montage die Lagerpunkte des Seitenständers etwas Fett auf.

■ Kontrollieren Sie die Leichtgängigkeit des Seitenständers und die Funktion des Seitenständerschalters.

Bauteil	*Drehmoment*
Schraube Seitenständer	30 Nm
Schraube Seitenständerschalter	9 Nm

Luftansaughutze

Demontage der Luftansaughutzen
Die Luftansaughutzen sind rechts und links vom Lenkkopf platziert. Bei der vollverkleideten Mille sind sie zwischen Frontverkleidung und Seitenverkleidung integriert. Die Tuono zeigt an gleicher Stelle kleinere frei stehende Ansaughutzen.
■ Drehen Sie die Schrauben des Gehäusedeckels heraus (2 im Bild 42 beziehungsweise 44).
■ Nehmen Sie den Gehäusedeckel ab.
■ Drehen Sie die Schrauben der Gehäuserückseite heraus (1 im Bild 43 beziehungsweise 2 im Bild 45).
■ Nehmen Sie die Gehäuserückseite ab.

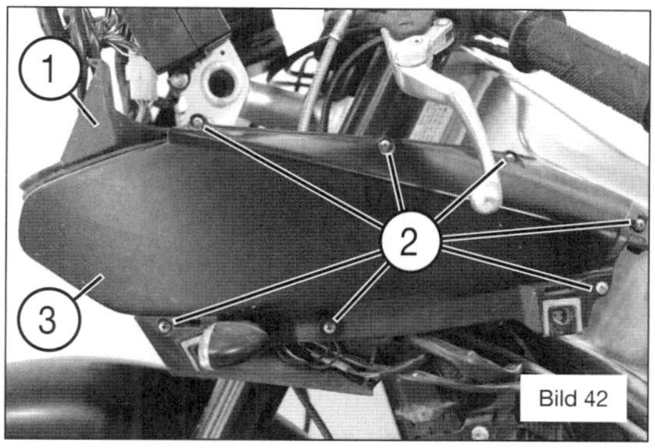

Bild 42
Ansaughutze außen RSV Mille.
1 Gehäuserückseite
2 Schrauben
3 Gehäusedeckel

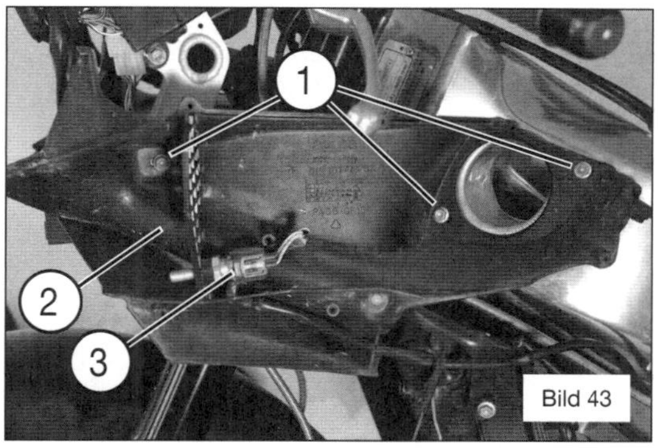

Bild 43
Ansaughutze innen RSV Mille.
1 Schrauben
2 Gehäuserückseite
3 Ansauglufttemperaturfühler

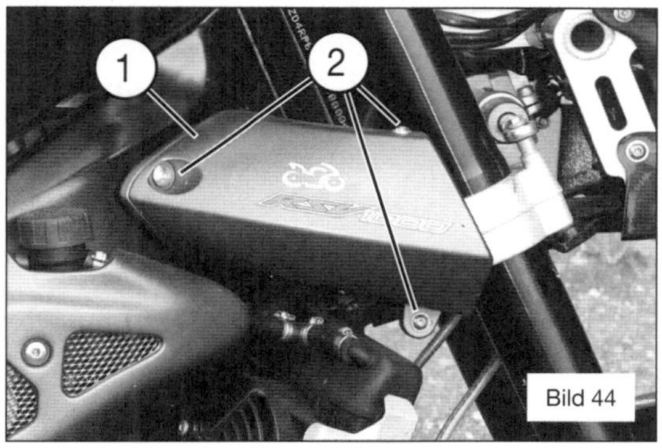

Bild 44
Ansaughutze außen RSV Tuono.
1 Gehäusedeckel
2 Schrauben

Bild 45
Ansaughutze innen RSV Tuono.
1 Gehäuserückseite
2 Schrauben

Die Montage erfolgt sinngemäß in umgekehrter Reihenfolge.
■ Prüfen Sie den Zustand der Gummimuttern und der Gewinde im Rahmen.

Bauteil	*Drehmoment*
Schrauben Gehäuserückseite	10 Nm
Schrauben Gehäusedeckel	Handfest

Sichtprüfung Messen

12 Antrieb und Kupplung

Wenn es um den Antrieb geht, ist zuerst einmal alles zwischen Kurbelwelle und Hinterrad gemeint, was für den eigentlichen Sinn eines Fahrzeugs erforderlich ist. Vom Primärantrieb spricht man, wenn es sich um den Antrieb der Kurbelwelle zum Kupplungskorb handelt. Über die Kupplung und die unterschiedlichsten Untersetzungsstufen des Getriebes erfolgt der Kraftfluss auf das Kettenritzel. Von dort über die Kette und das Kettenrad an der Hinterradfelge wird das Rad angetrieben. Die Kupplung trennt nach Bedarf und Anforderung des Fahrers den Kraftfluss zwischen Kurbelwelle und Getriebe.

Bild 1
Kettenritzel vorne.
1 Schraube
2 Kettenritzel
3 Antriebskette

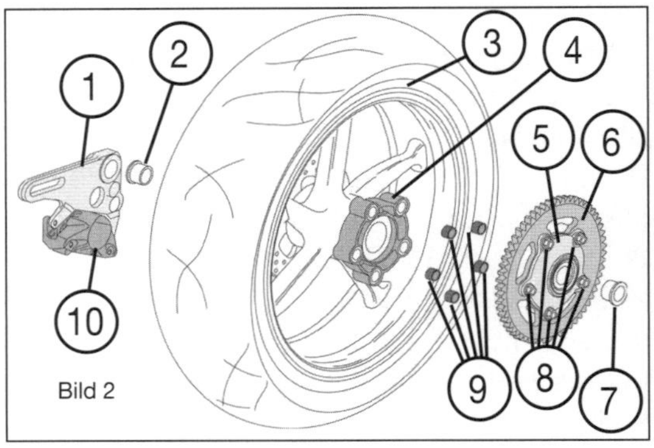

Bild 2
Kettenrad hinten.
1 Bremssattelträger
2 Distanzhülse
3 Hinterrad
4 Aufnahmeblock Ruckdämpfung
5 Nabe Ruckdämpfung
6 Kettenrad
7 Distanzhülse
8 Mutter und Bolzen Ruckdämpfung
9 Gummilager Ruckdämpfung
10 Bremssattel

Kettensatz und Zahnräder

Neben der Antriebskraft, die vom Motor auf das Rad weitergegeben werden soll, muss die Umschlingung der Kette um das Kettenritzel vorne und das Kettenrad hinten bewerkstelligt werden. Die Kettenglieder bestehen aus den Innenlaschen (5 im Bild 4), die auf die Hülse (6) aufgepresst sind. Auf der Hülse ist die Rolle verbaut. Sie ist drehbar und liegt in den Zähnen von Kettenritzel und Kettenrad ein. Die beiden Außenlaschen (1) sind auf den Bolzen (4) verpresst und werden vernietet. Der Bolzen (4) wiederum ist drehbar in der Hülse (6) gelagert.

Die Kettenlängung
Je nach Qualität und Wartung wird die Kette länger. Wobei nicht die einzelnen Teile länger werden, sondern die Lagerstellen zwischen Hülse (6 im Bild 4) und Bolzen auslaufen und Spiel entwickeln. Dazu kommt noch, dass die auf den Hülsen verbauten Rollen zunehmend Spiel entwickeln. Das Spiel beider Lagerstellen trägt dann zunehmend zu einem größer werdenden Bolzenabstand bei. Der Bolzenabstand ist wiederum wichtig für den Verschleiß der Zähne an Kettenritzel vorne und Kettenrad hinten. Diese werden dann verformt und können sogar abbrechen.

Der Aufbau der Antriebskette
Die Problemstellen der Kette sind nun also bekannt. Um eine möglichst lange Lebensdauer der Ketten und der Zahnräder hinzubekommen, ist es wichtig, dass Kette und Kettenräder sauber und die Schmierstellen in der Hülse und unter den Rollen mit ausreichend Schmierstoff versorgt sind. Die Schmierstelle mit der höchsten Beanspruchung ist die zwischen Bolzen und Hülse.

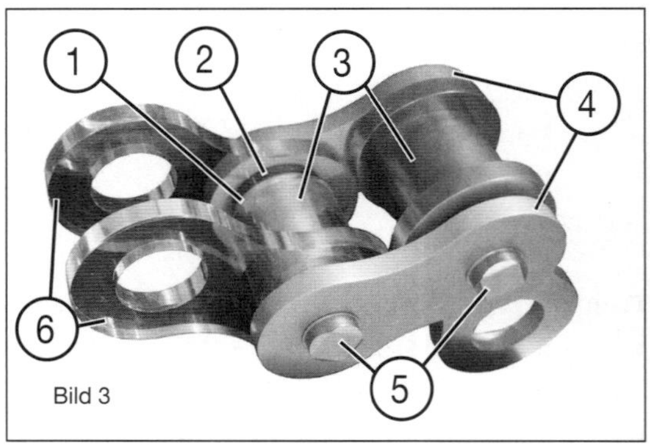

Bild 3
Aufbau der Kette.
1 Hülse
2 Dichtring
3 Rollen
4 Außenlaschen
5 Bolzen
6 Innenlaschen

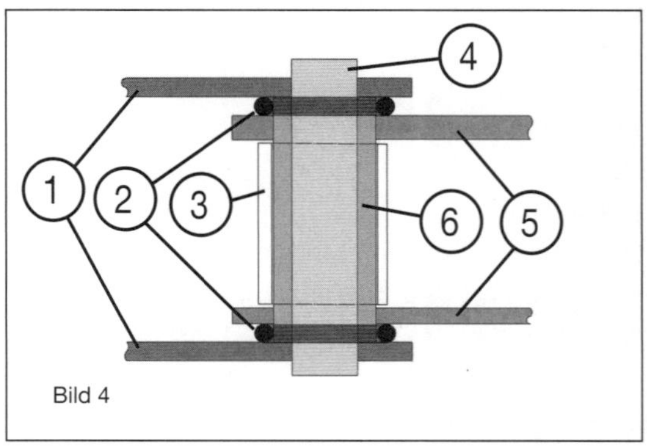

Bild 4
Schnittbild Kette.
1 Außenlaschen
2 Dichtring
3 Rolle
4 Bolzen
5 Innenlaschen
6 Hülse

Jede einzelne Stelle ist extrem mit Zug belastet. Die Rollen hingegen verteilen die Last auf alle Rollen, die bei dem entsprechenden Zahnrad im Eingriff sind.

Kettenpflege

Aufwendige Abdichtungen der Lagerstellen zwischen Bolzen und Hülse mit einem Dichtring mit O-Ring, X-Ring und weiteren feingliedrigeren Dichtungsprofilen verhindern weitestgehend das Eindringen von Schmutz und Wasser von außen und das Austreten des Schmiermittels. Erreichbar sind die Lagerung der Rolle (3 in den Bildern 3 und 4) und die Anlage der Rolle am Zahnrad. Die Schmierstelle des Bolzens in der Hülse ist seitens des Kettenherstellers für die »Lebenszeit« des Kettensatzes ausgelegt.

Reinigung der Kette

Da Ihnen nun der Aufbau der Kette bekannt ist, können Sie sich leicht vorstellen, dass die Reinigung mit einem Hochdruckreiniger nicht sinnvoll ist. Durch den hohen Druck werden die Dichtungen eher geschädigt oder Wasser in die Lagerstellen hineingedrückt.

Die Reinigung mit Lösemitteln ist auch nicht anzuraten, da die Dichtringe hier Schaden nehmen können. Im Handel sind Kettenpflegemittel durchaus auch als Satz erhältlich. Abgestimmte Reiniger und Kettensprays erleichtern die Arbeit erheblich. Trockenschmiermittel für die Kettenpflege verringert den Arbeitsaufwand nochmals deutlich.

Tragen Sie grundsätzlich eine Schutzbrille und Schutzhandschuhe.

- Stellen Sie das Motorrad auf einen Montageständer.
- Drehen Sie die beiden Schrauben (1 im Bild 5) heraus.
- Nehmen Sie die Ritzelabdeckung (2) ab.
- Sprühen Sie die Ritzelabdeckung mit dem Kettenreiniger ein und entfernen Sie die Ablagerungen aus Verschmutzungen und anhaftenden Kettenspravresten.
- Sprühen Sie den Kettenreiniger gleichmäßig auf die Kette auf.

Verwenden Sie dazu unbedingt eine Abdeckung als Schutz, um die Anbauteile nicht mit einzusprühen.

Bild 5

Bild 5
Ritzelabdeckung.
1 Schrauben
2 Ritzelabdeckung

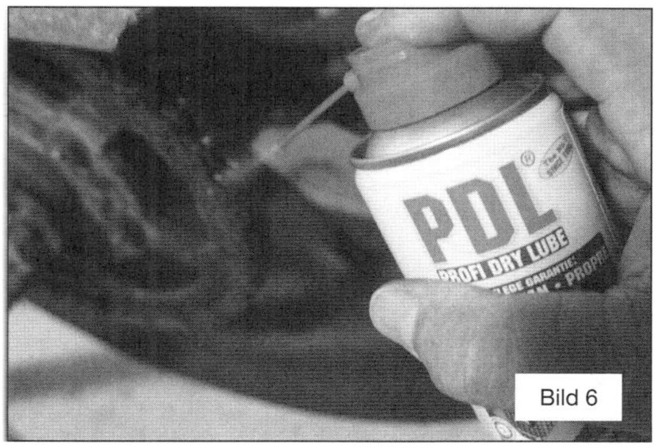

Bild 6

Bild 6
Kettenreiniger aufsprühen.

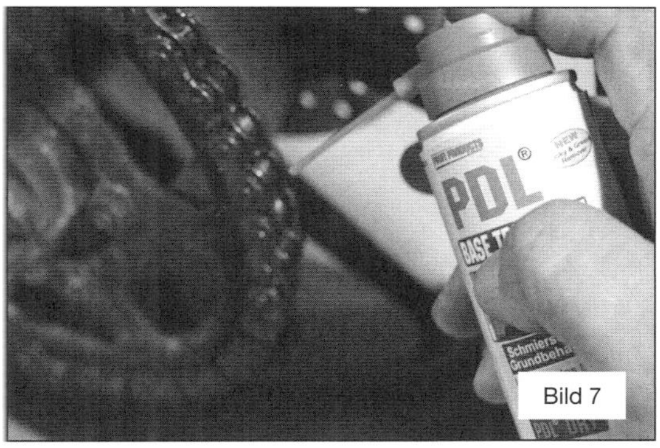

Bild 7

Bild 7
Kettenspray aufsprühen.

- Lassen Sie den Kettenreiniger entsprechend der Herstelleranweisung einwirken (meist etwa 10 bis 15 Minuten).
- Waschen Sie den Kettenreiniger mit klarem Wasser ab.

Beachten Sie die Umweltschutzvorschriften! Diese Arbeiten dürfen nur an einem zugelassenen Waschplatz erfolgen.

Anforderung an das Schmiermittel

Die Anforderung an ein Kettenspray sind sehr vielfältig. Kettenspray für Motorräder hat nichts mit einem Kettenspray aus der Industrie zu tun. Neben Straßendreck und Wintersalz kommen noch hohe Fliehkräfte bei hohen Drehzahlen hinzu.

- Es muss eine gute Kriechfähigkeit haben. Die eigentlichen Schmierstellen sind nicht direkt erreichbar. Über die Kapillarwirkung

Bild 8
Kettendurchhang prüfen.
1 Spiel zwischen oberen und unterem Anschlag (Kettenschlag)
2 Höchster Punkt
3 Niedrigster Punkt

Bild 9
Kettenspanner.
1 Schwinge
2 Abstand in der Tasche
3 Kontermutter
4 Einstellschraube
5 Andruckplatte
6 Radachse
7 Achsmutter

wird das Schmiermittel zu den Schmierstellen transportiert.

■ Es sollte nicht abtropfen. Das Kettenschmiermittel sollte an der Kette und an der Verzahnung der Zahnräder verbleiben und nicht die Anbauteile und den Fahrer mit abgeschleuderten Schmiermittelresten verschmutzen.

■ Es soll den Korrosionsschutz der Metallteile leisten und die Pflege der Dichtringe übernehmen.

Bauteil	*Drehmoment*
Schraube Ritzelabdeckung	12 Nm

Kette spannen und fluchten

Sehr wichtig für die Lebensdauer ist die Flucht der Kette zu den Zahnrädern und auch die Kettenspannung. Stimmt die Kettenflucht nicht, ist der Verschleiß an den Kettenradzähnen und den Rollen größer.

■ Ist die Kettenspannung zu groß, kann die Kette beim Einfedern so stark auf Zug beansprucht werden, dass die Lager zwischen Bolzen und Hülse, aber auch die der Rolle stark belastet werden und schnell verschleißen.

■ Hängt die Kette zu weit durch, kann sie schlagen und Kettenführungen beschädigen. Mit noch mehr Kettendurchhang kann sogar das Ausfädeln aus dem Zahnrad erschwert werden, was Schäden an den Zahnspitzen und an den Kettenrollen verursachen kann.

Die richtige Spannung

Um die Kettenspannung prüfen zu können, müssen die Rad- und Schwingenlager in Ordnung sein.

■ Stellen Sie das Motorrad auf einen Montageständer und drehen Sie das Rad durch.

Prüfen Sie das Verschleißmaß der Kette an mehreren Stellen.

Die Kette muss intakt sein und darf keine Stellen mit Längung aufweisen, die über das Verschleißmaß hinausgehen.

Kettenrad und Ritzel müssen schlagfrei laufen.

Die Messung des Kettenschlags erfolgt an der Stelle, an der die Kette am stärksten gespannt ist.

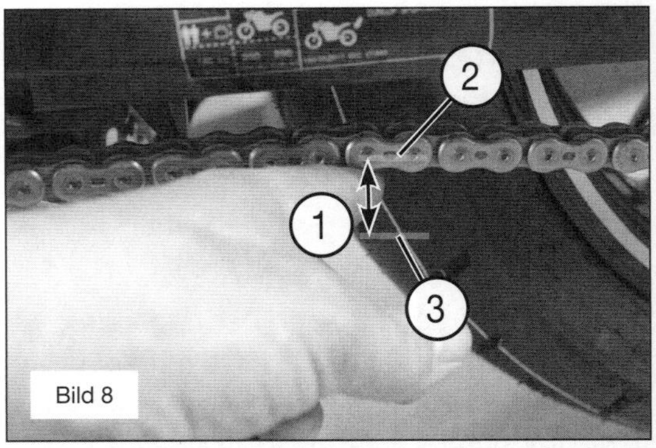

Bild 8

Bild 9

Prüfen der Kettenspannung (Durchhang):

■ Stellen Sie das Motorrad unbelastet auf dem Seitenständer ab.

■ Heben Sie die Kette in der Mitte zwischen Kettenrad und Kettenritzel vom tiefsten (3 im Bild 8) zum höchsten Punkt (2) an.

Der Abstand zwischen den beiden Punkten (Durchhang) sollte 30 mm bis 40 mm betragen.

Korrigieren der Kettenspannung:

■ Stellen Sie das Motorrad unbelastet auf dem Seitenständer ab.

■ Lösen Sie die Achsmutter so weit, dass Sie die Radachse von Hand verdrehen können.

■ Lösen Sie die beiden Kontermuttern (3 im Bild 9) für die Einstellschrauben rechts und links.

■ Drehen Sie die Einstellschrauben (4) rechts und links gleichmäßig heraus.

Achten Sie auf die Position der Andruckplatte (5) in der Tasche der Schwinge (1). In der Tasche sind hilfsweise Linien eingeprägt, die hier zur Orientierung dienen. Es ist aber sinnvoll, die Ausrichtung mit einem Gliedermaßstab oder einem Messschieber durchzuführen.

■ Kontrollieren Sie die Kettenspannung nach der Drehung der Einstellschrauben erneut.

■ Kontrollieren Sie die Kettenflucht, wie wir das im Anschluss beschreiben.

Das Verdrehen der Einstellschraube auf beiden Seiten hat Einfluss auf die Kettenspannung (Durchhang).

■ Wenn die Einstellung erfolgt ist, ziehen Sie die Achsmutter auf Drehmoment fest.

■ Setzen Sie einen neuen Splint ein.

■ Drücken Sie die Schutzkappe wieder auf die Achsmutter auf.

Bauteil	*Drehmoment*
Achsmutter Hinterrad	110 Nm
Kontermutter Einstellschraube	15 Nm

Kettenflucht

■ Stellen Sie am besten das Motorrad gerade auf einem Montageständer ab.

Die Prüfung auf dem Seitenständer ist aber genauso gut möglich. Der seitliche Durchhang hat kaum Einfluss auf das Prüfergebnis.

■ Schalten Sie den Prüflaser ein und setzen Sie ihn auf den unteren Teil des Kettenrades.

Kontrollieren Sie, dass die Laserlichtlinie parallel zum Kettenlauf verläuft.

Ist das nicht der Fall, muss geprüft werden, ob das Hinterrad gerade eingebaut ist und ob die Lagerung des Hinterrades und/oder der Schwinge in Ordnung ist.

Kettenverschleiß prüfen

Verschleiß am Kettenrad kann ein Abspringen der Kette und damit auch zu einem blockierenden Hinterrad und durchaus zum Unfall führen.

■ Stellen Sie am besten das Motorrad gerade auf einem Montageständer ab.

■ Reinigen Sie die Kette und, soweit erforderlich, schmieren Sie sie wie bereits beschrieben.

Drehen Sie das Rad langsam durch und prüfen Sie die Kette und das Kettenrad auf schadhafte Rollen, beschädigte Bolzen, Klemmstellen und Versteifungen.

Prüfung nach Herstellervorschrift:
Der Kettenverschleiß bedeutet immer auch die Längung der Kette. Die Prüfung nach Herstellervorgaben läuft wie folgt ab:

■ Bauen Sie den Kettenschutz wie im Kapitel 11 beschrieben ab.

■ Hängen Sie ein 10-kg-Gewicht an die Kette in der Mitte zwischen Kettenrad und Kettenritzel.

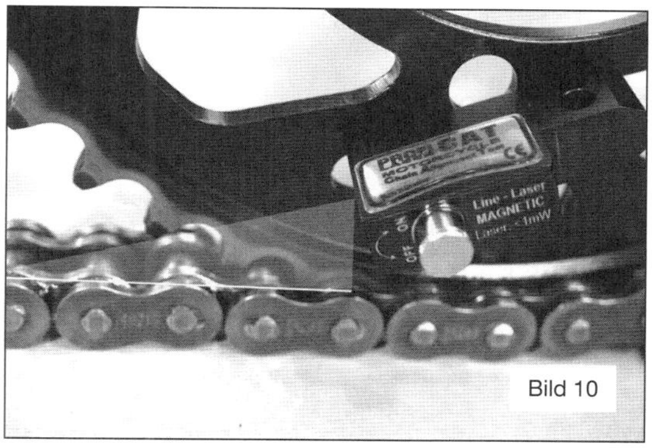

Bild 10
Kettenflucht prüfen.

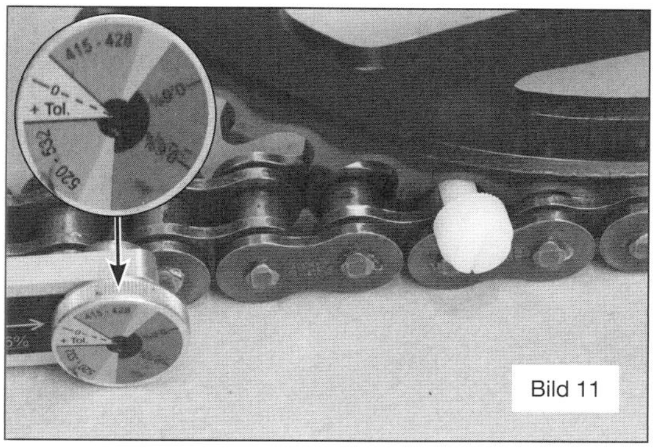

Bild 11
Vorspannung für die Prüfung des Kettenverschleißes erzeugen.

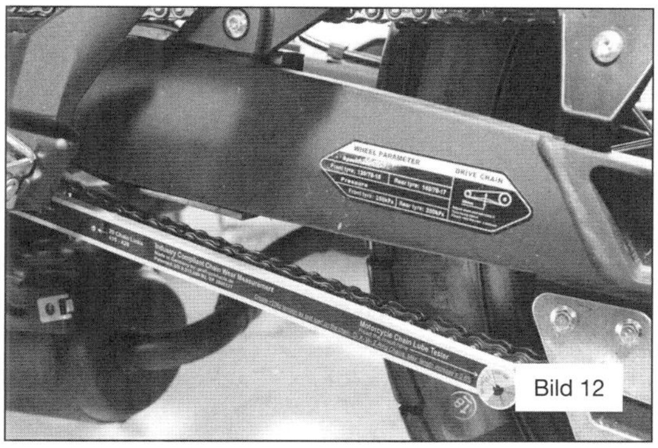

Bild 12
Prüfung des Kettenverschleißes.

■ Messen Sie den Abstand zwischen den Bolzen im Abstand von 20 Kettenbolzen.

Das Messergebnis soll zwischen 317,5 mm bis 318,2 mm betragen. Die Verschleißgrenze liegt bei 319 mm.

Prüfung mit dem »Chain Lupe Tester«*:*
Deutlich einfacher wird die Prüfung mit dem Prüfstab von Profi-Products.

■ Legen Sie die beigelegte Kunststoffschraube zwischen Kettenrad und Kette ein und verdrehen Sie das Rad gerade so weit, um die Vorspannung zum Messen zu erzeugen.

■ Legen Sie den 1. Gang ein, um die Vorspannung zu halten.

■ Verdrehen Sie das Einstellrad und legen Sie den »Chain Lupe Tester« auf die Außenlasche der Kette ein.

Sichtprüfung Messen

Lesen Sie das Prüfergebnis am Einstellrad ab.

■ Im silbernen Bereich ist die Kettenlänge mit der typischen Toleranz abgebildet.

■ Der dunkelgrüne Bereich stellt den »normalen« Verschleißbereich dar.

■ Der hellgrüne Bereich zeigt die Verschleißgrenze der Kette an. Die Dichtringe sind hier bereits geschädigt oder verschlissen.

■ Der rote Bereich mahnt zum dringenden Wechsel des Kettensatzes.

Bauteil	*Drehmoment*
Achsmutter Hinterrad	110 Nm
Kontermutter Einstellschraube	15 Nm
Schrauben Kettenschutz	5 Nm

Kette trennen und nieten

Die Kette Ihres Motorrades wird in der Regel komplett geschlossen geliefert. Die Montage der Kette macht dann den Ausbau der Hinterradschwinge erforderlich. Grundsätzlich kann die Kette mit einem Kettennietwerkzeug geöffnet und nach dem Auflegen wieder geschlossen werden.

Die Verwendung eines Clip-Kettenschlosses ist nicht vorgesehen.

Kette trennen

Im Rahmen des Kettensatzwechsels gehen wir davon aus, dass Sie das Hinterrad bereits ausgebaut haben.

■ Reinigen Sie den Bereich, an der die Kette getrennt werden soll.

■ Drehen Sie die Spannschraube (5 im Bild 13) ausreichend zurück, sodass der Dorn (4) nicht aus der Hülse (3) heraussteht.

■ Legen Sie die Kette ein und klemmen Sie sie mit der Spannschraube (1) im Kettentrennergehäuse (6) fest.

■ Drehen Sie die Spannschraube (5) mit dem Dorn (4) hinein.

Hierbei wird der Bolzen auf der Kette herausgedrückt und in die Spannschraube geschoben.

■ Drehen Sie die Spannschraube (5) mit dem Dorn (4) zurück.

■ Lösen Sie die Spannschraube (1) und nehmen Sie die Kette aus dem Kettentrenner (6) heraus.

■ Ziehen Sie die Kette auseinander.

■ Nehmen Sie die Dichtringe ab.

Bild 13
Kette trennen.
1 Spannschraube
2 Griff
3 Hülse
4 Dorn
5 Spannschraube
6 Kettentrennergehäuse
7 Kette
8 Druckstück
9 Bohrung Spannschraube

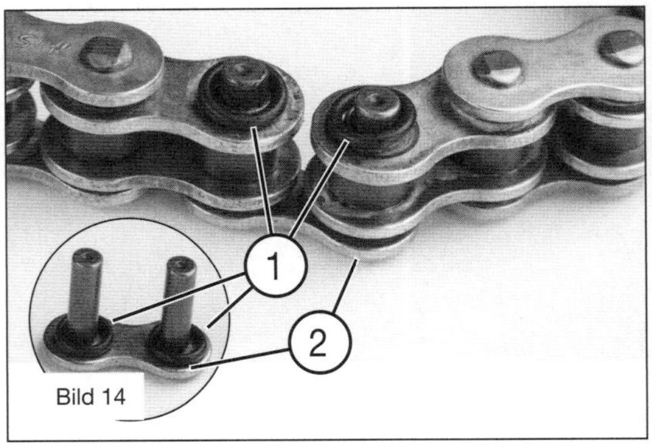

Bild 14
Nietschloss einsetzen.
1 Dichtringe
2 Lasche mit Bolzen

Bild 15
Kettenmontage.
1 Montageplatte
2 Spannschraube
3 Druckstück
4 Kettentrennergehäuse

■ Ziehen Sie die Kette vorsichtig über das Kettenritzel heraus.

Soweit die Kette wiederverwendet werden soll, wiederholen Sie den Vorgang für den zweiten Bolzen der äußeren Kettenlasche.

Kette vernieten

Vorbereitung:

■ Prüfen Sie den Zustand der Kettenführungen.

■ Reinigen Sie den Bereich rund um das Ritzel und die Ritzelabdeckung.

■ Soweit es erneuert werden soll, wechseln Sie das Kettenritzel aus.

■ Legen Sie die Kette auf das Kettenritzel auf und führen Sie sie über die Führungsschiene.

■ Legen Sie die Kettenenden und das Kettentrennergehäuse im hinteren Bereich des Motorrades unter der Schwinge ab.

Nietschloss montieren:

■ Legen Sie die Dichtringe (1 im Bild 14) mit etwas Kettenfett auf die Lasche (2) mit den Bolzen auf.

■ Montieren Sie das Nietkettenschloss in die beiden Kettenenden.

■ Legen Sie die Dichtringe (1) mit etwas Kettenfett auf die Bolzen der Außenlasche auf.

■ Legen Sie die Außenlasche des Kettennietschlosses auf die Bolzen auf.

■ Legen Sie die Montageplatten (1 im Bild 15) auf das Nietschloss der Kette auf.

■ Spannen Sie die Montageplatte mit der Kette in das Kettentrennergehäuse (4) ein und schieben Sie die lose Außenlasche mit der Spannschraube (1 im Bild 13) auf die Bolzen auf.

Da die Montageplatten (1) auch auf die Außenlaschen der Kettenglieder herausragen, ist der richtige Abstand zum Aufpressen der Außenlasche des Kettengliedes erreicht, wenn Montageplatten an den Laschen der Kette und des Kettenschlosses anliegen.

Achten Sie darauf, dass die Kette zwar kein seitliches Spiel aufweisen darf, aber auch an den Nietstellen leichtgängig sein muss, um einen gleichmäßigen Kettenlauf zu erreichen und die Dichtringe nicht zu schädigen.

■ Spannen Sie die Montageplatte mit der Kette in das Kettentrennergehäuse (4) ein und schieben Sie die lose Außenlasche mit der Spannschraube (1 im Bild 13) auf die Bolzen auf.

■ Lösen Sie die Spannschraube und nehmen Sie die Kette aus dem Kettentrennergehäuse heraus.

Nietschloss vernieten:

■ Drehen Sie die Spannschraube (5 im Bild 13) so weit ein, dass der Dorn (4) etwa 5 mm in die Hülse (3) hineinragt. Der Dorn steht dann etwa 1 mm über die Hülse heraus.

■ Setzen Sie das Druckstück (8) in die Bohrung der Spannschraube (9) ein.

■ Spannen Sie den zu vernietenden Kettenbolzen zwischen der Hülse (3) und dem Druckstück (8) ein.

■ Ziehen Sie die Spannschraube (9) mit 20 Nm an, um den Bolzen zu vernieten.

Das höchstzulässige Anzugsmoment beträgt 35 Nm, um Schäden an diesem Kettenwerkzeug zu vermeiden.

■ Führen Sie die Vernietung auch für den zweiten Kettenbolzen durch.

Hinterradschwinge ausbauen

■ Hängen Sie das Motorrad so an einem Werkstattkran auf, dass das Hinterrad frei hängt.

Auf einer Motorradhebebühne können Sie das Motorrad auch mit einem Hebetisch anheben, während das Vorderrad festgeklemmt ist, um Kippen zu vermeiden.

■ Bauen Sie das Hinterrad aus.

■ Demontieren Sie die Auspuffanlage.

■ Legen Sie die Kette zur Seite. Wickeln Sie sie in einem Lappen ein, um Rahmen, Anbauteile und Schwinge vor Verschmutzung zu schützen.

■ Lösen Sie die Nutmutter (3 im Bild 16) auf der rechten Fahrzeugseite und drehen Sie sie ab.

■ Bauen Sie den Hinterradkotflügel und den Kettenschutz wie beschrieben (Kapitel 11) ab.

■ Demontieren Sie die Halter für die Bremsleitung und die Leitung zum Raddrehzahlsensor auf der Unterseite der Schwinge.

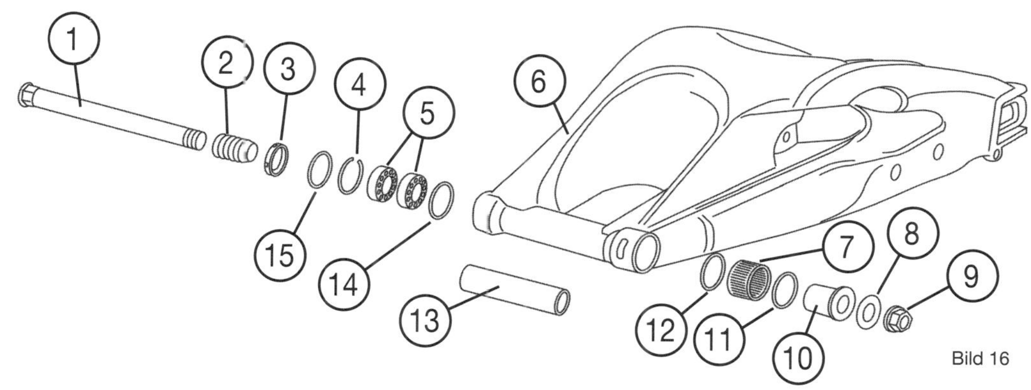

Bild 16

Bild 16
Hinterradschwinge und die Lagerung.
1 Schwingenachse
2 Einstellbuchse
3 Nutmutter
4 Sicherungsring
5 Kugellager
6 Schwinge
7 Nadellager
8 Scheibe
9 Mutter
10 Lagerbuchse
11 Dichtring
12 O-Ring
13 Distanzrohr
14 O-Ring
15 Dichtring

■ Lösen Sie die Verschraubungen am Umlenkhebelwerk der Hinterradfederung zur Schwinge.
■ Demontieren Sie die Mutter der unteren Verschraubung zur Schwinge.
■ Lösen Sie die Mutter (9) auf der linken Fahrzeugseite zum Federbein.
■ Setzen Sie einen passenden Sechskantschlüssel in die Schwingachse (6) auf der rechten Seite ein und drehen Sie sie gegen den Uhrzeigersinn los.
■ Ziehen Sie die Schwingachse (1) zur rechten Seite heraus.
■ Ziehen Sie die untere Schraube des Umlenkhebelwerks der Hinterradfederung heraus.
■ Nehmen Sie die Schwinge nach unten/hinten heraus.

Die Montage erfolgt sinngemäß in umgekehrter Reihenfolge.

Die Lager müssen nach der Demontage ersetzt werden. Die Kontrolle der Lager sollte ohne Demontage erfolgen.

Die Lager sind mit Fett befüllt und versiegelt. Ein Nachfetten ist nicht erforderlich.

■ Kontrollieren Sie die Leichtgängigkeit der Lagerungen.
■ Kontrollieren Sie den Zustand der Kettengleitschiene auf der Schwinge.
■ Tragen Sie etwas Fett auf die Lagerbuchse (10 im Bild 16) auf und setzen Sie sie in den Wellendichtring (11) in der Schwinge (6) ein.
■ Führen Sie die Schwinge mit einem Helfer bis zur Montageposition in den Rahmen ein.
■ Stecken Sie die Schwingachse von der rechten Fahrzeugseite aus ein.
■ Drehen Sie die Schwingachse über den Sechskant so weit an, dass die Buchse ohne Spiel am Rahmen anliegt.
■ Ziehen Sie die Schwingenachse mit 12 Nm an.
■ Drehen Sie die Nutmutter auf und ziehen Sie sie mit 90 Nm an.
■ Drehen Sie die Sicherungsmutter (10) an und ziehen Sie sie mit 60 Nm fest.

Überprüfen Sie, ob die Schwinge sich ohne Klemmen und Spiel auf und ab bewegen lässt.

Kontrollieren Sie das Umlenkhebelwerk auf Korrosion oder Korrosionsspuren und verschrauben Sie es wieder.

Bild 17
Kettenritzel vorne.
1 Schraube
2 Kettenritzel
3 Antriebskette

Bauteil	*Drehmoment*
Sicherungsmutter	60 Nm
Nutmutter	90 Nm
Schwingachse	12 Nm

Kettenritzel wechseln

■ Stellen Sie das Motorrad auf einen Montageständer, der das Hinterrad freihebt.
■ Demontieren Sie die Ritzelabdeckung wie bereits beschrieben.
■ Lassen Sie eine zweite Person die Fußbremse fest betätigen und drehen Sie die Schraube (1) los.
■ Nehmen Sie die Schraube und die Scheibe darunter ab.
■ Ziehen Sie das Kettenritzel von der Ritzelwelle ab.
■ Nehmen Sie die Kette vom Ritzel ab.
■ Nehmen Sie das Ritzel heraus.

Die Montage erfolgt sinngemäß in umgekehrter Reihenfolge.
■ Tragen Sie etwas Montagepaste (Fett) als Korrosionsschutz auf die Ritzelwelle auf.

Bauteil	*Drehmoment*
Kettenritzel Schraube	50 Nm
Schraube Ritzelabdeckung	12 Nm

Kettenrad wechseln

Das Kettenrad ist auf einem Ruckdämpfer montiert, der wiederum in die Felge eingesteckt wird.
Der Ruckdämpfer darf bei der Demontage nicht verkanntet werden.

■ Ziehen Sie die Schutzkappe auf der linken Fahrzeugseite der Hinterachswelle ab.

■ Ziehen Sie den Splint aus der Kronenmutter heraus.
■ Drehen Sie die Achsmutter der Hinterachswelle los und nehmen Sie sie ab.
■ Entspannen Sie die Antriebskette wie bereits beschrieben.
■ Nehmen Sie die Kette vom Kettenrad ab.
■ Ziehen Sie die Hinterachswelle heraus und nehmen Sie das Hinterrad heraus.

Demontage des Kettenrads
■ Drehen Sie die Muttern (7 im Bild 18) los und nehmen Sie sie ab.
■ Nehmen Sie das Kettenrad (6) ab.

Die Montage erfolgt sinngemäß in umgekehrter Reihenfolge.
■ Montieren Sie das Kettenrad so, dass die Ziffern für die Anzahl der Zähne von außen lesbar sind.
■ Verwenden Sie neue Muttern.
■ Ziehen Sie die Muttern in der im Bild 19 vorgestellten Reihenfolge an.

Bauteil	*Drehmoment*
Achsmutter Hinterrad	110 Nm
Kontermutter Einstellschraube	15 Nm
Mutter Kettenrad	60 Nm

Anruckdämpfer Kettenrad aus- und einbauen

Demontage des Ruckdämpfers

■ Bauen Sie das Hinterrad aus.
■ Ziehen Sie die Nabe (2 im Bild 18) gerade aus den Ruckdämpfern (7) heraus.
■ Nehmen Sie den Ruckdämpfer (7) aus dem Aufnahmebock der Felge heraus.

Die Montage erfolgt sinngemäß in umgekehrter Reihenfolge.
■ Tragen Sie etwas Hochtemperaturfett (Montagefett) auf den Bereich der Kettenradnabe (3), an welcher der Dichtring in der Felge anliegt, und an der Dichtfläche des Wellendichtrings (5) auf.

Bauteil	*Drehmoment*
Achsmutter Hinterrad	110 Nm
Kontermutter Einstellschraube	15 Nm

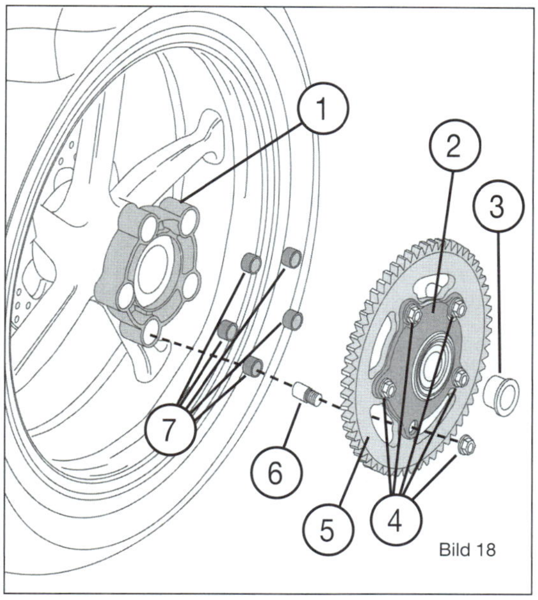

Bild 18

Bild 18
Kettenrad hinten.
1 Aufnahmebock Ruckdämpfer
2 Nabe Ruckdämpfer
3 Distanzhülse
4 Muttern
5 Kettenrad
6 Bolzen Anruckdämpfer
7 Gummilager Anruckdämpfer

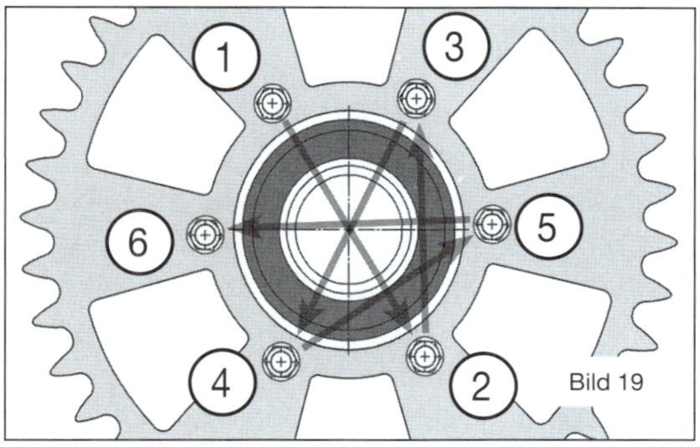

Bild 19

Bild 19
Verschraubungen am Kettenrad.
1 bis 6 Anzugsfolge für die Muttern am Kettenblatt

Prüfung Ruckdämpfer und Kettenrad
■ Stellen Sie am besten das Motorrad gerade auf einem Montageständer ab.
■ Bauen Sie eine Messuhr auf und prüfen Sie den Seitenschlag des Kettenrades. Er darf 0,5 mm nicht überschreiten.
Soweit Spiel vorhanden ist, müssen die Lager in der Nabe des Anrückdämpfers erneuert werden.

Kettengleitschiene wechseln

Die Kettengleitschiene ist auf der Schwinge verschraubt. Am einfachsten lassen sich die Montagearbeiten an der ausgebauten Schwinge durchführen. Mit etwas Geschick ist der Wechsel auch ohne die Demontage der Schwinge möglich.
■ Bauen Sie den Radkotflügel und Kettenschutz hinten wie bereits im Kapitel 11 beschrieben ab.
■ Demontieren Sie das Kettenritzel vorne und nehmen Sie die Ketten vom Kettenrad hinten ab.

Sichtprüfung · Messen

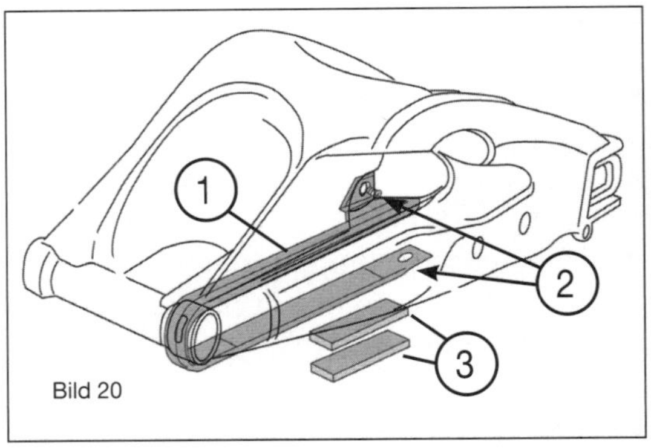

Bild 20
Befestigung der Kettengleitschiene.
1 Kettengleitschiene
2 Schraube
3 Klebepad

Bild 21
PPC-Kupplungsmembransystem im Schnitt.
1 Kupplungsdruckplatte
2 Kupplungsmembran
3 Unterdruckanschluss
4 PPC-Kupplungsdeckel

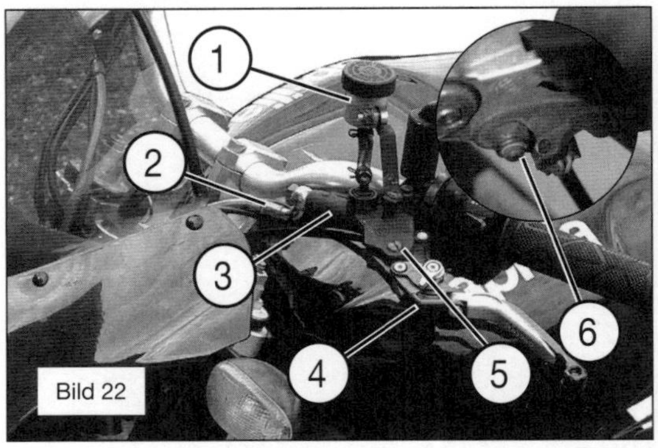

Bild 22
Kupplungsgeberzylinder.
1 Vorratsbehälter
2 Druckleitung
3 Kupplungsgeberzylinder
4 Kupplungshebel
5 Schraube
6 Mutter

■ Lösen Sie die Schraube (2 im Bild 20) und nehmen Sie sie heraus.
■ Ziehen Sie die Kettengleitschiene nach vorne heraus.

Die Montage erfolgt sinngemäß in umgekehrter Reihenfolge.

Bauteil	*Drehmoment*
Kettenritzel Schraube	50 Nm
Schraube Ritzelabdeckung	12 Nm
Schraube Kettengleitschiene	10 Nm

Kupplungsbetätigung

Prinzip der Kupplungsbetätigung

Wie bei den meisten Motorrädern handelt es sich bei der Kupplung um eine »Mehrscheiben-Kupplung im Ölbad«.

■ Die Kupplung besteht aus Reibscheiben mit einem weicheren Belag, der als Verschleißteil ausgelegt ist, und Stahlscheiben. Die Reibscheiben und Stahlscheiben werden durch drei Federn zusammengepresst.
■ Wenn der Fahrer den Kraftfluss unterbrechen möchte und den Kupplungshandhebel betätigt, werden über den Kupplungshebel, den Kupplungsgeberzylinder, die Bremsflüssigkeit im Leitungssystem, dem Kupplungsnehmerzylinder am Motor und das Ausrücklager die Kupplungsfedern zusammengepresst. Die Federkraft wirkt nun nicht mehr auf die Kupplungsscheiben und die Kupplung überträgt keine Kraft mehr zwischen Kurbelwelle und Getriebe.

Besondere Funktionen

Der drehmomentgewaltige Zweizylinder aus dem Hause Rotax erzeugt auch im Schiebebetrieb ein gewaltiges Drehmoment. Das allerdings kann zum Stempeln des Hinterrades führen. Aufgefangen wird das üblicherweise mit einer Antihoppingkupplung. Bei diesen Kupplungssystemen wird bei einer Last gegen die normale Drehrichtung die Kupplung mechanisch geöffnet und die rutschende Kupplung verhindert das ungewollte Bremsmoment am Hinterrad.
Aprilia und in diesem Fall besser Rotax sind hier einen anderen Weg gegangen. Das PPC-Kupplungssystem (**P**neumatic-**P**ower-**C**lutch) leitet bei geschlossener Drosselklappe Unterdruck auf eine Membran (2 im Bild 21) vor den Kupplungsfedern. Der Unterdruck arbeitet gegen die Kupplungsfederkraft und ermöglich so ein leichtes Durchrutschen der Beläge, wenn ein hohes Drehmoment im Schiebebetrieb bei geschlossener Drosselklappe anliegt. Neben der hydraulischen Betätigung über den Kupplungshebel erfolgt also eine pneumatische Hilfskraft. Diese Hilfskraft erleichtert die Kupplungsbetätigung. Das wiederum hat den Rotax-Ingenieuren den Einsatz stärkerer Kupplungsfedern erlaubt.

Wechsel des Kupplungshebels

■ Bauen Sie Kupplungsschalter wie im Kapitel 8 beschrieben ab.

⚠ Der Betätigungsstift des Kupplungsschalters kann leicht beschädigt werden. Achten Sie darauf, den Schalter nicht zu belasten, und prüfen Sie nach der Montage die Funktion der Startfreigabe.

■ Drehen Sie die Sicherungsmutter von unten (6 im Bild 22) am Kupplungshebel ab.

■ Schieben Sie die Schraube (5) nach oben heraus.

■ Nehmen Sie den Kupplungshebel nach vorne ab.

Die Montage erfolgt sinngemäß in umgekehrter Reihenfolge.

■ Schmieren Sie die Gleithülse des Kupplungshebels mit einem Silikonfett.

Bauteil	*Drehmoment*
Mutter Kupplungshebel	10 Nm

De- und Montage des Kupplungsgeberzylinders (Handzylinder)

Bremsflüssigkeit ist giftig. Tragen Sie Augen- und Hautschutz. Entsorgen Sie die alte Bremsflüssigkeit fachgerecht. Füllen Sie die Bremsflüssigkeit nicht in Getränkeflaschen.

Bremsflüssigkeit ist aggressiv. Schützen Sie Lack- und Aluminiumteile vor Spritzern. Waschen Sie ausgetretene Bremsflüssigkeit mit Wasser ab.

■ Legen Sie den Anschlussstecker des Kupplungsschalters frei.

■ Entsichern Sie den Steckkontakt und ziehen Sie ihn ab.

■ Drehen Sie vorsichtig den Deckel des Ausgleichsbehälters (1 im Bild 22) auf.

■ Nehmen Sie den Deckel und die darunterliegende Membran ab.

■ Saugen Sie mit einer Medizinspritze den Ausgleichsbehälter leer.

■ Legen Sie einen saugfähigen Lappen unter den Anschluss der Druckleitung (2).

■ Lösen Sie die Hohlschraube der Druckleitung gegen den Uhrzeigersinn.

■ Lösen Sie die Befestigungsschraube des Ausgleichsbehälters.

■ Lösen Sie die Befestigungsschrauben der Lenkerschelle am Kupplungsgeberzylinder und drehen Sie die Schrauben heraus.

■ Drehen Sie nun auch die Schrauben des Ausgleichbehälters und die Hohlschraube der Druckleitung heraus.

■ Nehmen Sie die Hohlschraube zusammen mit den beiden Dichtringen ab.

Bild 23
Kupplungsnehmerzylinder.
1 Druckleitung
2 Entlüftungsnippel
3 Kupplungsnehmerzylinder
4 Schrauben

■ Nehmen Sie den Kupplungsgeberzylinder zusammen mit dem Kupplungshebel ab.

Die Montage erfolgt sinngemäß in umgekehrter Reihenfolge.

■ Verlegen Sie die Leitungen in der Position, in der sie gelegen haben.

■ Prüfen Sie, dass die Leitungen auch beim Einlenken nicht geknickt werden oder sich an anderen Bauteilen verhängen.

Das Entlüften des Systems stellen wir Ihnen im Anschluss vor.

De- und Montage des Kupplungsnehmerzylinders

Bremsflüssigkeit ist giftig. Tragen Sie Augen- und Hautschutz. Entsorgen Sie die alte Bremsflüssigkeit fachgerecht. Füllen Sie die Bremsflüssigkeit nicht in Getränkeflaschen.

Bremsflüssigkeit ist aggressiv. Schützen Sie Lack- und Aluminiumteile vor Spritzern. Waschen Sie ausgetretene Bremsflüssigkeit mit Wasser ab.

■ Demontieren Sie soweit erforderlich die linke Seitenverkleidung (RSV Mille).

■ Legen Sie das Anschlusskabel für den Öldruckschalter frei.

■ Drehen Sie vorsichtig den Deckel des Ausgleichsbehälters (1 im Bild 22) auf.

■ Nehmen Sie den Deckel und die darunterliegende Membran ab.

■ Saugen Sie mit einer Medizinspritze den Ausgleichsbehälter leer.

■ Legen Sie einen saugfähigen Lappen unter den Anschluss der Druckleitung (1 im Bild 23).

■ Lösen Sie die Hohlschraube der Druckleitung gegen den Uhrzeigersinn.

■ Drehen Sie die Befestigungsschrauben (4) heraus.

■ Drehen Sie nun die Hohlschraube der Druckleitung heraus.

Bild 24
PPC-Kupplungssystem in der Übersicht.
1 Drosselklappe mit Steuerventil
2 Drosselklappenmodul (Saugrohr)
3 Anschluss am Saugrohr
4 Rückschlagventil
5 Kupplungsmembran
6 Unterdruckraum
A Steuerventil offen (Drosselklappe offen)
B Steuerventil geschlossen (Drosselklappe geschlossen)

Bild 25
PPC-Kupplungsmembran im Dichtigkeitstest.
1 Anschluss am Kupplungsdeckel
2 Prüfschlauch
3 Druckanzeige
4 Unterdruckhandpumpe (Minivac-Pumpe)

■ Nehmen Sie die Hohlschraube zusammen mit den beiden Dichtringen ab.
■ Den Kupplungsnehmerzylinder abnehmen.

Die Montage erfolgt sinngemäß in umgekehrter Reihenfolge.
■ Verlegen Sie die Leitungen in der Position, in der sie gelegen haben.
■ Prüfen Sie, dass die Leitungen auch beim Einlenken nicht geknickt werden oder sich an anderen Bauteilen verhängen.
☞ Das Entlüften des Systems stellen wir Ihnen im Anschluss vor.

Kupplungssystem entlüften
☞ Das Entlüften des Kupplungssystems kann auch im Rahmen der Wartung erfolgen. Schon leichte Lufteinschlüsse können den Hubweg und so das Trennverhalten der Kupplung beeinflussen.
■ Stellen Sie das Motorrad so ab, dass der Ausgleichsbehälter, der geöffnet werden soll, möglichst gerade steht.
■ Reinigen Sie den Bereich um den Ausgleichsbehälter herum gründlich.
■ Füllen Sie den Ausgleichsbehälter bis zur »Maximum«-Markierung auf.
■ Schließen Sie am Entlüftungsnippel (2 im Bild 23) einen Klarsichtschlauch mit einem Auffangbehälter an.

Entlüften ohne Absauggerät:
■ Betätigen Sie vorsichtig den Kupplungshebel und halten Sie ihn fest.
■ Öffnen Sie den Entlüftungsnippel (2) um etwa 1/4 Umdrehung und lassen Sie die Bremsflüssigkeit durch den Entlüftungsnippel in den Auffangbehälter strömen.
■ Schließen Sie den Entlüftungsnippel wieder, sobald der Druck abgebaut worden ist.
■ Lassen Sie den Kupplungshebel wieder los. Der Geberzylinder saugt nun neue Bremsflüssigkeit an.
☞ Wiederholen Sie die geschilderten Arbeitsschritte etwa 10x. Achten Sie darauf, dass immer ausreichend Bremsflüssigkeit im Vorratsbehälter vorhanden ist.
☞ War das Kupplungssystem aufgrund von Montagearbeiten leer, wird nach einigen Durchgängen sich langsam Druck im System aufbauen, den Sie auch am Hebel fühlen können.
■ Wiederholen Sie diesen Vorgang so lange, bis keine Luft mehr aus dem Entlüftungsnippel in den Klarsichtschlauch gelangt.
■ Prüfen Sie die Funktion und den Druckaufbau des Kupplungssystems.

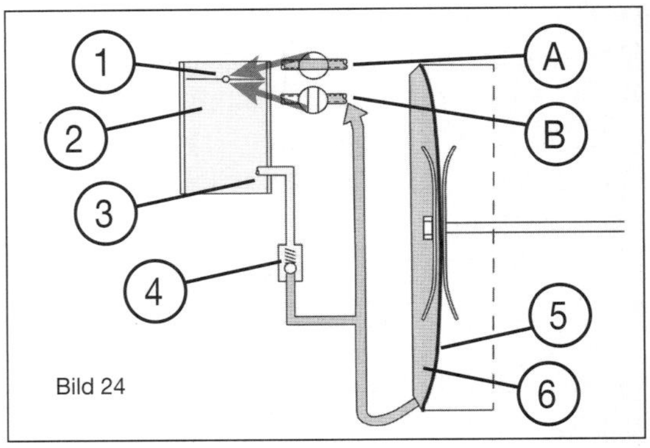

Bild 24

Prüfungen am PPC-System

Undichtigkeiten an der Verschlauchung, ein defektes Rückschlagventil (4 im Bild 24) oder Undichtigkeiten des Steuerventils (1) der Drosselklappeneinheit verschlechtern die pneumatische Unterstützung der Kupplungsbetätigung merklich, aber auch die »Anti-Hopping-Funktion« gegen das Stempeln am Hinterrad.

Prüfung der Kupplungsmembran
Bei einer gerissenen Unterdruckmembran wird Luft aus dem Kurbelgehäuse angesaugt.
■ Ziehen Sie den Unterdruckschlauch am Kupplungsdeckel ab.
■ Schließen Sie an den Anschluss einen Prüfschlauch und eine Unterdruckprüfpumpe (Minivac-Pumpe) an.
■ Bauen Sie einen Unterdruck von 0,3 bis 0,4 bar Unterdruck auf.
Lassen Sie den Unterdruck mehrere Minuten anstehen. Der Unterdruck darf nicht abfallen.
☞ Die Betätigungskraft am Kupplungshebel sollte mit beaufschlagtem Unterdruck merklich geringer ausfallen.

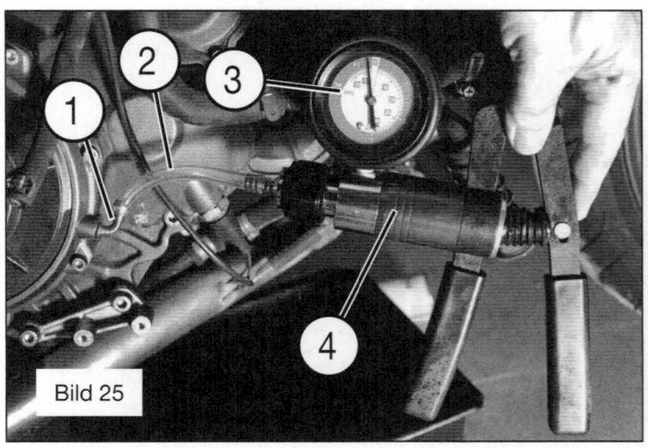

Bild 25

Prüfung des Rückschlagventils

■ Bauen Sie das Rückschlagventil aus und schließen Sie eine Unterdruckpumpe mit einem Prüfschlauch an.

Bei einem verklebten Rückschlagventil ist das Ventil in beide Richtungen gesperrt.

Sind Kugel oder Ventilsitz verschmutzt oder verschlissen, wird das Ventil im Inneren undicht. Das Ventil ist in beide Richtungen durchlässig.

Prüfung der Anschlussschläuche

Kontrollieren Sie die Schläuche auf Schäden und Risse.

■ Bauen Sie die Anschlussschläuche mit dem T-Stück aus und schließen Sie eine Unterdruckpumpe mit einem Prüfschlauch an und verschließen Sie die anderen Anschlüsse mit passenden Stopfen.

Lassen Sie den Unterdruck mehrere Minuten anstehen. Der Unterdruck darf nicht abfallen.

Prüfung des Systemdrucks

Sind die zuvor beschriebenen Prüfungen unauffällig, die Funktion des PPC-System trotzdem eingeschränkt, schließen Sie eine Unterdruckmessuhr mit einem weiteren T-Stück parallel zum Anschluss am Kupplungsdeckel an.

■ Lassen Sie den Motor im Leerlauf laufen.

■ Messen Sie bei warmem Motor den Unterdruck. Die Choke-Funktion muss unbetätigt sein (keine Leerlaufanhebung).

Er sollte bei etwa 0,2 bis 0,3 bar bei geschlossener Drosselklappe liegen.

■ Erhöhen Sie die Drehzahl mit einer kurzer Gasgriffdrehung auf etwa 5000 1/min und lassen Sie den Gasgriff schlagartig los.

Beobachten Sie den Unterdruckverlauf auf der Messuhr.

■ Während der Betätigung des Gasgriffes sollte der Unterdruck auf 0 bar abfallen.

■ Ist die Drosselklappe geschlossen, die Motordrehzahl aber noch am absinken, sollte ein Unterdruck zwischen 0,2 bar und 0,4 bar anliegen.

Kupplungstuning

Umbau am PPC-Kupplungssystem

Vor jedem Umbau sollten Sie prüfen, ob Ihr Kupplungssystem noch einwandfrei arbeitet. Oftmals wird bemängelt, dass die Kupplung nicht richtig trennt und sich so der Leerlauf nicht richtig einlegen lässt. Die Fehlersuche hierzu werden wir in der »geführten Fehlersuche« dieses Kapitels aufgreifen.
Sowohl verstärkte Kupplungsfedern als auch Kupplungshandpumpen (Geberzylinder) sind lieferbar.

Die Unterdruckerhöhung

Auch Ideen, die Unterdruckmenge durch den Anschluss des Saugrohrs des ersten Zylinders zu erhöhen, erscheinen zuerst einmal sinnvoll. Grundsätzlich sollten Sie aber bedenken, dass das PPC-System ein sehr genau abgestimmtes System ist, was nur im Zusammenspiel von Drosselklappensteuerventil, Kupplungsfedern, Membran und Unterdruck richtig funktioniert. Der Umbau funktioniert grundsätzlich. Allerdings kann die Kupplung bei höherem Unterdruck zumindest im Übergangsbereich bei Beschleunigung schnell durchschleifen.

Verstärkte Kupplungsfedern

Verstärkte Kupplungsfedern sorgen für eine höhere Anpresskraft der Kupplungsbeläge. Allerdings muss die höhere Anpresskraft auch durch die erhöhte Handkraft beziehungsweise in Sachen »Anti-Hopping-Funktion« durch die Pneumatik aufgebracht werden.

Andere Kupplungszylinder

Durch Veränderungen im Kolbendurchmesser kann die Kupplungsbetätigung (die Betätigung über den Handhebel) verändert werden. Die Auswahl besteht zwischen:
a) größerem Betätigungsweg mit höherer Handkraft,
b) kleinerem Betätigungsweg mit niedrigerer Handkraft.

Der größere Betätigungsweg erlaubt eine möglicherweise bessere Trennung der Kupplungsscheiben. Der kleinere Betätigungsweg bedeutet möglicherweise eine schlechtere Trennung mit größeren Schwierigkeiten beispielsweise den Leerlauf bei stehendem Fahrzeug und laufendem Motor einzulegen. Der Einfluss der Kupplungszylinder muss also grundsätzlich auch im Zusammenhang mit den Kupplungsfedern und dem PPC-System gut überlegt werden.

Bild 26
Kupplungsdeckel freilegen.
1 Schraube M6
2 Schraube M8
3 Ausgleichsbehälter Kühlmittel
4 Schrauben
5 Fußbremszylinder
6 Schrauben
7 Gesicherter Bolzen
8 Fußbremspedal mit Halter

Bild 27
PPC-Kupplungsdeckel.
1-8 Anzugsfolge der Schrauben
A PPC-Kupplungsdeckel (Unterdruckdeckel)

Bild 28
PPC-Kupplungsmembran.
1 Druckstange Kupplung
2 Kupplungsmembran
3 Scheibe
4 Sicherungsmutter
5 Kupplungsdeckel
6 Membranscheibe außen

Bild 29
Demontage des Kupplungsdeckels.
A Kupplungsdeckel
B Position der Passhülsen
1-17 Anzugsreihenfolge der Schrauben

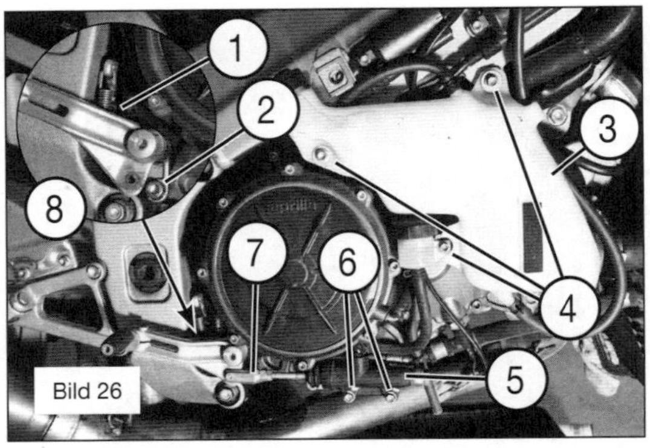

Bild 26

Kupplung wechseln

Demontage des Kupplungsdeckels

■ Lassen Sie den Motor abkühlen.
■ Bauen Sie die rechte Seitenverkleidungen und den Bugspoiler wie im Kapitel 11 beschrieben ab.
■ Lassen Sie das Motoröl ablaufen.
■ Lassen Sie das Kühlmittel ablaufen.
■ Drehen Sie die Schrauben (4 im Bild 26) heraus und nehmen Sie den Ausgleichsbehälter (3) ab.
■ Entsichern Sie den gesicherten Bolzen (7) und nehmen Sie die Druckstange des Fußbremszylinders vom Fußbremspedal ab.
■ Drehen Sie die Schrauben (1) und (2) heraus und nehmen Sie das Fußbremspedal mit Halter (8) ab.
■ Drehen Sie die beiden Schrauben (6) he-raus und nehmen den Fußbremszylinder (5) ab.
■ Demontieren Sie das Wasserpumpengehäuse.
■ Lösen Sie die Anschlussschläuche zwischen Kühler und Thermostat und bauen Sie sie aus.
■ Legen Sie alle demontierten Bauteile aus dem Arbeitsbereich heraus und befestigen Sie sie so mit Kabelbindern am Rahmen, dass sie nicht zurückrutschen können.
■ Drehen Sie die Schrauben (1 - 8 im Bild 27) heraus und nehmen Sie den Kupplungsdeckel (A) ab.
■ Drehen Sie die Mutter (4 im Bild 28) ab. Halten Sie dazu die Druckstange mit einem 6-mm-Innensechskantschlüssel gegen.
■ Nehmen Sie die Scheibe (3) und die äußere Membranscheibe (6) ab.
■ Lösen Sie die Membran vorsichtig vom Kupplungsdeckel (5) ab.
■ Drehen Sie die Schrauben (1 - 17 im Bild 29) heraus.
■ Nehmen Sie den Kupplungsdeckel (A) ab.

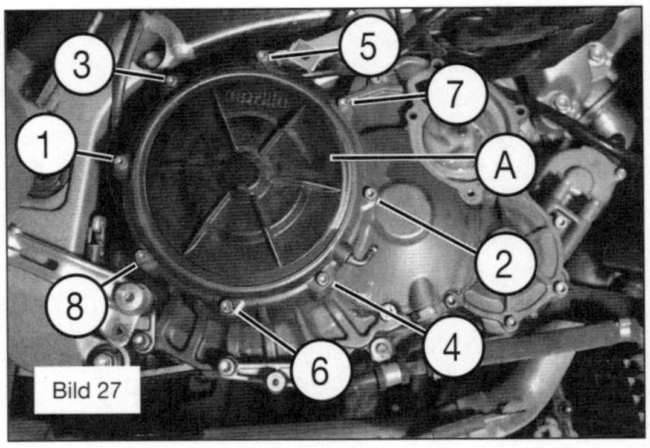

Bild 27

Bild 28

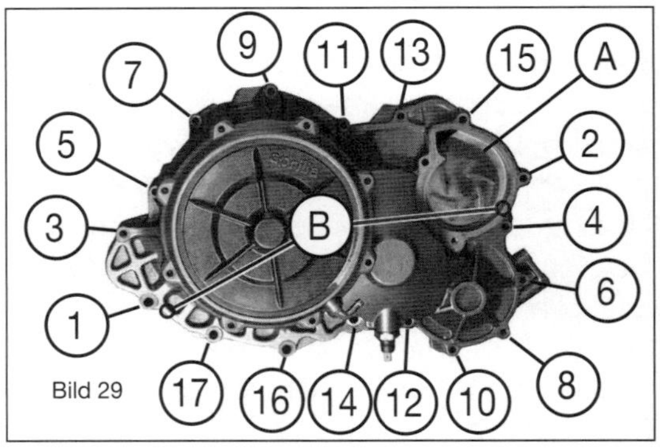

Bild 29

Die Montage erfolgt sinngemäß in umgekehrter Reihenfolge zur Demontage.
■ Erneuern Sie die Kupplungsdeckeldichtung und die PPC-Membran.
■ Reinigen Sie die Dichtflächen gründlich.
■ Achten Sie auf die richtige Position der Passhülse zwischen Motorblock und Kupplungsdeckel (Bild 29).

Bauteil	*Drehmoment*
PPC-Kupplungsdeckel (Schrauben M5)	5 Nm
Kupplungsdeckel (Schrauben M6)	11 Nm
Kupplungsdeckel (Schrauben M8)	19 Nm
Halter Fußbremszylinder (M6)	11 Nm
Halter Fußbremspedal (M6/M8)	11 Nm/19 Nm
Mutter PPC-Membran	30 Nm
Ausgleichsbehälter Kühlmittel Bremsflüssigkeit Schrauben (M6)	Handfest

Demontage des Kupplungspakets

Unter dem Begriff Kupplungspaket (8 im Bild 26) versteht man ein Set aus Reibbelägen (9) und Stahlscheiben (10). Das Kupplungspaket ist das übliche Verschleißteil, aber nicht das einzige, das erneuert werden kann, wenn die Kupplung durchrutscht oder andere Fehlfunktionen aufweist.

Zur Demontage des Kupplungspaketes ist der Ausbau des Kupplungsdeckels nicht unbedingt erforderlich.

- Bauen Sie die rechte Seitenverkleidungen wie im Kapitel 11 beschrieben ab.
- Lassen Sie den Motor abkühlen.
- Lassen Sie das Motoröl ablaufen.
- Drehen Sie die Schrauben (1 - 8 im Bild 31) heraus und nehmen Sie den Kupplungsdeckel (A) ab.
- Drehen Sie die Schrauben (4) über Kreuz und abwechselnd heraus.
- Nehmen Sie die Schrauben (4) und die darunterliegenden Scheiben und Druckfedern heraus.
- Nehmen Sie die Druckplatte (2) zusammen mit der Druckstange (3) heraus.
- Nehmen Sie die Kupplungsreibscheiben und die Stahlscheiben mit einem kleinen Montagehaken abwechselnd heraus.
- Legen Sie die Bauteile der Kupplung wie im Bild 34 gezeigt in Demontagereihenfolge auf einer Werkbank ab.

Die Montage erfolgt sinngemäß in umgekehrter Reihenfolge.

Bei Motoren bis zur Motornummer 689953 (bis 2000) ist die unterste Stahlscheibe (die zuerst eingelegt wird) durch eine halbrunde Fehlstelle (13 im Bild 34) im Außenradius markiert.

Bei Motoren ab Motornummer 689954 ist die oberste Reibscheibe mit einer Farbmarkierung (11 im Bild 34) versehen. Diese wird in die obersten versetzten Lücken des Kupplungskorbes eingesetzt.

- Tragen Sie vor der Montage des Kupplungspaketes etwas Öl auf die Stahl- und Reibscheiben auf.
- Erneuern Sie die PPC-Membran.

Bauteil	*Drehmoment*
PPC-Kupplungsdeckel (Schrauben M5)	5 Nm
Kupplungsfedern (Schrauben M6)	11 Nm
Mutter PPC-Membran	30 Nm

Bild 30
Passstifte im Motorblock (am Beispiel des Kupplungsdeckels).
1 Passstift hinten unten
2 Passstift vorne oben

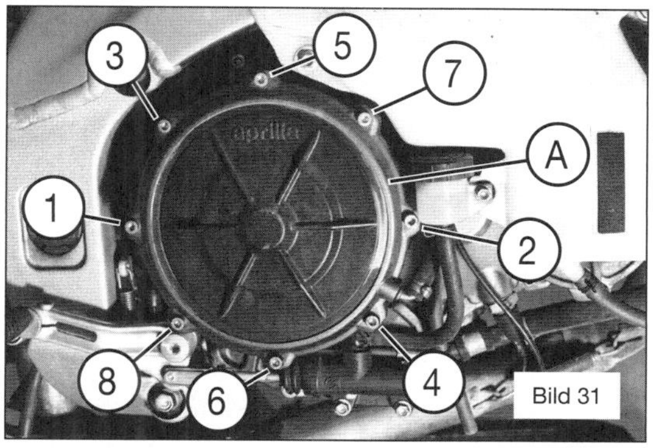

Bild 31
PPC-Kupplungsdeckel.
1-8 Anzugsfolge der Schrauben
A PPC-Kupplungsdeckel (Unterdruckdeckel)

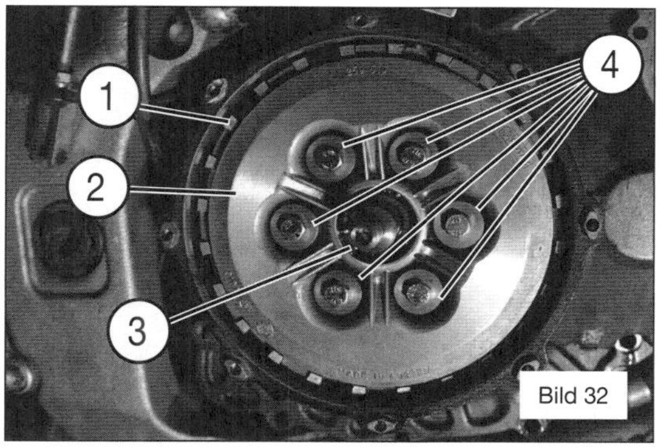

Bild 32
Hinter der Membran.
1 Kupplungskorb
2 Druckplatte
3 Druckstange
4 Schrauben mit Scheiben

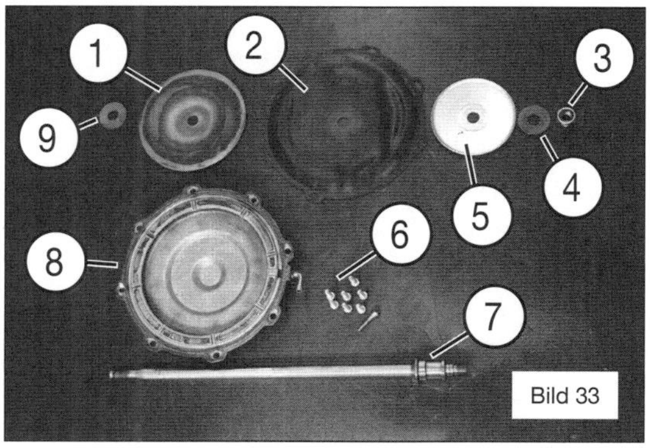

Bild 33
PPC-Kupplung in Teilen.
1 Anlagescheibe außen
2 PPC-Membran
3 Mutter
4 Scheibe
5 Anlagescheibe innen
6 Schrauben M5
7 Kupplungsdruckstange
8 Kupplungsdeckel PPC
9 Scheibe

Demontage des Kupplungskerns und des Kupplungskorbs

Verschleiß findet nicht nur an den Kupplungsreibbelägen und den Stahlscheiben statt. Die Anlagepunkte im Kupplungskorb und am Kupplungskern können sich auch in das Material einarbeiten und für Rastpunkte sorgen.

Sichtprüfung Messen

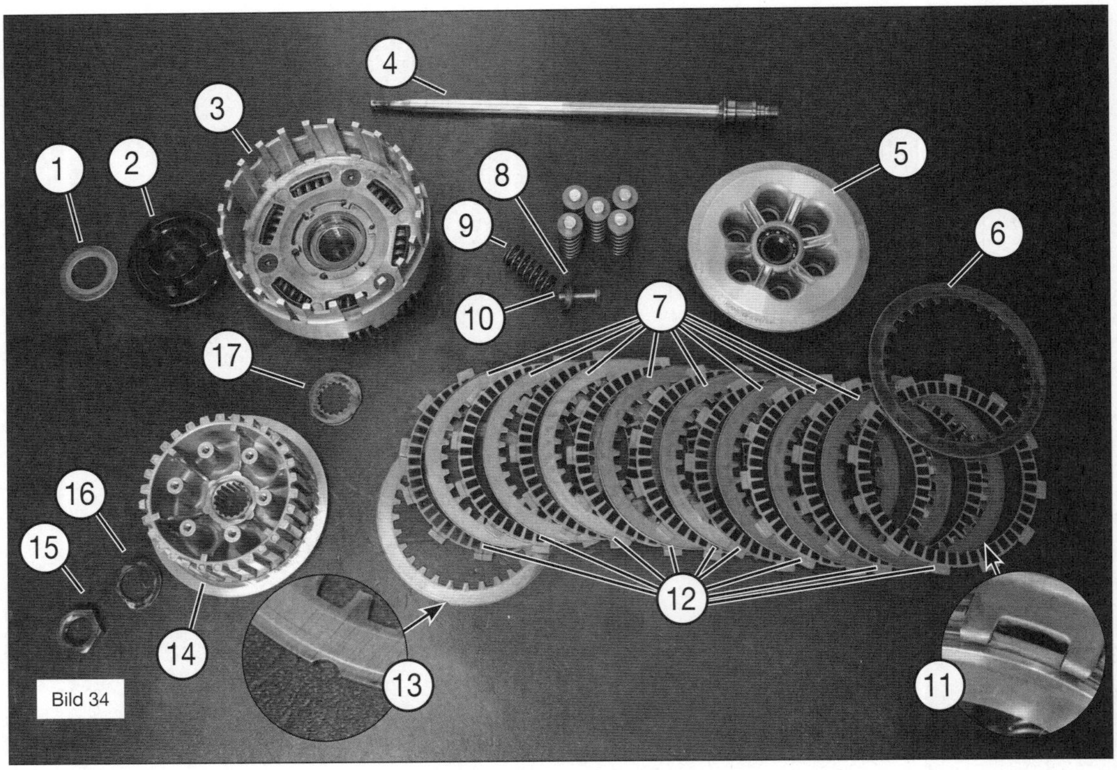

Bild 34
Kupplungspaket in Teilen.
1 Anlaufscheibe
2 Antriebsrad Ölpumpe
3 Kupplungskorb
3 Kupplungsfedern mit Teller und Schraube
4 Druckstange
5 Druckplatte
6 Erste Stahlscheibe
7 Stahlscheibensatz
8 Gestufter Federteller
9 Kupplungsfeder
10 Schraube
11 Reibscheibensatz
12 Unterste Stahlscheibe mit Markierung
13 Kupplungskern
14 Mutter
15 Wellscheibe
16 Anlaufscheibe
17 Scheibe

■ Bauen Sie die rechte Seitenverkleidungen wie im Kapitel 11 beschrieben ab.
■ Lassen Sie den Motor abkühlen.
■ Lassen Sie das Motoröl ablaufen.
■ Bauen Sie den Kupplungsdeckel wie beschrieben ab.
■ Demontieren Sie das Kupplungspaket wie bereits beschrieben.
■ Demontieren Sie die Schrauben des Starters am Kupplungsdeckel.
■ Halten Sie den Kupplungskern (14) mit einem geeigneten Gegenhalter fest und lösen Sie die Zentralmutter (15).
■ Nehmen Sie die Zentralmutter (15) und die Scheibe (16) ab.
■ Ziehen Sie den Kupplungskern (14) von der Getriebewelle ab.
■ Nehmen Sie die Scheibe (17) von der Getriebewelle ab.
■ Ziehen Sie den Kupplungskorb (3) von der Getriebewelle herunter. Hier kann das Antriebsrad der Ölpumpe (2) mit abgezogen werden.
■ Nehmen Sie die Scheibe (1) von der Getriebewelle ab.

Die Montage erfolgt sinngemäß in umgekehrter Reihenfolge.

Prüfen Sie Bauteile der Kupplung auf Verschleiß und Beschädigungen.

Bauteil	*Drehmoment*
Schrauben Kupplungsdeckel M6	11 Nm
Schrauben Kupplungsfedern	11 Nm
Zentralschraube Kupplung	170 Nm

Verschleißprüfungen an der Kupplung
Mit den im Folgenden beschriebenen Messungen und Prüfungen können Sie den Zustand der Kupplung nach den Herstellervorschriften prüfen und bewerten.

Verzug der Stahl- oder der Reibscheibe:
■ Bauen Sie das Kupplungspaket aus.
■ Legen Sie die Kupplungsscheibe (egal ob Reib- oder Stahlscheibe) auf einer ebenen Platte ab.
■ Prüfen Sie, ob Sie eine Fühlerlehre an einer oder mehreren Stellen zwischen die

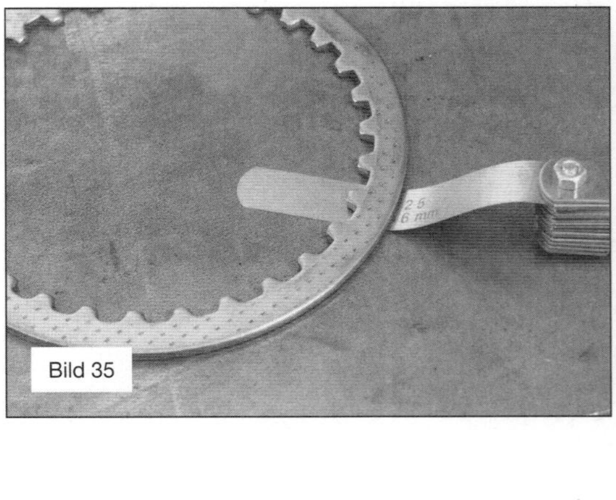

Bild 35
Verzug der Kupplungsscheiben mit der Fühlerlehre auf einer Planfläche (Glas oder Stahlplatte) prüfen.

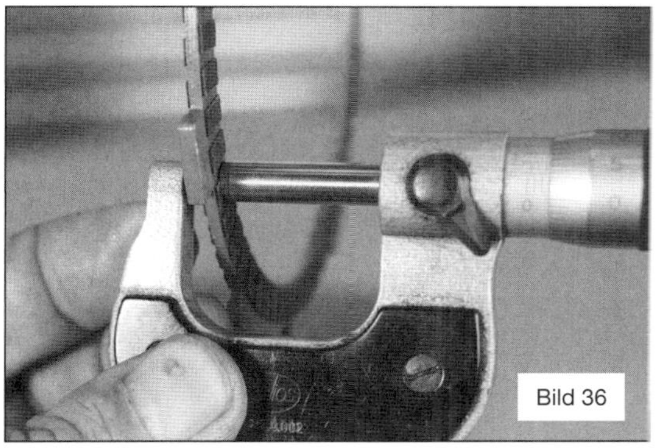

Bild 36

Kupplungsscheibe und die Unterlage schieben können (Bild 35).

Soweit Sie lediglich eine Fühlerlehre mit max. 0,15 mm unterschieben können, ist der Verzug nach Herstellerangaben in Ordnung.

Belagstärke der Reibscheibe:

- Bauen Sie das Kupplungspaket aus.

Die Verschleißstärke wird für 9 Reibscheiben und 10 Stahlscheiben angegeben. Die Einzelmessung im Bild 36 kann helfen zu entscheiden, ob einzelne Beläge stärkeren Verschleiß aufweisen. Dazu messen Sie wie im Bild gezeigt die Stärke des Reibbelags an mehreren Stellen auf der Trägerplatte.

Bauhöhe des Kupplungspakets:

Die Bauhöhe des Kupplungspakets ist sehr wichtig für die Funktion der Kupplung, genauer gesagt für das Trennverhalten der Kupplung. Der maximale Hub der Kupplungsmechanik ist begrenzt.

- Bauen Sie den Kupplungsdeckel wie beschrieben ab.
- Demontieren Sie das Kupplungspaket (7 und 12 im Bild 34).
- Bauen Sie den Kupplungskern (14) aus.
- Legen Sie den Kupplungskern (14) in den Kupplungskorb (3) ein.
- Legen Sie die Kupplungsscheiben in den Kupplungskorb auf dem Kupplungskern ein.
- Setzen Sie die Druckplatte (5) auf.
- Montieren Sie die Kupplungsfedern (9) und ihre Scheiben (8).
- Drehen Sie die Schrauben (10) mit 11 Nm an.

Die Bauhöhe für das Kupplungspaket (6 im Bild 38) liegt nach Herstellerangabe bei 46,3 mm. Die Verschleißgrenze liegt bei 44,9 mm (abhängig vom Belaghersteller).

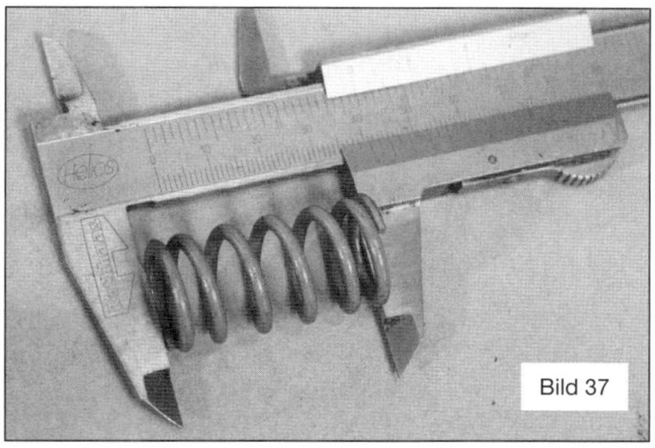

Bild 37

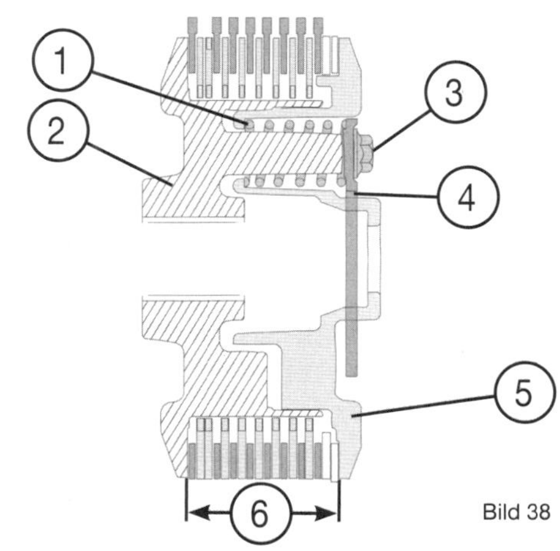

Bild 38

Bauhöhe der Kupplungsfeder:

- Bauen Sie den Kupplungsdeckel wie bereits beschrieben ab.
- Drehen Sie die Schrauben (10 im Bild 34) abwechselnd und gleichmäßig heraus.
- Nehmen Sie die Druckplatte (5) ab.
- Nehmen Sie die Federn (9) und die Scheiben (8) ab.
- Messen Sie die Bauhöhe der Feder mit einem Messschieber (siehe Bild 37).

Die Federn müssen alle die gleiche Bauhöhe aufweisen. Die Mindestbauhöhe sollte 43 mm - 44 mm betragen.

- Die Federn dürfen nicht verzogen sein.

Bauteil	*Abmessung*
Verzug von Stahl- oder Belagscheibe	0 mm - 0,15 mm
Belagstärke (10 Stahlscheiben + 9 Reibscheiben)	46,3 mm - 44,9 mm
Bauhöhe Kupplungsfeder	43 mm - 44 mm

Verschleiß am Kupplungskorb:

- Bauen Sie den Kupplungskern und den Kupplungskorb wie bereits beschrieben aus.
- Prüfen Sie die Anlagepunkte der Kupplungsreibscheiben im Kupplungskorb.

Bild 36
Belagstärke der Reibscheiben mit der Bügelmessschraube prüfen.

Bild 37
Bauhöhe der Kupplungsfedern mit dem Messschieber prüfen.

Bild 38
Bauhöhe Kupplungspaket.
1 Feder
2 Kupplungskern
3 Schraube
4 Federgegenlager
5 Druckplatte
6 Bauhöhe Belagpaket

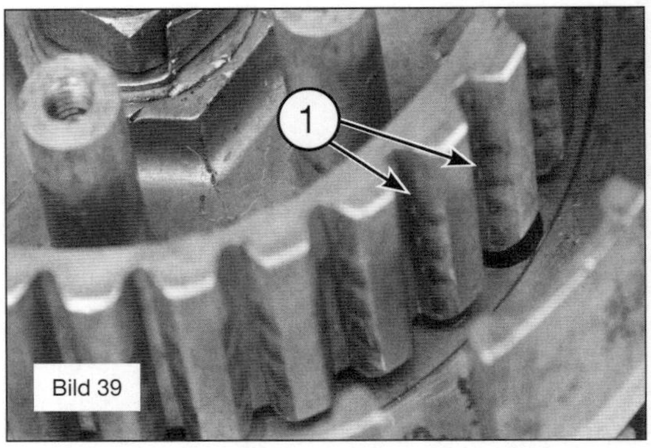

Bild 39
Kerben im Kupplungskern.
1 Markante Einschläge

Sind Kerben und Einschläge an den Anlageflächen erkennbar, kann die Kupplung verklemmen oder schwerer zu bedienen sein. Der Kupplungskorb muss dann ersetzt werden.

Verschleiß am Kupplungskern:

■ Bauen Sie den Kupplungskern und den Kupplungskorb wie bereits beschrieben aus.
■ Prüfen Sie die Anlagepunkte der Kupplungsreibscheiben im Kupplungskern.

Bild 40
Kerben im Kupplungskorb.
1 Markante Einschläge

Sind Kerben und Einschläge an den Anlageflächen erkennbar, kann die Kupplung verklemmen oder schwerer zu bedienen sein. Der Kupplungskern muss dann ersetzt werden.

Schalthebel

Bild 41
Einstellungen Schalthebel.
1 Sicherungsschraube Schalthebel
2 Körnerpunkte zur Einstellungsmarkierung
3 Schalthebel
4 Sicherungsschraube
5 Fußhebel
6 Exzenter
7 Schaltwelle

Der Schalthebel ist direkt auf der Schaltwelle montiert. Er kann zum einen auf der Schaltwelle versetzt (1 im Bild 41) werden und zum anderen über einen Exzenter (4) fein abgestimmt werden.

Einstellung der Fußschalthebelhöhe

Soweit Sie ihre persönliche Einstellung schon gefunden haben, sollten Sie die Position mit leichten Körnerpunkten (2 im Bild 41) markieren. So lässt sich bei einer Demontage die Einstellung leicht wieder herstellen.

Höheneinstellung auf der Schaltwelle:

⚠ Achten Sie darauf, die Sicherungsschrauben festzuziehen. Ein loser Schalthebel kann Beschädigungen auf der Schaltwelle und am Schalthebel verursachen.

■ Drehen Sie die Schraube (1) heraus.
■ Ziehen Sie die Schraube aus dem Schalthebel heraus.

Sie sitzt in einer Nut der Schaltwelle ein und verhindert das Abziehen von der Schaltwelle.

■ Ziehen Sie den Schalthebel von der Schaltwelle ab.

Die Montage erfolgt sinngemäß in umgekehrter Reihenfolge.

Die Höheneinstellung des Schalthebels erfolgt dann, indem der Schalthebel um einen Zahn nach oben oder nach unten verdreht wird.

Achten Sie darauf, dass die Bohrung des Schalthebels mit der Nut im Schalthebel übereinstimmt.

Höheneinstellung über die Exzenterwelle:

■ Lösen Sie die Schraube (4).
■ Verdrehen Sie den Exzenter auf die gewünschte Einstellung.
■ Ziehen Sie die Exzenterschraube wieder fest.

Bauteil	*Drehmoment*
Sicherungsschrauben am Schalthebel	10 Nm

Demontage des Fußschalthebels (5)

⚠ Achten Sie darauf, die Sicherungsschrauben festzuziehen. Ein loser Schalthebel kann Beschädigungen auf der Schaltwelle und am Schalthebel verursachen.

■ Drehen Sie die Schraube (1) heraus.
■ Ziehen Sie die Schraube aus dem Schalthebel heraus.

Sie sitzt in einer Nut der Schaltwelle ein und verhindert das Abziehen von der Schaltwelle.

■ Ziehen Sie den Schalthebel von der Schaltwelle ab.

Die Montage erfolgt sinngemäß in umgekehrter Reihenfolge.

Achten Sie darauf, dass die Bohrung des Schalthebels mit der Nut im Schalthebel übereinstimmt.

Bauteil	*Drehmoment*
Sicherungsschrauben am Schalthebel	10 Nm

Schaltbetätigung

Bei Motorrädern und manchen Sportwagen üblich, ist ein sequenzielles Schaltgetriebe verbaut. Der Gangwechsel erfolgt immer in einer Reihe. Die Reihe 1-2-3-4-5-6 erlaubt jeweils den Wechsel von einer in die nächsthöhere oder nächstniedrigere Gangstufe.

Funktion der Schaltung
Die Gangräder werden durch Schaltklauen verschoben. Die Schaltklauen werden durch die Schaltwalze verschoben. In der Schaltwalze sind Führungsrillen eingefräst, die für jede Schaltklaue die Position für die einzelnen Positionen festlegt. Die Positionen werden durch die Drehung der Schaltwalze verändert. Die Position der Schaltwalze wird durch die Schaltraste (3 im Bild 43) fixiert.

Gangwechsel:
Gehen wir davon aus, dass das Getriebe sich in der »Neutralstellung« befindet und Sie nun den Schalthebel nach unten bewegen, um den ersten Gang einzulegen.
■ Die Schaltklinke (4 im Bild 42) ist an der Schaltwelle (6) befestigt und bewegt sich somit auch nach unten (5 im Bild 44).
■ Sie rastet in einen Mitnehmerstift (7) ein und verdreht so bei der Abwärtsbewegung den Schaltstern (1) und die Schaltwalze um eine Raststelle (8) weiter. Über die Schaltwalze wird die Schaltklaue verschoben und der Kraftschluss für den ersten Gang hergestellt.

Bild 42
Bauteile Schaltbetätigung.
1 Federlager
2 Mitnehmerstift
3 Schaltstern
4 Schaltklinke
5 Rückstellfeder
6 Schaltwelle

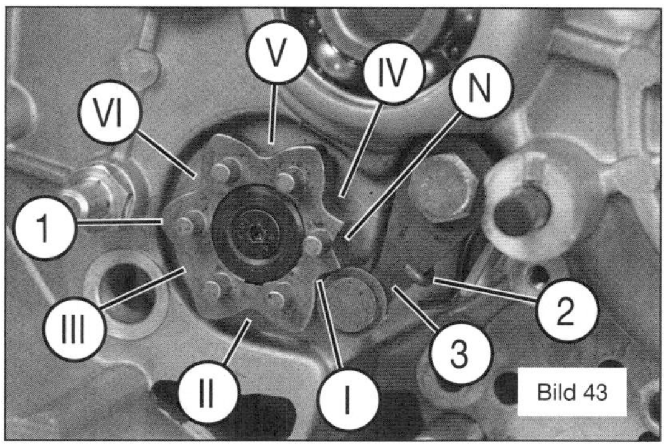

Bild 43
Gangposition am Schaltstern.
I - VI 1. Gang bis 6. Gang
N Neutral (Leerlaufposition)
1 Schaltstern
2 Rastenfeder
3 Schaltraste

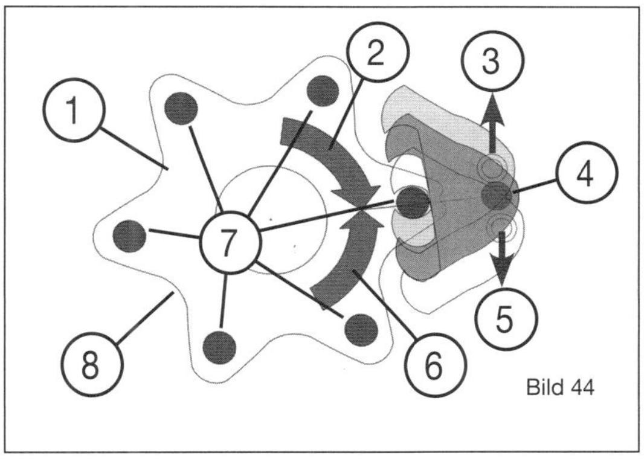

Bild 44
Funktion Schaltbetätigung.
1 Schaltstern
2 Schalthebel »Abwärts«
3 Schaltklinke in Bewegung »Aufwärts«
4 Schaltklinke Ruhestellung
5 Schaltklinke in Bewegung »Abwärts«
6 Schalthebel »Aufwärts«
7 Mitnehmerstift
8 Raststelle

Besonderheit »Neutral«-Gang (Leerlauf):
Die Stellung für den Leerlauf liegt »zwischen den Gängen« (N im Bild 43). In dieser Position findet kein Kraftschluss für alle Gangräder statt.

Wechsel der Rückstellfeder
■ Demontieren Sie die Ritzelabdeckung wie bereits am Anfang dieses Kapitels für die Kettenpflege beschrieben.
■ Markieren Sie die Einbauposition der Klemmöffnung auf der Schaltwelle (3) mit einem Körnerpunkt (soweit das nicht schon erfolgt ist).
■ Bauen Sie den Sicherungsring auf der linken Seite der Schaltwelle ab.
■ Reinigen Sie die Schaltwelle bis zum Motorblock gründlich von Verschmutzungen und Korrosion.

Sichtprüfung Messen

Bild 45

Schaltraste und Feder.

1 Ölpumpenrad

2 Sicherungsring

3 Schaltraste

4 Rastenfeder

■ Bauen Sie den Schalthebel wie bereits beschrieben ab.
■ Bauen Sie die Kupplung mit Kupplungskorb wie in diesem Kapitel bereits beschrieben aus.
■ Ziehen Sie die Schaltwelle auf der rechten Seite aus dem Motorblock heraus.
■ Hängen Sie die Rückstellfeder aus der Schaltwelle aus und nehmen Sie sie ab.

Die Montage erfolgt sinngemäß in umgekehrter Reihenfolge.
■ Kontrollieren Sie, ob die Schaltwelle verbogen ist.
■ Kontrollieren Sie die Zahnung der Schaltwelle für den Schalthebelhebel.
Prüfen Sie, dass die Schaltklinke sich leichtgängig bewegen lässt, sie selbsttätig wieder in die Mittelstellung zurückstellt und die Klinkenfeder intakt ist.

Wechsel der Klinkenfeder
■ Demontieren Sie die Ritzelabdeckung wie bereits in diesem Kapitel für die Kettenpflege beschrieben.
■ Markieren Sie die Einbauposition der Klemmöffnung auf der Schaltwelle mit einem Körnerpunkt (soweit nicht schon erfolgt).
■ Bauen Sie den Sicherungsring auf der linken Seite der Schaltwelle ab.
■ Reinigen Sie die Schaltwelle bis zum Motorblock gründlich von Verschmutzungen und Korrosion.
■ Bauen Sie den Schalthebel wie bereits beschrieben ab.
■ Bauen Sie die Kupplung mit Kupplungskorb wie beschrieben aus.
■ Ziehen Sie die Schaltwelle auf der rechten Seite aus dem Motorblock heraus.
■ Hängen Sie die Klinkenfeder aus der Schaltwelle aus und nehmen Sie sie ab.

Wechsel der Rastenfeder
■ Demontieren Sie die Ritzelabdeckung wie bereits in diesem Kapitel für die Kettenpflege beschrieben.

Bild 45

■ Markieren Sie die Einbauposition der Klemmöffnung auf der Schaltwelle (3) mit einem Körnerpunkt (soweit das nicht schon erfolgt ist).
■ Reinigen Sie die Schaltwelle bis zum Motorblock gründlich von Verschmutzungen und Korrosion.
■ Bauen Sie die Kupplung mit Kupplungskorb wie beschrieben aus.
■ Ziehen Sie die Schaltwelle auf der rechten Seite aus dem Motorblock heraus.
■ Drehen Sie die Befestigungsschraube der Schaltraste (3 im Bild 45) heraus und nehmen sie zusammen mit der Buchse und der Feder (4) ab.

Die Montage erfolgt jeweils sinngemäß in umgekehrter Reihenfolge.
■ Kontrollieren Sie den Zustand der Schaltwelle und der Federn der Schaltwelle.
■ Achten Sie darauf, dass die Rastenfeder in der Schaltraste eingerastet ist.
■ Prüfen Sie vor der endgültigen Montage die Funktion der Schaltung.

Geführte Fehlersuche

Für die Fehlersuche in der Mechanik des Antriebs ist es erforderlich, die Funktionen genau zu kennen und zu beobachten. Wir geben Ihnen im Folgenden die wichtigsten Prüfungen und Tests für die Kraftübertragung, die wir in diesem Kapitel vorgestellt haben, Schritt für Schritt vor.

Prüfungen an der Antriebskette

A Geräusche im Antrieb		
Aufgabe	Information	Ergebnis (Sollwerte)
1 Prüfung der Kettengleitschiene	Kontrollieren Sie, ob die Kettengleitschiene verschlissen, lose oder beschädigt ist. Die Kette kann sogar die Schwinge beschädigen	-

2 Verschleißprüfung der Kette	■ Kontrollieren Sie die Kette auf Klemmstellen oder beschädigte Kettenrollen ■ Prüfen Sie wie beschrieben die Kettenlängung	Max. 0,6 mm Kettenlängung
3 Prüfung der Kettenflucht	Die Kette muss gerade in einer Line zum Kettenritzel und zum Kettenrad laufen ■ Prüfen Sie die Kettenflucht wie bereits beschrieben	-
4 Prüfung der Kettenspannung	■ Prüfen Sie den Kettendurchhang bei unbeladenem Fahrzeug. Kontrollieren Sie den Durchhang an mehreren Positionen. Er kann durch einen Höhenschlag des Kettenrades, der Kettenradnabe oder durch unterschiedliche Kettenlängung unterschiedlich ausfallen	20 mm bis 25 mm
5 Prüfung des Kettenrades	■ Prüfen Sie den Seitenschlag des Kettenrades ■ Prüfen Sie das Lagerspiel der Kettenradnabe	Max. 0,5 mm Max. 0,1 mm
6 Prüfung der Radlager	Die Radlager müssen spielfrei und leichtgängig sein. Bei Klemmstellen oder erkennbaren Schäden müssen die Radlager erneuert werden	-
7 Prüfung der Schwingenlager	■ Leichtgängig bewegen lassen ■ Kein seitliches Spiel aufweisen. Ist das der Fall, müssen die Schwingenlager geprüft und wahrscheinlich auch ersetzt werden	Leichtgängig und spielfreie Lagerung

Fehlfunktionen der Kupplung

A Die Kupplung trennt nicht richtig

Aufgabe	Information	Ergebnis (Sollwerte)
1 Kupplungssystem entlüften	Informationen auf Seite 148	-
2 Leerhub des Kupplungshebels prüfen	■ Falsche Einstellung (verstellbare Hebel) ■ Betätigung oder Lagerung verschlissen	2 - 3 mm
3 Kupplungsdruckstange auf Verschleiß prüfen	■ Anlage im Kupplungsnehmerzylinder auf Verfärbungen und Verschleiß kontrollieren ■ Lageraufnahme im Bereich der Druckplatte auf Schäden oder Verschleiß kontrollieren	-
4 Ausrücklager prüfen	Prüfung auf Verschleiß und Schäden	-
5 Kupplungsgeberzylinder auf Funktion prüfen	■ Dichtigkeit nach außen ■ Korrosionsspuren ■ Funktion der Füll- und Ausgleichsbohrung prüfen	-
6 Kupplungsnehmerzylinder auf Funktion prüfen	■ Dichtigkeit nach außen ■ Korrosionsspuren	-
7 Kupplungsscheiben auf Schlag (Verzug) prüfen	■ Reib- und Stahlscheiben auf Verzug auf einer ebenen Fläche prüfen ■ Stahlscheiben Korrosionsschäden	0 mm bis 15 mm
8 Kupplungskorb und Kupplungskern auf Verschleiß und Schäden prüfen	Einschläge (Bild 31/32) und ähnliche Verschleißspuren sorgen für ein Verklemmen	-
9 Bauhöhe des Kupplungspakets prüfen	Die Bauhöhe verändert auch den Drehwinkel der Ausrückung. Dadurch kann der Hubweg verkürzt werden	45,6 mm - 46,4 mm

B Die Kupplung rutscht durch		
Aufgabe	Information	Ergebnis (Sollwerte)
1 Kupplungsgeberzylinder auf Funktion prüfen	■ Dichtigkeit nach außen ■ Korrosionsspuren ■ Funktion der Füll- und Ausgleichsbohrung prüfen	-
2 Kupplungsnehmerzylinder auf Funktion prüfen	■ Dichtigkeit nach außen ■ Korrosionsspuren	-
3 Belagstärke und Zustand der Reibbeläge prüfen	■ Belagstärke und Verschleißspuren auf den Stahlscheiben prüfen	2,72 mm - 2,88 mm Min. 2,60 mm
4 Kupplungsfedern prüfen	■ Auf gleichmäßige Bauhöhe kontrollieren	-
5 PPC-Kupplungsssystem prüfen	■ Steuerventil im Drosselklappenmodul auf Durchgang und Funktion prüfen ■ PPC-System auf Unterdruckabfall bei Drosselklappenöffnung prüfen ■ PPC-System auf richtigen Anschluss prüfen (Bild 24)	-
6 Kupplungskorb und Kupplungskern auf Verschleiß und Schäden prüfen	Einschläge (Bild 31/32) und ähnliche Verschleißspuren sorgen für ein Verklemmen	-
7 Bauhöhe des Kupplungspakets prüfen	Die Bauhöhe verändert auch den Drehwinkel der Ausrückung. Dadurch kann der Hubweg verkürzt werden	45,6 mm - 46,4 mm

C Das Hinterrad stempelt (Verlust des Bodenkontakts)		
Aufgabe	Information	Ergebnis (Sollwerte)
1 PPC-Kupplungsssystem prüfen	■ Steuerventil im Drosselklappenmodul auf Durchgang und Funktion prüfen ■ PPC-System auf Unterdruckaufbau bei geschlossener Drosselklappe prüfen ■ PPC-System auf richtigen Anschluss prüfen (Bild 24)	-
2 Kupplungskorb und Kupplungskern auf Verschleiß und Schäden prüfen	■ Einschläge (Bilder 39/40) und ähnliche Verschleißspuren sorgen für ein Verklemmen	-
3 Kupplungsfedern prüfen	■ Bauhöhe der Kupplungsfedern ■ Inwieweit die originalen Kupplungsfedern verbaut wurden	43 mm - 44 mm

Fehlfunktionen der Schaltung

A Schalthebel stellt sich nicht zurück		
Aufgabe	Information	Ergebnis (Sollwerte)
1 Hebelwerk und Lagerung überprüfen	Leichtgängigkeit von Uniballgelenken und Schalthebellager prüfen	-
2 Rückstellfeder der Schaltwelle prüfen	Auf gebrochene Rückstellfeder prüfen	-

B Das Getriebe lässt sich nicht mehr schalten		
Aufgabe	Information	Ergebnis (Sollwerte)
1 Hebelwerk und Lagerung überprüfen	Leichtgängigkeit von Uniballgelenken und Schalthebellager prüfen	-
2 Schaltklinke und Schaltfeder prüfen	Auf gebrochene Rückstellfeder oder Klinkenfeder prüfen	-
3 Getriebe prüfen (lassen)	Der Motor muss zerlegt werden	-

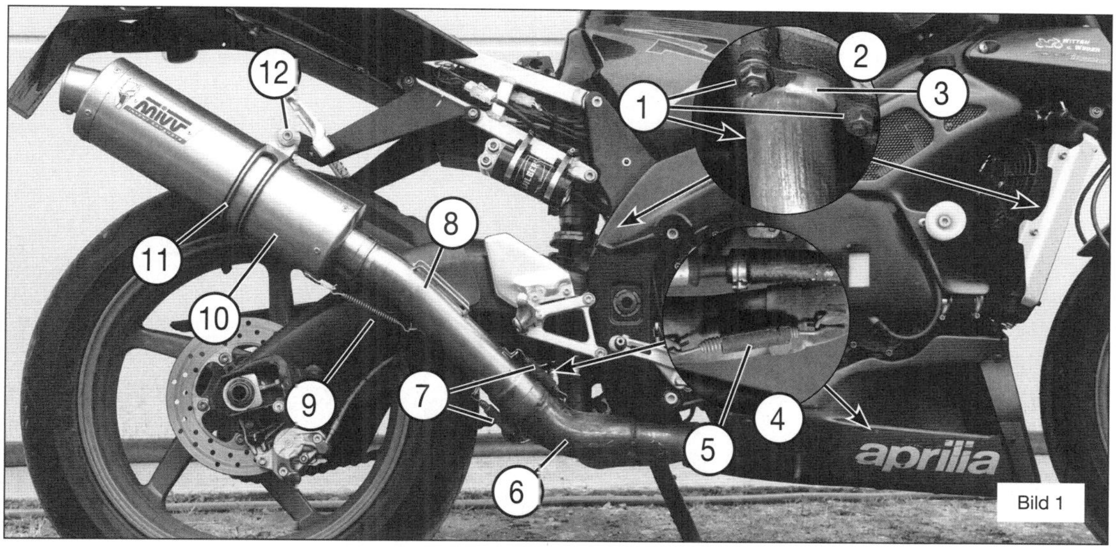

Bild 1
Auspuffsystem der RSV.
1 Verschraubung Krümmer
2 Montagebereich am Zylinderkopf
3 Krümmer
4 Befestigung Krümmer/Sammelrohr
5 Haltefedern »Slip-On-System«
6 Sammelrohr
7 Haltefedern »Slip-On-System«
8 Zwischenrohr
9 Haltefeder »Slip-On-System«
10 Endschalldämpfer
11 Schelle
12 Schraube

13 Abgassystem

Das Abgassystem eines modernen Fahrzeugs gehört auch zum Gemischaufbereitungssystem. Zumindest hat die Abgasanlage einen nicht unerheblichen Einfluss auf das System. Auch wenn in den vorgestellten Modellen weder Lambdasonde noch Katalysator verbaut worden sind, bedeutet der Gegendruck der Abgasanlage einen Einfluss auf die Zylinderfüllung. Da das Abgas durch das Gemischaufbereitungssystem nicht ausgewertet werden kann, erfolgt entsprechend auch keine Anpassung.

Endschalldämpfer demontieren

- Lassen Sie die Abgasanlage abkühlen.
- Bauen Sie die Seitenverkleidungen (Mille) ab.
- Bauen Sie den Bugspoiler wie auf wie im Kapitel 11 beschrieben ab.
- Hängen Sie die Federn (9) zum Endschalldämpfer (10) aus.
- Drehen Sie die Schraube (12 im Bild 1) heraus.
- Nehmen Sie den Endschalldämpfer ab.

Die Montage erfolgt sinngemäß in umgekehrter Reihenfolge.

- Prüfen Sie den Zustand der Auspufffeder(n) (9).

Achten Sie darauf, dass die Auspufffedern sicher eingehängt sind.

Bauteil	Drehmoment
Schraube Endschalldämpfer M8	20 Nm

Zwischenrohr und Sammelrohr demontieren

Zwischenrohr demontieren

Das Zwischenrohr ist nicht bei allen Abgasanlagen verbaut. Es gleicht die unterschiedlichen Längen der Abgasanlagen aus.

- Lassen Sie die Abgasanlage abkühlen.
- Bauen Sie den Endschalldämpfer wie beschrieben ab.
- Hängen Sie die Haltefedern (7) zum Sammelrohr aus.
- Nehmen Sie das Zwischenrohr ab.

Die Montage erfolgt sinngemäß in umgekehrter Reihenfolge.

- Prüfen Sie den Zustand der Auspufffeder(n) (9).

Achten Sie darauf, dass die Auspufffedern sicher eingehängt sind.

Sammelrohr demontieren

- Lassen Sie die Abgasanlage abkühlen.
- Bauen Sie den Endschalldämpfer wie beschrieben ab.

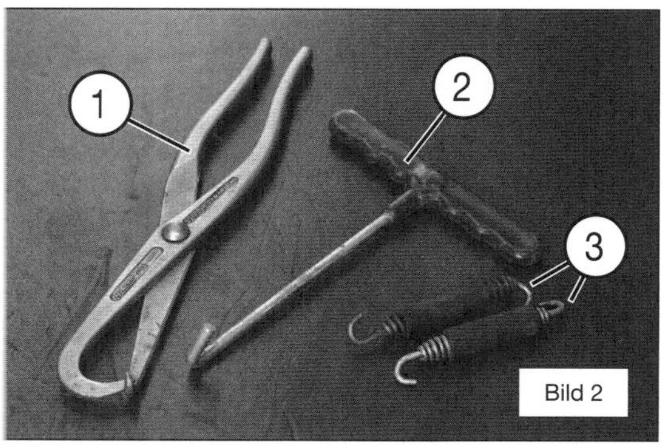

Bild 2
Demontagewerkzeug.
1 Federzange
2 Zughaken
3 Auspufffedern

Sichtprüfung Messen

■ Bauen Sie das Zwischenrohr (soweit verbaut) wie beschrieben ab.
■ Hängen Sie die Haltefedern (7) zu dem Krümmer aus.
■ Nehmen Sie das Sammelrohr ab.

Die Montage erfolgt sinngemäß in umgekehrter Reihenfolge.
■ Prüfen Sie den Zustand der Auspufffeder(n) (9).

Achten Sie darauf, dass die Auspufffedern sicher eingehängt sind.

Abgaskrümmer demontieren

Die beiden Abgaskrümmer sind am Zylinderkopf verschraubt.

Demontage des vorderen Abgaskrümmer (Zylinder 1) (Bild 3):

Der Zugang zu den Verschraubungen am Zylinderkopf erfolgt am besten von vorne zwischen den beiden Kühlern.
■ Lassen Sie die Abgasanlage abkühlen.
■ Bauen Sie den Endschalldämpfer wie beschrieben ab.
■ Bauen Sie das Zwischenrohr (soweit verbaut) wie beschrieben ab.
■ Bauen Sie das Sammelrohr wie beschrieben ab.
■ Demontieren Sie die Verkleidung zwischen den Kühlern.
■ Lösen Sie die Muttern (2 im Bild 3) und schrauben Sie sie ab.
■ Ziehen Sie den Krümmer von dem Bolzen im Zylinderkopf ab.
■ Verdrehen Sie den Krümmer nach links und nehmen Sie ihn nach vorne heraus.

Die Montage erfolgt sinngemäß in umgekehrter Reihenfolge.
■ Erneuern Sie die Dichtung zwischen Zylinderkopf und Krümmer.

Bauteil	*Drehmoment*
Schraube Endschalldämpfer M8	20 Nm

Demontage des hinteren Abgaskrümmer (Zylinder 2) (Bild 4):

Der Zugang zu den Verschraubungen am Zylinderkopf erfolgt am besten hinter dem Ventildeckel beziehungsweise vor dem hinteren Stoßdämpfer.
■ Lassen Sie die Abgasanlage abkühlen.

Bild 3
Krümmer am 1. Zylinder.
1 Zylinderkopf
2 Muttern auf 8-mm-Bolzen
3 Abgaskrümmer

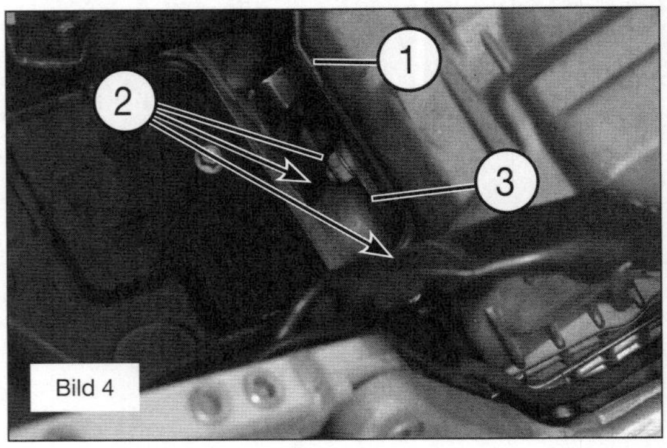

Bild 4
Krümmer am 2. Zylinder.
1 Zylinderkopf
2 Muttern auf 8-mm-Bolzen
3 Abgaskrümmer

■ Bauen Sie den Endschalldämpfer wie beschrieben ab.
■ Bauen Sie das Zwischenrohr (soweit verbaut) wie beschrieben ab.
■ Bauen Sie das Sammelrohr wie beschrieben ab.
■ Demontieren Sie den Kraftstofftank wie bereits im Kapitel 11 beschrieben.
■ Lösen Sie die Muttern (2 im Bild 4) und schrauben Sie sie ab.
■ Ziehen Sie den Krümmer (3) von dem Bolzen im Zylinderkopf ab.
■ Nehmen Sie den Krümmer heraus. Hierzu muss der Krümmer zuerst nach links verdreht und dann über die Schlinge herausgenommen werden.

Die Montage erfolgt sinngemäß in umgekehrter Reihenfolge.
■ Erneuern Sie die Dichtung zwischen Zylinderkopf und Krümmer.

Bauteil	*Drehmoment*
Schraube Endschalldämpfer M8	20 Nm

Dichtigkeit der Abgasanlage

Optische Kontrolle

Die Dichtigkeit der Slip-on-Auspuffanlagen hängt von den Übergangsstellen zwischen Auspuffteilen und der Federspannung ab.

■ Lassen Sie die Abgasanlage abkühlen.

Bei Undichtigkeit zerlegen Sie die Abgasanlage im Bereich der georteten Undichtigkeit und prüfen Sie die Übergänge auf Verzug und Risse.

Dichtigkeitsprüfung

■ Lassen Sie den Motor im Leerlauf laufen.
■ Lassen Sie einen zweiten Mechaniker mit einem Lappen den Auspuff verschließen.
■ Bewegen Sie die Verbindungsstellen.
■ Hören Sie die Bauteile der Abgasanlage auf Zischgeräusche ab.

Geführte Fehlersuche

Im Folgenden werden wir Ihnen für das Kapitel »Abgassystem« eine Fehlersuchanleitung an die Hand geben, die die Bauteile, die wir in diesem Kapitel vorgestellt haben, ergänzen.

Das Kapitel »Abgassystem« sollten Sie aber nie als absolut abgegrenzt zum »Zünd- und Einspritzsystem« sowie zur Elektrischen Anlage« sehen. Ab und an ist es sinnvoll, die Fehlersuchen und die Beschreibungen dieser beiden Kapitel in die Fehlersuche zum Abgassystem mit einzubeziehen.

Prüfungen am Abgassystem

A Auspuff knallt (Fehlzündungen)

Aufgabe	Information	Ergebnis (Sollwerte)
1 Krümmerdichtung prüfen	■ Optische Kontrolle auf Verrußungsspuren im Krümmerbereich ■ Anzugdrehmoment der Krümmer prüfen	25 Nm
2 Abgasrohre auf Schäden prüfen 3 Endschalldämpfer auf Schäden prüfen	■ Optische Kontrolle auf Verrußungsspuren, Risse oder Löcher	-
4 Abgaskrümmertemperatur prüfen	■ Mit einem Infrarotthermometer die Krümmertemperaturen prüfen, um sicherzugehen, dass beide Zylinder richtig mitlaufen	Gleichmäßig
5 Gemischaufbereitungssystem prüfen	■ Kraftstoffdruck prüfen ■ Dichtigkeit des PPC-Systems und der Verschlauchung prüfen ■ Dichtigkeit des Ansaugtraktes und des Drosselklappenmoduls prüfen ■ Dichtigkeit der Dichtringe an den Einspritzventilen prüfen	-
6 Zündanlage prüfen	■ Zündspulen, Zündkerzenstecker, Zündkabel, Zündkerzen prüfen	-
7 CO-Wert prüfen	■ CO-Wert messen ■ Synchronisierung und CO-Einstellung für beide Zylinder getrennt prüfen	Siehe Kapitel 9
8 Motormechanik prüfen	■ Kompressionsdruck messen ■ Ventilspiel prüfen	Siehe Kapitel 10

B Auspuff rasselt

Aufgabe	Information	Ergebnis (Sollwerte)
1 Verschraubungen prüfen	■ Verbindungsstellen zwischen Krümmern, Sammelrohr, Zwischenrohr (soweit verbaut) und Endschalldämpfer prüfen ■ Verschraubung am Krümmer prüfen ■ Verschraubung des Schalldämpfers am Rastenträger prüfen	Handfest 25 Nm 20 Nm
2 Endschalldämpfer auf Schäden prüfen	■ Optische Kontrolle auf Verrußungsspuren, Risse oder Löcher ■ Auspuffanlage ausbauen und schütteln, um lose Teile feststellen zu können	-

14 Kühlsystem

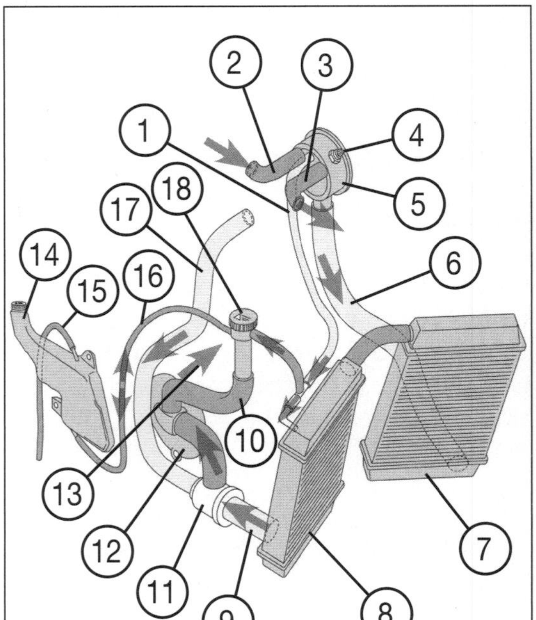

Bild 1

Bild 1
Kühlsystem in der Übersicht

1 Zirkulationsleitung
2 Zulauf hinterer Zylinder
3 Zulauf vorderer Zylinder
4 Temperaturschalter Lüftermotoren
5 Verteilerstück
6 Zulauf zum Kühler
7 Kühler links
8 Kühler rechts
9 Ablauf Kühler zum Thermostat
10 Schlauch zum Füllstück
11 Thermostat
12 Wasserpumpe
13 Wasserzufluss Wasserpumpe zum Motor
14 Ausgleichsbehälter
15 Überlaufschlauch
16 Ausgleichsleitung
17 Rückleitung Motor zum Thermostat
18 Druckverschluss
Pfeile Flussrichtung

Das Kühlsystem gerät eigentlich nur dann in den Fokus des Mechanikers, wenn die Kühlung unzureichend ist und der Motor überhitzt. Weiterhin könnte auch ein Kühlmittelverlust ein Grund sein, das Kühlsystem genauer unter die Lupe zu nehmen. Den Kühlmitteltemperaturfühler haben wir bereits im Kapitel 9 »Zünd- und Einspritzsystem« beschrieben.

⚠ Verbrühungsgefahr! Das Kühlsystem steht bei heißem Motor unter Druck. Öffnen Sie niemals den Druckverschluss oder andere Bauteile des Kühlsystems, solange das System nicht abgekühlt ist.

☞ Tragen Sie grundsätzlich Augenschutz und Handschuhe.

Aufbau und Funktion

Die Flüssigkeitskühlung ermöglicht eine deutlich gleichmäßigere Kühlung als die Luftkühlung, die gerade in älteren Motorrädern eingesetzt wurde. Zudem wird die Kühlleistung entsprechend der Kühlmitteltemperatur geregelt. Im Wesentlichen besteht das Kühlsystem aus den Kühlkanälen und Volumen im Zylinderblock und Zylinderkopf, die die Kühlung für den Zylinder und den Brennraum umgeben, der Kühlmittelpumpe (Wasserpumpe) (12 im Bild 1) den Kühlern (7 und 8) und dem Thermostat (11), der sich zwischen den Kühlern (7 und 8) und den Zylindern befindet.

Bei kaltem Motor
Der Thermostat (11 im Bild 1) ist geschlossen. Das Kühlmittel wird um den Zylinder und im Zylinderkopf erwärmt. Bei etwa 60 °C beginnt der Thermostat (11) zu öffnen. Die Öffnung des Thermostats erfolgt stufenlos und natürlich temperaturabhängig. Steigt die Kühlmitteltemperatur weiter, wird bei etwa 75 °C der Thermostat voll geöffnet sein.

Bei warmem Motor
Der Thermostat (11) hat bei Vollöffnung einen Ringspalt von etwa 8 mm, durch den das Kühlmittel von den Kühlern (7 und 8) fließen kann. Über feine Kanäle und die Kühlerlamellen wird die Kühlmitteltemperatur an die Luft abgegeben. Während der Fahrt wird der Kühler durch Fahrtwind durchströmt. Im Stand erzeugt der elektrische Kühlerlüfter den Luftstrom. Je nachdem wie warm das Kühlmittel ist, wird der Thermostat stufenlos geöffnet oder geschlossen.

☞ Ziel des Thermostaten in diesem Systems ist es, die Motortemperatur von etwa 80 °C nach dem Kaltstart schnell zu erreichen und im Betrieb möglichst gleichmäßig zu halten.

Volumenausgleich und Systemdruck
Mit der Kühlmitteltemperatur verändert sich auch das Kühlmittelvolumen. Um die Volumenänderung ausgleichen zu können, ist ein Ausgleichsbehälter (14) verbaut. Der Druckverschluss (18) oder auch Kühlerverschlussdeckel trennt den Ausgleichsbehälter (14) bis zu einem Druck von etwa 1 bis 1,2 bar vom Kühlsystem ab. Liegt der Druck darüber, wird Kühlmittel über den Druckverschluss in Richtung Ausgleichsbehälter gedrückt.

☞ Der Kühlmitteldruck ermöglicht die Kühlmitteltemperatur über den normalen Siedepunkt anzuheben.

Kühlt der Motor wieder ab, wird auch das Volumen des Kühlmittels kleiner. Auch das Volumen muss wieder ausgeglichen werden. Der Rückstrom wird über das Rückstromventil im Druckverschluss realisiert, hier muss nur ein sehr kleiner Druckunterschied vorhanden sein.

Kühlmittel

Die Aufgabe des Kühlmittels liegt nicht nur beim Transport der Wärme vom Motor an die Außenluft. Es soll zudem Geräusche dämpfen, das Kühlsystem vor Frost schützen, bewegliche Teile des Kühlsystems schmieren und es stellt den Korrosionsschutz sicher.

Frostschutz des Kühlmittels prüfen
Zur Frostschutzprüfung wird ein handelsüblicher Ansaugprüfer (Bild 4) oder für genauere Prüfung ein sogenanntes Refraktometer (Bild 2) benötigt. Beim Ansaugprüfer wird der jeweilige Frostschutz in °C angezeigt. Die Skala »1« des Refraktometers bezieht sich auf die Kühlmittelzusätze G12, G12 plus, G12 Plusplus, G30 und G64. Die Skala »2« bezieht sich nur auf zu verwendenden Kühlmittelzusatz G13.

- Prüfen Sie den Kühlmittelstand im Ausgleichsbehälter bei kaltem Motor.
- Den genauen Wert bei den Prüfungen liest man an der Hell-Dunkel-Grenze ab. Zur besseren Veranschaulichung der Hell-Dunkel-Grenze wird mit der Pipette ein Tropfen Wasser auf das Glas gebracht. Die Hell-Dunkel-Grenze ist dann deutlich an der »Waterline« zu erkennen (Bild 3). Der Frostschutz muss bis etwa -25 °C gewährleistet sein.

> **Praxistipp:**
> **Destilliertes Wasser als Mischbasis**
>
> Zum Befüllen wird laut Werkstattunterlagen einiger Fahrzeughersteller ausdrücklich destilliertes Wasser (plus Frostschutz) vorgeschrieben. »Leitungswasser mit dem vorgeschriebenen Frostschutzzusatz« ist nicht immer ausreichend. Auch dann, wenn der Hersteller das Anmischen mit Leitungswasser zulässt, kann das Verwenden von destilliertem Wasser Vorteile haben. Durch die unterschiedlichen Inhaltsstoffe, die länderspezifisch und sogar regionalspezifisch sein können, haben einige Hersteller entschieden, die Wasserqualität für Kühlsysteme zu definieren. Destilliertes Wasser erfüllt alle Anforderungen. Aus diesem Grund wird empfohlen, auch bei älteren Modellen das Kühlmittel bei Ergänzungen und Neubefüllungen mit destilliertem Wasser anzumischen.

Bild 2
Refraktometer zur Frostschutzgehaltsprüfung.

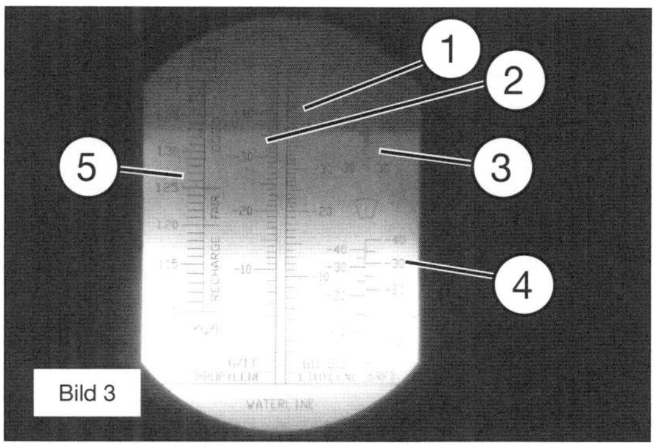

Bild 3
Sichtfeld des Refraktometers.
1 G12; G12 Plus, G12 Plusplus, G11 und auch G30
2 G13
3 Ad Blue
4 Scheibenfrostschutz
5 Säuredichte der Batterie

Bild 4
Frostschutzspindel zur Frostschutzgehaltsprüfung.

- Bei zu geringem Frostschutz Kühlflüssigkeit ablassen und durch Kühlmittelzusatz G46 (grün) ergänzen.
- Probefahrt durchführen und Frostschutz des Kühlmittels erneut prüfen.

Frostschutz und Mischung
Es ist sehr wichtig, das richtige Kühlmittel in der richtigen Mischung zu verwenden.
Zu großer Wasseranteil bedeutet tatsächlich eine etwas bessere Kühlleistung, aber gleichzeitig werden die Eigenschaften wie Schmierung, Korrosions- und Frostschutz beeinträchtigt.

Tipp: Verwendet wird bei Aprilia ein Ethylenglykol-Konzentrat mit grüner Einfärbung, das 1:1 mit Wasser angemischt werden soll.

Tipp: Vergleichbar ist es mit Glysantin G64. Ungewöhnlich ist aber der Wert -35 °C,

Sichtprüfung Messen

den Aprilia für den Gefrierpunkt angibt. Marktüblich ist ein Frostschutz bis -25 °C.

Anmischen von Kühlmittel:
Um ein möglichst günstiges Mischungsverhältnis im Kühlsystem zu verwenden, ist es erforderlich, entweder ein gebrauchsfertiges Kühlmittel zu kaufen oder sich ein gebrauchsfertiges Gemisch selbst herzustellen. Wie schon erwähnt, liegt die Aufgabe des Kühlmittels nicht nur beim Frostschutz. Der läge mit reinem Konzentrat bei über 40 °C. Allerdings wäre die Wärmeleitfähigkeit deutlich eingeschränkt. Der Motor kann überhitzen.

- Füllen Sie etwa die Hälfte der benötigten Kühlmittelmenge des Konzentrats in einen Behälter zum Anmischen.
- Füllen Sie etwa ein Viertel der benötigten Kühlmittelmenge als Wasser in den Behälter zum Anmischen zu dem Konzentrat.
- Rühren Sie kurz durch und prüfen Sie den Frostschutzprüfer (Bilder 2 - 4).
- Je nach Messergebnis füllen Sie destilliertes Wasser oder Konzentrat nach, um den Frostschutz zwischen -25 °C und -35 °C anzumischen.
- Füllen Sie das fertige Gemisch am besten in eine alte Konzentratflasche und vermerken Sie den eingestellten Frostschutzgehalt mit einem wasserfesten Stift als »gebrauchsfertig« gut sichtbar auf der Flasche.

Kühlmittelstand prüfen und auffüllen

Den Kühlmittelstand sollten Sie bei Ihren regelmäßigen Kontrollen und im Rahmen der Wartungsarbeiten kontrollieren. Einsehbar und erreichbar sind der Ausgleichsbehälter und der Verschlussdeckel auf der linken Fahrzeugseite hinter dem Motor (Bild 5).

☞ Der Kühlmittelstand muss bei kaltem Motor geprüft werden.

- Halten Sie das Motorrad auf einer geraden Position. Beim Abstellen auf dem Seitenständer wird das Ergebnis verfälscht.
- Kontrollieren Sie, dass der Kühlmittelstand zwischen den Markierungen »L« (Low) und »F« (Full) liegt.
- Korrigieren Sie den Kühlmittelstand soweit erforderlich.

☞ Bei nicht verbrauchsbedingtem Flüssigkeitsverlust muss die Ursache ermittelt und beseitigt werden.

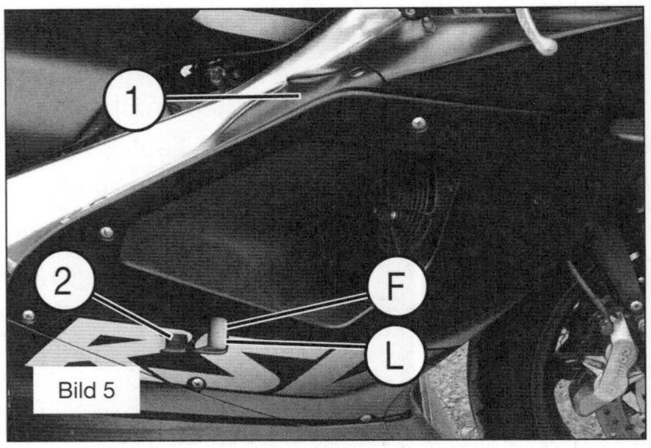

Bild 5

Bild 5
Ausgleichsbehälter RSV.
1 Deckel
2 Vorratsbehälter für Bremsflüssigkeit
F »Full« Maximum (kalt)
L »Low« Minimum (kalt)

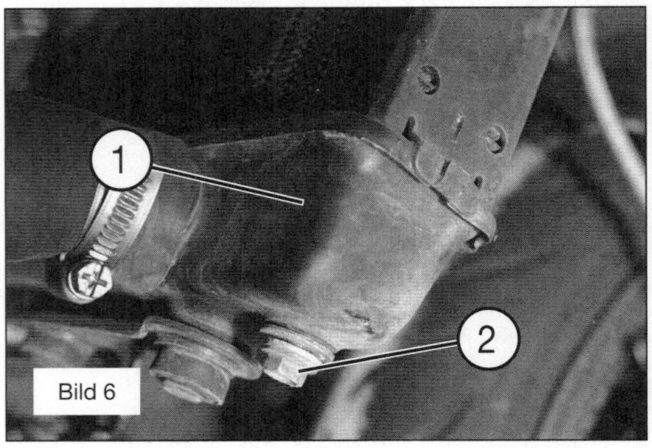

Bild 6

Bild 6
Ablassschraube an der Wasserpumpe.
1 Kühler rechts
2 Ablassschraube

Kühlmittel wechseln

Ablassen des Kühlsystems:

- Lassen Sie den Motor abkühlen.
- Demontieren Sie die Seitenverkleidung und wenn erforderlich den Bugspoiler.
- Legen Sie soweit erforderlich den Verschlussdeckel (1 im Bild 5) frei.
- Drehen Sie den Kühlerverschlussdeckel (Druckverschlussdeckel) (1) ab.
- Stellen Sie einen Auffangbehälter unter die Ablassschraube im rechten Kühler (2 im Bild 6). Er sollte etwa 3,0 l Kühlflüssigkeit aufnehmen können.
- Drehen Sie die Schraube (2 im Bild 6) heraus und lassen Sie das Kühlmittel ablaufen.

Ablassen des Ausgleichbehälters:

- Versetzen Sie die Schelle der Ausgleichsleitung (16 im Bild 1) vom Anschluss mehr auf den Schlauch.

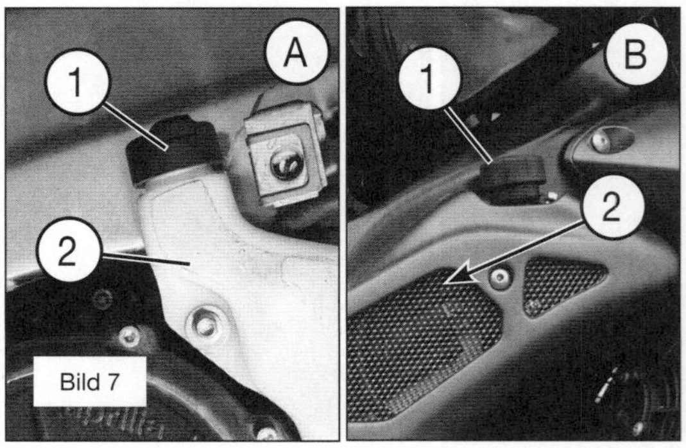

Bild 7

Bild 7
Druckverschluss am Ausgleichsbehälter.
1 Druckverschluss
2 Ausgleichsbehälter
A RSV Mille
B RSV Tuono

■ Ziehen Sie die Ausgleichsleitung (16) vom Füllstück (10) des Kühler ab.
■ Verschließen Sie den Überlaufschlauch mit einem passenden Stopfen oder einfach mit einer Schraube und fädeln Sie ihn nach unten durch.
■ Ziehen Sie den Stopfen wieder heraus und lassen Sie das Kühlmittel aus dem Ausgleichsbehälter ablaufen.

Befüllen des Kühlsystems:
■ Montieren Sie den Überlaufschlauch wieder, soweit noch nicht erfolgt.
Füllen Sie das Kühlsystem bis zum Einfüllstutzen des Kühlers mit »gebrauchsfertiger Kühlflüssigkeit« auf.

Füllen Sie die Kühlflüssigkeit langsam ein, damit die Luft aus dem Kühlsystem entweichen kann.

■ Drehen Sie den Druckverschlussdeckel wieder auf den Kühler auf.
■ Füllen Sie den Ausgleichsbehälter bis zur Markierung »F« auf.
■ Lassen Sie den Motor bis zum Zuschalten des Lüftergebläses warm laufen.
■ Lassen Sie den Motor wieder abkühlen.
■ Kontrollieren Sie den Kühlmittelstand und korrigieren Sie ihn wenn erforderlich.

Thermostat

Der Thermostat öffnet oder schließt je nach Bedarf den Kühlkreislauf zwischen Motor und Kühler. Angesteuert wird er durch ein Wachselement, das bei steigender Temperatur das Ventil aufdrückt und stufenlos einen Ringspalt zum Kühler freigibt.

Demontage des Thermostaten
■ Lassen Sie den Motor abkühlen.
■ Lassen Sie das Kühlmittel wie beschrieben ab.
■ Demontieren Sie die Seitenverkleidung und wenn erforderlich den Bugspoiler.
■ Lösen Sie die Schelle und ziehen Sie die Kühlschläuche (2, 3 und 5 im Bild 8) vom Thermostat (4) ab.
■ Nehmen Sie den Thermostaten (4) heraus.

Die Montage erfolgt sinngemäß in umgekehrter Reihenfolge.
■ Prüfen Sie vor der Montage den Thermostaten auf Funktion.

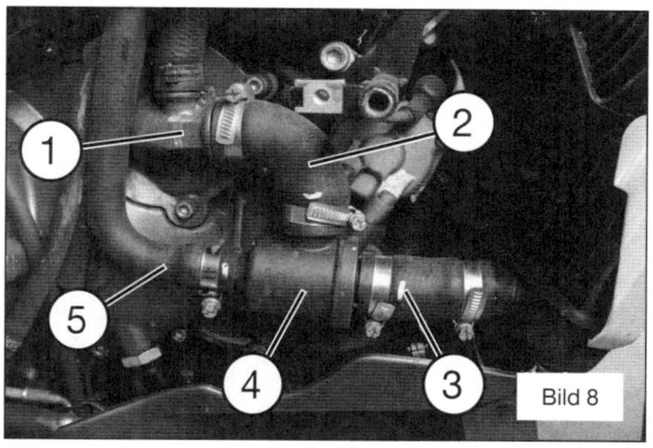

Bild 8
Einbauposition des Thermostats.
1 Wasserpumpengehäuse
2 Zulauf zur Wasserpumpe
3 Anschluss vom rechten Kühler
4 Thermostat
5 Rückleitung vom Motor

■ Verwenden Sie Schellen, die dem Serienstand entsprechen.
■ Prüfen Sie das Kühlsystem auf Dichtigkeit.

Bauteil	*Drehmoment*
Schlauchschellen	Handfest

Prüfung des Thermostaten

Der Thermostat ist fest in seinem Gehäuse verbaut und kann nicht vom Gehäuse getrennt werden. Er wird seitens des Herstellers auf seinen Öffnungsweg beurteilt.

Prüfung im eingebauten Zustand:
■ Montieren Sie eine Abgasabsauganlage am Auspuff.
■ Lassen Sie den Motor laufen.

Es besteht Vergiftungsgefahr. Neben einer guten Belüftung müssen die Abgase ins Freie abgeführt werden.

Kontrollieren Sie in regelmäßigen Abständen die Temperatur der Anschlussschläuche des Thermostaten mit einem Lasertemperaturmesser oder einem anderen geeigneten Thermometer.

Die Temperatur nach dem Thermostat (Schlauch geht zum rechten Kühler) wird mit steigender Motortemperatur unterschiedlich ausfallen.

■ Solange der Thermostat geschlossen ist, wird die Temperatur am Kühlschlauch (3 im Bild 8) nur geringfügig verändert. Die Temperatur am Kühlschlauch (5) steigt aber stetig.
■ Ab etwa 85 °C (die Temperatur kann durchaus zwischen 75 °C und 85 °C liegen) öffnet der Thermostat und die Temperatur am Kühlmittelschlauch zwischen dem Thermostat und dem Kühler (8) wird schnell ansteigen.

Sichtprüfung Messen

Bild 9
Thermostat im Schnitt.
A Abstand bei Vollöffnung
1 Rückleitung vom Motor
2 Zulauf zur Wasserpumpe
3 Anschluss vom rechten Kühler
4 Stützlager
5 Druckstange
6 Druckfeder
7 Wachselement

Bild 10
Kontrollbohrung der Wasserpumpe.
1 Wasserpumpengehäuse
2 Bohrung zwischen Wellendichtring und Dichtpaket

Bild 11
Wasserpumpe in Teilen.
1 Impeller
2 Dichtsatz (wasserseitig)
3 Stift
4 Antriebsrad
5 Wasserpumpenwelle
6 Anlaufscheibe
7 Wellendichtring (ölseitig)
8 Dichtring
9 Wasserpumpendeckel

Prüfung im ausgebauten Zustand:

■ Legen Sie den Thermostat in ein Wasserbad ein und erwärmen Sie das Wasser auf einer Kochplatte langsam.

Das Thermoelement muss sich langsam öffnen. Das können Sie beim Hindurchsehen durch einen Lichtspalt erkennen. Der Öffnungsbeginn liegt etwa bei 60 °C, die vollständige Öffnung bei ca. 90 °C, hierzu muss aber der Thermostat oder das komplette Thermostatgehäuse im Wasserbad aufgehängt werden. Der Öffnungsweg ist nicht angegeben.

■ Die Öffnung muss ruckfrei erfolgen.

■ Der Thermostat darf nicht verklemmen.

Nach den Herstellerangaben muss die Öffnung (A im Bild 9) etwa 39 mm betragen.

Wasserpumpe

Dichtheitsprüfung der Wasserpumpe

Die Wasserpumpe kann in unterschiedliche Richtungen Undichtigkeiten aufweisen.

Für die Undichtigkeiten auf der Kühlmittelseite sollten Sie die Prüfung grundsätzlich bei kaltem Motor mit dem Systemdruckprüfer durchführen. Bei warmem Motor besteht nicht nur Verbrühungsgefahr, zusätzlich können geringe Kühlmittelspuren verdampfen, ohne erkannt zu werden.

Kühlmittelverlust nach außen:

■ Lassen Sie den Motor abkühlen.

■ Demontieren Sie den Druckverschluss (Kühlerdeckel) wie bereits beschrieben.

■ Montieren Sie einen passenden Adapter und beaufschlagen Sie das Kühlsystem mit etwa 1,6 bar.

Kontrollieren Sie die Bauteile des Kühlsystems auf »Feuchtstellen« oder sogar deutliche Kühlmittelspuren.

Kontrollieren Sie die Bohrung (2 im Bild 10) auf austretendes Kühlmittel.

Kühlmittelverlust nach innen:

Kühlmittel kann natürlich auch an den Verbindungsstellen zwischen Zylinderkopf und Zylinder oder auch im Zylinder zum Aus- oder Einlasskanal verloren gehen. Die Prüfverfahren hierzu stellen wir Ihnen in diesem Kapitel unter der Überschrift »Test- und Prüfverfahren« genauer vor.

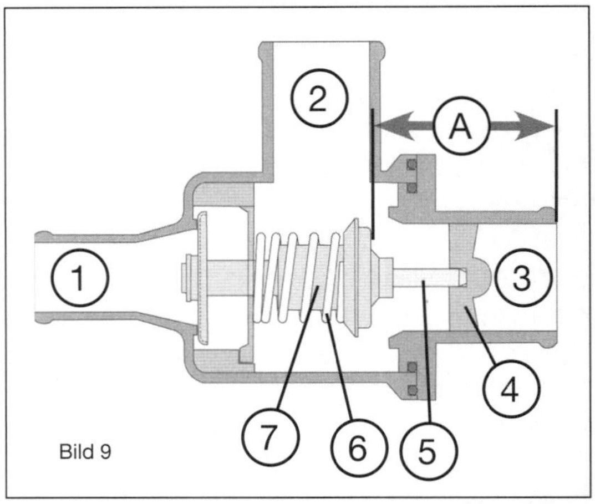

Bild 9

Bild 10

Ölverlust nach außen:

Die Innenseite des Lagerschildes nimmt den Wellendichtring zur Ölabdichtung auf.

Kontrollieren Sie die Bohrung (2 im Bild 10) auf austretendes Motoröl.

Demontage der Wasserpumpe

Die Wasserpumpe ist im Kupplungsdeckel verbaut.

■ Lassen Sie den Motor abkühlen.

■ Lassen Sie das Kühlmittel ablaufen.

■ Lassen Sie das Motoröl ablaufen.

■ Demontieren Sie den Ausgleichsbehälter und legen Sie ihn aus dem Arbeitsbereich heraus.

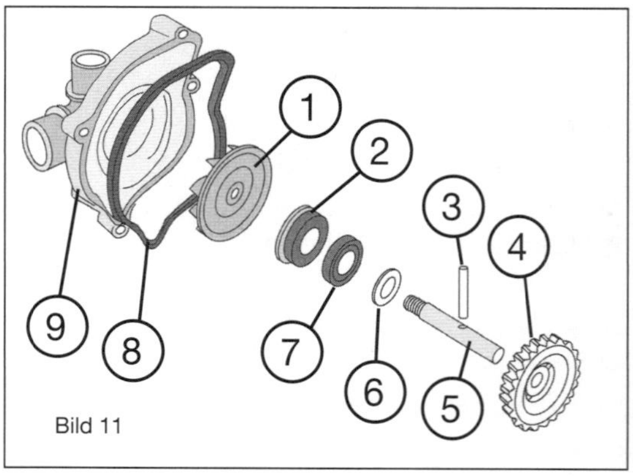

Bild 11

■ Demontieren Sie die Seitenverkleidung und wenn erforderlich den Bugspoiler.
■ Demontieren Sie den Kupplungsdeckel wie bereits beschrieben.
■ Ziehen Sie das Antriebsrad (4 im Bild 11) von der Wasserpumpenwelle (5) ab.
■ Drücken Sie leicht gegen den Impeller (1) und ziehen Sie den Stift (3) aus der Wasserpumpenwelle heraus.
■ Nehmen Sie die Anlaufscheibe (6) ab.
■ Drücken Sie die Wasserpumpenwelle heraus.
■ Treiben Sie den Dichtsatz (2) und den Wellendichtring (7) wie im Bild 11 gezeigt aus.

Die Montage erfolgt sinngemäß in umgekehrter Reihenfolge zur Demontage.
■ Prüfen Sie die Wasserpumpenwelle und den Impeller auf Schäden.
■ Püfen Sie die Lagerung der Wasserpumpenwelle auf Schäden.
■ Erneuern Sie die Dichtringe (2 und 7) im Wasserpumpenrad.
■ Erneuern Sie die Dichtringe (8) im Wasserpumpendeckel (9).
■ Prüfen Sie die Dichtigkeit des Kühlsystems.

Demontage des Dichtpakets und des Wellendichtrings

Tipp: Grundsätzlich ist es zwar möglich, das Dichtpaket (2 im Bild 11) für die Wasserpumpe einzeln zu wechseln, sinnvoller ist es aufgrund der geringen Zusatzkosten den Wellendichtring (7) in diesem Arbeitsschritt mit zu ersetzen.

■ Legen Sie den Kupplungsdeckel mit dem Dichtpaket nach unten auf eine Kunststoffhülse, deren Bohrung etwas größer ist als der Außendurchmesser des Dichtpakets der Wasserpumpe.
■ Treiben Sie das Dichtpaket (4 im Bild 12) mit einem Durchschlag (3) möglichst gleichmäßig aus dem Lagerschild (5) heraus.
■ Treiben Sie den Wellendichtring (2) mit einem Durchschlag (1) möglichst gleichmäßig aus dem Lagerschild (5) heraus.

Zur Montage reinigen Sie die Anlageflächen des Lagerschildes gründlich.
■ Tragen Sie etwas Montageschmiermittel wie das MOLYKOTE® G-N in die Wandung

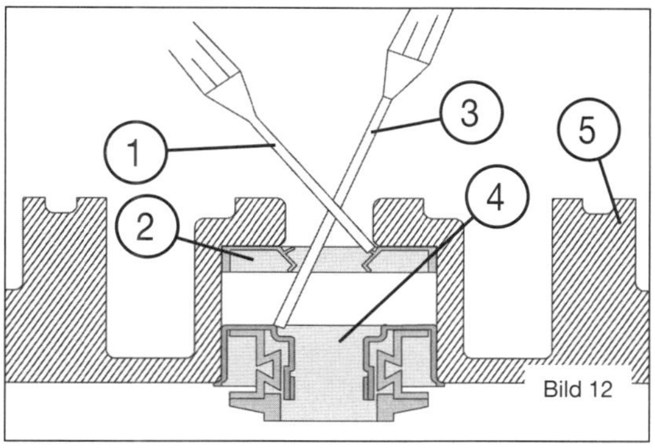

Bild 12

Bild 12
Montageansicht im Schnittbild.
1 Durchschlag
2 Wellendichtring
3 Durchschlag
4 Dichtpaket Wasserpumpe
5 Lagerschild

der Bohrung auf.
■ Drücken Sie den Wellendichtring mit einem passenden Rohr (es muss auf dem Außenrad des Wellendichtrings aufsitzen) gerade in die Bohrung des Lagerschildes ein.

Tipp: Sehr gut gelingt das mit der Hubspindel einer Ständerbohrmaschine.

■ Drücken Sie auch das Dichtpaket mit einem passenden Rohr (es muss auf dem Außenrad des Dichtpakets aufsitzen) gerade in die Bohrung des Lagerschildes ein.
■ Prüfen Sie den Sitz des Dichtpakets und des Wellendichtrings.

Bauteil	*Drehmoment*
Schrauben Wasserpumpendeckel	11 Nm

Druckverschluss

Der Druckverschluss (Kühlerdeckel) dichtet das Kühlsystem nach außen ab. Er beinhaltet zwei Ventile (Bild 13), die in unterschiedliche Richtungen wirken.

Achtung: Das Kühlsystem kann unter Druck stehen. Öffnen Sie den Deckel langsam.

Druckverschluss (Kühlerdeckel) demontieren
■ Lassen Sie den Motor abkühlen.
■ Drehen Sie den Kühlerverschlussdeckel (Druckverschlussdeckel) (9 im Bild 13) bis Anschlag gegen den Uhrzeigersinn.
■ Drücken Sie den Deckel herunter und drehen Sie ihn weiter, bis er sich nach oben abnehmen lässt.

Die Montage erfolgt sinngemäß in umgekehrter Reihenfolge.

Prüfen Sie die Dichtringe (7 und 8) auf Schäden.

Sichtprüfung Messen

Prüfen Sie den Öffnungsdruck des Druckverschlusses. Die Prüfung stellen wir Ihnen im Anschluss unter den »Test- und Prüfverfahren« vor.

Kühler und Lüfter

Kühler demontieren

- Lassen Sie den Motor abkühlen.
- Lassen Sie das Kühlmittel wie beschrieben ab.
- Demontieren Sie den entsprechenden Elektrolüfter. Die Arbeitsschritte dazu stellen wir im Anschluss vor.
- Bauen Sie die Verkleidung am Kühler wie im Kapitel 11 beschrieben aus.
- Demontieren Sie die Seitenverkleidung auf der entsprechenden Seite.
- Lösen Sie die Schlauchschellen der Kühlmittelschläuche am entsprechenden Kühler.
- Drehen Sie die Befestigungsschrauben oben am Kühler vorne (7 im Bild 16) heraus.
- Nehmen Sie die Schraube (7) und die Stufenbuchse (6) aus dem Gummilager (5) heraus.
- Ziehen Sie den Kühler oben etwas nach vorne und nehmen Sie ihn aus den Gummilagern (8) unten heraus.
- Ziehen Sie Kühlschläuche von Kühler ab.
- Nehmen Sie den Kühler heraus.

Kühlerlüfter ausbauen

- Lassen Sie den Motor abkühlen.
- Bauen Sie die Seitenverkleidung wie beschrieben aus.
- Drehen Sie die Schrauben (1 im Bild 15) heraus.
- Nehmen Sie die Lüfterzarge (5) zusammen mit dem Lüftermotor (4) vom Kühler ab.
- Entsichern Sie den Steckkontakt und ziehen Sie den Steckkontakt ab.

Die Montage erfolgt sinngemäß in umgekehrter Reihenfolge zur Demontage.

- Prüfen Sie die Dichtigkeit des Kühlsystems.

Bauteil	*Drehmoment*
Schrauben Kühlerbefestigung	10 Nm
Schrauben Lüftermotor	10 Nm

Test- und Prüfverfahren

Unter dieser Überschrift stellen wir Ihnen die Test- und Prüfverfahren rund um das Kühlsystem vor.

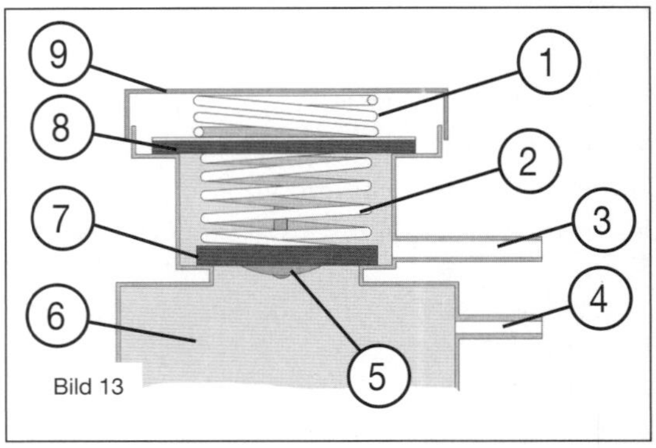

Bild 13

Druckverschluss (Kühlerdeckel) im Schnitt.
1 Deckelfeder
2 Druckfeder
3 Anschlussstutzen zum Ausgleichsbehälter
4 Anschlussstutzen zum Zylinderkopf
5 Ausgleichsventil
6 Kühler
7 Dichtung Systemdruck
8 Deckeldichtung
9 Druckverschluss (Kühlerdeckel)

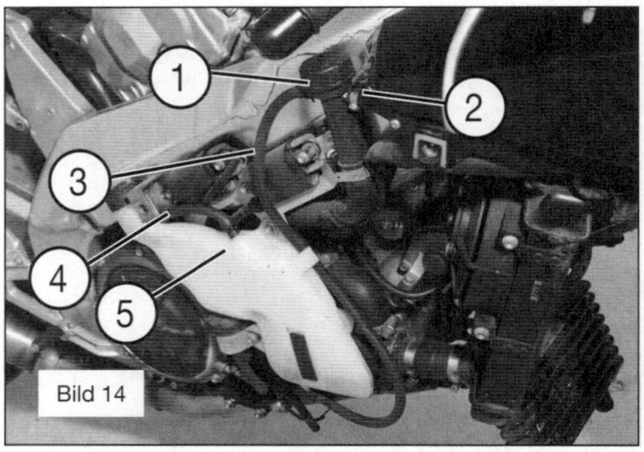

Bild 14

Anschlüsse am Kühler.
1 Überlaufschlauch
2 Drahtschelle
3 Entlüftungsschlauch zum Zylinderkopf
4 Federschelle
5 Ausgleichsbehälter

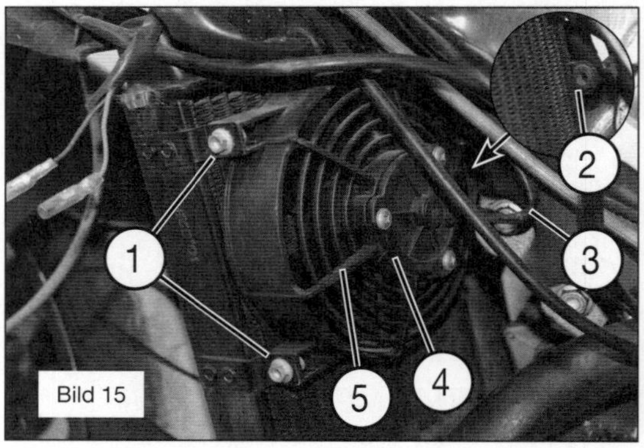

Bild 15

Kühlerlüfter am Kühler rechts und links.
1 Schrauben (mit Muttern)
2 Gummilager
3 Anschlusskabel
4 Lüftermotor
5 Lüfterzarge

Kühlsystem auf Dichtigkeit prüfen

Zur Prüfung der Dichtheit des Kühlsystems und des Überdruckventils wird ein Kühlsystem-Prüfgerät mit Adapter (Bild 17) benötigt.

⚠ Der Motor muss betriebswarm sein. Das Kühlsystem steht unter Druck. Öffnen Sie den Druckverschluss (Kühlerdeckel) langsam und lassen Sie in der ersten Stufe vor der endgültigen Öffnung des Deckels den Restdruck ab.

- Druckverschluss (Kühlerdeckel) am Kühler öffnen.
- Adapter für Kühlsystemprüfgerät auf den Kühler schrauben.
- Anschlussstück in den Adapter für Kühlsystemprüfgerät klemmen und das Anschlussstück über den mitgelieferten Verbindungsschlauch mit dem Kühlsystem-Prüfgerät verbinden.

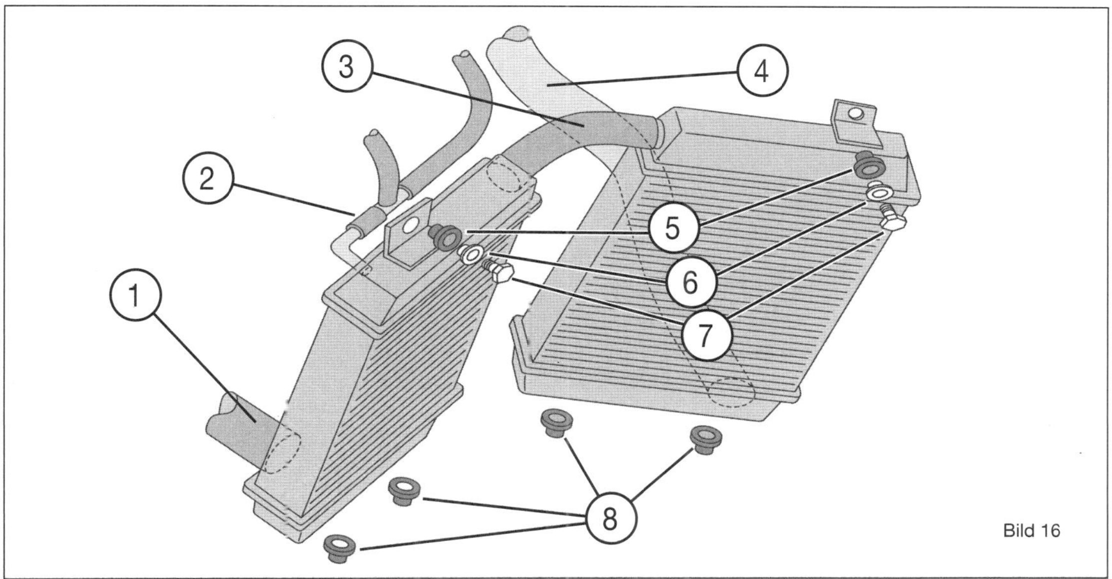

Bild 16

Bild 16
Kühlerbefestigung in der Übersicht.
1 Anschluss zum Thermostat
2 Anschluss zum Füllrohr (unter dem Druckverschluss)
3 Verbindungsschlauch
4 Anschluss zum Verteilerstück
5 Gummilager
6 Stufenbuchse
7 Schraube
8 Gummilager

■ Mit der Handpumpe des Kühlsystem-Prüfgerätes ca. 1,5 bar Überdruck erzeugen.

Fällt der Druck ab:
■ Undichte Stelle suchen und den Fehler beseitigen.

Bevor das Kühlsystemprüfgerät vom Verbindungsschlauch oder Anschlussstück getrennt wird, muss unbedingt der vorhandene Druck abgebaut werden.

■ Dazu das Druckentlastungsventil am Kühlsystem-Prüfgerät drücken, bis das Druckmanometer den Wert »0« anzeigt.

Überdruckventil im Verschlussdeckel des Kühlmittelbehälters prüfen
■ Verschlussdeckel des Kühlmittel-Ausgleichsbehälters in den Adapter für Kühlsystemprüfgerät schrauben, Anschlussstück in den Adapter für Kühlsystemprüfgerät klemmen und das Anschlussstück über den mitgelieferten Verbindungsschlauch mit dem Kühlsystem-Prüfgerät verbinden.

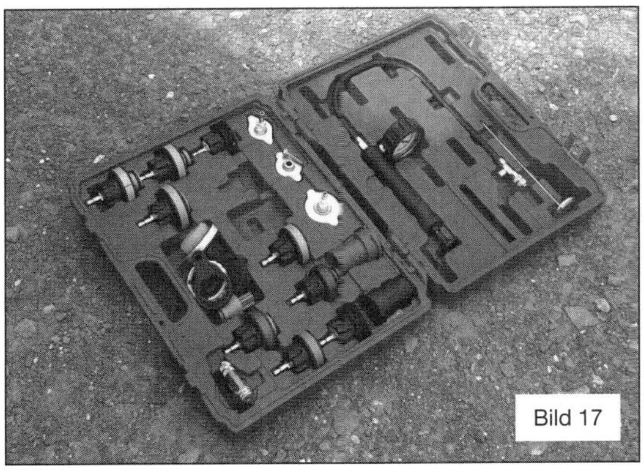
Bild 17

Bild 17
Kühlsystemprüfgerät mit diversen Adaptern für Kühlmittelbehälter und Kühlerdeckel.

■ Mit der Handpumpe des Kühlsystemprüfgerätes einen Überdruck von max. 0,8 bar erzeugen. Das Überdruckventil darf noch nicht öffnen.

Öffnet das Überdruckventil vorzeitig: Verschlussdeckel ersetzen.

■ Druck auf über 1,1 bar erhöhen. Das Überdruckventil muss öffnen.

Öffnet das Überdruckventil nicht: Verschlussdeckel ersetzen.

CO_2 Test am Kühlsystem
Interner Kühlmittelverlust ist recht schwierig zu erkennen. Oftmals entweicht der Überdruck über den Ausgleichsbehälter und das Kühlsystem ist erst in einem recht späten Stadium auffällig. Zudem bedeuten die Demontage von Zylinderkopf und Kopfdichtung erhebliche Kosten und großen Montageaufwand. Eine sichere Diagnose, ob die Zylinderkopfdichtung oder der Zylinderkopf undicht ist oder nicht, ist sehr hilfreich.

Bei Schäden an der Zylinderkopfdichtung kann Kühlflüssigkeit in den Brennraum, aber auch Brenngas ins Kühlsystem gelangen. Die Indikatorflüssigkeit im Tester verfärbt sich grünlich (B), wenn sie mit CO_2 in Berührung kommt. Der Test ermöglicht es, auch kleine Schäden an der Zylinderkopfdichtung ohne große Demontagearbeiten nachzuweisen.

■ Lassen Sie den Motor und das Kühlsystem etwas abkühlen.

■ Füllen Sie die Indikatorflüssigkeit in beide Kammern (2 und 3) des CO_2-Testers bis zur Markierung ein.

■ Montieren Sie den Saugball (1) auf den oberen Anschluss.
■ Lassen Sie den Motor laufen.
■ Öffnen Sie den Verschluss am Kühler und setzen Sie den Anschluss auf dem Kühlerflansch auf.
■ Senken Sie den Kühlmittelstand mit einem Frostschutzprüfer etwa 3 - 5 cm ab.

⚠ Der Tester darf kein Kühlmittel ansaugen. Passiert das, muss die Indikatorflüssigkeit entsorgt und der Tester gereinigt werden.

■ Drücken Sie den Saugball (1) zusammen und saugen Sie Luft aus dem Kühler durch das Testgerät an. Die Indikatorflüssigkeit wird hierbei aufgeschäumt.
■ Verfärbt sich die Indikatorflüssigkeit nach 15 Pumpvorgängen nicht (A), kann kein CO_2 über dem Kühlmittel nachgewiesen werden.
■ Verfärbt sich die Indikatorflüssigkeit grünlich (B), kann davon ausgegangen werden, dass die Zylinderkopfdichtung, der Zylinder oder der Zylinderkopf defekt ist.

Bild 18

Bild 18
Druckprüfung am Kühlerdeckel:
1 Prüfpumpe
2 Adapter

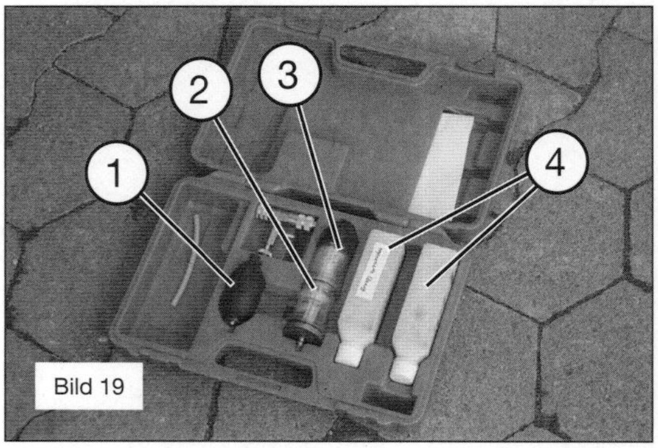

Bild 19

Bild 19
CO_2-Testset.
1 Pumpball
2 Oberkammer
3 Unterkammer
4 Indikatorflüssigkeit

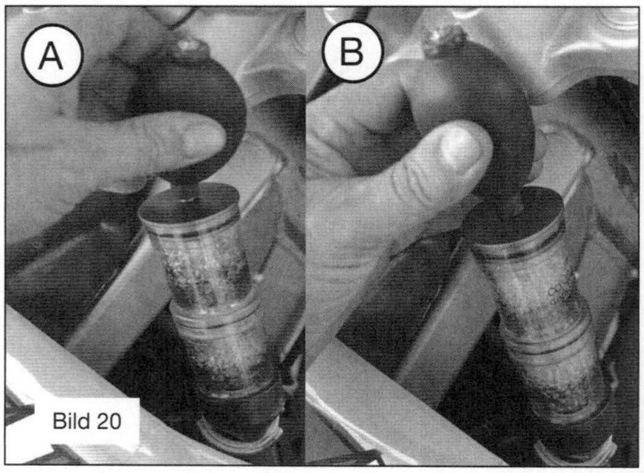

Bild 20

Bild 20
CO_2-Testset im Einsatz.
A (Flüssigkeit bleibt blau) CO_2 nicht nachweisbar
B (Flüssigkeit wird grün) CO_2 nachweisbar

Geführte Fehlersuche

Im Folgenden werden wir Ihnen für das Kapitel »Kühlsystem« eine Fehlersuchanleitung an die Hand geben. Die Fehlersuchanleitung soll die vorgestellten Bauteile im Rahmen typischer Fehlerbeschreibungen aus der Praxis und die entsprechenden Prüfverfahren verbinden. Sie sollen mit der Fehlerbeschreibung in die Lage versetzt werden, Ihre Fehlersuche zu strukturieren oder zumindest Ihren Auftrag an die Werkstatt Ihres Vertrauens genauer zu formulieren.

Prüfungen am Kühlsystem

A Motor überhitzt (Lüftermotor läuft dauernd/oft)

Aufgabe	Information	Ergebnis (Sollwerte)
1 Temperaturfühler prüfen	Siehe Kapitel 9	Tabelle
2 Frostschutzgehalt prüfen	Ein zu großer Frostschutzgehalt vermindert die Wärmeleitfähigkeit des Kühlmittels	-25 °C bis -35 °C

B Kühlleistung zu gering

Aufgabe	Information	Ergebnis (Sollwerte)
1 Kühlmittelstand prüfen	■ Der Kühler muss bis zum Druckverschlussflansch gefüllt sein ■ Der Kühlmittelstand im Ausgleichsbehälter liegt innerhalb der Markierungen	Zwischen »L« und »F«
2 Frostschutzgehalt prüfen	■ Ein zu großer Frostschutzgehalt vermindert die Wärmeleitfähigkeit des Kühlmittels	-25 °C bis - 35 °C

C Motor wird nicht warm (Kühler und Kühlmitteltemperaturanzeige)

Aufgabe	Information	Ergebnis (Sollwerte)
1 Kühlmittelstand prüfen	■ Der Kühler muss bis zum Druckverschlussflansch gefüllt sein ■ Der Kühlmittelstand im Ausgleichsbehälter liegt innerhalb der Markierungen	Zwischen »L« und »F«
2 Frostschutzgehalt prüfen	■ Ein zu großer Frostschutzgehalt vermindert die Wärmeleitfähigkeit des Kühlmittels	-25 °C bis -35 °C

D Motor wird zu heiß

Aufgabe	Information	Ergebnis (Sollwerte)
1 Kühlmittelstand prüfen	■ Der Kühler muss bis zum Druckverschlussflansch gefüllt sein ■ Der Kühlmittelstand im Ausgleichsbehälter liegt innerhalb der Markierungen	Zwischen »L« und »F«
2 Frostschutzgehalt prüfen	■ Ein zu großer Frostschutzgehalt vermindert die Wärmeleitfähigkeit des Kühlmittels	-25 °C bis - 35 °C
3 Thermostat prüfen	■ Öffnung in einem Wasserbad prüfen. Maximalöffnung des Ringspalts etwa 8 mm	Öffnungsbeginn bei etwa 60 °C
4 Zustand des Kühlers prüfen	■ Lamellen sind durchlässig ■ Kühler ist nicht verformt	-
5 Zustand des Impellers der Wasserpumpe kontrollieren	■ Impeller ist fest verschraubt und weist kein Spiel auf ■ Förderschaufeln des Impellers sind unbeschädigt und vollständig vorhanden	
6 Antrieb der Wasserpumpe prüfen	■ Erste Kontrolle durch Verdrehen des Impellers, prüfen dass die Antriebsräder und deren Zähne noch vorhanden sind ■ Demomontage des Kupplungsdeckels und der Kupplung mit Kupplungskorb um den Antrieb optisch bewerten zu können	
7 Zylinderkopf und Kopfdichtung prüfen	■ CO_2-Test am Kühlsystem durchführen. Eine Gasblase verhindert den Kühlmittelfluss oder schränkt ihn ein	Kein CO_2 Nachweis

E Kühlmittelverlust

Aufgabe	Information	Ergebnis (Sollwerte)
1 Kühlmittelschläuche und Kühler prüfen	■ Rissbildung, Blasen, lose Schellen	-
2 Wasserpumpe auf Dichtigkeit prüfen	■ Wasserrohranschlüsse, Gehäuseteile und Bohrung unten auf Undichtigkeiten prüfen	-
3 Kühlsystem auf Dichtigkeit prüfen	■ Systemdrucktester anbauen und unter Druck nach Leckstellen absuchen	Ca. 1 Minute kein Druckabsenkung
4 Zylinderkopf und Kopfdichtung prüfen	■ CO_2-Test am Kühlsystem durchführen	Kein CO_2 Nachweis

F Lüftermotoren laufen nicht (beide Lüfter laufen nicht)

Aufgabe	Information	Ergebnis (Sollwerte)
1 Thermoschalter prüfen	■ Im Wasserbad erhitzen, Schalter überbrücken	-
2 Relais und Sicherung prüfen	■ Relais überbrücken	Motor läuft
3 Lüftermotoren prüfen	■ Anschluss der Motoren an eine Batterie	

Bild 1
Ölservicepunkte an der Aprilia RSV.
1 Öltankdeckel
2 Kontrollschlauch
3 Öltank (Vorratsbehälter)
4 Ölablassschraube am Öltank
5 Schrauben
6 Ablassschraube
7 Ölfilterdeckel

15 Schmiersystem

Alle Stellen im Motor, an denen Metalle aufeinander gleiten, müssen ständig mit Öl versorgt werden: Kolben, Zylinderlaufbahnen, die Lager von Kurbelwelle und Nockenwelle. Das Triebwerk der Aprilia hielte lediglich einige wenige Minuten ohne passende Schmierung durch.

Der Ölkreislauf

Auffällig ist zunächst einmal, dass die Aprilia kein Schauglas wie die meisten Motorräder besitzt, in dem der Motorölstand bewertet werden kann. Der V2 wird über eine Druckumlaufschmierung mit Trockensumpf versorgt. Der größte Teil des Motoröl wird im Vorratstank (3) bereit gehalten. Damit das Öl seine Aufgabe erfüllen kann, strömt es im Motorblock durch ein System von Leitungen und feinen Bohrungen an die unterschiedlichen Schmierstellen. Eine wichtige Rolle in diesem Kreislauf spielt die doppelte Ölpumpe. Sie holt das Motoröl aus dem Motorblock und drückt es in die Leitungen. Zuvor muss die Flüssigkeit den im Nebenstrom des Schmiersystems sitzenden Ölfilter passieren. Dort werden Verunreinigungen wie Ruß, Metallabrieb und Staub herausgefiltert. Ein Überdruckventil im Motorblock öffnet bei zu hohem Druck, sodass ein Teil des Öls in den Motorblock zurückfließen kann und der Druck auf etwa 3 bar reduziert wird. Überwacht wird der Druck des Systems über den Öldruckschalter im Kupplungsdeckel.

Die Ölauswahl

Aprilia gibt für das Motoröl eine Viskosität nach SAE (**S**ociety of **A**utomotive **E**ngineers) 15W50 an. Die Qualität wird weiterhin über die Normung der API (**A**merican **P**etroleum **I**nstitute) definiert. Gefordert sind die Klassen SG oder darüber liegende Qualifikationen.

Eines der wichtigsten Unterscheidungsmerkmale liegt darin, dass die Kupplung im Ölbad läuft und natürlich andere Anforderungen hat als eine Kupplung im Auto. Achten Sie auf die Freigaben bei der Auswahl des Motoröls. Informationen finden Sie auf den Ölbehältern oder den Herstellerseiten des Ölherstellers. Auch Ihr Händler kann Sie hier sehr gut beraten.

Bild 1

Ölwechsel

Die Einhaltung der Ölwechselintervalle sind sehr wichtig. Auch bei Motoren mit langer Standzeit müssen Sie darauf achten, dass Sie regelmäßig das Motoröl wechseln und natürlich auch die anderen Wartungspunkte beachten, die wir Ihnen im Wartungsplan im Kapitel 5 zusammengestellt haben.

Ölstand kontrollieren

Die Besonderheit der Trockensumpfschmierung liegt darin, dass der Ölvorrat in einem Tank eingelagert wird. Im Laufe der Standzeit lagert sich das Öl aus dem Motor auch im Motorblock ab.

Die Kontrolle muss grundsätzlich bei warmem Motor erfolgen. Der Motor sollte hierbei im Leerlauf laufen. Am einfachsten gelingt das nach einer Fahrt von etwa 15 km mit wechselnder Drehzahl.

■ Stellen Sie das Motorrad gerade auf.

Blicken Sie auf den Kontrollschlauch (2 im Bild 1). Sie können dort den Ölstand im Vorratsbehälter sehen.

Zwischen »Minimum« und »Maximum« liegen etwa 0,5 l Füllmenge. Anzustreben ist der Ölstand »Maximum«.

■ Bei zu hohem Motorölstand saugen Sie das überschüssige Öl ab oder lassen es gezielt durch die Ablassschraube ab. Verwenden Sie dann eine neue Dichtung.

Einmal abgelassenes Motoröl sollte nicht wieder eingefüllt werden.

Motoröl und Ölfilter wechseln

■ Lassen Sie den Motor abkühlen.

■ Soweit erforderlich, bauen Sie die Verkleidung unter dem Motor ab.

■ Stellen Sie einen geeigneten Auffangbehälter unter. Er sollte ein Fassungsvermögen von 5 l aufweisen.

Öl aus dem Vorratsbehälter/Öltank ablassen:

■ Demontieren Sie die Seitenverkleidung und wenn erforderlich den Bugspoiler.
■ Lösen Sie die Einfüllschraube (1 im Bild 1) damit die Luft in den Vorratsbehälter (3) nachströmen kann.
■ Drehen Sie die Ablassschraube (4) heraus.
■ Lassen Sie das Motoröl vollständig ablaufen.
■ Reinigen Sie den Bereich um die Ablassschraube (4) gründlich.
■ Setzen Sie eine neue Dichtung auf die Ablassschraube (4) auf und drehen Sie sie wieder ein.
■ Ziehen Sie die Ablassschraube (4) auf Drehmoment fest.

Bauteil	*Drehmoment*
Ablassschraube Öltank	15 Nm

Öl aus dem Motorblock ablassen:

■ Lassen Sie den Motor abkühlen.
■ Demontieren Sie die Seitenverkleidung und wenn erforderlich den Bugspoiler.
■ Stellen Sie einen geeigneten Auffangbehälter unter. Er sollte ein Fassungsvermögen von 5 l aufweisen.
■ Drehen Sie die Ablassschraube (6 im Bild 1) heraus.
■ Lassen Sie das Motoröl vollständig ablaufen.
■ Reinigen Sie den Bereich um die Ablassschraube (4) gründlich.
■ Reinigen Sie die Ablassschraube und den darin verbauten Magneten gründlich.
■ Setzen Sie eine neue Dichtung auf die Ablassschraube (6) auf und drehen Sie sie wieder ein.
■ Ziehen Sie die Ablassschraube (6) auf Drehmoment fest.

Bauteil	*Drehmoment*
Ablassschraube Motorblock	12 Nm

Ölfilter im Motorblock wechseln:

Neben dem Olfilter im Motorblock ist ein weiterer Filter im Öltank (Vorratsbehälter) verbaut.

■ Lassen Sie den Motor abkühlen.
■ Demontieren Sie die Seitenverkleidung und wenn erforderlich den Bugspoiler.
■ Reinigen Sie das Umfeld um den Ölfilterdeckel (1 im Bild 1) gründlich mit Bremsenreiniger und geeigneten Lappen.
■ Stellen Sie einen geeigneten Auffangbehälter unter.
■ Drehen Sie die beiden Schrauben (5) heraus und nehmen Sie den Ölfilterdeckel ab.
■ Nehmen Sie den Ölfilter heraus.
■ Lassen Sie das ablaufende Restöl und den Inhalt des Ölfilters (1) in die Auffangwanne laufen.
■ Wischen Sie das Restöl an der Filteraufnahme ab.
■ Setzen Sie einen neuen Ölfilter ein.
■ Legen Sie einen neuen Dichtring am Ölfilterdeckel ein.
■ Montieren Sie den Ölfilterdeckel wieder.
■ Kontrollieren Sie den Motorölstand wie bereits beschrieben. Füllen Sie dann die erforderliche Restmenge auf.

Bauteil	*Drehmoment*
Ölfilterdeckel Schrauben	11 Nm

Ölfilter im Vorratsbehälter/Öltank wechseln:

Neben dem Olfilter im Öltank (Vorratsbehälter) ist ein weiterer Filter im Motorblock verbaut.

■ Lassen Sie den Motor abkühlen.
■ Lassen Sie das Motoröl aus dem Vorratsbehälter wie beschrieben ab.
■ Reinigen Sie das Umfeld um den hinteren

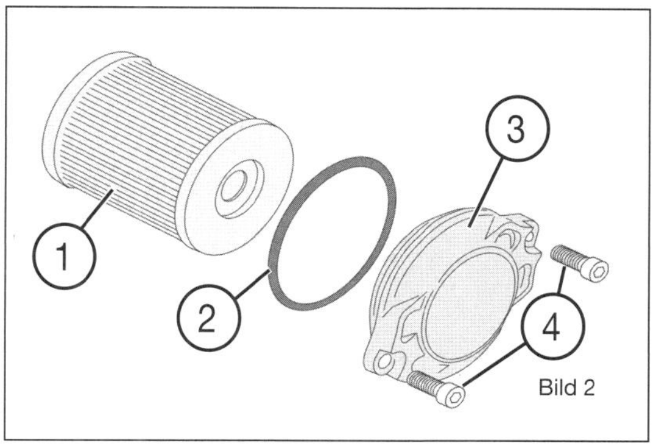

Bild 2

Bild 2
Ölfilter im Motorblock.
1 Filtereinsatz
2 Dichtring
3 Ölfilterdeckel
4 Schrauben

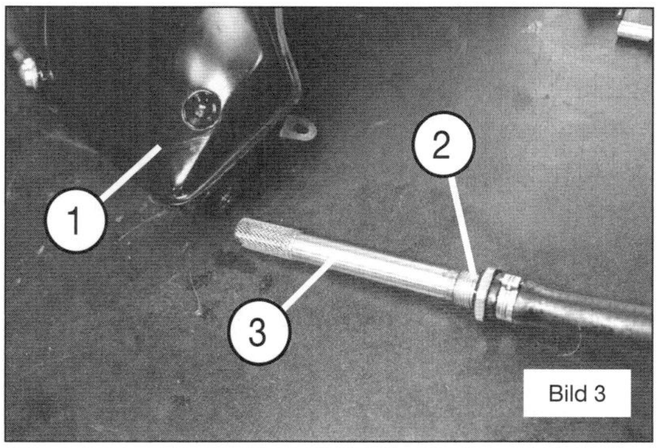

Bild 3

Bild 3
Ölfilter am Öltank.
1 Öltank
2 Anschlussstutzen
3 Siebfilter

Anschluss des Vorratsbehälters gründlich mit Bremsenreiniger und geeigneten Lappen.

■ Öffnen Sie die Clic-Schelle und ziehen Sie den hinteren Anschlussschlauch vom Anschlussstutzen (2 im Bild 3) am Vorratsbehälter ab.

■ Drehen Sie den Anschlussstutzen (2) mit dem Filter (3) heraus.

■ Reinigen Sie den Siebfilter mit Bremsenreiniger und Druckluft.

■ Erneuern Sie den Dichtring und montieren Sie den Filter wieder.

Die weitere Montage erfolgt sinngemäß in umgekehrter Reihenfolge.

■ Erneuern Sie die Clic-Schelle durch eine neue Schelle gleichem oder ähnlichen Bautyps.

Bauteil	*Drehmoment*
Anschlussstutzen Öltank	30 Nm

Öldruckschalter

Der Öldruckschalter ist auf der rechten Motorseite am Kupplungsdeckel verbaut.

Aus- und Einbau des Öldruckschalters

■ Lassen Sie den Motor abkühlen.

■ Ziehen Sie die Gummiabdeckung vom Öldruckschalter (2 im Bild 4) ab.

■ Ziehen Sie den Anschlussstecker ab.

■ Drehen Sie den Öldruckschalter gegen den Uhrzeigersinn heraus.

Die Montage erfolgt sinngemäß in umgekehrter Reihenfolge.

■ Reinigen Sie den Bereich um den Öldruckschalter und das Gewinde gründlich.

■ Tragen Sie etwas Flüssigdichtmasse auf das Gewinde des Öldruckschalters auf.

■ Drehen Sie den Öldruckschalter ein und ziehen Sie ihn auf Drehmoment an.

Bauteil	*Drehmoment*
Öldruckschalter	15 Nm

Prüfen des Öldruckschalters

Seitens des Herstellers gibt es keine spezielle Prüfanweisung für den Öldruckschalter. In der Regel sind Druckschalter mit einem Öffnungsdruck vom 0,6 bar verbaut. Vereinzelt ist der Druck mit einer Prägung auf den Schlüsselflächen vermerkt.

Bild 4

Bild 4
Öldruckschalter.
1 Kupplungsdeckel
2 Öldruckschalter

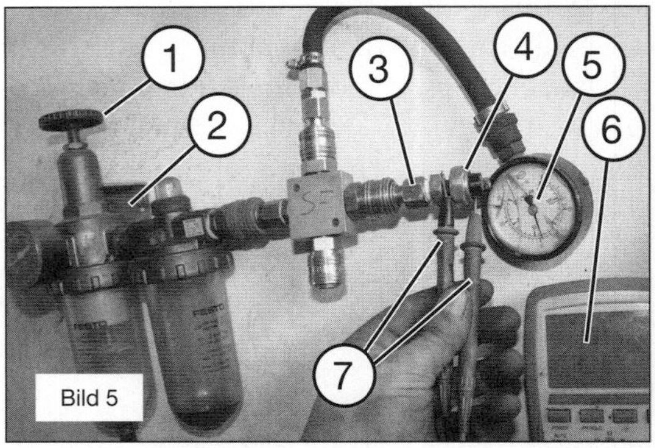

Bild 5

Bild 5
Prüfadapter aus dem Eigenbau:
1 Handrad zur Druckeinstellung
2 Druckminderer
3 Adapterstück
4 Öldruckschalter
5 Druckmessuhr mit Anschlussschlauch
6 Multimeter
7 Messspitzen zur Widerstandsmessung

■ Bauen Sie den Öldruckschalter wie bereits beschrieben aus.

■ Schrauben Sie den Öldruckschalter (4 im Bild 5) in das Prüfgerät ein.

■ Bauen Sie das Prüfgerät mit der Messuhr (5) an einen Druckminderer (2) an.

■ Drehen Sie den Druck von 0 bar an langsam höher.

Bei einem Druck von 0,6 bar sollte der einpolige Schalter die Verbindung zum Metallkörper des Schalters unterbrechen.

Es gibt Öldruckschalter mit unterschiedlichen Auslösedrücken. Achten Sie auf die Einprägung am Metallkörper (Sechskant des Öldruckschalters oder der Produktbeschreibung des Herstellers).

Die Montage erfolgt sinngemäß in umgekehrter Reihenfolge.

■ Reinigen Sie den Bereich um den Öldruckschalter und das Gewinde gründlich.

■ Tragen Sie etwas Flüssigdichtmasse auf das Gewinde (nicht in die Messöffnung einbringen) des Öldruckschalters auf.

■ Drehen Sie den Öldruckschalter ein und ziehen Sie ihn mit dem unten in der Tabelle angegebenen Drehmoment an.

Bauteil	*Drehmoment*
Öldruckschalter	15 Nm

Bild 6

Bild 6
Ölpumpenantrieb.
1 Sicherungsring
2 Ölpumpenantriebsrad

Ölpumpe

Die Ölpumpe versteckt sich hinter der Wasserpumpe im Motorblock. Sie fördert das Öl über ein Ansaugstück mit Siebfilter aus der Ölwanne heraus. Der Wellendichtring zur Wasserpumpe sitzt im Lagerschild.

Aus- und Einbau der Ölpumpe

- Lassen Sie den Motor abkühlen.
- Bauen Sie den Kupplungsdeckel und die Kupplung wie beschrieben aus.
- Demontieren Sie den Sicherungsring (1 im Bild 6) und nehmen das Antriebsrad der Ölpumpe ab.
- Drehen Sie die Schrauben (1 im Bild 7) heraus, lösen Sie das Mittelgehäuse vom Motorblock und nehmen den Ölpumpendeckel mit der Druckpumpe und der Pumpenwelle sowie dem Innenrotor der Saugpumpe (11 im Bild 9) ab.
- Nehmen Sie den Außenrotor (1) heraus.

Die Montage erfolgt sinngemäß in umgekehrter Reihenfolge zur Demontage.

- Setzen Sie zuerst den Außenrotor (3) der Druckpumpe in das Mittelgehäuse ein.
- Stecken Sie den Scherstift (7) mit etwas Fett in die Antriebswelle (9) ein.
- Schieben Sie den Innenrotor (8) auf die Antriebswelle (9) auf.

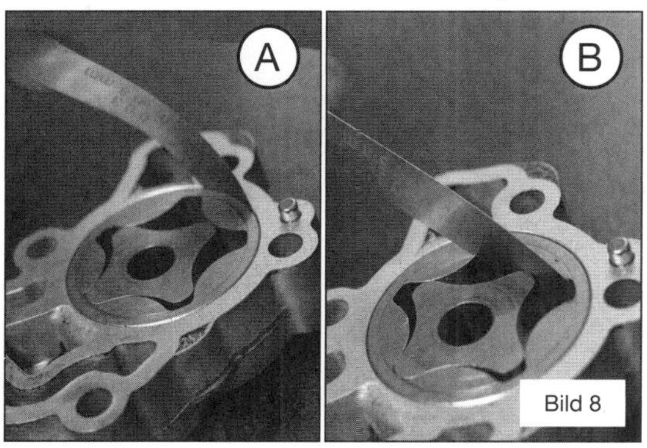

Bild 8

Bild 8
Verschleißprüfung an der Ölpumpe.
A Spiel zwischen Außenrotor und Gehäuse
B Spiel zwischen Innenrotor und Außenrotor

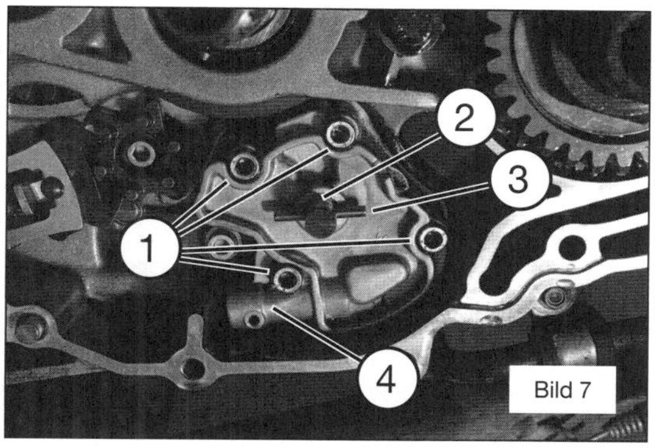

Bild 7

Bild 7
Ölpumpengehäuse.
1 Schrauben
2 Ölpumpenwelle
3 Stift
4 Einbauort Öldruckregler

- Setzen Sie den Ölpumpendeckel (4) auf.
- Stecken Sie den Scherstift (7) mit etwas Fett in die Antriebswelle (9) ein und setzen Sie den Innenrotor der Saugpumpe auf die Pumpenwelle auf.
- Stecken Sie das Ölpumpengehäuse auf.

Verdrehen Sie die Pumpenwelle (9) passend zur Position des Innenrotors (11).

Prüfung der Ölpumpe

Für die Prüfung der Ölpumpe gibt es seitens des Herstellers keine Angaben. Wir stellen Ihnen allgemeingültige Informationen zur Verfügung, die Ihnen helfen sollen, den Verschleiß oder Schäden an der Ölpumpe zu bewerten.

- Zerlegen Sie die Ölpumpe wie bereits beschrieben.
- Reinigen Sie die Bauteile gründlich.

Kontrollieren Sie den Innenrotor und den Außenrotor auf Verschleißspuren und Riefen.

Prüfen Sie mit einer Fühlerlehre das Spiel zwischen Innenrotor und Außenrotor. Es sollte etwa zwischen 0,10 mm und 0,15 mm betragen.

Prüfen Sie mit einer Fühlerlehre das Spiel zwischen Außenrotor und dem Gehäuse. Es sollte etwa zwischen 0,20 mm und 0,25 mm liegen.

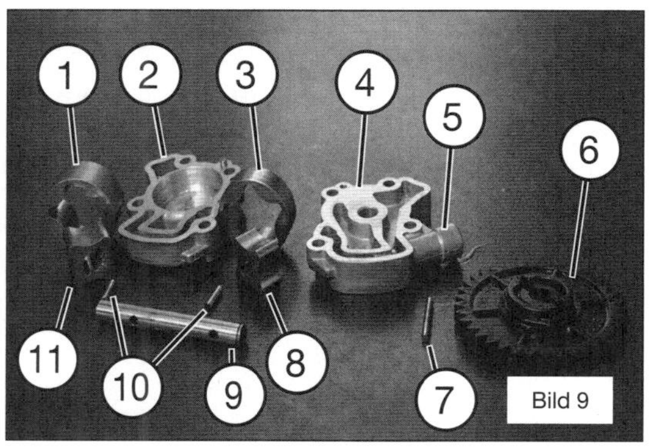

Bild 9

Bild 9
Ölpumpe in Teilen.
1 Außenrotor Saugpumpe (zum Tank)
2 Mittelgehäuse
3 Außenrotor Druckpumpe (Schmierstellen)
4 Pumpendeckel
5 Druckregler im Pumpendeckel
6 Antriebsrad Ölpumpe
7 Scherstift Antriebsrad
8 Innenrotor Druckpumpe (Schmierstellen)
9 Pumpenwelle
10 Scherstifte Pumpenrotoren
11 Innenrotor Saugpumpe (zum Tank)

Sichtprüfung Messen

Bild 10
Messaufbau zur Öldruckprüfung.
1 Anschluss Batterieplus
2 Anschluss am Öldruckschalter
3 Druckmessuhr
4 LED (Kontrolllampe)
5 Ventilsteller
6 Anschluss am T-Stück für den Öldruckschalter oder am Anschlussgewinde

Bild 11
Füllstandsanzeige am Öltank.
1 Kontrollschlauch
2 Markierung zur Kontrolle
3 Ölstand

Öldruckprüfung

Die Öldruckprüfung liefert die Messwerte, die Ihnen anzeigen, ob eine ausreichende Schmierstoffversorgung gewährleistet ist.

■ Lassen Sie den Motor abkühlen. Kontrollieren Sie den Ölstand und korrigieren Sie ihn gegebenenfalls.

■ Reinigen Sie den Bereich um den Öldruckschalter (2 im Bild 7) gründlich.

■ Drehen Sie den Verschlussstopfen (2) heraus.

■ Drehen Sie den Anschluss (6 im Bild 10) mit dem passenden Adapter in die Bohrung des Öldruckschalters ein.

■ Lassen Sie den Motor warm laufen.

■ Erhöhen Sie die Motordrehzahl bei warmem Motor auf 4000 1/min.

Lesen Sie den Öldruck ab. Er sollte bei etwa 3,0 bar liegen.

Ölverbrauchsmessung

Der Motor verbraucht Öl, weil es teilweise in den Verbrennungsraum gelangt und dort verbrennt. Ein undichter Motor, defekte Ventilschaftabdichtungen, auch falsch eingebaute Kolbenringe oder zu viel Spiel zwischen Ventilführung und Ventilschaft treiben den Verbrauch in die Höhe. Wenn der Motor technisch in Ordnung ist, verbraucht er allerdings so wenig, dass zwischen den Ölwechselintervallen nichts oder nur eine geringe Menge nachgefüllt werden muss.

Die Kontrolle fällt durch das Schmierungssystem der Aprilia etwas schwieriger aus. Das Motoröl wird zwar im Öltank gesammelt, kann aber nach dem Abstellen des Motors zum Teil noch im Motorblock an den Wandungen hängen, sich unten im Motorblock absetzen oder eben sich wieder im Öltank befinden. Eine sichere Aussage kann nur getroffen werden, wenn die gesamte Ölmenge abgelassen wird. Um eine Aussage zum Ölverbrauch treffen zu können reicht es aber aus, die Ölmenge auf einen 1/4 l genau bestimmen zu können.

■ Bringen Sie das Fahrzeug auf Betriebstemperatur (etwa 80 °C) und stellen Sie das Fahrzeug genau gerade auf einer ebenen Fläche ab.

■ Beachten Sie die Hinweise zur Ölkontrolle.

■ Kontrollieren Sie den Ölstand am Kontroll-

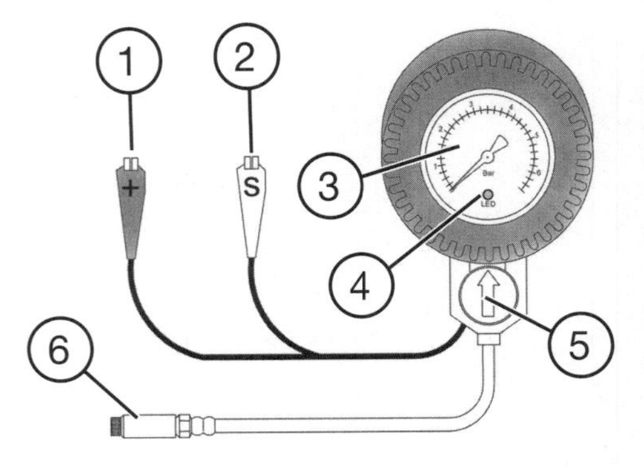

Bild 10

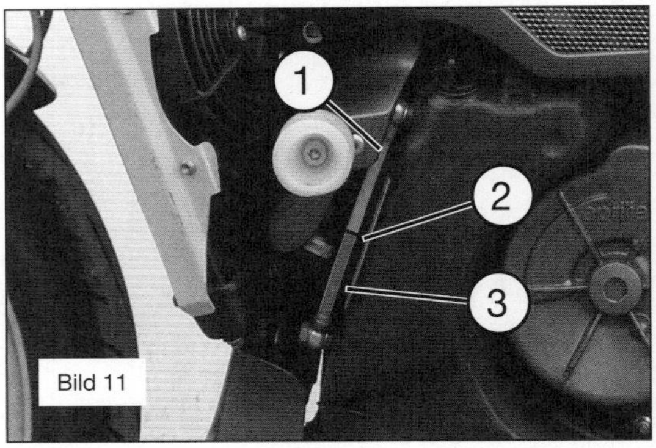

Bild 11

schlauch, der am Öltank montiert ist.

⚠ Der Ölstand darf nicht über der Maximum-Markierung stehen.

■ Kleben Sie ein Stück Kreppband bis zur Hälfte des Kontrollschlauches (1 im Bild 11) und markieren Sie den genauen Ölstand mit einem Strich (2) mit einem Kugelschreiber.

Auswertung Ölverbrauch

■ Nach etwa 500 bis 1000 km Fahrtstrecke wiederholen Sie die Messung.

■ Füllen Sie mit einem Messbecher, soweit erforderlich, den Ölstand bis zur Markierung (auf dem Kreppband) auf. Gehen Sie hier in kleinen Schritten vor (etwa 100 ml). Berechnen Sie den Ölverbrauch nach der folgenden Formel:

$$\frac{\text{Nachfüllmenge (in Litern)} \times 1000}{\text{Zurückgelegte Strecke (in km)}}$$

Das Ergebnis ergibt den Ölverbrauch auf 1000 km. Angaben hierzu liegen uns seitens des Herstellers nicht vor. Als »Normal« werden noch 1,5 l bezeichnet.

Üblich ist ein Ölverbrauch bis etwa 0,8 Liter auf 1000 km.

Geführte Fehlersuche

A Ölkontroilleuchte flackert im Leerlauf

Aufgabe	Information	Ergebnis (Sollwerte)
1 Prüfen Sie den Ölstand	Kontrollieren Sie den Ölstand und füllen Sie ihn gegebenenfalls auf	Stand auf Maximum
2 Prüfen Sie den Öldruckschalte	Öldruckschalter auf Funktion prüfen Anschlusskabel und Anschluss am Öldruckschalter prüfen	-
3 Prüfen Sie den Öldruck	Öldruckmessung auch im Leerlauf durchführen	Leerlauf ca 0,6 bar 4000 1/min 3,0 bar
4 Ölwechsel mit Filter durchführen	Um die Ölqualität sicherzustellen, führen Sie einen Ölwechsel durch	-
5 Prüfen Sie den Öldruckregler	Kontrollieren Sie, ob Schäden oder Verschmutzungen das Druckregelventil am Schließen hindern	-
6 Prüfen Sie den Zustand der Ölpumpe	Siehe »Prüfung der Ölpumpe« in diesem Kapitel	-

B Ölkontrollleuchte geht nicht aus

Aufgabe	Information	Ergebnis (Sollwerte)
1 Prüfen Sie den Ölstand	Kontrollieren Sie den Ölstand und füllen Sie ihn gegebenenfalls auf	Stand auf Maximum
2 Prüfen Sie den Öldruckschalter	Öldruckschalter auf Funktion prüfen. Anschlusskabel und Anschluss am Öldruckschalter prüfen	-
3 Ölwechsel mit Filter durchführen	Um die Ölqualität sicherzustellen, führen Sie einen Ölwechsel durch	-
4 Prüfen Sie den Öldruckregler	Kontrollieren Sie, ob Schäden oder Verschmutzungen das Druckregelventil am Schließen hindern	-
5 Prüfen Sie den Zustand der Ölpumpe	Siehe »Prüfung der Ölpumpe« in diesem Kapitel	-

C Öldruck ist zu niedrig

Aufgabe	Information	Ergebnis (Sollwerte)
1 Prüfen Sie den Ölstand	Kontrollieren Sie den Ölstand und füllen Sie ihn gegebenenfalls auf	Stand auf Maximum
2 Prüfen Sie den Öldruckregler	Kontrollieren Sie, ob Schäden oder Verschmutzungen das Druckregelventil am Schließen hindern	-
3 Kontrollieren Sie das Ölsieb im Öltank	Kontrollieren Sie, ob sich das Ölfiltersieb zugesetzt hat	-

D Ölverbrauch ist zu hoch

Aufgabe	Information	Ergebnis (Sollwerte)
1 Ölwechsel durchführen	Um die Ölqualität sicherzustellen, führen Sie einen Ölwechsel durch und wiederholen Sie die Verbrauchsmessung	Weniger als 0,8 l / 1000 km
2 Ventilschaftdichtungen erneuern	Für diese Arbeiten muss der Motor ausgebaut und zerlegt werden. Diese Arbeiten sollten Sie in erfahrene Hände vergeben	-
3 Zylinderverschleiß prüfen		

Sichtprüfung Messen

Bild 1
Laufrichtungspfeil auf der Reifenflanke.

16 Rad und Reifen

Bedenkt man, dass die Reifen mit einer verblüffend kleinen Aufstandsfläche in allen Fahrsituationen den Kontakt zur Fahrbahn herstellen, wird schnell deutlich, wie viel von dem Zustand der Räder und Reifen abhängt. Natürlich nicht nur von den Reifen, aber sie sind ein entscheidender Faktor und somit ein gewichtiger Grund sie genauer unter die Lupe zu nehmen.

Rad und Reifen in der Serie

Die gesetzliche Situation ist deutlich unklar. Es ist nicht mehr ausreichend den Reifen nach Größe, Traglast und Geschwindigkeitsindex auszuwählen und dann in der richtigen Laufrichtung zu montieren.

Auch wenn die Prüfstelle im Rahmen der Hauptuntersuchung keine Beanstandung hatte, kann die nächste Polizeikontrolle aufgrund einer eventuell nicht erteilten Reifenfreigabe den Verlust der Betriebserlaubnis zur Folge haben.

Serienfelgen an der Aprilia RSV 1000

Abmessungen	*Größe*
Felgenabmessung vorne	3,5 x 17
Felgenabmessung hinten	6,0 x 17

Auch die Serienfelgen gehören zu den in der COC definierten Eigenschaften des Fahrzeugs. Eine Veränderung macht immer eine Eintragung erforderlich.

Serienreifen an der Aprilia RSV 1000

Abmessungen	*Größe*
Vorderreifen	120/70ZR17 M/C 58W
Hinterreifen	190/50ZR 17 M/C 73W

Ab dem 1.1.2025 gilt für die Fahrzeuge ohne EU-Zulassung die Reifenbindung wieder für die Reifen, die bei der nationalen Zulassung eingetragen wurden. Abweichende Hersteller oder Reifentypen sollten Sie mit der Prüfstelle Ihres Vertrauens besprechen und eventuell sogar eintragen lassen.

Laufrichtung des Reifens (Bild 1)

Die Reifen, das heißt die Karkasse und das Profil, sind für bestimmte Aufgaben

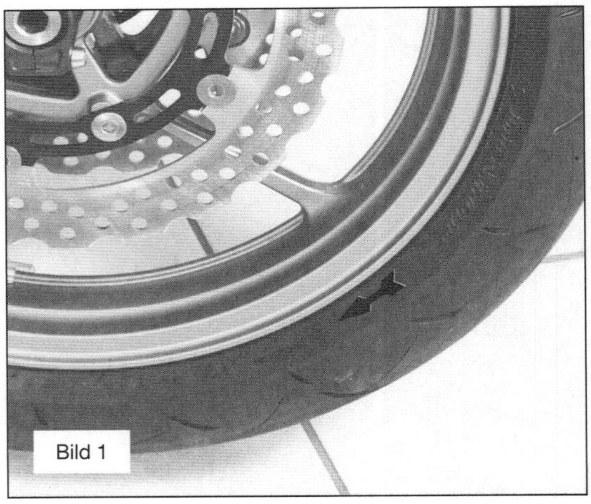

Bild 1

hinsichtlich Walkverhalten, Haftung und Wasserabfuhr konstruiert. Entsprechend ist es sinnvoll, die Laufrichtung verbindlich festzulegen. Auf der Reifenflanke finden Sie einen (oder auch mehrere) Pfeile, die die Laufrichtung vorgeben. Der Pfeil zeigt in die Drehrichtung bei Vorwärtsfahrt.

Achten Sie bei der Reifenmontage auf die Drehrichtung und die Einbaurichtung der Felge.

Bedeutung der Bezeichnungen

Anhand der Reifenbezeichnungen der Serienbereifung an Ihrem Motorrad möchten wir Ihnen die Bedeutung der Reifenbezeichnungen an dem Beispiel des Vorderrads vorstellen (120/70 ZR17 M/C 58W):

Kürzel	*Bedeutung (Abmessung)*
120	Reifenbreite der Lauffläche in mm (120 mm)
70	Prozentuale Angabe der Höhe der Reifenflanke zur Reifenbreite (70 % der Reifenbreite)
Z	Kennziffer für die Höchstgeschwindigkeit (über 240 km/h)
R	Reifenbauweise (Radial gewickelte Karkasse)
17	Felgendurchmesser in Zoll (17 Zoll)
M/C	Motorradreifen
58	Tragfähigkeit pro Reifen (263 kg)
W	Höchstgeschwindigkeit des Reifens (bis 270 km/h)
TT	TubeTyp = Reifen mit Schlauch
TL	Tubeless = Schlauchloser Reifen

Eine vollständige Auflistung der Tragfähigkeit können Sie im Internet unter dem Suchbegriff »Lastindex« (LI) finden.

Eine vollständige Auflistung der Kennziffern für die Höchstgeschwindigkeit können Sie im Internet unter dem Suchbegriff »Speedindex« (SI) finden.

Die DOT-Nummer (Bild 2)

Die Reifen sind grundsätzlich mit der Produktionswoche gekennzeichnet, um das Reifenalter nachvollziehen zu können.

Grundsätzlich dürfen Sie davon ausgehen, dass der Reifen den Sie bestellt haben vor Ihrer Bestellung produziert wurde und über den Importweg bis zu Ihrem Händler gelangen musste. Auch ein Reifen, der bereits bei der Montage zwei bis drei Jahre alt ist, darf noch als »Neureifen« verkauft werden.

■ Die ersten beiden Ziffern beschreiben die Produktionswoche des Reifens. Der Reifen im Bild 2 wurde in der 24. Kalenderwoche zwischen dem 14. Juni 2021 und dem 20. Juni 2021 hergestellt.

■ Die letzten beiden Ziffern beschreiben das Produktionsjahr. Die Tatsache, dass die Dotnummer vierstellig ist, weist darauf hin, dass die Jahreszahl mit 20.. beginnen muss.

Für 1990-2000 wurde eine dreistellige Dotnummer mit einem Dreieck am Ende verwendet. Eine DOT-Nummer mit drei Stellen kam zwischen 1980 und 1990 zum Einsatz. Bei beiden dreistelligen Dotnummern wurden wie heute auch die ersten beiden Stellen für die Produktionswoche verwendet.

Prüfungen am Reifen

Tatsächlich ist das Reifenalter kein »KO«-Kriterium für die Hauptuntersuchung oder eine Verkehrskontrolle. Lediglich die technischen Eigenschaften können zur Bewertung herangezogen werden.

Trotzdem sollte klar sein, dass gerade alte Reifen langsam aushärten. Gerade bei langer Standzeit des Motorrades. Die Reifenhaftung kann dann durchaus in Mitleidenschaft gezogen werden.

Optischer Eindruck

■ Prüfen Sie den Reifen an der Lauffläche und an den Reifenflanken auf Rissbildung. Die Rissbildung sieht zwar meist noch harmlos aus, ist aber ein sicheres Zeichen, dass die Aushärtung des Gummis bereits eingesetzt hat.

■ Achten Sie auf Beschädigungen an den Reifen. Eingesammelte Nägel oder Schrauben lassen sich meist noch entfernen und der Reifen dann auch reparieren. Ausgerissene Gummipartien oder tiefe Schnitte machen einen sofortigen Ersatz erforderlich.

■ Verformungen wie Beulen oder Wellen weisen auf Schäden an der Karkasse hin. Hier müssen Sie den Reifen sofort wechseln.

■ Achten Sie auch auf den Zustand des Ventils in der Felge. Auch hier kann rissiges Material für Undichtigkeiten oder sogar einen Abriss des Ventils führen.

Luftdruck

Wie schon erwähnt, sollten Sie den Luftdruck regelmäßig kontrollieren. Wenn ein Reifen regelmäßig Luft verliert, müssen Sie dem unbedingt sofort nachgehen.

Kontrollieren Sie den Luftdruck grundsätzlich nur bei kaltem Reifen.

■ Drehen Sie die Ventilkappe ab.

■ Stecken Sie einen Reifenfüller, eine geeignete Handpumpe oder ein Druckprüfgerät auf das Ventil auf.

Bild 2

Bild 2
DOT-Nummer auf der Reifenflanke.

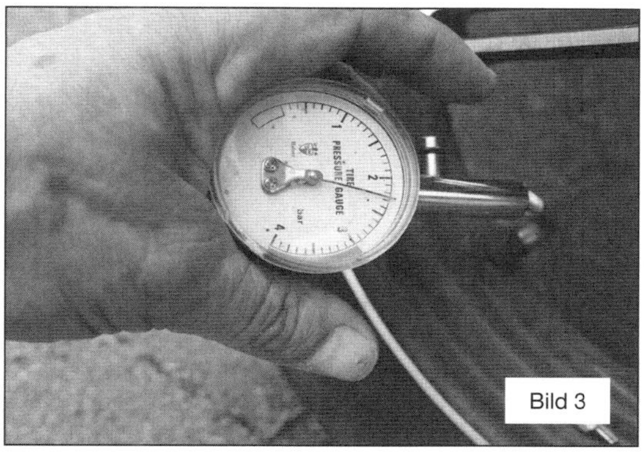

Bild 3

Bild 3
Prüfung des Luftdrucks.

Sichtprüfung Messen

■ Lesen Sie den Luftdruck am Manometer ab.
■ Gleichen Sie den Luftdruck soweit erforderlich an.

Einbauposition	*Sollwert*
Vorderradreifen	2,5 bar
Hinterradreifen	2,9 bar

Profiltiefe

■ Die Mindestprofiltiefe ist schon über Marker (2 im Bild 4) erkennbar, die in einigen Profilrillen über den Reifenumfang verteilt sind. Wenn sie die gleiche Höhe haben wie die Lauffläche des Reifens, ist die gesetzliche Mindestprofiltiefe erreicht und der Reifen muss ersetzt werden.

☞ Zu finden sind die Marker recht einfach. Die meisten Reifenhersteller platzieren gerade zur Lauffläche ein Dreieck. Bei Michelin übernimmt ein »Michelinmännchen« diese Funktion. In kurvenreichen Regionen wird das »Michelinmännchen« durch Fahrten bei Schräglage mehr oder weniger »geschädigt«.

■ Genauer erfasst wird die Profiltiefe über einen Profiltiefenmesser (Bild 5). Festgestellt werden soll die geringste Tiefe der Rillen auf der Lauffläche des Reifens.

Räder aus- und einbauen

Eine Besonderheit der Aprilia liegt darin, dass kein Hauptständer verbaut ist. Entsprechend muss das Motorrad wie wir bereits unter »Heben und Abstellen« im Kapitel 3 vorgestellt haben aufgebockt werden.

Ausbau des Vorderrades

■ Stellen Sie das Motorrad kippsicher auf einen Montageständer für die Vorderradgabel.
■ Drehen Sie die Schrauben (2 und 6) für die Bremssättel heraus und nehmen Sie die Bremssättel links und rechts ab.
■ Lösen Sie die Sicherungsschraube (C).
■ Drehen Sie die Mutter der Radachse (3) vorne los und nehmen Sie sie ab.
■ Ziehen Sie die Radachse nach links heraus.
■ Nehmen Sie das Rad heraus.

⚠ Achten Sie darauf, dass Sie das Rad nicht auf den Bremsscheiben ablegen. Die Bremsscheiben können hierdurch beschädigt oder verzogen werden.

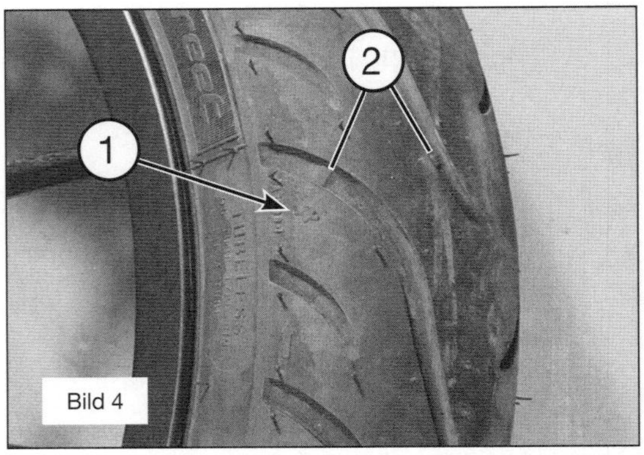

Bild 4

Bild 4
Profiltiefenmarker.
1 Michelinmännchen
2 TWI-Markierungen

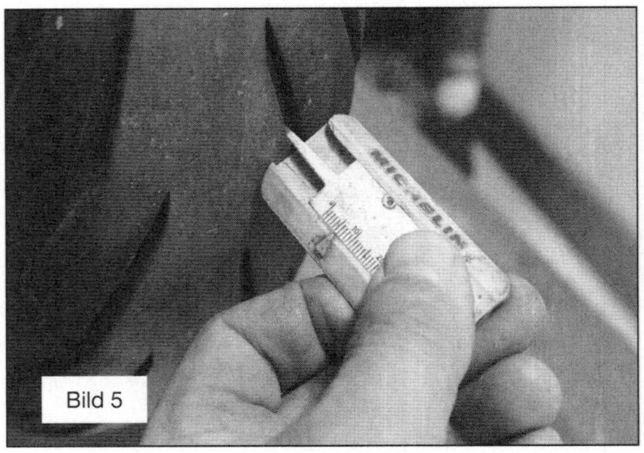
Bild 5

Bild 5
Messen der Profiltiefe.

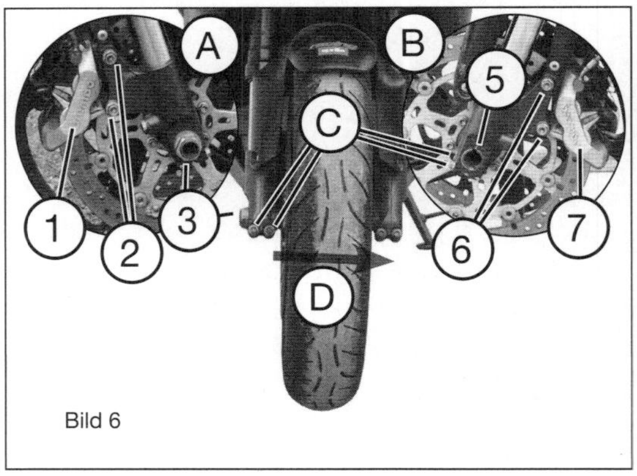

Bild 6

Bild 6
Demontage Vorderrad.
A Rechte Seite
1 Bremssattel
2 Schrauben
3 Achsmutter
B Linke Seite
5 Radachse
6 Schrauben
7 Bremssattel
C Sicherungsschrauben
D Demontagerichtung der Radachse

Die Montage erfolgt sinngemäß in umgekehrter Reihenfolge.
■ Reinigen Sie die Radachse und die Bohrung im Gabelholm gründlich.
■ Nehmen Sie die Distanzhülsen aus den Wellendichtringen heraus und reinigen Sie die Distanzhülse und den Wellendichtring vorsichtig.
■ Tragen Sie etwas Hochtemperaturfett auf den Bereich der Distanzhülse auf, mit dem sie im Wellendichtring einsitzt.
■ Setzen Sie die Distanzhülse wieder ein.

☞ Achten Sie darauf, die Distanzhülsen in der alten Position wieder einzubauen.

■ Achten Sie auf den Drehrichtungspfeil auf der Felge bei der Montage.

■ Legen Sie einen Holzklotz unter das Rad, um die richtige Einbauhöhe zu erreichen.
■ Richten Sie das Rad zwischen den Gabelholmen aus und schieben Sie die Radachse ein.
■ Ziehen Sie die Radachse auf Drehmoment fest.
■ Ziehen Sie die Sicherungsschraube auf Drehmoment fest.

Bauteil	*Drehmoment*
Sicherungsschraube	22 Nm
Radachse (Mutter) vorne	80 Nm
Verschraubungen Bremssattel	50 Nm

Ausbau des Hinterrades

■ Stellen Sie das Motorrad kippsicher auf einen Montageständer.
■ Drehen Sie die Schraube heraus und ziehen Sie den Raddrehzahlsensor (8 im Bild 8) aus der Bremssattelaufnahme.
■ Drehen Sie die Schrauben (7) für den Bremssattel heraus und nehmen Sie den Bremssattel hinten ab.
■ Fixieren Sie den Bremssattel am Auspuffhalter mit Kabelbindern.
■ Drehen Sie die Mutter (1) gegen den Uhrzeigersinn los.
■ Ziehen Sie die Radachse etwas heraus und nehmen Sie die Andruckplatte links (2) ab.
■ Nehmen Sie die Kette vom Kettenrad ab und legen Sie sie vorsichtig auf der Schwinge ab.
■ Nehmen Sie das Hinterrad heraus.

Die Montage erfolgt sinngemäß in umgekehrter Reihenfolge.
■ Reinigen Sie die Radachse und die Radmutter gründlich.
■ Nehmen Sie die Distanzhülsen aus den Wellendichtringen heraus und reinigen Sie die Distanzhülse und den Wellendichtring vorsichtig.
■ Legen Sie die Distanzbuchsen in Montagereihenfolge ab.
■ Tragen Sie etwas Hochtemperaturfett auf den Bereich der Distanzhülse auf, mit dem sie im Wellendichtring einsitzt.
■ Setzen Sie die Distanzhülse wieder ein.

Achten Sie darauf, die Distanzhülsen in der alten Position wieder einzubauen.

■ Legen Sie einen Holzklotz unter das Rad, um die richtige Einbauhöhe zu erreichen.

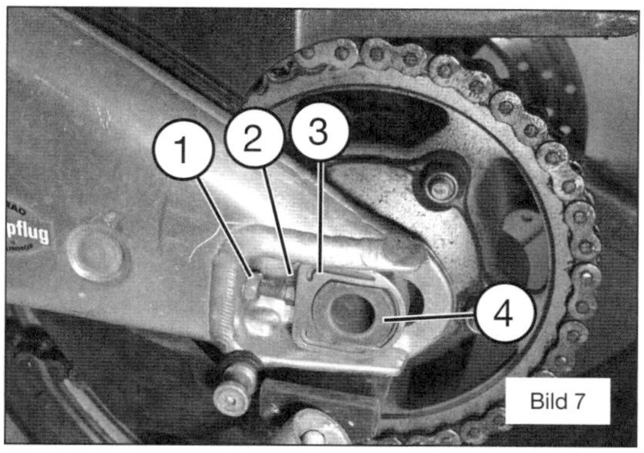

Bild 7
Hinterrad links.
1 Sicherungsmutter
2 Einstellschraube
3 Andruckplatte
4 Radachse

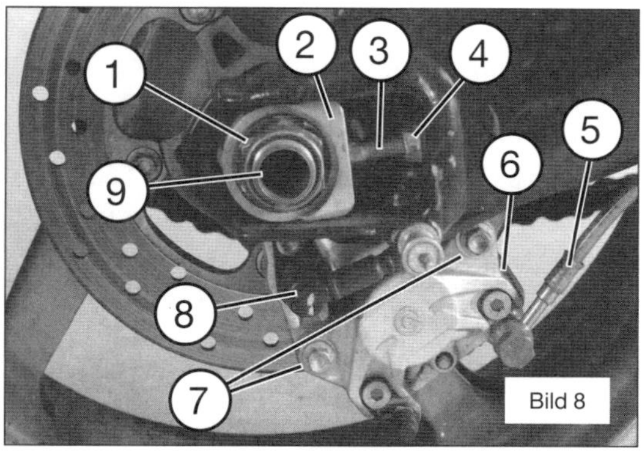

Bild 8
Hinterrad rechts.
1 Achsmutter
2 Andruckplatte
3 Einstellschraube
4 Sicherungsmutter
5 Bremsleitung
6 Bremssattel
7 Schraube
8 Raddrehzahlsensor
9 Radachse

■ Legen Sie die Bremssattelhalterung (rechte Seite) auf den Anschlag in der Schwingeinnenseite auf.
■ Platzieren Sie das Hinterrad in der Schwinge und legen Sie die Kette auf.
■ Schieben Sie die Radachse von rechts in das Rad ein.
■ Montieren Sie die Unterlagscheibe und die Kronenmutter zunächst handfest.
■ Spannen Sie die Kette, wie wir Ihnen das im Kapitel 12 bereits beschrieben haben.
■ Ziehen Sie die Kronenmutter auf Drehmoment an.

Bauteil	*Drehmoment*
Radachse hinten	90 - 100 Nm
Verschraubungen Bremssattel	25 Nm

Radlager und Buchsen

Prüfung des Radlagers

Die Radlager sind mit sehr engen Toleranzen gefertigt. Eine Messung des Seitenspiels ist nicht vorgesehen.
■ Prüfen Sie die Lager auf Korrosionsspuren oder sichtbare Schäden.
■ Drehen Sie jedes Lager von Hand langsam in beide Richtungen durch, um es auf Klemmstellen oder Schwergängigkeit zu überprüfen.

Sichtprüfung Messen

Bild 9
Demontage Radlager.
1 Lagerauszieher
2 Radlager
3 Hebelwerkzeug
4 Wellendichtring
5 Stützhülse
6 Radnabe

Bild 10
Montage Radlager.
1 Radnabe
2 Schlageisen
3 Stützt auf den Außenring des Lagers
4 Radlager
5 Stützhülse
6 Wellendichtring
7 Schlageisen

■ Prüfen Sie die Wellendichtringe auf sichtbare Schäden.

Ausbau der Radlager

■ Bauen Sie das entsprechende Rad wie bereits beschrieben aus.

⚠ Achten Sie darauf, dass Sie das Rad nicht auf den Bremsscheiben ablegen. Die Bremsscheiben können hierdurch beschädigt oder verzogen werden.

Am Hinterrad:

■ Nehmen Sie den Anruckdämpfer mit dem Kettenritzel (Bild 18 im Kapitel 12) ab.

Weiter für beide Räder:

■ Hebeln Sie mit einem geeigneten Hebelwerkzeug (3 im Bild 9) den Wellendichtring (4) aus der Radnabe (6) heraus.

■ Montieren Sie einen passenden Lagerauszieher (1) oder einen Zughammer auf den Lagerauszieher.

■ Ziehen Sie das Lager (2) aus der Nabe heraus.

■ Nehmen Sie die Stützhülse (5) aus der Radnabe heraus.

Am Hinterrad (Anruckdämpfer Kettenrad):

Die Montagearbeiten unterscheiden sich nicht nennenswert zu den Radlagern.

■ Bauen Sie den Anruckdämpfer (Bild 18 im Kapitel 12) wie beschrieben aus.

■ Demontieren Sie das Kettenrad.

■ Hebeln Sie mit einem geeigneten Hebelwerkzeug (3 im Bild 9) den Wellendichtring (4) aus dem Anruckdämpfer heraus.

■ Demontieren Sie den Sicherungsring.

■ Montieren Sie einen passenden Lagerauszieher (1) oder einen Zughammer auf den Lagerauszieher.

■ Ziehen Sie das Lager aus dem Ruckdämpfer heraus.

Für die Montage werden passende Schlagwerkzeuge benötigt.

Montage des Radlagers:

■ Reinigen Sie die Bohrung in der Radnabe gründlich.

■ Tragen Sie etwas Fett auf der Sitzfläche des Lagers in der Nabe auf.

■ Setzen Sie das Lager gerade an und treiben Sie es mit einem passenden Schlageisen (2 im Bild 10) bis zum Anschlag in die Radnabe ein.

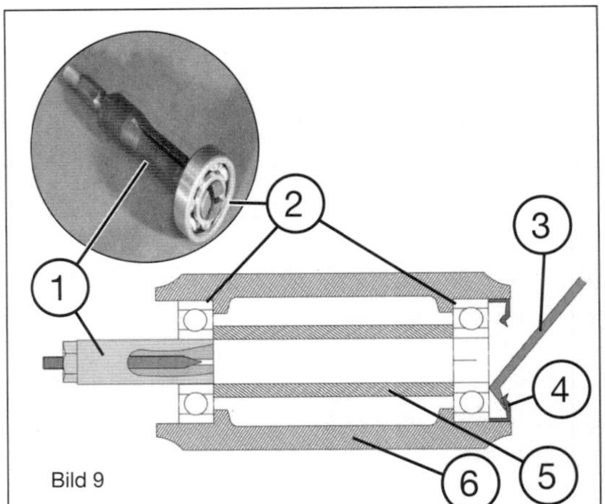

Bild 9

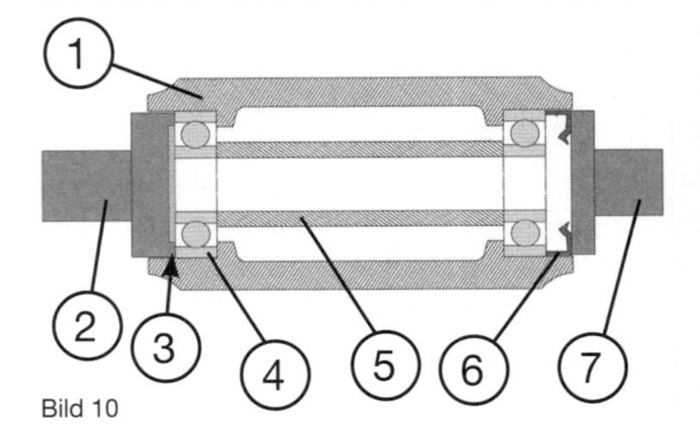

Bild 10

■ Setzen Sie die Stützhülse (5) ein.

■ Setzen Sie das zweite Lager gerade an und treiben Sie es mit einem passenden Schlageisen (2) bis zum Anschlag in die Radnabe ein.

⚠ Achten Sie auf die Einbaulage der Stützhülse.

■ Setzen Sie die beiden Wellendichtringe gerade an und treiben Sie sie nacheinander mit einem passenden Schlageisen (7) bis zum Anschlag in die Radnabe ein.

■ Tragen Sie etwas Hochtemperaturfett auf und setzen Sie die beiden Distanzhülsen ein.

☞ Die Distanzhülsen am Vorderrad sind identisch. Die Distanzhülsen am Hinterrad unterscheiden sich dadurch, dass die Hülse für die Kettenradseite einen Flansch hat.

Prüfungen an der Felge

Die Felge muss die Kräfte von Bremse und/oder Antrieb übernehmen und weiterleiten. Sie wird in jeder Fahrsituation beansprucht. Der Zustand der Felge ist sehr wichtig. Jeder Anstoß oder auch ein größeres Schlagloch oder die berühmte Bordsteinkante können Schäden hinterlassen.

Schäden an der Felge

Stellen Sie Schäden an der Felge fest, die über einen Kratzer im Lack hinausgehen, sollten Sie sich die Felge genauer ansehen. Ihr Motorrad kann durchaus mit mehr als 200 km/h unterwegs sein. Schon kleine Schäden mit versteckten Rissbildungen können fatal enden.

Eine Felgenreparatur oder auch nur das Richten der Felge ist seitens des Herstellers nicht freigegeben.

- Immer dann, wenn Sie für eine Reparatur spachteln müssen, um Material aufzufüllen, ersetzen Sie die Felge besser.
- Wenn die Felge einen größeren als den zulässigen Höhen- oder Seitenschlag aufweist, ersetzen Sie die Felge lieber.

Schlagprüfung

Fertigungsbedingt wird keine Felge absolut ohne Höhenschlag oder/und Seitenschlag hergestellt. Werkseitig ist für die Felgen ein Höhenschlag 0,5 mm oder weniger angegeben. Der Seitenschlag ist mit 0,5 mm angegeben. Auch ohne Unfall oder besondere Ereignisse läuft eine Felge niemals komplett schlagfrei. Seitens des Herstellers sind die folgenden Abweichungen zulässig:

Abmessungen	*Sollwert*
Seitenschlag	Max. 1,0 mm
Höhenschlag	Max. 1,0 mm

Grundsätzlich ist die Felgenprüfung auch am eingebauten Rad möglich. Die Schwierigkeit liegt darin, das Motorrad entsprechend zu fixieren, um die Messergebnisse nicht zu verfälschen.

- Bauen Sie das entsprechende Rad wie bereits beschrieben aus.
- Prüfen Sie die Radlager wie bereits beschrieben.
- Spannen Sie das Rad in einen Wuchtbock für Motorradräder (Bild 14) ein.
- Montieren Sie eine Messuhr wie gezeigt. Stellen Sie eine Vorspannung der Messuhr von 5 mm ein.
- Erfassen Sie den Höhenschlag und den Seitenschlag mit der Messuhr.

Überschreitet eines der Maße die angegebene Toleranz von 1 mm und die Radlager sind schadfrei, muss die Felge ersetzt werden.

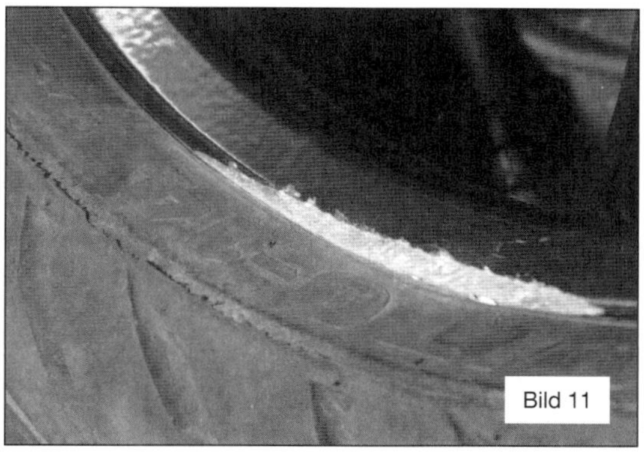

Bild 11

Bild 11
Tiefe Schäden an Reifen und Felge nach einem Unfall.

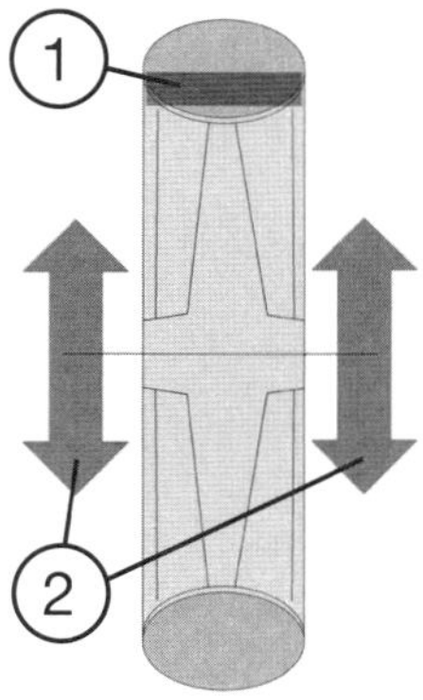

Bild 12

Bild 12
Statische Unwucht.
1 Unwucht am Rad
2 Bewegung der Radachse nach oben und unten

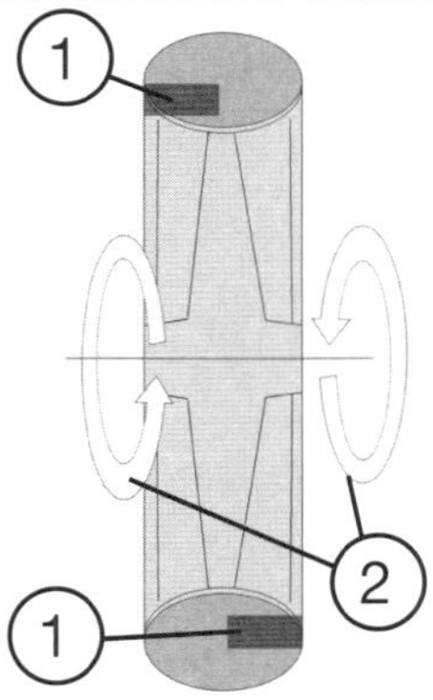

Bild 13

Bild 13
Dynamische Unwucht.
1 Unwucht am Rad
2 »Eiernde« Bewegung der Radachse

Montage und Wuchten

Eine Unwucht ist die Abweichung zwischen dem geometrischen Mittelpunkt eines drehenden Rades von seinem Gewichtsmittelpunkt.

Statische Unwucht (Bild 12):
Die Unwucht (1) liegt genau in der Radmitte. Sie bewirkt, dass die Radmittelebene parallel zur Radachse schlägt (2).

Dynamische Unwucht (Bild 13):
Das Zentrum der Unwucht liegt schräg zur Radachse. Sie bewirkt, dass die Radmittelebene seitlich schlägt (»eiert«).

Bild 14
Statisches Wuchten.
1 Zentrierklemmen
2 Rad
3 Wuchtachse
4 Wuchtbock

Bild 15
Dynamisches Wuchten.
1 Radschutz
2 Anzeigedisplay für beide Radseiten
3 Wuchtmaschine für Pkw und Motorrad
4 Radhalter

Ein drehendes Rad wird immer versuchen sich um seinen Gewichtsmittelpunkt zu drehen.

Statisches und dynamisches Wuchten
Beim statischen Wuchten wird lediglich die Größe der Unwucht auf der Radmittelebene erfasst und korrigiert. Das dynamische Wuchten erfasst die Größe der Unwucht auf den beiden Außenkanten der Felge. Die Auswuchtgewichte werden anteilig zur Position der Unwucht verteilt.
■ Bauen Sie das entsprechende Rad wie bereits beschrieben aus.

Achten Sie darauf, dass Sie das Rad nicht auf den Bremsscheiben ablegen.

Statisches Wuchten (Bild 14):
■ Prüfen Sie die Radlager wie bereits beschrieben.
■ Spannen Sie das Rad in einen Wuchtbock für Motorräder (Bild 14) ein.
■ Lassen Sie das Rad los. Die schwerste Stelle des Rades wird sich nach unten drehen.
■ Zur Kontrolle drehen Sie das Rad 90° aus dieser Position heraus und lassen Sie es erneut einpendeln.
■ Heften Sie zum Test ein Gewicht gegenüber der schwersten Stelle (also oben) leicht an die Felge an.

Wenn Sie Klebegewichte verwenden, verteilen Sie die Gewichte hälftig an die linke und die rechte Felgenkante. Schlaggewichte werden auf der Felgenrippe montiert.
■ Lassen Sie das Rad erneut auspendeln. Wird das Wuchtgewicht nach oben gedreht, muss ein schwereres Wuchtgewicht montiert werden.

Gut ausgewuchtet ist ein Rad dann, wenn Sie es an eine beliebige Position drehen können, und es verbleibt in dieser Position.

Dynamisches Wuchten (Bild 15):
■ Spannen Sie das Rad über die Radaufnahme im Wuchtgerät ein.
■ Erfassen Sie die Felgengröße, die Felgenbreite und den Abstand zum Wuchtgerät.
■ Starten Sie die Messung.

Das Rad wird gedreht und die Messwerte werden zusammen mit der genauen Position für die Anbringung der Wuchtgewichte angezeigt.

Bild 14

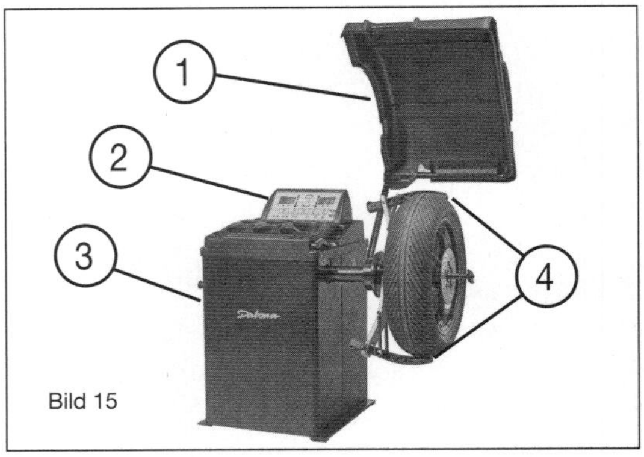

Bild 15

■ Bringen Sie die Wuchtgewichte auf und führen Sie eine Kontrollmessung durch. Eine Unwucht von bis zu 5 g ist als nicht relevant einzuschätzen.

Reifenreparatur

Eine Reifenpanne ist immer besonders ärgerlich und oftmals auch noch gefährlich.

Wenn Sie den Luftverlust noch rechtzeitig bemerkt haben, besteht die Möglichkeit, den Reifen mit unterschiedlichen Methoden wieder flott zu kriegen und die Fahrt je nach der Reparaturmethode fortsetzen zu können.

Pannenspray
Pannensprays sind eine recht kostengünstige und komfortable Notlösung. Der Reifen muss zeitnah erneuert werden. Die Felge muss recht aufwendig gereinigt werden.

Wenn ein Reifen mit einem Reifendichtmittel behandelt wurde, ist eine professionelle Reifenreparatur durch eine qualifizierte Fachwerkstatt nicht mehr erlaubt.

Reifenreparatursatz

Eine Reparaturmethode ist auch von den Fahrzeugherstellern freigegeben. Sicherlich die beste Reparaturmethode ist es einen Reparaturkörper von innen zu montieren. Zum einen wird der Reparaturkörper eingeklebt und zum anderen kann die Karkasse auch von innen auf Schäden untersucht werden.

Reparatur mit einem Reparaturkörper:

■ Bauen Sie das Rad wie bereits beschrieben aus und demontieren Sie den Reifen auf einer Montiermaschine.

■ Ziehen Sie die Schraube aus dem Reifen heraus, reinigen Sie den Stichkanal mit einer Reibahle und schleifen Sie den Reifen innen mit einem Rotationsschleifer an.

■ Tragen Sie auf den Reparaturkörper und auf die geschliffene Fläche um den Einstichkanal Vulkanisierflüssigkeit (der Klebstoff im Reifenflickset) auf.

■ Warten Sie bis die Vulkanisierflüssigkeit vollständig abgelüftet ist.

■ Stecken Sie den Reparaturkörper von innen in den Einstichkanal ein und ziehen Sie ihn von außen fest heraus, bis der Stift außen abreißt.

■ Drücken Sie die Stelle innen mit einer Andruckrolle an.

■ Montieren Sie den Reifen wieder mit einer Montiermaschine.

■ Wuchten Sie den Reifen aus und bauen Sie das Rad wieder ein.

Reparatur mit einem Reparaturfaden:

Die Reparatur kann meist vor Ort durchführen und die Fahrt fortgesetzt werden.

■ Ziehen Sie die Schraube aus dem Reifen heraus und reinigen Sie den Stichkanal mit einer Reibahle (Bild 18). Der Stichkanal wird hierbei auch etwas vergrößert.

Die fertige Bohrung ist dann genau passend für die Montage der Reparaturfäden.

■ Setzen Sie die Durchstichsicherung (2 im Bild 19) auf die Nadel auf.

■ Fädeln Sie einen Reparaturfaden in die Nadel (4) ein.

■ Schieben Sie die Nadel (4) mit dem Reparaturfaden bis Anschlag in den erweiterten Einstichkanal ein.

■ Verdrehen Sie die Nadel um 90° und ziehen Sie die Nadel mit Schwung wieder heraus.

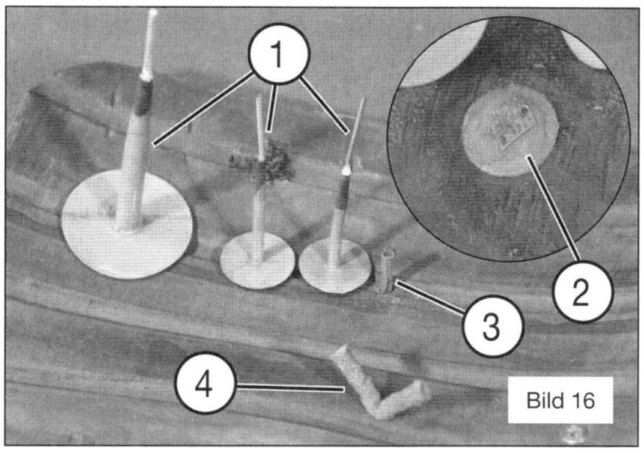

Bild 16
Reparaturarten.
1 Reparatureinzugskörper
2 Eingeklebter Reparaturkörper von der Innenseite
3 Eingeklebter Reparaturkörper von der Außenseite
4 Eingesogener Reparaturfaden

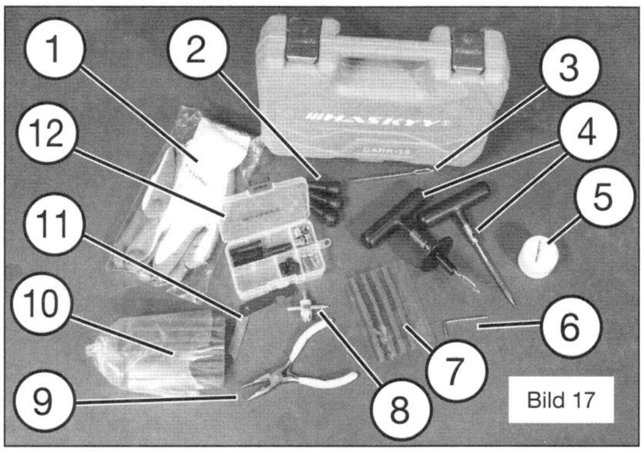

Bild 17
Reparaturkit für Reifen.
1 Handschuhe
2 Ventile
3 Ersatznadel
4 Reibahle und Nadelträger
5 Montagepaste
6 Sechskantschlüssel
7 Reparaturfäden
8 Multitool
9 Zange
10 Reparaturfäden
11 Messer
12 Kleinteile

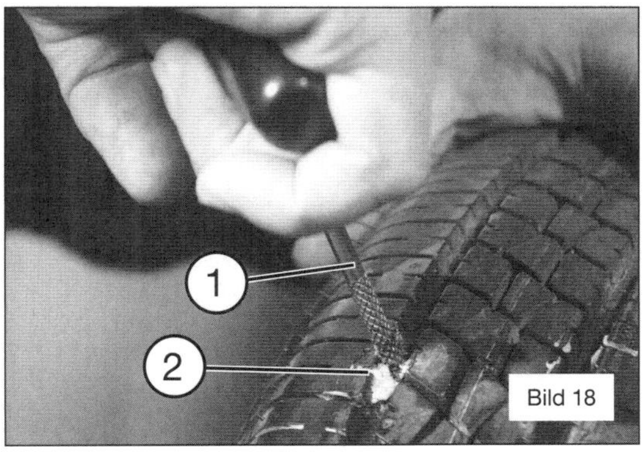

Bild 18
Reinigung und Erweitern des Einstichkanals.
1 Reibahle
2 Montagepaste

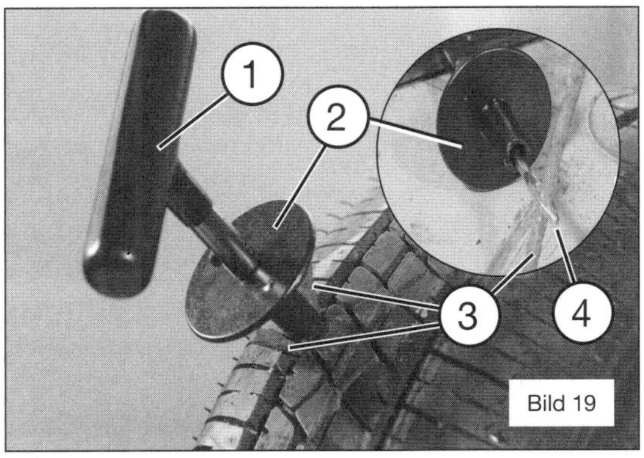

Bild 19
Reparaturfaden einziehen.
1 Nadelträger
2 Durchstichsicherung
3 Reparaturfaden
4 Nadel

Der Reparaturfaden (3) bleibt dabei im Einstichkanal stecken.

■ Schneiden Sie den Überstand des Fadens in Höhe des Reifens ab.

■ Füllen Sie den Reifen wieder mit Luft und prüfen Sie die Dichtigkeit mit Seifenspray.

Geführte Fehlersuche

A Reifen verliert Luft

Aufgabe	Information	Ergebnis (Sollwerte)
1 Reifenventil prüfen	■ Dichtigkeit des Ventileinsatzes prüfen ■ Ventil auf Risse oder Schäden prüfen ■ Ventil etwas zur Seite biegen und den Sitz in der Felge prüfen ■ Das Ventil mit Prüfspray (Seifenspray) einsprühen	Keine Schaumblasenbildung
2 Lauffläche auf Schäden prüfen	■ Lauffläche auf Schnitte, Nägel oder Schrauben prüfen ■ Die Flächen mit Prüfspray (Seifenspray) einsprühen	
3 Reifenflanken auf Schäden prüfen	■ Reifenflanken auf Schnitte, andere Schäden prüfen	-
4 Sitz der Reifen prüfen	■ Den Übergang zwischen Reifen und Felge mit Prüfspray (Seifenspray) einsprühen	Keine Schaumblasenbildung

B Rad schägt oder »eiert«

Aufgabe	Information	Ergebnis (Sollwerte)
1 Reifen prüfen	■ Reifen auf Abflachungen (Bremsplatten), Beulen oder erkennbaren Verzug des Profils (Karkassenschäden) prüfen	-
2 Radlager prüfen	■ Radlager auf Korrosion, Klemmstellen und Spiel prüfen	-
3 Felge prüfen	■ Felge auf Schäden, Rundlauf und Höhenschlag prüfen	Max. 1,0 mm Höhenschlag, Max. 1,0 mm Seitenschlag
4 Wuchtung der Räder prüfen	■ Räder dynamisch wuchten lassen	Max. 5 g Unwucht

C Radlager machen Geräusche

Aufgabe	Information	Ergebnis (Sollwerte)
1 Radlager prüfen	■ Radlager auf Korrosion, Klemmstellen und Spiel prüfen	-
2 Wellendichtringe prüfen	■ Wellendichtringe auf Schäden prüfen ■ Radlager kontrollieren	
3 Radachse prüfen	Radlager auf Verzug (Biegung) prüfen	Max. 0,2 mm Höhenschlag

D Schütteln (Vibrationen) am Lenker

Aufgabe	Information	Ergebnis (Sollwerte)
1 Reifen prüfen	■ Reifen auf Abflachungen (Bremsplatten), Beulen oder erkennbaren Verzug des Profils (Karkassenschäden) prüfen	-
2 Wuchtung der Räder prüfen	■ Räder dynamisch wuchten lassen	Max. 5 g Unwucht
3 Felgen prüfen	■ Felge auf Schäden, Rundlauf und Höhenschlag prüfen	Max. 1,0 mm Höhenschlag, Max. 1,0 mm Seitenschlag

17 Bremsanlage

»Wer bremst, verliert ... zumindest an Geschwindigkeit«, sagt der Volksmund und das trifft es sehr genau. Das Bremssystem ist das wichtigste System des Motorrades. Fehlfunktionen oder sogar Ausfälle können tödliche Folgen haben.

Grundsätzlich sollten Sie Arbeiten am Bremssystem nur dann angehen, wenn Sie entsprechende Erfahrungen und Kenntnisse haben. Ohne diese sollten Sie die Arbeiten an den Schrauber Ihres Vertrauens weitergeben.

Funktionsprüfung

Die Prüfung der Bremsanlage ist zumindest in der Übersicht noch recht leicht möglich.

Kontrollieren Sie die Leitungsanschlussschläuche an den Bremszangen und dem verbauten Verteilerstück vorne auf Dichtigkeit und Rissbildung an den Schläuchen.

Kontrollieren Sie, dass die Bremsschläuche und die Anschlusskabel mit den vorgesehenen Haltern fixiert werden.

Kontrollieren Sie die Belagstärke und den Zustand der Bremsscheiben. Prüfen Sie die Funktion und den Druckaufbau der Bremse.

Kontrollieren Sie die Bremsenfunktion auf einer Probefahrt. Achten Sie darauf, dass die ABS-Kontrollleuchte ausgeht.

Bremshebel

Fußhebelwerk und Einstellung

- Kontrollieren Sie, ob die Bremshebel am Lenker und am Rahmen leichtgängig sind und für Ihre Bedürfnisse angepasst sind.

Das Fußhebelwerk und der Handbremshebel sind serienmäßig verstellbar.

- Lösen Sie die Kontermutter (5 im Bild 2).
- Verdrehen Sie den Bolzen (6) die in dem Fußbremszylinder steckt.

Den Abstand zwischen der Schraube und dem Bolzen sollten für ihre Einstellung notieren. Der Bremshebel sollte etwas tiefer als die Fußraste liegen.

Bauteil	*Drehmoment*
Kontermutter Kolbenstange	10 Nm

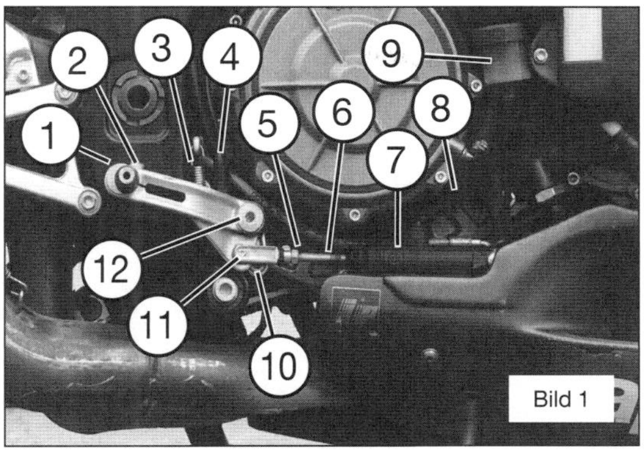

Bild 1

Bild 1
Fußbremshebel.
1 Exzenter am Fußhebel
2 Sicherungsschraube
3 Rückstellfeder
4 Bremslichtschalter
5 Kontermutter
6 Bolzen mit Gewinde
7 Fußbremszylinder
8 Füllschlauch
9 Vorratsbehälter
10 Halter Bremspedal
11 Gesicherter Bolzen
12 Lagerbolzen Bremshebel

Lagerspiel an den Bremshebeln

Das Lagerspiel ist weder am Fußbremshebel noch am Handbremshebel einstellbar.

- Ist der Hebel schwergängig, müssen die Lagerhülse und die Schraube gereinigt und neu gefettet werden.
- Ist das Spiel zu groß, muss der Hebel und gelegentlich auch die Schraube erneuert werden. Die Lagerung ist zumindest über den Hersteller nicht lieferbar.

Demontage des Fußbremshebels

Die Bremsbetätigung und der Bremslichtschalter sind am Halter des Bremspedals befestigt.

- Lösen Sie den gesicherten Bolzen (11 im Bild 1).
- Ziehen Sie den gesicherten Bolzen (11) heraus.
- Hängen Sie die Rückzugsfeder (3) aus.
- Drehen Sie den Lagerbolzen (12) heraus und nehmen Sie das Bremspedal zusammen mit dem Lagerbolzen ab.

Die Montage erfolgt sinngemäß in umgekehrter Reihenfolge.

- Tragen Sie etwas Fett auf die Lagerschraube im Bereich der Lagerhülse auf.

Bauteil	*Drehmoment*
Sicherungsschraube Exzenter	10 Nm
Kontermutter Kolbenstange	10 Nm
Lagerbolzen Fußbremspedal	15 Nm

Demontage des Handbremshebels

- Drehen Sie die Schraube des Bremslichtschalters heraus.
- Nehmen Sie den Bremslichtschalter ab.
- Drehen Sie die Kontermutter (3) ab.
- Drehen Sie die Stufenschraube (2) heraus

Bild 2

Demontage des Handbremshebels.

1 Handbremshebel
2 Stufenschraube
3 Zulaufschlauch
4 Bremslichtschalter
5 Vorratsbehälter
6 Entlüftungsnippel
7 Hohlschraube

und nehmen Sie den Handbremshebel ab.

Die Montage erfolgt sinngemäß in umgekehrter Reihenfolge.

■ Tragen Sie etwas Fett auf die Stufenschraube im Bereich der Lagerhülse im Bremshebel auf.

Bauteil	*Drehmoment*
Schraube Bremshebel	10 Nm
Kontermutter Bremshebel	6 Nm
Schraube Bremslichtschalter	Handfest

Bremsflüssigkeit

⚠ Bremsflüssigkeit ist giftig. Tragen Sie Augen und Hautschutz. Entsorgen Sie die alte Bremsflüssigkeit fachgerecht. Füllen Sie die Bremsflüssigkeit nicht in Getränkeflaschen.

⚠ Bremsflüssigkeit ist aggressiv. Schützen Sie Lack- und Aluminiumteile vor Spritzern. Waschen Sie ausgetretene Bremsflüssigkeit mit Wasser ab.

Bremsflüssigkeit auffüllen

■ Stellen Sie das Motorrad so ab, dass der Ausgleichsbehälter, der geöffnet werden soll, möglichst gerade steht.

■ Reinigen Sie den Bereich um den Ausgleichsbehälter herum gründlich.

Handbremszylinder am Lenker:

■ Drehen Sie die beiden Schrauben im Deckel des Ausgleichsbehälters (5 im Bild 2) heraus.

■ Nehmen Sie den Deckel vorsichtig ab.

Fußbremsbehälter:

■ Bauen Sie, wenn erforderlich, die rechte Seitenverkleidung ab.

■ Lösen Sie den Deckel des Ausgleichsbehälters und nehmen Sie ihn vorsichtig ab.

Weiter für beide Systeme:

■ Nehmen Sie die Trennmembran und den Sitz aus dem Deckel heraus oder vom Ausgleichsbehälter ab. Je nachdem, wo die beiden Teile gerade anhaften.

■ Legen Sie den Deckel auf einem saugfähigen Tuch ab.

■ Füllen Sie den Vorratsbehälter bis zur Markierung »MAX« auf.

Bild 2

☞ Beachten Sie, dass der Bremsflüssigkeitsstand mit dem Verschleiß der Bremsbeläge abnimmt. Die Markierung »MAX« darf nur bei neuen Belägen erreicht werden.

Bauteil	*Drehmoment*
Schraube Vorratsbehälter	Handfest

Bremsflüssigkeitswechsel

■ Stellen Sie das Motorrad so ab, dass der Ausgleichsbehälter, der geöffnet werden soll, möglichst gerade steht.

■ Reinigen Sie den Bereich um den Ausgleichsbehälter herum gründlich.

Handbremszylinder am Lenker:

■ Drehen Sie die beiden Schrauben im Deckel des Ausgleichsbehälters (5 im Bild 2) heraus.

■ Nehmen Sie den Deckel vorsichtig ab.

Fußbremsbehälter:

■ Bauen Sie, wenn erforderlich, die rechte Seitenverkleidung ab.

■ Lösen Sie den Deckel des Ausgleichsbehälters und nehmen Sie ihn vorsichtig ab.

Weiter für beide Systeme:

☞ Merken Sie sich den Bremsflüssigkeitsstand im Vorratsbehälter.

■ Saugen Sie den Ausgleichsbehälter ab und reinigen Sie ihn mit einem fusselfreien und saugfähigen Lappen.

■ Füllen Sie den Vorratsbehälter bis zur Markierung »MAX« auf.

■ Ziehen Sie die Staubkappe ab und lösen Sie den Entlüftungsnippel probeweise.

■ Schließen Sie einen Auffangbehälter mit einem Klarsichtschlauch am Entlüftungsnippel an.

■ Öffnen Sie den Entlüftungsnippel und betätigen Sie den entsprechenden Bremshebel ganz langsam.

Aus der Entlüftungsbohrung im Bremszylinder wird vor dem Druckaufbau zuerst Bremsflüssigkeit in den Ausgleichsbehälter zurückströmen. Geschieht das zu schnell, entsteht eine Fontäne, die auch aus dem Behälter herausspitzen kann.

■ Schließen Sie den Entlüftungsnippel wieder und lassen Sie den Bremshebel wieder los.

■ Wiederholen Sie diesen Vorgang für jeden Bremssattel 10 bis 15 Mal.

Achten Sie auf der Flüssigkeitsstand im Vorratsbehälter. Er darf nicht leer gepumpt werden, da sonst Leitungen und Bremszylinder entlüftet werden müssen.

Im Klarsichtschlauch dürfen keine Luftbläschen auftreten.

■ Drehen Sie den Entlüftungsnippel wieder fest und reinigen Sie den Bereich um den Entlüftungsnippel gründlich.

■ Drücken Sie die Staubkappe wieder auf.

■ Füllen Sie die Bremsflüssigkeit auf den alten Stand wieder auf.

■ Reinigen Sie den Deckel, die Membran und den Stützring mit Wasser und trocknen Sie alles gründlich.

■ Montieren Sie den Deckel, die Membran und den Stützring wieder.

■ Prüfen Sie den Druckaufbau der Bremse und die Funktion bei einer Probefahrt.

Bauteil	*Drehmoment*
Entlüftungsnippel Bremssattel	15 Nm
Entlüftungsnippel am Handbremszylinder	15 Nm

Bremsbeläge

Bremsbeläge vorne wechseln

Die Montagearbeiten unterscheiden sich durch die unterschiedlichen Bauformen und die Montage.

Bremssattel bis Baujahr 2001 (Bild 3):
Der Bremssattel muss für diese Variante der Vorderradbremse nicht demontiert werden.

■ Lösen Sie die Stiftschrauben (1).

■ Drehen Sie die Schrauben (3) heraus und nehmen Sie den Bremssattel ab.

Kleben Sie die Felge im Montagebereich mit Kreppklebeband ab, um Schäden an der Felge zu vermeiden.

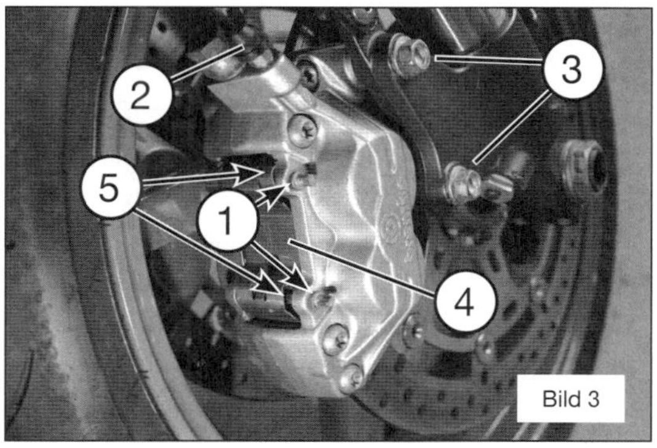

Bild 3

Bild 3
Bremssattel vorne bis 2001 mit 2 Bremsbelägen.
1 Sicherungsstift
2 Entlüftungsnippel
3 Schrauben Bremssattel
4 Haltefeder
5 Sicherungen

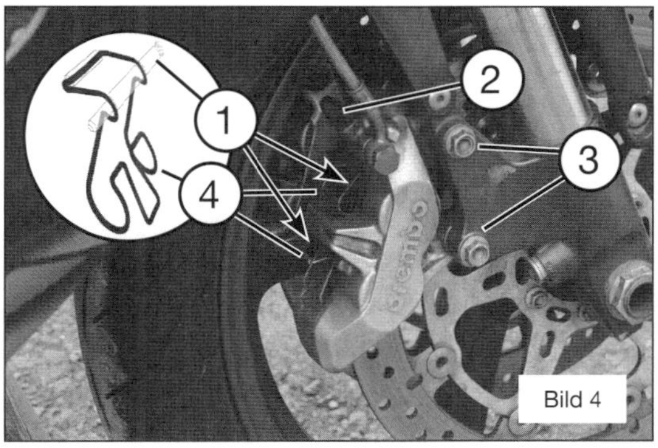

Bild 4

Bild 4
Bremssattel vorne ab 2001 mit 4 Bremsbelägen.
1 Sicherungsstift
2 Entlüftungsnippel
3 Schrauben Bremssattel
4 Haltefeder

Wenn die Bremsbeläge weiter verwendet werden sollen, markieren Sie die Einbauposition. Sie dürfen dann nicht vertauscht werden.

■ Drehen Sie die Stifte (3) und nehmen Sie die Sicherungen (5) heraus.

■ Ziehen Sie die Stifte aus dem Bremssattel heraus.

■ Nehmen Sie die Haltefedern und die Bremsbeläge aus dem Sattel heraus.

■ Stellen Sie die Bremskolben mit einem Kolbenrücksteller wie im Bild 6 gezeigt zurück.

■ Setzen Sie die Beläge ein.

■ Drücken Sie die Beläge etwas gegen die Andruckfederplatte (Haltefeder) (4) und schieben Sie die Stifte (1) ein.

■ Schieben Sie die Stifte (1) von Hand ein.

■ Legen Sie die Bremsbeläge ganz am Bremskolben an.

■ Setzen Sie den Bremssattel auf die Scheibe und die Sattelhalterungen an der Gabel auf.

■ Ziehen Sie die Schrauben des Bremssattels zuerst von Hand bei und anschließend auf Drehmoment fest.

■ Setzen Sie die Sicherungen wieder ein.

■ Führen Sie die beschriebenen Arbeiten an beiden Bremssätteln durch.

■ Betätigen Sie den Handbremshebel so oft, bis die Beläge wieder an den Bremsscheiben anliegen.

Sichtprüfung Messen

Bild 5
Bremssattel hinten.
1 Befestigungsschrauben
2 Sicherungsstift
3 Andruckfeder
4 Sicherungsclip
5 Bremsbeläge
6 Entlüftungsnippel

Bild 6
Bremskolbenrücksteller.
1 Bremssattel
2 Druckplatten
3 Spindel

■ Prüfen Sie den Druckaufbau der Bremse und die Funktion bei einer Probefahrt.

⚠ Achtung: Bei Verwendung neuer Bremsbeläge kann die Bremsleistung kurzfristig schwächer ausfallen.

Bauteil	Drehmoment
Verschraubung Bremssattel	50 Nm

Bremssattel ab Baujahr 2001 (Bild 4):

☞ Kleben Sie die Felge im Montagebereich mit Kreppklebeband ab, um Schäden an der Felge zu vermeiden.

⚠ Wenn die Bremsbeläge weiter verwendet werden sollen, markieren Sie die Einbauposition. Sie dürfen dann nicht vertauscht werden.

■ Drehen Sie die beiden Schrauben (3) heraus und nehmen Sie den Bremssattel ab.
■ Drücken Sie die Haltefeder leicht an und ziehen Sie die Sicherungsstifte von der Rückseite des Bremssattels aus heraus.
■ Nehmen Sie die Haltefedern und die Bremsbeläge heraus.
■ Stellen Sie die Bremskolben mit einem Kolbenrücksteller wie im Bild 6 gezeigt zurück.
■ Setzen Sie die Beläge ein.
■ Drücken Sie die Beläge etwas gegen die Andruckfeder) und schieben Sie die Stifte (1) ein.
■ Schieben Sie die Stifte (1) von Hand ein.
■ Legen Sie die Bremsbeläge ganz am Bremskolben an.
■ Setzen Sie den Bremssattel auf die Scheibe und die Sattelhalterungen an der Gabel auf und rasten die Feder auf den Stiften ein.
■ Ziehen Sie die Schrauben des Bremssattels zuerst von Hand bei und anschließend auf Drehmoment fest.
■ Führen Sie die beschriebenen Arbeiten an beiden Bremssätteln durch.
■ Betätigen Sie den Handbremshebel so oft, bis die Beläge wieder an den Bremsscheiben anliegen.

☞ Achten Sie auf den Flüssigkeitsstand im Vorratsbehälter.

■ Prüfen Sie den Druckaufbau der Bremse und die Funktion bei einer Probefahrt.

⚠ Achtung: Bei Verwendung neuer Bremsbeläge kann die Bremsleistung kurzfristig schwächer ausfallen.

Bauteil	Drehmoment
Verschraubung Bremssattel	50 Nm

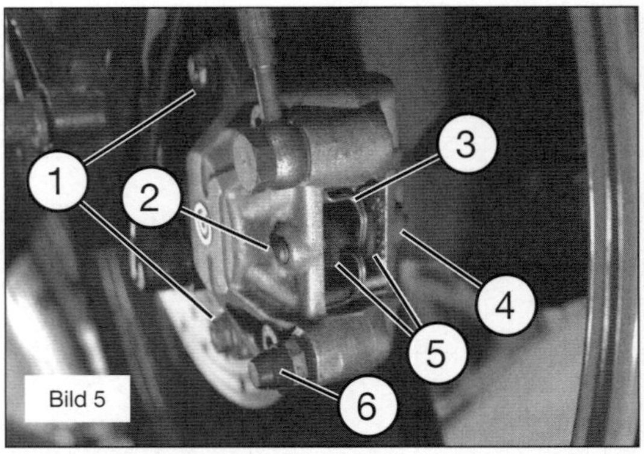

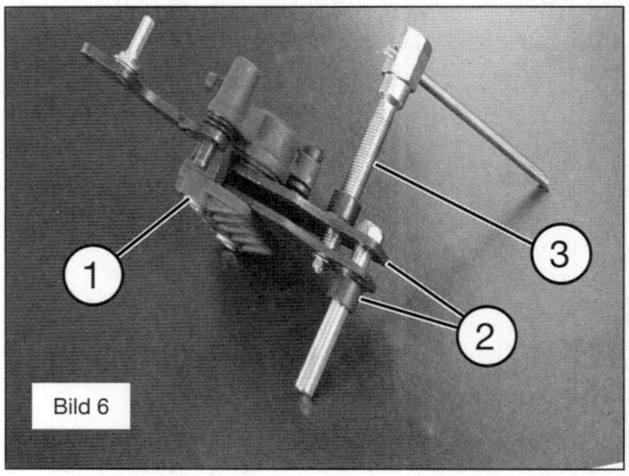

Bremsbeläge hinten wechseln

■ Stellen Sie das Motorrad auf einen Montageständer.
■ Lösen Sie den Sicherungclip (4 im Bild 5) und ziehen Sie den Sicherungsstift (2) heraus.
■ Nehmen Sie die Andruckfeder (Klammer) von den Bremsbelägen ab und aus dem Sattel heraus.
■ Nehmen Sie die Bremsbeläge aus dem Bremssattel heraus.

⚠ Wenn die Bremsbeläge weiter verwendet werden sollen, markieren Sie die Einbauposition. Sie dürfen dann nicht vertauscht werden.

■ Stellen Sie die Bremskolben mit einem Kolbenrücksteller wie im Bild 6 gezeigt zurück.

⚠ Achten Sie darauf, dass die Staubdichtung des Bremskolbens nicht gequetscht wird.

☞ Soweit die Beilagplatten (soweit verbaut) am Bremsbelag wiederverwendet werden sollen, nehmen Sie sie von den Bremsbelägen ab.

■ Setzen Sie die Beläge ein. Achten Sie darauf, dass die Beilagplatten (soweit verbaut) richtig auf dem Bremsbelag moniert sind.

👁 Achten Sie darauf, dass die Andruckfeder im Bremssattel einliegt.

Achten Sie darauf, dass die Andruckfeder auch im Sattelträger einsitzt.

■ Drücken Sie Feder beim Einschieben des Sicherungsstiftes etwas herunter.

■ Betätigen Sie den Fußbremshebel so oft, bis die Beläge wieder an den Bremsscheiben anliegen.

■ Prüfen Sie den Druckaufbau der Bremse und die Funktion bei einer Probefahrt. Eventuell muss die Bremsanlage hinten neu entlüftet werden.

Achtung: Bei Verwendung neuer Bremsbeläge kann die Bremsleistung kurzfristig schwächer ausfallen.

Bauteil	*Drehmoment*
Befestigungsschraube Bremssattel	25 Nm

Belagverschleiß prüfen

Soweit Sie die Bremsbeläge einsehen können, ist es möglich, diese auch ohne Demontage auf Verschleiß zu prüfen.

Achten Sie darauf, dass die Bremsbeläge der Bremse vorn/hinten gleichmäßig verschleißen.

Abmessungen	*Sollwert*
Belagstärke ohne Rückenplatte vorne neu (Verschleißgrenze)	4,0 mm (1,0 mm)
Belagstärke ohne Rückenplatte hinten neu (Verschleißgrenze)	5,0 mm (1,0 mm)

Erreicht eine Belagseite des vorderen Bremssystems die Mindestbelagstärke, müssen die Beläge beider Seiten ersetzt werden.

Bremsscheiben

Prüfen auf Verschleiß

■ Kontrollieren Sie, ob tiefe Riefen, Verfärbungen oder Korrosionsspuren vorhanden sind.

■ Messen Sie die Bremsscheibendicke an mehreren Stellen mit einer Bügelmessschraube (Bild 7).

Im Neuzustand weist die Bremsscheibe eine Stärke von etwa 5,0 mm und 4,5 mm auf. Bei einer Stärke von 4,5 mm muss sie ersetzt werden.

Prüfen der Floater-Bremsscheiben

Die Aufgabe der Floater liegt darin, den Innenring und Außenring zu trennen.

Der Außenring wird bei der Bremsung stark erwärmt. Um Verzug der Bremsscheibe zu vermeiden und Schäden an der Befestigung an der Felge zu verhindern, sind die vorderen Bremsscheiben mit Gleitrollen (Floatern) verpresst.

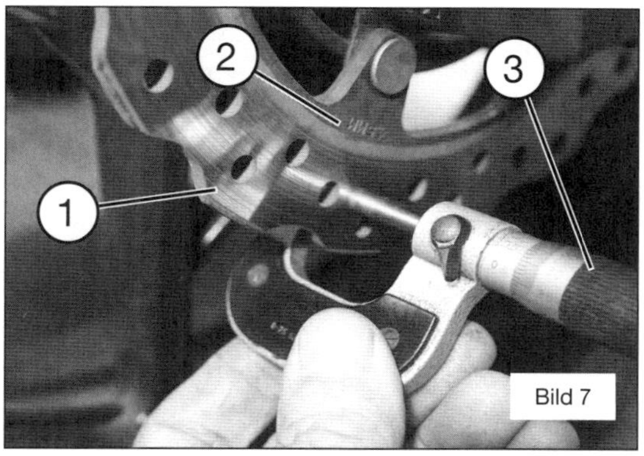

Bild 7

Bild 7
Bremscheibendicke.
1 Bremsscheibe
2 Angabe der Verschleißgrenze auf der Bremsscheibe
3 Bügelmessschraube

Der Außenring darf bei kalter Bremse nur ein kleines, gerade fühlbares Spiel in seitlicher und radialer Richtung aufweisen.

Prüfen auf Seitenschlag

■ Fixieren Sie das Motorrad auf einem Motorradmontageständer, montieren Sie eine Messuhr und einen Messuhrhalter, sodass Sie den Schlag der Bremsscheibe messen können.

Wählen Sie eine Position des Messstiftes der Messuhr außerhalb der Bohrungslochkreise in der Bremsscheibe.

■ Richten Sie die Messuhr mit einer Vorspannung von 3 mm ein.

■ Verdrehen Sie das Rad vorsichtig und lesen Sie die Abweichungen auf der Messuhr ab.

Bei einer neuen Bremsscheibe werden Sie etwa 0,15 mm messen können. Fällt die Messung größer als 0,30 mm aus, muss die Bremsscheibe erneuert werden.

Das Erneuern der Bremsscheibe bedeutet für das vordere Bremssystem das Erneuern beider Bremsscheiben und der Bremsbeläge.

Demontage der vorderen Bremsscheiben

■ Stellen Sie das Motorrad auf einen geeigneten Montageständer.

■ Bauen Sie das Vorderrad wie bereits im Kapitel 16 beschrieben aus.

■ Drehen Sie die Schrauben (1 - 5 im Bild 8) heraus.

■ Nehmen Sie die Bremsscheibe von der Felge ab.

Die Montage erfolgt sinngemäß in umgekehrter Reihenfolge.

Sichtprüfung Messen

■ Achten Sie auf die Anzugsfolge (Bild 8).
■ Ziehen Sie die Schrauben zuerst handfest und anschließend auf Drehmoment an.

☞ Prüfen Sie den Schlag der Bremsscheibe auf einem Wuchtbock vor der Montage des Rades.

Bauteil	*Drehmoment*
Schraube Bremsscheibe vorne	30 Nm

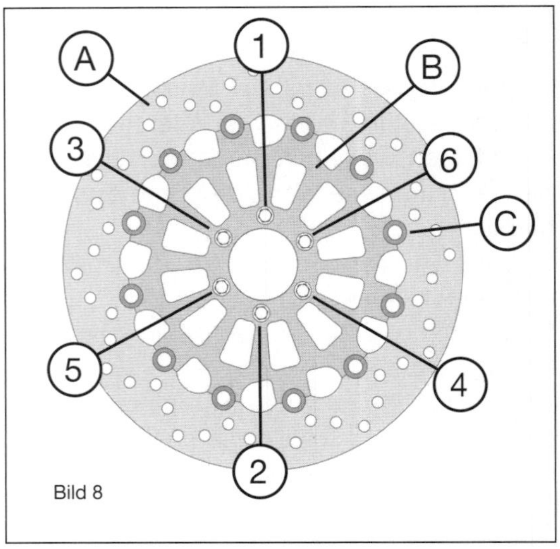

Bild 8

Bild 8
Bremsscheiben vorne.
1-6 Anzugsfolge
A Bremsscheibe
B Bremsscheibenträger
C Floater-Ringe

Demontage der hinteren Bremsscheibe

■ Stellen Sie das Motorrad auf einen geeigneten Montageständer.
■ Bauen Sie das Hinterrad wie bereits im Kapitel 16 beschrieben aus.
■ Drehen Sie die Schrauben (1 - 4 im Bild 9) heraus.
■ Nehmen Sie die Bremsscheibe von der Felge ab.

Die Montage erfolgt sinngemäß in umgekehrter Reihenfolge.

■ Achten Sie auf die Anzugsfolge (Bild 9).
■ Ziehen Sie die Schrauben zuerst handfest und anschließend auf Drehmoment an.

☞ Prüfen Sie den Schlag der Bremsscheibe auf einem Wuchtbock vor der Montage des Rades.

Bauteil	*Drehmoment*
Schraube Bremsscheibe hinten	30 Nm

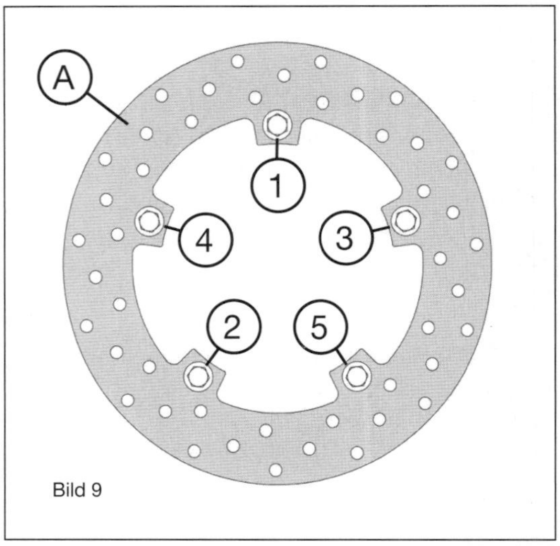

Bild 9

Bild 9
Bremsscheiben hinten.
1-5 Anzugsfolge
A Bremsscheibe

Bremsleitungen und Sättel

Die Bremsleitungen sind werkseitig als Stahlflexleitungen ausgeführt. Achten Sie auf Scheuer- und Knickstellen.

Demontage der Bremsleitungen

⚠ Bremsflüssigkeit ist aggressiv. Schützen Sie Lack und Aluminiumteile vor Spritzern. Waschen Sie ausgetretene Bremsflüssigkeit mit Wasser ab.

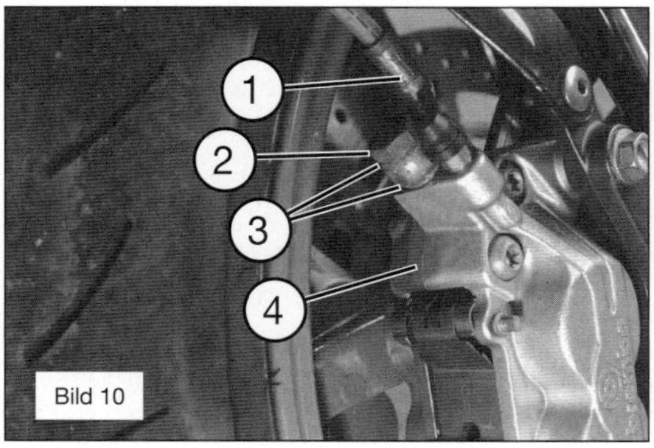

Bild 10

Bild 10
Bremsleitung am Bremssattel vorne.
1 Bremsleitung
2 Hohlschraube
3 Dichtringe
4 Bremssattel

Bremsleitungen vorne:

■ Bauen Sie die Seitenverkleidungen ab.
■ Legen Sie die Bremsleitungen frei.
■ Saugen Sie die Bremsflüssigkeit aus dem Vorratsbehälter ab.
■ Lösen Sie die Hohlschraube am Handbremszylinder.

☞ Fangen Sie austretende Restbremsflüssigkeit mit einem saugfähigen Lappen auf.

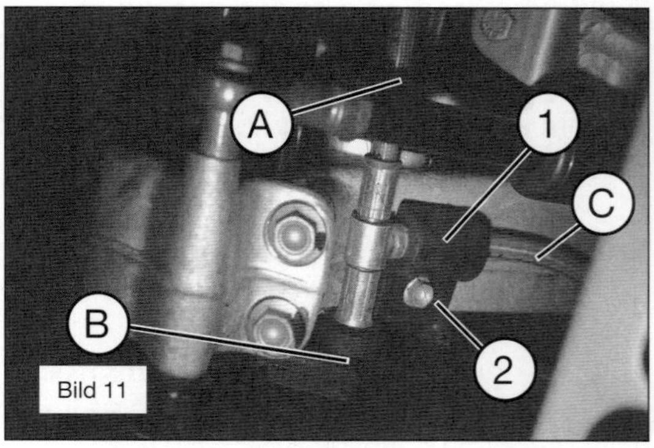

Bild 11

Bild 11
Bremsleitungsverteiler.
1 Haltegummi
A Leitung vom Handbremszylinder
B Bremsleitung zum Bremssattel links
C Bremsleitung zum Bremssattel rechts

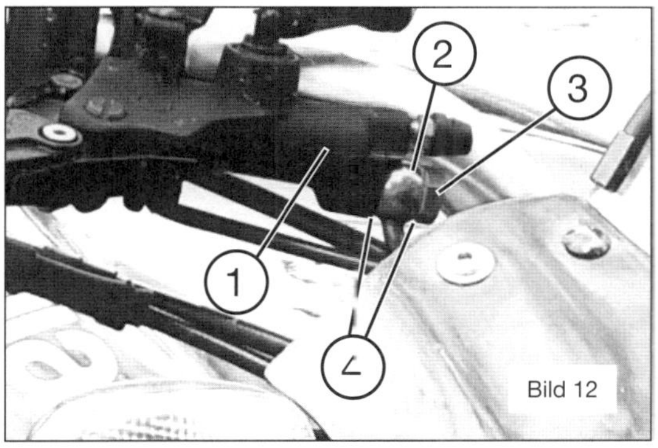

■ Lösen Sie die Hohlschrauben an den Bremssätteln und lassen Sie die Bremsflüssigkeit gründlich ablaufen.

Fangen Sie austretende Restbremsflüssigkeit mit einem saugfähigen Lappen auf.

■ Lösen Sie die Halter der Bremsleitungen und am Bremsleitungsverteiler (Bild 11).

■ Führen Sie die Bremsleitung von oben nach unten durch und nehmen Sie sie heraus.

Die Montage erfolgt sinngemäß in umgekehrter Reihenfolge.

Die Leitungen müssen an der gleichen Stelle wie die alten Leitungen befestigt werden.

■ Entlüften Sie das Bremssystem wie im Anschluss beschrieben.

Bauteil	*Drehmoment*
Hohlschraube Bremsleitung	20 Nm

Demontage der Bremssättel

Die folgenden Arbeitsschritte sollten Sie nur dann selbst durchführen, wenn Sie bereits eingehende Erfahrungen mit der Überholung von Bremsanlagen gesammelt haben.

Zwei Möglichkeiten gibt es, um die Demontage der Bremsanlage zu bewerkstelligen, ohne die Bauteile und das Fahrzeug mit Bremsflüssigkeit zu verschmutzen.

■ Sie können die Bremsflüssigkeit aus den Vorratsbehältern und dem Handbremszylinder sowie den Leitungen und dem Bremssattel absaugen. Die verbliebenen Reste lassen sich dann leicht mit einem sauberen Lappen aufnehmen.

■ Die zweite Möglichkeit kommt gerne dann zum Einsatz, wenn beispielsweise nur der Bremssattel ersetzt werden soll.

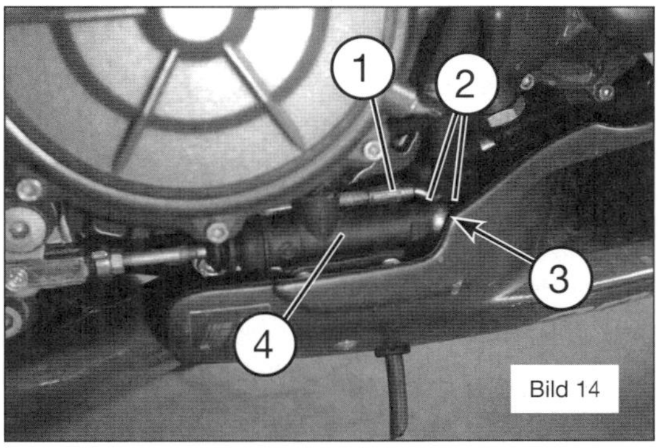

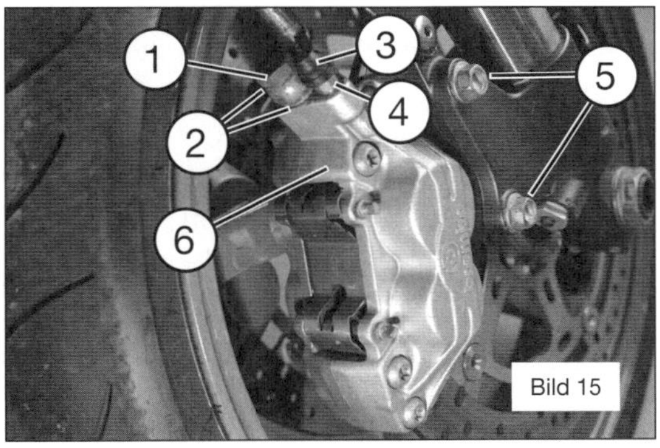

■ Ziehen Sie die Staubschutzkappe (3 im Bild 15) auf dem Bremsenentlüftungsnippel ab.

■ Montieren Sie einen Klarsichtschlauch zur Bremsenentlüftung und einen Auffangbehälter am Entlüftungsnippel (4) des Bremssattels.

■ Lösen Sie den Entlüftungsnippel (4) und ziehen Sie den Handbremshebel bis Anschlag durch.

■ Blockieren Sie den Handbremshebel mit einem Kabelbinder oder einem festgeknoteten Lappen, um Fehlbedienungen zu vermeiden.

Bei betätigtem Handbremszylinder kann keine Bremsflüssigkeit nachlaufen.

■ Lösen Sie die Hohlschraube (1 im Bild 15) am Bremssattel und drehen Sie sie heraus.

■ Fangen Sie die austretende Restbremsflüssigkeit mit einem Lappen auf.

Bild 12
Bremssättel hinten.
1 Handbremszylinder
2 Bremsleitung
3 Hohlschrauben
4 Dichtringe

Bild 13
Bremssättel hinten.
1 Bremsleitung
2 Hohlschrauben
3 Dichtringe

Bild 14
Fußbremszylinder.
1 Bremsleitung
2 Dichtringe
3 Hohlschraube
4 Fußbremszylinder

Bild 15
Bremssattel vorne.
1 Hohlschraube
2 Dichtringe
3 Staubschutzkappe
4 Entlüftungsnippel
5 Befestigungsschrauben
6 Bremssattel vorne

■ Drehen Sie die Befestigungsschrauben (5) des Bremssattels heraus.
■ Nehmen Sie den Bremssattel ab.

Bauteil	*Drehmoment*
Hohlschraube Bremsschlauch	20 Nm
Schraube Bremssattel	50 Nm

Bremssattel hinten:
■ Lösen Sie das Raddrehzahl-Sensorkabel vorsichtig vom Bremsschlauch (3 im Bild 16).
■ Legen Sie den Bremsschlauch zum hinteren Bremszylinder frei.
■ Lösen Sie die Hohlschraube (4) am Bremssattel und drehen Sie sie heraus.

☞ Befestigen Sie den Anschluss des Bremsschlauchs höher als die Position des Ausgleichsbehälters am Fußrastenträger hinten. So kann keine Bremsflüssigkeit nachlaufen.

■ Drehen Sie die Befestigungsschrauben (2) des Bremssattels heraus.
■ Nehmen Sie den Bremssattel ab.

Die Montage erfolgt sinngemäß in umgekehrter Reihenfolge.
■ Entlüften Sie die Bremsanlage.
■ Prüfen Sie die Dichtigkeit unter Bremsdruck.
■ Prüfen Sie die Funktion bei einer Probefahrt.

Bauteil	*Drehmoment*
Hohlschraube Bremsschlauch	20 Nm
Schraube Bremssattel	25 Nm

Hand- und Fußbremszylinder

Zerlegen von Bremsgeräten
Einige Hersteller schreiben im Rahmen der Wartung den Austausch der Gummiteile der Bremsanlage vor. Bei Aprilia gibt es keine Vorgaben hierzu. Trotzdem werden die Bauteile altern und spätestens bei Schäden oder Undichtigkeiten werden Reparatur oder Ersatz erforderlich. Das Zerlegen der Bremsgeräte sollten Sie nur mit einschlägiger Erfahrung angehen oder Ihrer Werkstatt überlassen.

Demontage der Handbremspumpe
■ Demontieren Sie den Deckel des Ausgleichsbehälters und nehmen Sie die Membran mit dem Spreizring ab.
■ Saugen Sie den Vorratsbehälter leer.

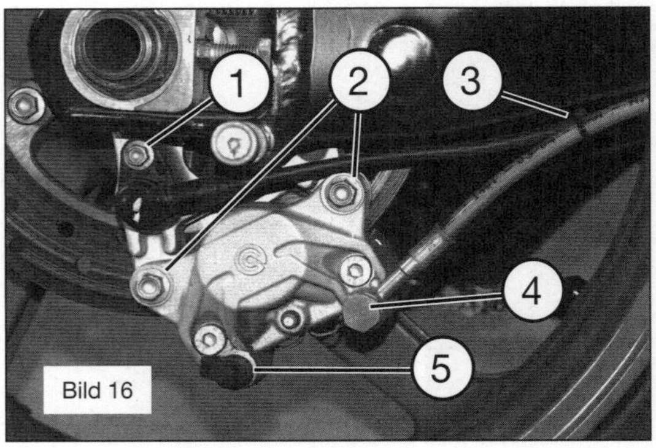

Bild 16
Bremssattel hinten.
1 Schraube Raddrehzahlsensor
2 Befestigungsschrauben
3 Kabelbinder
4 Hohlschraube
5 Entlüftungsnippel

■ Lösen Sie die Hohlschraube der Bremsleitung am Handbremszylinder.
■ Fangen Sie die ablaufende Restbremsflüssigkeit mit einem saugfähigen und fusselfreien Lappen auf.

⚠ Bremsflüssigkeit ist aggressiv. Schützen Sie Lack und Aluminiumteile vor Spritzern. Waschen Sie ausgetretene Bremsflüssigkeit mit Wasser ab.

■ Demontieren Sie den Außenspiegel (soweit an der Lenkerschelle befestigt).
■ Ziehen Sie den Steckkontakt des Bremslichtschalters ab.
■ Drehen Sie die beiden Schrauben der Lenkerschelle heraus.
■ Nehmen Sie die Handbremspumpe ab.

Die Montage erfolgt sinngemäß in umgekehrter Reihenfolge.
■ Entlüften Sie das Bremssystem.
■ Prüfen Sie die Funktion und den Druckaufbau bei einer Probefahrt.

Bauteil	*Drehmoment*
Hohlschraube Bremsschlauch	20 Nm
Schrauben Lenkerschelle	11 Nm

Demontage der Fußbremspumpe
■ Bauen Sie die Seitenverkleidungen und den Bugspoiler wie im Kapitel 11 beschrieben aus.

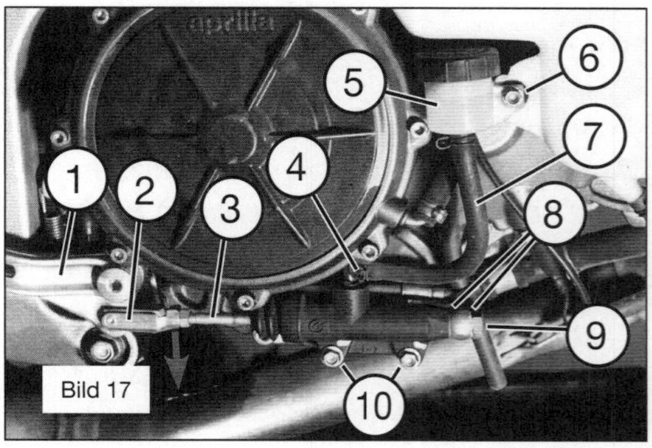

Bild 17
Bremszylinder hinten.
1 Fußbremshebel
2 Gesicherter Bolzen
3 Druckbolzen
4 Schelle
5 Vorratsbehälter
6 Schraube
7 Zulaufschlauch
8 Dichtringe
9 Hohlschraube
10 Schrauben

■ Demontieren Sie den Deckel des Ausgleichsbehälters (5 im Bild 17) und nehmen Sie die Membran mit dem Spreizring ab.
■ Saugen Sie den Vorratsbehälter leer.
■ Lösen Sie die Hohlschraube (9) der Bremsleitung am Fußbremszylinder.
■ Ziehen Sie den Zulaufschlauch (7) vom Vorratsbehälter ab.
■ Fangen Sie die ablaufende Restbremsflüssigkeit mit einem saugfähigen und fusselfreien Lappen auf.

Bremsflüssigkeit ist aggressiv. Schützen Sie Lack- und Aluminiumteile vor Spritzern. Waschen Sie ausgetretene Bremsflüssigkeit mit Wasser ab.

■ Demontieren Sie den gesicherten Bolzen am Fußbremshebel und ziehen Sie ihn heraus.
■ Drehen Sie die beiden Befestigungsschrauben (10) des Fußbremszylinders heraus.
■ Nehmen Sie den Fußbremszylinder ab.

Die Montage erfolgt sinngemäß in umgekehrter Reihenfolge.
■ Entlüften Sie das Bremssystem.
■ Prüfen Sie die Funktion und den Druckaufbau bei einer Probefahrt.

Bauteil	*Drehmoment*
Hohlschraube Bremsschlauch	20 Nm
Schrauben Fußbremszylinder	12 Nm

Bremsanlage »von Hand« entlüften
Das Entlüften der Bremsanlage ist bei der Aprilia ein recht spezielles Thema. Nicht nur dass die Einbaulage der Bremssättel die Entlüftung erschwert. Hinzu kommt, dass die Bremsanlage auch aufgrund der Nähe zur Abgasanlage regelmäßig entlüftet werden sollte oder besser muss.

Die Entlüftung der hinteren Bremse ist mit der klassischen »von Hand«-Methode nur mit dem Ausbau und dem Festhalten des Bremssattels in einer Position, in der der Entlüftungsnippel höher als der Zulaufschlauch und die Kolben des Bremssattels liegen, möglich. Die eingelagerte Luft im System lagert sich im höchsten Punkt ab. Grundsätzlich wäre das der Vorratsbehälter. Aufgrund der Einbaulage des Bremssattels befindet sich im Bremssattel im Bereich der Bremskolben ein »toter Raum«, der auch mit dem normalen Durchspülen von Bremsflüssigkeit nicht sicher entlüftet werden kann.

Handbremszylinder »von Hand« entlüften
■ Stellen Sie das Motorrad so ab, dass der Ausgleichsbehälter, der geöffnet werden soll, möglichst gerade steht.
■ Reinigen Sie den Bereich um den Ausgleichsbehälter herum gründlich.
■ Drehen Sie die beiden Schrauben im Deckel heraus.
■ Nehmen Sie den Deckel vorsichtig ab.
■ Saugen Sie den Ausgleichsbehälter ab und reinigen Sie ihn mit einem fusselfreien und saugfähigen Lappen.
■ Füllen Sie den Vorratsbehälter bis zur Markierung »MAX« auf.
■ Ziehen Sie die Staubkappe am Handbremszylinder ab und lösen Sie den Entlüftungsnippel probeweise.
■ Ziehen Sie die Staubkappe an den Bremssätteln ab und lösen Sie den Entlüftungsnippel probeweise.
■ Schließen Sie einen Auffangbehälter mit einem Klarsichtschlauch zuerst an dem Entlüftungsnippel am Handbremszylinder an.
■ Betätigen Sie den Handbremshebel ganz langsam.

Aus der Entlüftungsbohrung im Bremszylinder wird vor dem Druckaufbau zuerst Bremsflüssigkeit in den Ausgleichsbehälter zurückströmen. Geschieht das zu schnell, entsteht eine Fontäne, die auch aus dem Behälter herausspritzen kann.

■ Halten Sie den Bremshebel fest.
■ Schließen Sie den Entlüftungsnippel wieder und lassen Sie den Bremshebel wieder los.

Nach einigen Durchgängen wird sich langsam Druck im System aufbauen, den Sie auch am Hebel fühlen können.

■ Wiederholen Sie diesen Vorgang so lange, bis keine Luft mehr aus dem Entlüftungsnippel in den Klarsichtschlauch gelangt.
■ Wiederholen Sie die Vorgänge für die Entlüftungsnippel an beiden Bremssätteln.
■ Prüfen Sie die Funktion und den Druckaufbau des Bremssystems.

Fußbremszylinder »von Hand« entlüften
■ Stellen Sie das Motorrad so ab, dass der Ausgleichsbehälter, der geöffnet werden

Sichtprüfung Messen

Bild 18
Druckentlüftungssystem. Die Bremsflüssigkeit wird mit Druck über den Ausgleichsbehälter eingebracht.
1 Anschlussadapter
2 Entlüfterflasche mit Klarsichtschlauch
3 Druckbehälter
4 Füllflasche
5 Pumpball

Bild 19
Bremsflüssigkeit mit der MINIVAC-Unterdruckpumpe absaugen.
1 Auffangbehälter
2 Klarsichtschlauch
3 Unterdruckpumpe

Praxistipp: Entlüftungsposition des hinteren Bremssattels

■ Lösen Sie den Entlüftungsnippel und ziehen Sie ihn nur leicht an.
■ Bauen Sie den Bremssattel hinten ab.
■ Halten Sie mit Hilfe eines zweiten Mechanikers den hinteren Bremssattel so, dass der Entlüftungsnippel zur höchsten Stelle des Bremssattels wird.
■ Legen Sie eine Metallplatte zwischen die Bremsbeläge ein, die der Stärke der Bremsscheibe entspricht. Geeignet ist hier auch ein alter Bremsbelag.

soll, möglichst gerade steht.
■ Reinigen Sie den Bereich um den Ausgleichsbehälter herum gründlich.
■ Demontieren Sie die Seitenverkleidung und wenn erforderlich auch den Bugspoiler, wie bereits im Kapitel 11 beschrieben.
■ Drehen Sie den Deckel vorsichtig ab und nehmen ihn zusammen mit der Membran ab.
■ Saugen Sie den Ausgleichsbehälter ab und reinigen Sie ihn mit einem fusselfreien und saugfähigen Lappen.
■ Füllen Sie den Vorratsbehälter bis zur Markierung »MAX« auf.
■ Ziehen Sie die Staubkappe am Entlüftungsnippel ab.
■ Schließen Sie einen Auffangbehälter mit einem Klarsichtschlauch am Entlüftungsnippel des Bremssattels an.
■ Betätigen Sie den Fußbremshebel ganz langsam.
■ Halten Sie den Fußbremshebel getreten.
■ Schließen Sie den Entlüftungsnippel wieder und lassen Sie den Bremshebel wieder los.

Nach einigen Durchgängen wird sich langsam Druck im System aufbauen, den Sie auch am Hebel fühlen können.

■ Wiederholen Sie diesen Vorgang so lange, bis keine Luft mehr aus dem Entlüftungsnippel in den Klarsichtschlauch gelangt.
■ Prüfen Sie die Funktion und den Druckaufbau des Bremssystems.

Bremsanlage mit dem Bremsenentlüftungsgerät entlüften

Es gibt unterschiedliche Entlüftungssysteme. Am meisten verbreitet sind die Systeme, die die Flüssigkeit über Unterdruck aus dem Bremssystem heraussaugen (Bild 19).

Bild 18

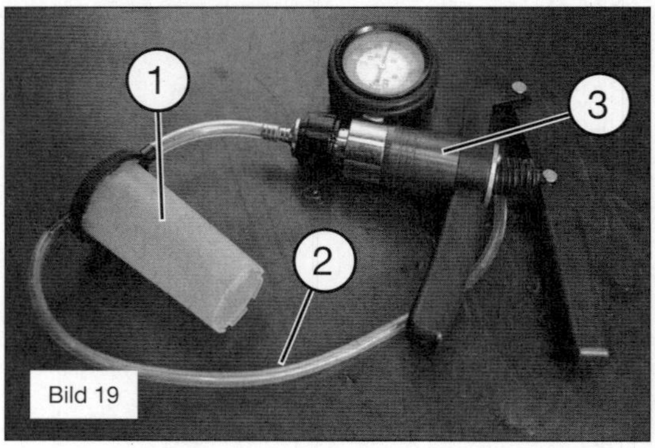

Bild 19

Der Vorratsbehälter muss bei diesem System immer gut gefüllt sein. Die Druckentlüftung drückt die neue Bremsflüssigkeit mit etwa 1 bis 1,6 bar in den Ausgleichsbehälter hinein und durch das System durch. Da nur die Flüssigkeitsmenge in das System hinein kann, die über die Entlüftungsschraube abgelassen wird, verändert sich der Flüssigkeitsstand im Vorratsbehälter fast nicht.
■ Füllen Sie den Vorratsbehälter bis zur Markierung »MAX« auf.
■ Ziehen Sie die Staubkappe ab und lösen Sie den Entlüftungsnippel probeweise.
■ Schließen Sie einen Auffangbehälter mit einem Klarsichtschlauch an dem Entlüftungsnippel an.
■ Bringen Sie den hinteren Bremssattel in Entlüftungsposition wie bereits beschrieben.
■ Drücken oder ziehen Sie (je nach System) etwa 0,5 l Bremsflüssigkeit durch jeden Bremskreis durch. So ist das Bremssystem ausreichend gespült.

⚠ Achten Sie auf einen ausreichenden Füllstand im Vorratsbehälter.

■ Prüfen Sie die Funktion und den Druckaufbau des Bremssystems.

Bauteil	*Drehmoment*
Entlüftungsnippel Bremssattel	15 Nm
Schraube Vorratsbehälter	Handfest
Deckel Vorratsbehälter	Handfest

Geführte Fehlersuche

A Bremsen quietschen		
Aufgabe	Information	Ergebnis (Sollwerte)
1 Beläge prüfen	■ Prüfen Sie die Belagstärke und den Zustand der Beläge auf Ablösungen von der Trägerplatte	Min. 1,0 mm ohne Rückenplatte
2 Bremsscheibe prüfen	■ Prüfen Sie die Bremsscheibe auf Schlag oder Schäden auf der Reibfläche	Max. 0,30 mm
3 Bremssattel prüfen	■ Prüfen Sie, ob die Kolben des Bremssattels sich leicht zurückstellen lassen. Bei den verbauten Festsätteln erfolgt die Rückstellung über die Bremskolben. Ist einer der Bremskolben schwergängiger, erfolgt dort die Rückstellung im geringeren Umfang Kontrollieren Sie, ob die Bremsbeläge sich gleichmäßig abnutzen.	-
4 Belagführungen prüfen	■ Prüfen Sie, ob die Bremsbeläge im Bremssattel beweglich sind. Sitzen die Beläge durch Korrosion fest, kann die Rückstellung verhindert werden. Kontrollieren Sie, ob die Bremsbeläge sich gleichmäßig abnutzen.	-

B Bremsen vibrieren beim Bremsen		
Aufgabe	Information	Ergebnis (Sollwerte)
1 Bremsscheibe prüfen	■ Prüfen Sie die Bremsscheibe auf Schlag oder Schäden auf der Reibfläche	Max. 0,30 mm
2 Beläge prüfen	■ Prüfen Sie die Belagstärke und den Zustand der Beläge auf Ablösungen von der Trägerplatte	Min. 1,0 mm ohne Rückenplatte
3 Radlager prüfen	■ Prüfen Sie das Seitenspiel der Rades	Kein Spiel feststellbar

C Schlechter Druckaufbau der Bremsanlage		
Aufgabe	Information	Ergebnis (Sollwerte)
1 Bremse entlüften	■ Flüssigkeitsstand beachten ■ Bremssystem auf Undichtigkeiten absuchen ■ System entlüften	-
2 Bremssattel prüfen	■ Prüfen Sie, ob die Kolben des Bremssattels sich leicht zurückstellen lassen. Bei den verbauten Festsätteln erfolgt die Rückstellung über die Bremskolben. Ist einer der Bremskolben schwergängiger, erfolgt dort die Rückstellung im geringeren Umfang Kontrollieren Sie, ob die Bremsbeläge sich gleichmäßig abnutzen.	-
3 Belagführungen prüfen	■ Prüfen Sie, ob die Bremsbeläge im Bremssattel beweglich sind. Sitzen die Beläge durch Korrosion fest, kann die Rückstellung verhindert werden. Kontrollieren Sie, ob die Bremsbeläge sich gleichmäßig abnutzen.	-
4 Radlager prüfen	■ Prüfen Sie das Seitenspiel des Rades	Kein Spiel feststellbar

18 Fahrwerk

Im Grunde genommen geht es in diesem Kapitel um die Fahrzeugkomponenten, die die Räder am Boden halten. Also um die Radführung und die Dämpfersysteme.

Lenkkopflager prüfen

Das Lenkkopflagerspiel, aber auch mögliche Rastpunkte der Lenkung müssen im Auge behalten werden.

Lagerspielprüfung ohne Demontage
Zu großes Lagerspiel lässt sich recht einfach ohne Demontagearbeiten überprüfen.

- Legen Sie einen Finger oben auf den Übergang zwischen Gabelbrücke und Lenkrohr.
- Ziehen Sie die Vorderradbremse und bewegen Sie das Motorrad gegen die Bremse nach vorne und nach hinten.
- Wenn Lagerspiel vorhanden ist, können Sie es meist mit dem Finger über der Lagerstelle »erfühlen«.

Einstellen und Prüfen des Lagerspiels
Um das Lagerspiel sicher festzustellen oder auszuschließen und auch eventuelle Raststellen des Lagers zu erkennen, muss das Lenkkopflager entlastet werden.

Vorbereitungsarbeiten:

Das Anheben eines Motorrades ohne Hauptständer, um die Vorderradgabel zu entlasten, ist etwas schwieriger. Unterbauen Sie das Motorrad weder unter der Abgasanlage noch unter der Ölwanne.

- Demontieren Sie die Verkleidungen um den Kraftstofftank.
- Umfassen Sie den Rahmen im vorderen Bereich mit Zurrbändern und heben Sie das Motorrad dort über einen Motorkran an.

Lagerspiel (Kippen) prüfen:

- Heben Sie das Motorrad so an, dass die Lenkung frei beweglich ist.
- Knien Sie sich vor das Motorrad und umfassen Sie beide Gabelholme mit den Händen.
- Bewegen Sie die Gabel vor und zurück. Soweit Lagerspiel vorliegt, können Sie es »erfühlen«.

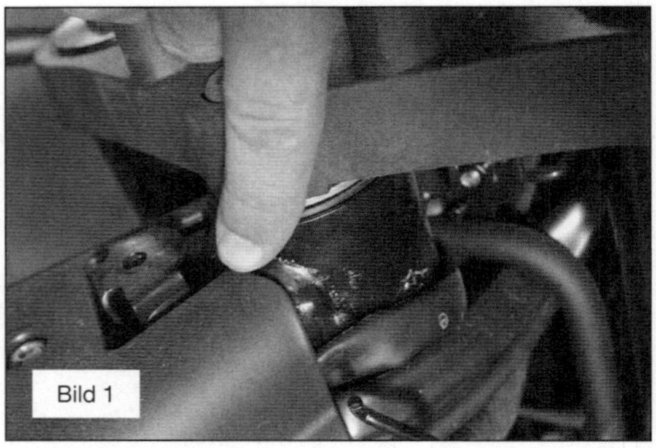

Bild 1
Prüfen des Lenkkopflagerspiels.

Lager auf Leichtgängigkeit prüfen:

- Heben Sie das Motorrad so an, dass die Lenkung frei beweglich ist.
- Verdrehen Sie die Lenkung zum rechten und zum linken Anschlag. Es darf kein fühlbarer Widerstand durch die Lenkkopflager erfassbar sein.

Die Züge und Kabel verursachen einen fühlbaren Widerstand, den Sie hierbei einschätzen müssen.

Rastpunkte im Lenkkopflager:
Wenn eine oder mehrere Kugeln oder die Laufbahn der Kugeln im Lager beschädigt sind, kann ein »Rastpunkt« entstehen. Feststellbar wird der, wenn Sie das Lenkkopflager wie oben beschrieben auf Leichtgängigkeit prüfen. Die Lenkung kann dann an einer Stelle schwerer gehen und »einrasten«. Die Lenkkopflager müssen ersetzt werden.

Lenkkopflager einstellen

- Heben Sie das Motorrad so an, dass die Lenkung frei beweglich ist.

⚠ Das Vorderrad des Motorrades muss angehoben werden. Wird das Vorderrad bei ausgebauter Gabelbrücke oben belastet, kann die Gabel beschädigt werden.

- Bauen Sie die Frontverkleidung wie im Kapitel 11 beschrieben aus.
- Demontieren Sie die Tachometereinheit.
- Bauen Sie den Lenker ab.

Soweit Sie das Fahrzeug mit einem Motorkran freigehoben haben, können Sie Tachometereinheit und Lenker mit angeschlossenen Kabeln und Zügen am Motorkran hochbinden, um ausreichend Platz für die folgenden Arbeiten zu gewinnen.

- Soweit verbaut ziehen Sie den Stopfen aus der Abdeckschraube (1 im Bild 2) heraus.
- Drehen Sie die Abdeckschraube heraus.

■ Nehmen Sie die Unterlagscheibe (2) ab.
■ Lösen Sie die Klemmschrauben (4) der Gabelbrücke oben (3).
■ Nehmen Sie die Gabelbrücke oben gerade nach oben ab.
■ Biegen Sie die Blechnasen der Trennscheibe (6) gerade.
■ Lösen Sie die Nutmutter (5) mit einem passenden Hakenschlüssel.
■ Drehen Sie die Nutmutter (5) ab.
■ Nehmen Sie die Trennscheibe (6) ab.
■ Verdrehen Sie die Nutmutter (7) so weit, dass kein Lenkungsspiel feststellbar ist und gleichzeitig sich das Lenkkopflager am Vorderrad ohne fühlbaren Widerstand verdrehen lässt.
■ Setzen Sie die Trennscheibe (6) wieder auf die Nutmutter (7) auf. Die gebogenen Blechnasen greifen in die Nutmutter (7) ein.
■ Drehen Sie die Nutmutter (5) von Hand bis zur Auflage auf die Trennscheibe (6) auf.
■ Drehen Sie die Nutmutter mit einem Hakenschlüssel so weit fest an, dass Sie die verbleibende Blechnase in die untere Nutmutter biegen können.

Halten Sie die untere Nutmutter dazu mit einem passenden Nutmutterschlüssel gegen.

■ Prüfen Sie das Lagerspiel und die Leichtgängigkeit des Lagers.
■ Biegen Sie die Blechnasen in die untere Nutmutter ein.

Die Montage erfolgt sinngemäß in umgekehrter Reihenfolge.
■ Ziehen Sie die Abdeckschraube (3) und die Klemmschrauben der Gabelbrücke oben (5) auf Drehmoment fest.

Bauteil	*Drehmoment*
Klemmschrauben Gabelbrücke	25 Nm
Abdeckschraube	80/100 Nm

Lenkkopflager ersetzen

Auch wenn die Lenkkopflager immer als Kugellager abgebildet sind, werden sie als Tonnenlager ausgeführt. Hinsichtlich der Einstellung und Prüfung ändert sich nichts.

■ Heben Sie das Motorrad mit einem Motorkran an.
■ Bauen Sie das Vorderrad wie bereits im Kapitel 16 beschrieben aus.

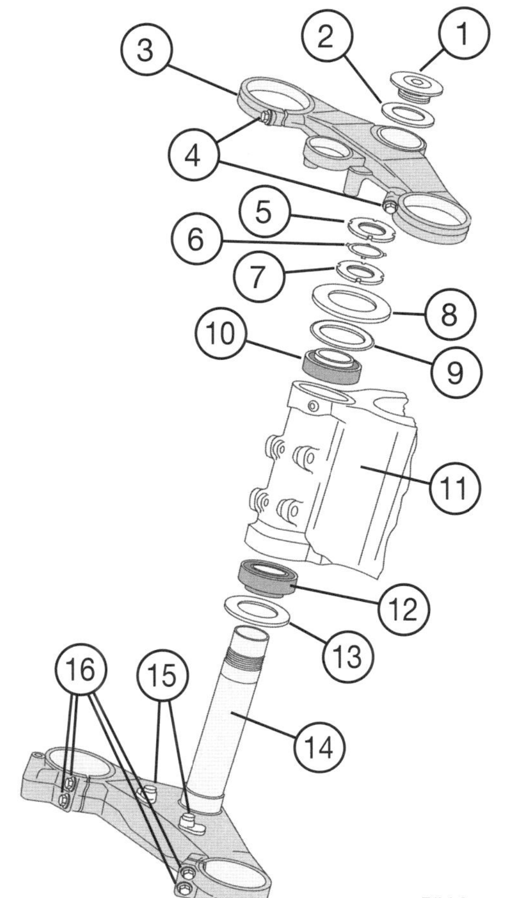

Bild 2

Bild 2
Lenkkopflager und Gabelbrücken.
1 Abdeckschraube
2 Unterlagscheibe
3 Gabelbrücke oben
4 Klemmschrauben
5 Nutmutter
6 Trennscheibe
7 Nutmutter
8 Schutzring
9 Staubschutz
10 Kugellager
11 Rahmenlenkkopf
12 Kugellager
13 Staubschutz
14 Gabelbrücke unten
15 Lenkanschläge
16 Klemmschrauben

■ Demontieren Sie den Kotflügel vorne wie im Kapitel 11 beschrieben.
■ Bauen Sie die Frontverkleidung ab.

Notieren Sie den Überstand der Gabelholme über der Gabelbrücke oben.

■ Demontieren Sie den Lenkungsdämpfer.
■ Drehen Sie die Abdeckschraube heraus.
■ Nehmen Sie die Unterlagscheibe (2) ab.
■ Lösen Sie die Klemmschrauben (4) der Gabelbrücke oben (3).
■ Nehmen Sie die Gabelbrücke oben gerade nach oben ab.

Bei der Tuono ist der Lenker auf der Gabelbrücke verbaut. Befestigen Sie den Lenker mit den angeschlossenen Armaturen am Motorkran.

Für die RSV muss zuerst die Verschraubung der Lenkerstummel an der Gabelbrücke oben herausgedreht werden. Anschließend werden die Klemmschrauben der Lenkerstummel gelöst.

■ Lösen Sie die Klemmschrauben (16) der Gabelbrücke unten (14).

Bild 3

Lenkkopflager im Schnitt.

1 Staubschutz
2 Abdeckschraube
3 Gabelbrücke oben
4 Nutmutter
5 Nutmutter
6 Rahmenkopf
7 Gabelbrücke unten
8 Lenkrohr
9 Lagerinnenring unten
10 Staubschutz
11 Lageraußenring unten
12 Lagerinnenring oben
13 Lageraußenring oben
14 Staubschutz

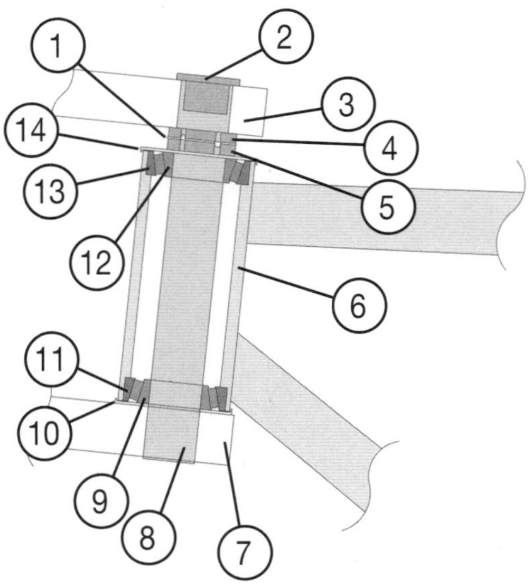

Bild 3

■ Bauen Sie die Gabelholme aus. Die Arbeitsschritte werden wir im Unterkapitel »Gabel vorne« im Anschluss vorstellen.
■ Lösen Sie die Nutmutter (5 im Bild 2) mit einem passenden Hakenschlüssel.
■ Drehen Sie die Nutmutter (5) ab.
■ Nehmen Sie die Trennscheibe (6) ab.
■ Drehen Sie die Nutmutter (7) ab.
■ Nehmen Sie den Schutzring (8) und den Staubschutz (9) ab.
■ Nehmen Sie die Gabelbrücke unten gerade nach unten heraus.
■ Reinigen Sie den Lenkkopf am Rahmen mit einem fusselfreien Lappen.
■ Schlagen Sie mit einem geeigneten Schlagwerkzeug möglichst gleichmäßig die beiden Lenkkopflager aus dem Lenkkopf des Rahmens heraus.
■ Reinigen Sie die Lagersitzflächen um Rahmenkopf und auf dem Lenkrohr gründlich und fetten Sie sie leicht ein.
■ Pressen Sie die neuen Lenkkopflager mit einer passenden Unterlagscheibe die lediglich auf den Lageraußenring drückt in das Rahmenlenkrohr ein.
■ Prüfen Sie, dass die Lager leichtgängig laufen.
■ Ersetzen Sie den Staubschutz unten (10 im Bild 3).
■ Montieren Sie die beiden Gabelbrücken zunächst handfest. Die Brücken müssen noch untereinander verdrehbar sein.
■ Montieren Sie die Gabelholme wieder in der unteren Gabelbrücke.

Die Gabelholme müssen nach erfolgter Montage wieder um das zu Anfang gemessene Maß über die obere Gabelbrücke gleichmäßig hinausragen.
■ Stellen Sie das Lagerspiel wie bereits beschrieben ein.
■ Drehen Sie die Nutmutter oben (4) fest.
■ Setzen Sie die Gabelbrücke oben auf.
■ Ziehen Sie die Verschraubungen der Gabelholme auf Drehmoment fest.
■ Ziehen Sie die Abdeckschraube (2) auf Drehmoment fest.

Die weitere Montage erfolgt sinngemäß in umgekehrter Reihenfolge zur Demontage.
■ Kontrollieren Sie das Lagerspiel des Lenkkopflagers wie bereits beschrieben.

Bauteil	*Drehmoment*
Klemmschrauben Gabelbrücke	25 Nm
Abdeckschraube bis 2000 ebene Auflagefläche (ab 2001 gebohrte Auflagefläche)	80 Nm (100 Nm)

Up-Side-Down-Gabel

Anders als bei herkömmlichen Gabelsystemen nehmen die inneren Rohre (Standrohre) mit dem kleineren Durchmesser die Radachse auf. Die Rohre mit dem größeren Durchmesser und damit auch der größeren Stabilität (Tauchrohre) werden in den Gabelbrücken geklemmt.

Gabelbrücke oben ausbauen

Das Vorderrad des Motorrades muss angehoben werden. Wird das Vorderrad bei ausgebauter Gabelbrücke oben belastet, kann die Gabel beschädigt werden.

■ Bauen Sie die Frontverkleidung aus.
■ Bauen Sie den Lenker ab.

Soweit Sie das Fahrzeug mit einem Motorkran freigehoben haben, können Sie Tachometereinheit und Lenker mit angeschlossenen Kabeln und Zügen am Motorkran hochbinden, um ausreichend Platz für die folgenden Arbeiten zu gewinnen.

■ Soweit verbaut, ziehen Sie den Stopfen aus der Abdeckschraube (1 im Bild 2) heraus.
■ Drehen Sie die Abdeckschraube heraus.
■ Nehmen Sie die Unterlagscheibe (2) ab.
■ Für die Mille muss zuerst die Verschraubung der Lenkerstummel an der Gabelbrü-

cke oben herausgedreht werden. Anschließend werden die Klemmschrauben der Lenkerstummel gelöst.

■ Lösen Sie die Klemmschrauben (4) der Gabelbrücke oben (3).

■ Nehmen Sie die Gabelbrücke oben gerade nach oben ab.

■ Bauen Sie das Zündschloss ab.

Die Montage erfolgt sinngemäß in umgekehrter Reihenfolge zur Demontage.

Bauteil	*Drehmoment*
Klemmschrauben Gabelbrücke	25 Nm
Abdeckschraube bis 2000 ebene Auflagefläche (ab 2001 gebohrte Auflagefläche)	80 Nm (100 Nm)

Gabelbrücke unten ausbauen

■ Heben Sie das Motorrad mit einem Motorkran an.

■ Bauen Sie das Vorderrad wie bereits im Kapitel 16 beschrieben aus.

■ Demontieren Sie den Kotflügel vorne wie im Kapitel 11 beschrieben.

■ Bauen Sie die Frontverkleidung ab.

Notieren Sie den Überstand der Gabelholme über der Gabelbrücke oben.

■ Demontieren Sie den Lenkungsdämpfer.

■ Drehen Sie die Abdeckschraube heraus.

■ Nehmen Sie die Unterlagscheibe (2 im Bild 2) ab.

■ Lösen Sie die Klemmschrauben (4) der Gabelbrücke oben (3).

■ Nehmen Sie die Gabelbrücke oben gerade nach oben ab.

Bei der Tuono ist der Lenker auf der Gabelbrücke verbaut. Befestigen Sie den Lenker mit den angeschlossenen Armaturen am Motorkran.

Für die Mille muss zuerst die Verschraubung der Lenkerstummel an der Gabelbrücke oben herausgedreht werden. Anschließend werden die Klemmschrauben der Lenkerstummel gelöst.

■ Lösen Sie die Klemmschrauben (16) der Gabelbrücke unten (14).

■ Bauen Sie die Gabelholme aus. Die Arbeitsschritte werden wir im Unterkapitel »Gabel vorne« im Anschluss vorstellen.

■ Lösen Sie die Nutmutter (5 im Bild 2) mit einem passenden Hakenschlüssel.

■ Drehen Sie die Nutmutter (5) ab.

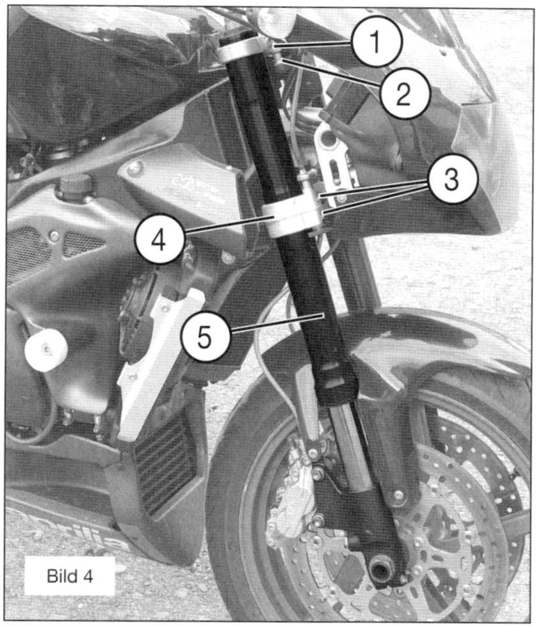

Bild 4

■ Nehmen Sie die Trennscheibe (6) ab.

■ Drehen Sie die Nutmutter (7) ab.

■ Nehmen Sie den Schutzring (8) und den Staubschutz (9) ab.

■ Nehmen Sie die Gabelbrücke unten gerade nach unten heraus.

Die Montage erfolgt sinngemäß in umgekehrter Reihenfolge zur Demontage.

■ Kontrollieren Sie das Lagerspiel des Lenkkopflagers wie bereits beschrieben.

Bauteil	*Drehmoment*
Abdeckschraube bis 2000 ebene Auflagefläche (ab 2001 gebohrte Auflagefläche)	80 Nm
Abdeckschraube ab 2001 gebohrte Auflagefläche (bis 2000 ebene Auflagefläche)	100 Nm

Gabelholme ausbauen

Der Ausbau der Gabelholme ist für die Demontage der Gabelsimmerringe, aber auch schon für den Ölwechsel an der Gabel erforderlich. Auch wenn Sie die weiteren Arbeiten nicht selbst durchführen möchten, können Sie durch den Ausbau der Gabelholme bereits bares Geld einsparen.

■ Heben Sie das Motorrad mit einem Motorkran an.

■ Bauen Sie das Vorderrad wie bereits im Kapitel 16 beschrieben aus.

■ Demontieren Sie den Kotflügel vorne wie im Kapitel 11 beschrieben.

■ Bauen Sie die Frontverkleidung ab.

Bild 4
Gabelholm ausbauen.
1 Klemmschraube oben
2 Gabelbrücke oben
3 Klemmschrauben unten
4 Gabelbrücke unten
5 Gabelholm

Sichtprüfung Messen

■ Legen Sie die Bremsleitung frei.
■ Lösen Sie die Schrauben (3 im Bild 4).

Notieren Sie den Überstand der Gabelholme über der Gabelbrücke oben.

■ Lösen Sie die Schraube (1) und ziehen Sie den Gabelholm vorsichtig nach unten heraus.

Zum Lösen verdrehen Sie den Gabelholm etwas in der Klemmschelle. Biegen Sie die Klemmschelle niemals auf.

Die Montage erfolgt sinngemäß in umgekehrter Reihenfolge zur Demontage.
■ Ziehen Sie die Klemmschelle auf Drehmoment fest.

Bauteil	*Drehmoment*
Klemmschrauben Gabelbrücke	25 Nm

Gabelholme prüfen
Steinschläge und Kratzer:
■ Prüfen Sie den Gabelholm auf äußerliche Schäden wie Kratzer oder Beulen.
■ Prüfen Sie, ob die Chromschicht des Standrohrs Steinschläge oder andere Schäden aufweist.

Beweglichkeit:
■ Prüfen Sie, ob der Gabelholm sich leichtgängig zusammenschieben und auseinanderziehen lässt.

Lagerspiel Stand- zu Tauchrohr:
■ Prüfen Sie, ob das Standrohr im Tauchrohr kippt.
■ Prüfen Sie, ob das Standrohr oder das Tauchrohr verbogen ist.

Verzug Stand- oder Tauchrohr:
Ein Verzug der Standrohre beziehungsweise der Tauchrohre lässt sich recht einfach bestimmen.
■ Legen Sie den Gabelholm so auf einer Werkbank ab, dass Sie das Standrohr festhalten können und das Tauchrohr frei verdreht werden kann.

Stellen Sie beim Verdrehen ein »Eiern« fest, ist das Tauchrohr verbogen, da der Verzug »mitläuft«.

■ Legen Sie den Gabelholm anschließend so auf einer Werkbank ab, dass Sie das Tauchrohr festhalten können und das Standrohr frei verdreht werden kann.

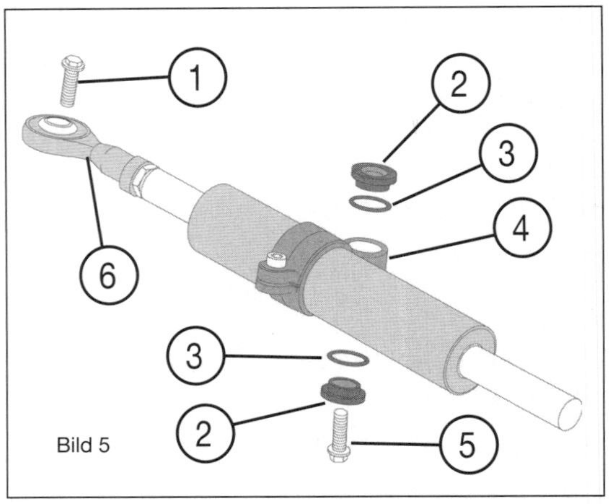

Bild 5
Lenkungsdämpfer.
1 Schraube
2 Stufenscheibe
3 O-Ring
4 Lenkungsdämpfer
5 Schraube
6 Uniball-Gelenk

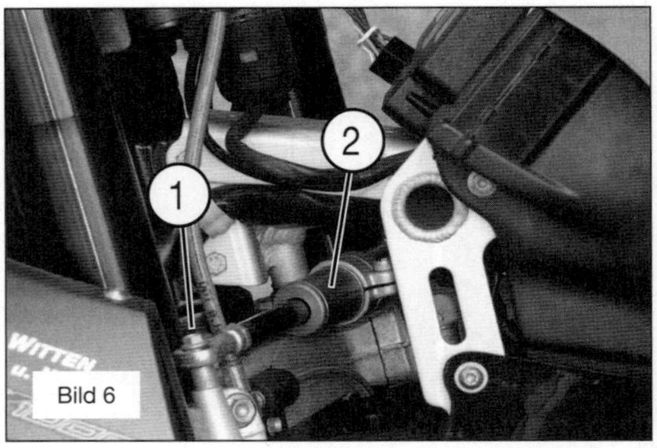

Bild 6
Einbauposition Lenkungsdämpfer an der Gabelbrücke unten.
1 Schraube
2 Lenkungsdämpfer

Stellen Sie beim Verdrehen ein »Eiern« fest, ist das Standrohr verbogen, da der Verzug nun hier »mitläuft«.

Lenkungsdämpfer

Der Lenkungsdämpfer ist nicht bei allen Fahrzeugen verbaut.

■ Bauen Sie die Frontverkleidung ab.
■ Drehen Sie die Schraube (1 im Bild 5) heraus.
■ Drehen Sie die Schraube (5) heraus. Nehmen Sie den Lenkungsdämpfer ab.

Die Montage erfolgt sinngemäß in umgekehrter Reihenfolge zur Demontage.

Bauteil	*Drehmoment*
Lenkungsdämpfer Schrauben	12 Nm

Gabelöl wechseln

Die häufigste Reparatur an einer Gabel ist der Wechsel des Standschutzes und der Gabelsimmerringe. Sicherlich gibt es auch andere Möglichkeiten, den Gabelsimmerring herauszuziehen. Wir möchten uns aber an die Herstellervorgaben halten und schildern Ihnen die entsprechenden Arbeitsschritte.

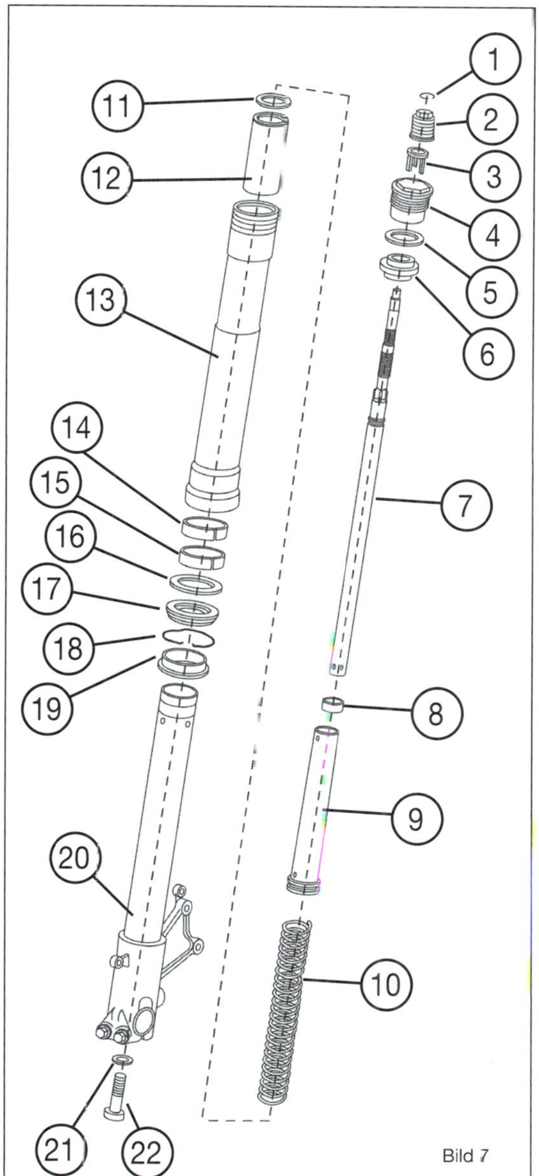

Bild 7

Bild 7
Gabelholm in Teilen.
1 Sicherungsring
2 Verstellung Federvorspannung
3 Druckstück
4 Verschlussschraube
5 Unterlagscheibe
6 Gleithülse
7 Kolbenstange
8 Zentrierbuchse
9 Druckrohr Feder
10 Gabelfeder
11 Beilagscheibe Feder
12 Hülse
13 Tauchrohr
14 Gleitlager
15 Führungslager
16 Anschlagring
17 Gabelsimmerring
18 Sicherungsklammer
19 Staubschutz
20 Standrohr
21 Dichtring
22 Schraube

Demontage der Verschlussschraube

■ Legen Sie eine dünne Kunststofffolie auf die Oberseite der Verschlussschraube (4 im Bild 7) auf, um diese bei der Demontage vor Verkratzen zu schützen.

■ Lösen Sie die Verschlussschraube bei noch eingebautem Tauchrohr (9) einige Umdrehungen, drehen Sie aber nicht heraus.

Demontage des Federpakets

■ Lösen Sie die Verschlussschraube wie beschrieben.

■ Bauen Sie die Gabelholme wie beschrieben aus.

■ Spannen Sie den unteren Teil des Standrohrs in einen Schraubstock mit weichen Schutzbacken ein.

■ Drehen Sie die Verschlussschraube (1 im Bild 8) aus dem Tauchrohr (4) heraus.

■ Schieben Sie das Tauchrohr (4) etwas herunter und montieren Sie das Spezialwerkzeug (B).

Die Spezialwerkzeuge sind grundsätzlich zu erwerben, sie liegen aber mit einigen 100 Euro in einem Bereich, der sich vielleicht für eine professionelle Werkstatt mit entsprechendem Reparaturaufkommen rechnet.

■ Spannen Sie die Gabelfeder über das Herunterdrücken des Spezialwerkzeuges (B) so weit vor, dass Sie die Sicherungsscheibe (A) unter den Vierkant einsetzen können.

Die Feder ist nun durch die Sicherungsscheibe (A) über die Kolbenstange im Standrohr vorgespannt und gesichert.

■ Lösen Sie nun über die Schlüssel (C) die Verschlussschraube von der Kolbenstange.

■ Drehen Sie die Verschlussschraube von der Kolbenstange ab.

■ Ziehen Sie sie gerade nach oben heraus.

Der Druckstab für die Dämpfereinstellung verbleibt an der Verschlussschraube.

■ Spannen Sie die Gabelfeder über das Herunterdrücken des Spezialwerkzeuges (B) erneut und nehmen Sie die Sicherungsscheibe (A) unter dem Vierkant heraus.

■ Entspannen Sie die Gabelfeder langsam und nehmen Sie die Sicherungsscheibe (A) und das Spezialwerkzeug (B) ab.

■ Nehmen Sie den Gabelholm aus dem Schraubstock heraus.

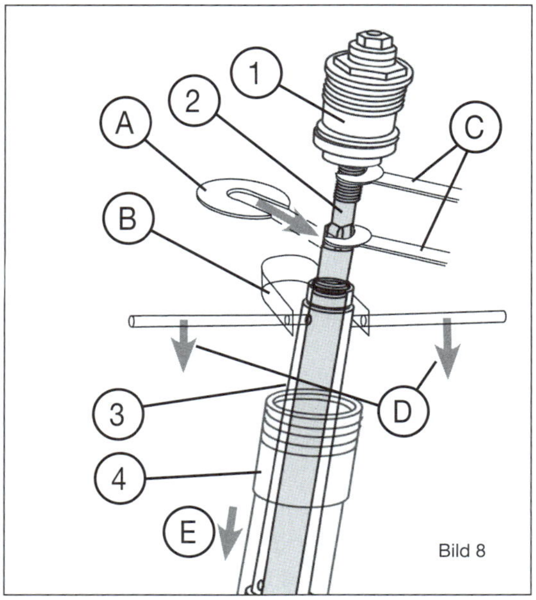

Bild 8

Bild 8
Gabelholm zerlegen.
1 Verschlussschraube
2 Kolbenstange
3 Standrohr
4 Tauchrohr
A Sicherungsscheibe
B Spezialwerkzeug zum Vorspannen der Gabelfeder
C Gabelschlüssel
D Bewegungsrichtung zum Vorspannen der Gabelfeder
E Absenken des Tauchrohrs

Sichtprüfung Messen

Bild 9
Gabelsimmerringe ausbauen.

1 Tauchrohr
2 Kolbenstange (Dämpfereinheit)
3 Gleitlager auf dem Standrohr
4 Gleitlager im Tauchrohr
5 Anschlagring
6 Gabelsimmerring
7 Sicherungsklammer
8 Staubmanschette
9 Standrohr
10 Zentrierbuchse
11 Dichtring (Kupfer)
12 Schraube

■ Drehen Sie ihn langsam über einem Auffanggefäß um.

☞ Nacheinander rutschen die Zentrierbuchse (8 im Bild 7), das Druckrohr (9), die Gabelfeder, 10), die Beilagscheibe (11) und die Hülse (12) heraus.

Ablassen des Gabelöls

■ Demontieren Sie die Verschlussschraube und das Federpaket wie zuvor beschrieben.
■ Lassen Sie das Gabelöl in das Auffanggefäß ablaufen.
■ Schieben Sie die Kolbenstange (7) und das Standrohr (20) mehrfach zusammen, um die Ölreste auszupumpen.
■ Lassen Sie das Gabelöl möglichst vollständig in das Auffanggefäß ablaufen.

Gabelöl einfüllen

■ Spannen Sie den unteren Teil des Standrohrs senkrecht in einen Schraubstock mit weichen Schutzbacken ein.
■ Drücken Sie die Kolbenstange mit der Verlängerung ganz nach unten.
■ Füllen Sie ca. 450 cm³ in den Gabelholm ein.

☞ Aprilia empfielt kein spezielles Gabelöl, sondern gibt an, dass ein Gabelöl zwischen 5W und 20W zum Einsatz kommen kann. Verwenden Sie ein 10W Gabelöl, wenn Ihnen die ursprüngliche Ölsorte nicht bekannt ist. Je zähflüssiger das eingesetzte Öl ist, umso langsamer (härter) wird das Dämpfersystem.

⚠ Verwenden Sie für beide Gabelrohre die gleiche Gabelölviskosität.

■ Bewegen Sie die Kolbenstange etwa zehn Mal auf- und abwärts und warten Sie, bis die Luftblasen alle ausgetreten sind.
■ Füllen Sie nun die Restmenge bis zur in der Tabelle angegebenen Füllmenge in den Gabelholm ein.

Gabelöl	*Füllmenge*
5W bis 20W	Ölwechsel RSV: 520 cm³ +/- 2,5 cm³ (je Gabelholm)
	Ölwechsel RSV-R: 500 cm³ +/- 2,5 cm³ (je Gabelholm)

■ Messen Sie den Ölstand (ohne Feder und ohne Hülse). Er sollte bei voll eingefederter Gabel 116 mm bis 120 mm von der Oberkante des Tauchrohrs betragen.

⚠ Der Ölstand muss für beide Gabelrohre gleich ausfallen.

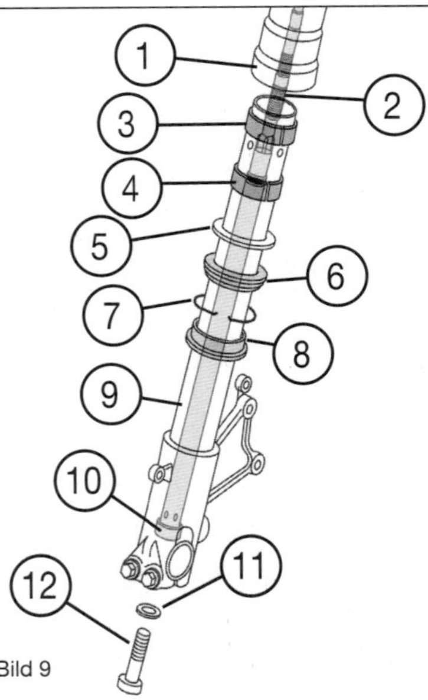

Bild 9

Demontage der Gabelsimmerringe

■ Demontieren Sie die Verschlussschraube und das Federpaket wie zuvor beschrieben.
■ Lassen Sie das Gabelöl in das Auffanggefäß ablaufen.
■ Spannen Sie den unteren Teil des Standrohrs waagerecht in einen Schraubstock mit weichen Schutzbacken ein.
■ Lösen Sie die Schraube (12 im Bild 9)
■ Drehen Sie die Schraube heraus und nehmen Sie den Dichtring (11) ab.
■ Ziehen Sie den Staubschutz (8) aus dem Tauchrohr heraus.
■ Hebeln Sie mit einem Montagehaken den Sicherungsring (7) heraus.
■ Halten Sie das Tauchrohr fest und ziehen Sie das Standrohr mehrfach auf Anschlag aus dem Tauchrohr heraus.

☞ Standrohr und Tauchrohr werden so Stück für Stück voneinander getrennt.

■ Nehmen Sie die Gleithülse im Tauchrohr (4), die Gleithülse im Standrohr (3), den Anschlagring (5), den Gabelsimmerring (6) und den Staubschutz (8) vom Gabelstandrohr ab.

Die Montage erfolgt sinngemäß in umgekehrter Reihenfolge zur Demontage.

■ Reinigen Sie die Bauteile des Gabelholms gründlich.
■ Fetten Sie die Anlageflächen des Gabelsimmerrings und des Staubschutzes vor der Montage leicht ein.
■ Fixieren Sie die Zentrierbuchse (10) mit etwas Fett an der Dämpfereinheit (2).

■ Wickeln Sie etwas Isolierband um die Nut für das Gleitlager (3), um Schäden an den Dichtringen zu vermeiden.
■ Schieben Sie den Staubschutz (8), den Gabelsimmerring (6), den Anschlagring (5) und die die Gleithülse im Tauchrohr (4) auf das Standrohr auf.
■ Nehmen Sie das Isolierband ab und setzen Sie das Gleitlager (3) in das Standrohr ein.
■ Schieben Sie Stand- und Tauchrohr wieder zusammen.
■ Treiben Sie den Gabelsimmerring (6) zusammen mit dem Anschlagring (5) mit einem passenden Wellendichtringtreiber bis zur Anlage im Tauchrohr ein.
■ Setzen Sie den Sicherungsring (7) ein.
■ Befüllen Sie den Gabelholm mit Gabelöl und kontrollieren Sie den Füllstand wie beschrieben.

Bauteil	*Drehmoment*
Schraube unten Dämpfereinheit	23 Nm

Federbein und Schwinge

Ausbau des Stoßdämpfers

■ Bauen Sie die Seitenabdeckungen links und rechts wie im Kapitel 11 beschrieben ab.
■ Drehen Sie die Muttern der Verschraubungen oben (1 im Bild 10) und unten (5) ab.

Lassen Sie die Schrauben aber noch stecken.

■ Heben Sie das Fahrzeugheck mit einem Werkstattkran und Gurtschlingen um die Rastenträger der hinteren Fußrasten so weit an, dass das Hinterrad gerade so entlastet ist.
■ Nehmen Sie die Verschraubungen heraus.
■ Nehmen Sie den hinteren Stoßdämpfer zur linken Seite heraus.

Die Montage erfolgt sinngemäß in umgekehrter Reihenfolge zur Demontage.
■ Kontrollieren Sie den Zustand der Lagerung. Reingen und fetten Sie sie neu, wenn erforderlich.

Bauteil	*Drehmoment*
Schrauben Stoßdämpfer	50 Nm

Prüfung des Stoßdämpfers

■ Demontieren Sie den Stoßdämpfer hinten wie bereits beschrieben.
■ Prüfen Sie den Stoßdämpfer auf Verformungen, Risse oder Ölverlust.

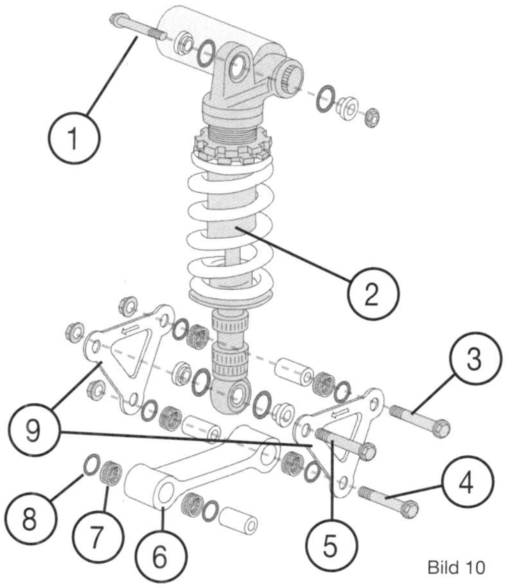

Bild 10

■ Prüfen Sie die Feder auf Korrosion und Schäden.
■ Prüfen Sie die O-Ringe (8) und Nadellager (7) auf Ausrisse und Schäden.

Ausbau der Hinterradschwinge

Die Demontage der Hinterradschwinge haben wir bereits im Kapitel 12 beschrieben.

Prüfen der Schwingenlager

Die Schwinge ist auf beiden Seiten mit einem Walzenlager und auf der rechten Seite mit einem Rillenkugellager gelagert.

Die Lagereinheit ist dauerhaft mit Fett gefüllt. Nachfetten ist nicht erforderlich.

■ Prüfen Sie, ob die Lagerhülse sich leichtgängig verdrehen lässt.
■ Prüfen Sie, ob das Kugellager sich leichtgängig verdrehen lässt.

Ausbau der Schwingenlager

■ Bauen Sie die Schwinge wie bereits geschildert im Kapitel 12 aus.
■ Ziehen Sie die Bundhülse (10 im Bild 16 des Kapitels 12) heraus.
■ Bauen Sie die Dichtringe (11 und 15) aus.
■ Hebeln Sie den Sicherungsring (4) heraus.
■ Setzen Sie eine möglichst große Spannhülse (1 im Bild 12) in das Nadellager ein.
■ Spannen Sie die Spannhülse, sodass der Bund hinter das Lager (2) eingreift.
■ Setzen Sie den Zughammer oder den Abzieher auf und ziehen Sie die Lager nacheinander aus der Schwinge heraus.

Bild 10
Stoßdämpfer und Umlenkung hinten.
1 Verschraubung Stoßdämpfer oben
2 Stoßdämpfer hinten
3 Verschraubung Hinterrad-Schwinge
4 Verschraubung Rahmenstütze
5 Verschraubung Stoßdämpfer hinten
6 Rahmenstütze
7 Nadellager
8 O-Ringe
9 Verbindungsstücke

Die Montage erfolgt sinngemäß in umgekehrter Reihenfolge zur Demontage.

■ Tragen Sie etwas Fett in das Lagerrohr der Schwinge auf.

Setzen Sie die Lager so ein, dass die Lagerbeschriftung von der Außenseite sichtbar ist.

Fahrwerksvermessung

Ein Gerücht besagt, dass eine Fahrwerkvermessung nur beim mehrspurigen Fahrzeug sinnvoll sei. Es ist aber sehr wichtig, dass die Räder eines einspurigen Fahrzeugs zum einen gerade zueinander und zum anderen in einer Spur laufen. Auch sehr wichtig ist die Veränderung der Seitenneigung des Rades bei Lenkeinschlag. Diese muss zu beiden Seiten symmetrisch sein. Das alles kann nicht durch eine grobe Einschätzung erfasst werden. Eine Vermessung ist hier sinnvoll.

Ein grober Kontrollblick

Kontrollieren Sie die Radlager und die Schwingenlager auf Lagerspiel und Schäden.

Kontrollieren Sie, dass das Hinterrad gerade mit den Kettenspannern ausgerichtet ist.

■ Stellen Sie das Motorrad auf einem Montageständer auf einer geraden Fläche ab.

■ Richten Sie den Lenker genau auf die Mittelstellung aus.

Peilen Sie auf der rechten und der linken Seite des Reifens über die vordere und hintere Reifenkante den Hinterreifen an.

■ Der sichtbare Teil des Reifens (Bild 12) sollte auf der linken (L) und auf der rechten (R) Seite gleich groß sein.

Lasermesssystem für Motorräder

Profi Products hat ein Lasermesssystem im Programm, das ohne Messcomputer sehr schnell ein sehr genaues Ergebnis liefert. Die Anschaffung rechnet sich auch für kleine Werkstätten, Sachverständige und Motorradclubs sehr schnell. Ein Schadensereignis kann schnell aus einer zusätzlichen Perspektive bewertet werden. Verdeckte Schäden beim Motorradkauf fallen auf.

■ Montieren Sie die Ablesekarten (1 im Bild 13) und die Kartenhalter mit einem Haltebügel (3) am Vorderrad.

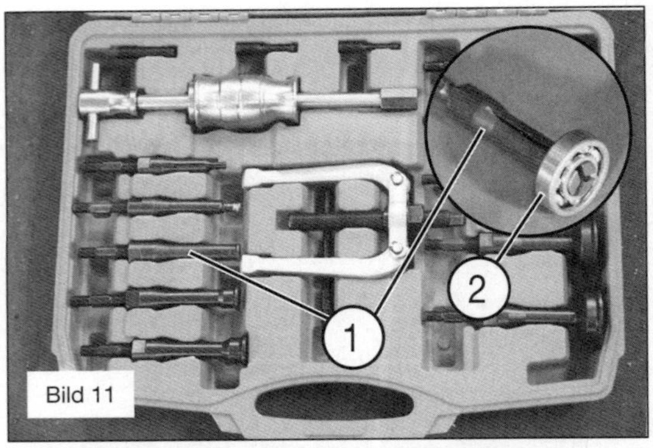

Bild 11

Bild 11
Lagerauszieher im Set.
1 Spannhülsen in unterschiedlichen Durchmessern
2 Lager

Bild 12

Bild 12
Peilung über die Kanten des Hinterrades. Der Abstand L und R muss symmetrisch sein.

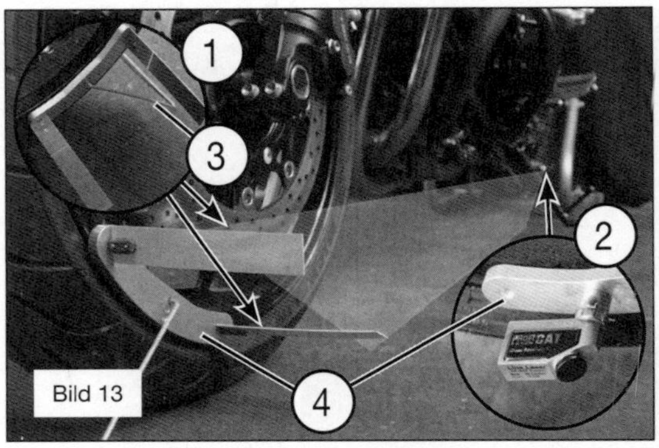

Bild 13

Bild 13
Fahrwerksvermessung mit Lasermesssystem von Profiparts Laser CAT.
1 Ablesekarten vorne
2 Laserliner hinten
3 Halteklammer
4 Kartenträger oder Träger für den Messlaser

Die hintere Karte sollte am tiefsten Punkt des Rades anliegen.

■ Setzen Sie den Laser auf eine Seite der Felge auf.

■ Richten Sie die Lenkung so aus, dass die Zahlenwerte auf der unteren Karte auf der vorderen und der hinteren Kante gleich groß sind.

■ Setzen Sie den Laser auf die andere Seite um. Sie sollten den gleichen Zahlenwert ablesen können.

Ist das nicht der Fall, steht das Hinterrad versetzt zum Vorderrad, also nicht in der »Spur«. Die Ursache muss gesucht (Gabel, Schwinge, Rahmen) werden. Vergleichen Sie den Zahlenwert der unteren Karte mit dem Zahlenwert der oberen Karte. Er sollte bei gerade stehender Lenkung gleich groß sein.

Ist das nicht der Fall, müssen Gabel und Rahmen untersucht werden.

19 Technische Daten

Zur schnellen Übersicht werden oft nur einfach Daten und Messwerte benötigt. Wir stellen Ihnen auf dieser Seite die wichtigsten Daten nach bestimmten Themen sortiert zusammen. Sie finden hier auch Daten, für die wir keine Reparaturschritte beschrieben haben.

> Zylinder und Kolbenpaarung beachten. Zylinder A = Kolben mit roter Farbmarkierung Zylinder B = Kolben mit grüner Farbmarkierung

Technische Daten Motor

Bezeichnung	Bemerkung	Ergebnis (Sollwerte)
Bohrung (Grenzwert)	Bohrungs-durchmesser A	97,00 - 97,01 mm (97,02 mm)
Bohrung (Grenzwert)	Bohrungs-durchmesser B	97,00 - 97,01 mm (97,04 mm)
Kolben bis 2000	Farbmarkierung rot (grün)	96,91 mm (96,93 mm)
Kolben ab 2001	Farbmarkierung rot (grün)	96,89 mm (96,90 mm)
Kolbenring Höhenspiel	an allen Kolbenringen	max.0,12 mm
Kolbenring Stoßspiel	an allen Kolbenringen	max. 1,0 mm
Laufspiel Kolben/Zylinder	bis 2000 (ab 2001)	0,09 mm (0,120 mm)
Kompression	Druckmessung	10 bar - 16 bar bei Startdrehzahl

Kühlmittel	G12+ G30, Füllmenge 2,5 l	-25° C
Kühlsystem	Prüfdruck System	1,6 bar
Kühlsystem	Prüfdruck Deckel	1,3 -1,6 bar
Motoröl	10W50 (mit Filter)	3,7 l (3,9 l)
Ventilfeder	Außenfeder (Innenfeder)	43,4 mm (40,9 mm)
Ventilspiel	Einlassventil	0,12 - 0,17 mm
Ventilspiel	Auslassventil	0,23 - 0,28 mm
Zündfolge	1. Zylinder vorne	1-2
Zündkerze	NGK DCPR 9E NGKDCPR9EVX	0,6 - 0,7 mm
Zylinderkopf	Planfläche	max. 0,04 mm
Öldruck	Leerlauf	0,5 bar

Technische Daten Elektrik

Bezeichnung	Bemerkung	Ergebnis (Sollwerte)
Batterie	12V 12 Ah	YTX 14-BS
Generator Wicklung	Widerstand (20 °C)	0,1 - 1,0 Ω
Lufttemperatursensor	Widerstand 0 °C (80 °C)	200 Ω - 400 Ω
OT-Geber Kurbelwelle	Widerstand (20 °C)	150 Ω - 350 Ω

Nockenwellengeber	Widerstand (20 °C	150 Ω - 350 Ω
Tankfüllstandsgeber	Widerstand voll (leer)	∞ Ω (0 Ω)
Zündkerze	NGK DCPR 9E NGKDCPR9EVX	0,6 - 0,7 mm
Zündspule	Primärwicklung (20 °C)	2,8 Ω - 5,2Ω
Zündspule	Sekundärwicklung (20 °C)	9,1 kΩ - 16,5 kΩ

Technische Daten Fahrwerk

Bezeichnung	Bemerkung	Ergebnis (Sollwerte)
Bremsbelag	Vorne (Min.)	1,0 mm
Bremsbelag	Hinten (Min.)	1,0 mm
Bremsflüssigkeit	DOT 4 / DOT 5.1 beim Wechsel	ca 1,0l
Bremsscheibe	Dicke hinten (Grenzwert)	4,5 mm
Bremsscheibe	Max. Seitenschlag	0,3 mm

Bremsscheibe	Dicke vorne (Grenzwert)	4,5 mm
Gabelholm	Federlänge unbelastet (Grenzwert)	min 284 mm (Kein Ölins)
Gabelöl	siehe Kapitel 18	5 W bis 20 W
Gabelholm Füllmenge	RSV	517,5 bis 522,5 cm³
Gabelholm Ölstand	Ohne Feder, eingefedert (RSV-R)	116 -120 mm (85 mm)
Luftspalt Radsensor	Sensor/Inkrementenrad	1,5 mm

20 Anzugsdrehmomente

Wenn die Arbeitsschritte schon bekannt sind, werden oft nur die Anzugsdrehmomente und Informationen zum Anziehen benötigt. Wir stellen Ihnen auf dieser Seite die wichtigsten Informationen nach Themen sortiert zusammen. Sie finden an dieser Stelle auch Informationen, für die wir keine Reparaturschritte beschrieben haben.

Anzugsdrehmomente Motor

Bezeichnung	Anzugsdrehmoment
Abgaskrümmer	25 Nm
Ablassschraube Motorblock	12 Nm
Anschlusskabel Gangpositionsgeber	handfest
Ausgleichswellenrad Mutter	50 Nm
Freilaufgehäuse Schrauben	25 Nm
Gangpositionsgeber	4 Nm
Generatordeckel M6	11 Nm
Generatorstator M6	12 Nm
Kettenritzel Schraube	50 Nm
Kupplung Zentralschraube	170 Nm
Kupplungsdeckel (Schrauben M6)	11 Nm
Kupplungsdeckel (Schrauben M8)	19 Nm
Kupplungsfedern (Schrauben M6)	11 Nm
Lagerdeckel Schraube	11 Nm
Motormontage Einstellschrauben	11 Nm
Motormontage sonstige Verschraubung	50 Nm
Motormontage Verschraubung durch die Einstellschrauben	50 Nm
Motormontage vorne ab 2001	50 Nm
Motormontage vorne bis 2000	40 Nm
Motortemperaturfühler	30 Nm
Nockenwellengeber	4 Nm
Nockenwellenrad	11 Nm
Öldruckschalter	15 Nm
Ölfilterdeckel Schrauben	11 Nm
Ölpumpe Schrauben	11 Nm
OT-Geber Verschraubung (Loctite 243 verwenden!)	11 Nm
PPC-Kupplungsdeckel (Schrauben M5)	5 Nm
PPC-Membran Mutter	30 Nm
Ritzelabdeckung Schraube	12 Nm
Schalthebel Sicherungsschrauben	10 Nm
Sperrlagergehäuse (M8)	30 Nm
Startermotor M6-Schrauben	10 Nm
Ventildeckel Schrauben	9 Nm
Wasserpumpendeckel Schrauben	11 Nm
Wassertemperatursensor	30 Nm
Zentralschraube Generator (Loctite 648 verwenden!)	130 Nm
Zündkerze	20 Nm
Zylinderbolzen außerhalb des Zylinders lackierter Block	53 Nm
Zylinder Stehbolzen (Muttern) lackierter Block	27 Nm
Zylinder Stehbolzen (Muttern) lackierter Block	29 Nm
Zylinderbolzen 10 mm im Kettenkasten lackierter Block	58 Nm
Zylinderbolzen unlackierter Motor M10	58 Nm
Zylinderkopf Verbindungsplatte	40 Nm

Anzugsdrehmomente Fahrwerk

Bezeichnung	Anzugsdrehmoment
Abdeckschraube bis 2000 ebene Auflagefläche (ab 2001 gebohrte Auflagefläche)	80 Nm
Abdeckschraube ab 2001 gebohrte Auflagefläche	100 Nm
Bremshebel Kontermutter	6 Nm
Kettenritzel Schraube	50 Nm
Kettenspanner Kontermutter	20 Nm
Klemmschrauben Gabelbrücke	25 Nm
Kontermutter Einstellschraube	15 Nm
Lenkerschelle Schrauben	11 Nm
Lenkungsdämpfer Schrauben	12 Nm
Nutmutter	90 Nm
Radachse (Mutter) vorne	80 Nm
Radachse hinten	90-100 Nm
Schraube unten Dämpfereinheit vorne	23 Nm
Schrauben Stoßdämpfer hinten	50 Nm
Schwingachse im Rahmen	12 Nm
Sicherungsmutter Kronenmutter	60 Nm

Anzugsdrehmomente sonstige Verschraubungen

Schraubengröße	M4	M5	M6	M8	M10	M12	M14	M16
Anzugsdrehmoment	0,5 Nm	3 Nm	10 Nm	20 Nm	45 Nm	60 Nm	100 Nm	200 Nm